农业应用化学

杨丽敏　刘春艳　主编

内容简介

本教材是黑龙江省教育厅规划课题(课题编号:ZJC1316005)"基于高职专业人才培养目标的《农业应用化学》课程改革研究与实践"的成果之一。

本书依托国家示范性高等职业院校黑龙江农业经济职业学院的两个国家重点专业作物生产技术和绿色食品生产与检验专业的岗位需要,紧紧围绕黑龙江农业强省建设对人才的需求,以培养高素质的劳动者和技术技能人才为目标,设置了五个项目、十三个任务。全书以五个项目为导向,以十三个任务中的二十八个工作任务为载体支撑了溶液的配制、滴定分析技术、分光光度分析技术、常用的有机物、生物大分子化合物五大项目。该书内容循序渐进、重点突出,注重对学生计算、操作、应用能力的培养,强化与后续课程的衔接,体现了农林院校化学教材的特色,实现了教、学、做合一,职业教育与素质教育合一。

本教材可作为高职高专农业院校农学类各专业化学课程的教材或参考书。

图书在版编目(CIP)数据

农业应用化学 / 杨丽敏,刘春艳主编. —天津:天津大学出版社,2017.10

ISBN 978-7-5618-5985-8

Ⅰ.①农… Ⅱ.①杨… ②刘… Ⅲ.①农业化学—高等职业教育—教材 Ⅳ.①S13

中国版本图书馆 CIP 数据核字(2017)第 250189 号

出版发行 天津大学出版社
地　　址 天津市卫津路 92 号天津大学内(邮编:300072)
电　　话 发行部:022-27403647
网　　址 publish.tju.edu.cn
印　　刷 北京京华虎彩印刷有限公司
经　　销 全国各地新华书店
开　　本 185mm×260mm
印　　张 17
字　　数 431 千
版　　次 2017 年 10 月第 1 版
印　　次 2017 年 10 月第 1 次
定　　价 46.00 元

《农业应用化学》编委会

主　编　刘春艳（黑龙江农业经济职业学院）

　　　　杨丽敏（黑龙江农业经济职业学院）

副主编　李建宁（黑龙江农业经济职业学院）

参　编　（按姓氏笔画排序）

　　　　代丽丽（黑龙江农业经济职业学院）

　　　　刘兴宝（黑龙江农业经济职业学院）

　　　　张云琦（黑龙江农业经济职业学院）

　　　　张桐硕（黑龙江农业经济职业学院）

　　　　姬铁强（黑龙江农业经济职业学院）

　　　　贾春艳（黑龙江省桦南县桦南镇农业技术推广中心）

　　　　董　伟（黑龙江农业经济职业学院）

主　审　许纪发（黑龙江农业经济职业学院）

　　　　靖　波（黑龙江省桦南县农业技术推广中心）

前　　言

《农业应用化学》是依托国家示范性高等职业院校黑龙江农业经济职业学院的两个国家重点专业作物生产技术和绿色食品生产与检验的岗位需要，结合这两个专业的人才培养方案，通过岗位分析，以突出技能、夯实基础、提高素养、持续发展为宗旨编写的教材。本教材的编写具有如下特点。

本教材按照职业岗位能力的需要，将无机与分析化学、有机化学的内容解构、整合、重组、序化，对实用性不强的内容进行删减，在保证学生掌握基本知识、基本理论、基本技能的前提下，注重理论与实践结合。全书以溶液的配制、滴定分析技术、分光光度分析技术、常用的有机物、生物大分子化合物五大项目为导向，以十三个任务中的二十八个工作任务为载体，按知识技能的逻辑顺序进行编写，打破了以知识传授为主体的学科课程模式。

本教材的内容深广度适中，突出技能操作，避免了烦琐的公式推导，删减了过深的反应机理，力求重点突出、概念准确、语言简练、深入浅出，知识结构合理，符合学生的认知规律，方便学生自学，并设置了体验测试和项目测试，便于学生复习、巩固和提高，是一本具有鲜明特色的农学方向的高职高专类化学教材。

本教材内容的选取注重专业所需、岗位所用，力求确保内容的科学性、可读性、创新性、实用性，努力提高可操作性。本教材理论简化，实践应用具体、翔实，使学生清楚地知道该学什么、怎么学，巩固并深化化学基础理论知识；正确、熟练地掌握化学实验的基本操作和基本技能，培养理论联系实际、实事求是的科学态度和良好的职业道德，为后续专业课的学习和将来从事实际工作奠定扎实的基础。

本教材由刘春艳、杨丽敏任主编，李建宁任副主编。编写人员分工如下：刘春艳（项目三、项目四）；杨丽敏（前言、项目一中的任务一）；李建宁和姬铁强（项目一中的任务二至任务四、附录）；刘兴宝（项目二中的任务一至任务三）；董伟、代丽丽和张桐硕（项目五）；张云琦和贾春艳（项目二中任务四）。全书由刘春艳、杨丽敏统稿、修改、定稿，黑龙江农业经济职业学院的许纪发教授和黑龙江省桦南县农业技术推广中心的靖波老师审定。

在教材编写过程中，得到了黑龙江农业经济职业学院领导的大力支持，在此表示衷心的感谢。

本书在编写过程中参考了有关教材、著作，在此向其作者表示谢意。

由于编者水平有限，难免有不妥和疏漏之处，恳请读者及专家批评指正，以便今后进一步修订。

编者

2017年6月

目 录

项目一　溶液的配制

一种或一种以上的物质以分子、原子或离子状态均匀地分布在另一种物质中构成的稳定体系称为溶液。其中，能溶解其他物质的物质称为溶剂，被溶解的物质称为溶质。一般所说的溶液是以水作为溶剂的水溶液，在农业生产和农产品的分析检测过程中，涉及的溶液种类很多。本项目主要介绍溶液的配制，包括四个任务：分析天平的称量、一般溶液的配制、标准溶液的配制和缓冲溶液的配制。

任务一　分析天平的称量

学习目标

1. 学会电子天平的使用和日常维护保养方法。
2. 学会分析天平的三种称量方法和技巧。

技能目标

能熟练运用三种称量方法进行称量，并正确记录数据。

在定量分析中，分析天平是用来准确称取物质质量的一种重要的精密仪器。目前，常用的分析天平有电光天平和电子天平两类。电子天平是最新一代的天平，具有体积小、称量速度快、精度高和操作简便等特点。本任务在了解电子天平的结构、原理和使用方法的基础上，还要求学会常用的三种基本样品的称量方法。

【工作任务一】

用递减称量法称取食盐 3 份，每份约 0.500 0 g。

【工作目标】

1. 了解电子天平的结构和原理。
2. 学会使用电子天平进行递减称量，并能够正确记录数据。

【工作情境】

本任务可在化验室或实验室中进行。

1. 仪器：电子天平、称量瓶、烧杯、干燥器和药匙。
2. 试剂：NaCl。

【工作原理】

递减称量法又称减量法，是利用每两次称量之差求得一份或多份被称物质质量的方法。

其用于称量一定范围内的样品和试剂，主要用于易挥发、易吸湿、易氧化或易与CO_2等反应的物质的称量。常用的称量器皿是称量瓶，称量瓶是带有磨口塞的小玻璃瓶，使用时不能直接用手拿取，应戴手套，或用洁净的纸条将其套住，再用手捏住纸条，防止手的温度或沾有汗污等因素影响称量的准确度。

在分析检测工作中，常用递减称量法称取待测样品和基准物，多应用于多份平行试样的称量，具有简便、快速、准确、应用性广以及实用性强等优点，分析人员应熟练掌握其称量方法和技巧。

【工作过程】

1.称量前的检查

1.1 取下天平罩，叠好，放于天平后。

1.2 检查天平盘内是否干净，如不干净用软毛刷轻扫天平盘内的灰尘。

1.3 检查天平是否水平，若不水平，调节底座螺丝，使气泡位于水平仪中心。

1.4 检查天平箱内的干燥剂(一般用变色硅胶)是否变色失效，若变色，应及时更换。

1.5 每天检查天平室内的温度和湿度。对安装精度要求较高的电子天平，理想的温度是(20±2)℃，相对湿度为45%～75%。

2.开机

2.1 预热 接通电源预热至少30 min，开启显示器。

2.2 开启显示器 关好天平门，轻按ON键，显示器全亮，约2 s后显示天平型号，稍后显示0.000 0 g，即可开始使用，读数时应关上天平门。

2.3 电子天平基本模式的选定 电子天平默认为“通常情况”模式，并具有断电记忆功能。使用时若改为其他模式，使用后一经按OFF键，电子天平即恢复“通常情况”模式。

2.4 校准 电子天平安装后，第一次使用前应进行校准。若存放时间较长、位置移动、环境变化或未获得精确的测量，应重新对电子天平进行校准。

3.称量

3.1 将装有适量NaCl试样的称量瓶从干燥器中取出，放在天平盘上，准确称出称量瓶加试样的质量m_1(准确到0.1 mg)，并记录。拿取称量瓶时要用清洁的纸叠成约1 cm宽的纸带套在称量瓶上(也可戴上纸制的指套或清洁的细纱手套拿取称量瓶)，用手拿住纸带尾部，把称量瓶放在天平盘的正中位置。

3.2 使用原纸带将称量瓶从天平盘上取出，拿到接收容器的上方，用纸片夹起瓶盖，但瓶盖绝不能离开接收容器的上方。将瓶身慢慢向下倾斜，用瓶盖轻敲称量瓶口，使试样慢慢落入容器中，如图1-1所示。当倒出的NaCl试样接近0.500 0 g时，边用瓶盖轻敲瓶口，边将称量瓶慢慢直立，使粘在称量瓶口的NaCl试样落入接收容器或称量瓶底部。

3.3 盖好瓶盖，将称量瓶放回天平盘上，取下纸带，关好天平门准确称其质量，准确到0.1 mg，记为m_2。

3.4 两次称量的读数之差(m_1-m_2)即为倒出的NaCl试样的质量，也就是倒入接收容器里的第一份试样的质量。若称取三份试样，则同法操作，连续称量四次即可。

3.5 称量结束后取出被称量的样品，按OFF键关闭天平，切断电源，关好天平门，保证天平内外清洁，罩上天平罩，在天平的使用记录本上记下称量操作的时间和天平的状态，并签名。整理好台面之后方可离开。

图 1-1 移取、敲击和倾倒试样的方法

(a)移取试样的方法 (b)敲击和倾倒试样的方法

【数据处理】

称量结果	第一份		第二份		第三份	
称量瓶和试样的质量/g	m_1		m_2		m_3	
	m_2		m_3		m_4	
试样质量/g						

【注意事项】

1.将电子天平置于稳定的工作台上，避免振动、气流及阳光照射。

2.被称量的试样只能由边门取放，称量时要关好边门。

3.对于易挥发、易吸湿和具有腐蚀性的被称量试样，应将其置于带盖的称量瓶内称量，防止因试样挥发和吸附而造成称量结果不准，或因腐蚀而损坏电子天平。

4.电子天平载物量不得超过其额定最大载荷。在同一次实验中，应使用同一台电子天平，称量数据应及时写在记录本上。

5.被称量的试样与电子天平箱内的温度应一致。过冷、过热的试样应先放在干燥器中，待温度与室温一致后再进行称量。

6.在使用过程中，如发现电子天平损坏或不正常，应立即停止使用，并送相关部门检修，检定合格后方可再用。

7.若敲出质量大于所需质量，需重新称重，已取出的试样不能放回原试剂瓶中，须弃去。

8.盛有试样的称量瓶除放在表面皿和天平盘上或用纸带拿在手中外，不得放在其他地方，且纸带或手套应放在清洁的地方。

【体验测试】

1.根据递减称量法的过程说说什么是直接称量法。

2.什么情况下用直接称量法？什么情况下用递减称量法？

3.用递减称量法倒出约 1 g 石英砂，应如何操作？如何掌握倒出的量约是 1 g？

4.用递减称量法称取试样,若称量瓶内的试样吸湿,将给称量结果造成什么误差?若试样倒入烧杯内以后再吸湿,对称量是否有影响?

【工作任务二】

用固定质量称量法称取面粉0.505 2 g。

【工作目标】

1.学会用电子天平进行固定质量称量的方法和技巧,并正确记录数据。

2.了解固定质量称量法的注意事项。

【工作情境】

本任务可在化验室或实验室中进行。

1.仪器:电子天平、称量瓶、烧杯、干燥器和药匙。

2.试剂:面粉。

【工作原理】

固定质量称量法又称增量法,用于称量某一固定质量的试剂或试样。这种称量操作的速度很慢,适用于称量不易吸湿、在空气中能稳定存在的粉末或小颗粒(最小颗粒应小于0.1 mg)样品,以便精确调节其质量。此法常用小烧杯、表面皿或称量纸等称量工具,要求试样性质稳定,分析人员操作熟练,尽量减少增减试样的次数,保证称量准确、快速。

固定质量称量法要求称量精度在0.1 mg以内。如称取0.500 0 g的$NaHCO_3$,允许的质量范围是0.499 9~0.500 1 g,质量超出这个范围的样品均不合格。若加入量过多,则需重称试样,已用试样必须弃去,不能放回试剂瓶中。在操作中不能将试剂撒落到容器以外的地方。称好的试剂必须定量转入接收器中,不能有遗漏。

【工作过程】

1.称量前的检查

1.1 取下天平罩,叠好,放于天平后。

1.2 检查天平盘内是否干净,如不干净用软毛刷轻扫天平盘内的灰尘。

1.3 检查天平是否水平,若不水平,调节底座螺丝,使气泡位于水平仪中心。

1.4 检查天平箱内的干燥剂(一般用变色硅胶)是否变色失效,若变色,应及时更换。

2.开机

2.1 预热 接通电源预热至规定的时间后,开启显示器。

2.2 开启显示器 关好天平门,轻按ON键,显示器全亮,约2 s后显示天平型号,稍后显示0.000 0 g,即可开始使用,读数时应关上天平门。

3.称量

3.1 首先按电子天平的TARE键清零,将小烧杯放在天平盘上,关闭天平门,电子天平显示小烧杯的质量。再按TARE键清零,即去除皮重,此时电子天平显示0.000 0 g。

3.2 右手轻轻打开天平门,用左手手指轻击右手腕部(或用右手的拇指和食指握住勺柄,食指轻轻敲击勺柄),将药匙中的面粉慢慢震落于小烧杯内,当达到0.505 2 g时停止加样，关上天平门，读数并记录，如图 1-2 所示。

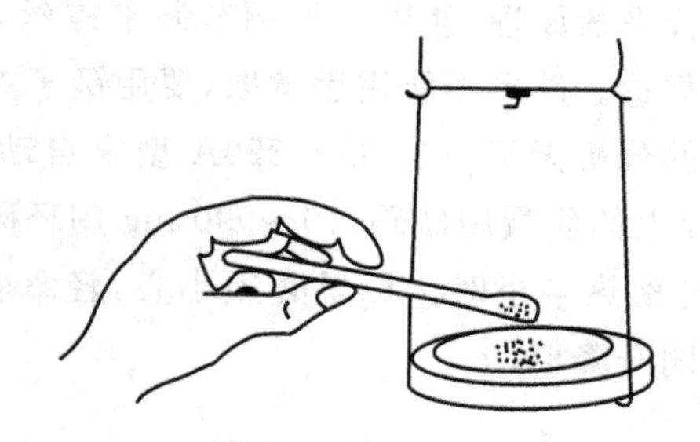

图 1-2　固定质量称量法示意

3.3　打开天平门，取出小烧杯，再按同样方法称取 2 份 0.505 2 g 的面粉置于另外两个小烧杯中。

3.4　称量结束后取出被称量的样品，按 OFF 键关闭天平，切断电源，关好天平门，保证天平内外清洁，罩上天平罩，在天平的使用记录本上记下称量操作的时间和天平的状态，并签名。整理好台面之后方可离开。

【数据处理】

称量结果	第一份		第二份		第三份	
面粉的质量/g	m_1		m_2		m_3	

【注意事项】

1. 开关门、放取称量物时动作必须轻缓，切不可用力过猛或过快，以免造成天平损坏。

2. 过热或过冷的称量物应恢复到室温后方可称量。

3. 称量物的总质量不能超过天平的称量范围。在固定质量称量时要特别注意。

4. 所有称量物都必须置于一定的洁净干燥容器（如烧杯、表面皿或称量瓶等）中进行称量，以免沾污腐蚀天平。

5. 为避免手上的油脂、汗液造成污染，不能用手直接拿取容器。称取易挥发或易与空气作用的物质时必须使用称量瓶，以确保在称量的过程中物质质量不发生变化。

【体验测试】

1. 哪些样品使用固定质量称量法？

2. 简述用电子天平于小烧杯中称量 0.300 0 g NaCl 的过程。

【知识链接】

分析天平

1. 概述

常规的分析操作都要使用天平，天平的称量误差直接影响分析结果。因此，必须了解常见天平的结构，学会正确的称量方法。

常见的天平有以下三类：普通的托盘天平、电光天平和电子天平，如图 1－3 所示。

普通的托盘天平采用杠杆平衡原理，使用前须调节调平螺丝，称量误差较大，一般应用于对质量精度要求不太高的称量。砝码不能用手拿取，要用镊子夹取。

电光天平是一种较精密的分析天平，以 TG－328A 型全自动电光天平为例，称量时可以准确至 0.1 mg，调节 1 g 以上的质量用砝码，10～990 mg 用环码，尾数从光标处读出。使用前须先检查环码的状态，再预热半小时。称量必须小心，轻拿轻放。称量时要关闭天平门，取样、加减砝码时必须关闭升降枢。

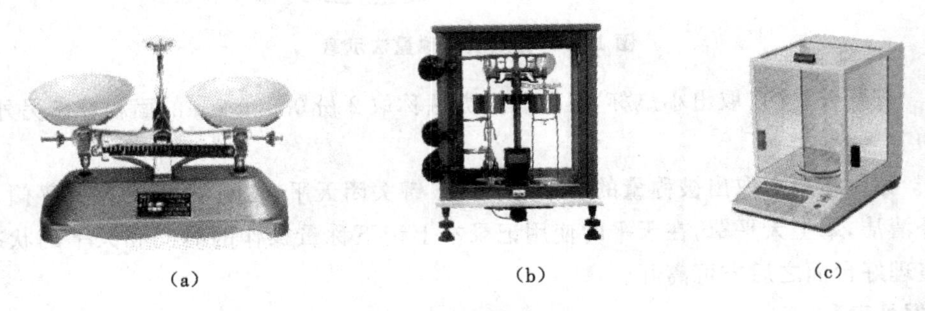

(a)　　(b)　　(c)

图 1－3　常见的天平

(a)托盘天平　(b)电光天平　(c)电子天平

电子天平是利用电磁力或电磁力矩补偿原理实现被测物体在重力场中的平衡，以获得物体质量并采用数字指示装置输出结果的衡量仪器，它是传感技术、模拟电子技术、数字电子技术和微处理器技术发展的综合产物，如图 1－4 所示。

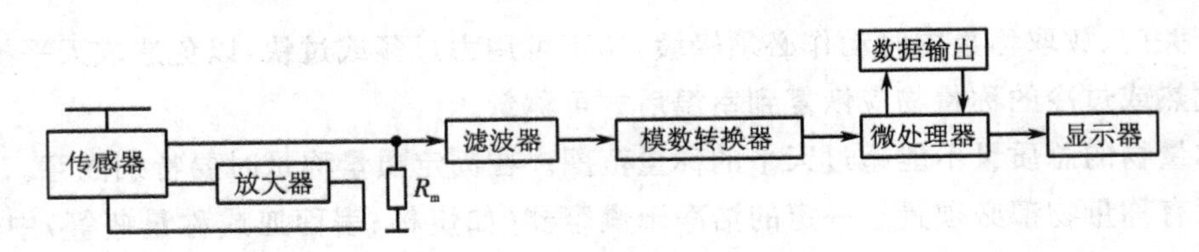

图 1－4　电子天平的工作原理

当秤盘上加上称量物时，传感器的位置检测器信号发生变化，并通过放大器反馈，使传感器线圈中的电流增大，该电流在恒定磁场中产生一个反馈力与所加载荷相平衡；同时，该电流在测量电阻 R_m 上的电压值通过滤波器、模数转换器送入微处理器进行数据处理，最后显示器自动显示出称量物的质量数值。

采用电子天平称量时，全量程不需要砝码，放上被测物质后，在几秒钟内即达到平衡，直接显示读数，具有称量速度快、精度高的特点。它的支撑点采用弹簧片代替机械天平的玛瑙刀口，用差动变压器取代升降枢装置，用数字显示代替指针刻度显示，因此具有体积小、使用寿命长、性能稳定、操作简便和灵敏度高的特点。此外，电子天平还具有自动校正、自动去皮、超载显示、故障报警和质量电信号输出等功能，且可与打印机、计算机连接使用，进一步扩展其功能，如统计称量的最大值、最小值、平均值和标准偏差等。由于电子天平具有机械天平无法比拟的优点，尽管其价格偏高，但仍越来越广泛地应用于各个领域，并逐步取代机械天平。

2.电子天平的分类与结构

2.1　分类

在进行样品的称量时，要根据不同的称量对象和不同的天平选用合适的称量方法。一般称量使用普通的托盘天平即可，对质量精度要求高的样品和基准物质应使用电子天平来称量。电子天平通常根据精度分为四类，见表1-1。

表1-1　电子天平的分类

名　称	最大称量/g	分度值/mg
超微量电子天平	2～5	0.1
微量天平	3～50	0.1
半微量天平	20～100	0.1
常量电子天平	100～200	1.0

2.2　结构

称量结果准确与否直接影响分析结果的准确程度。因此，了解分析天平的结构，学会正确、规范的称量技术，是获得准确的称量结果的前提。电子天平的主要结构如下。

(1)秤盘　秤盘多由金属材料制成，安装在电子天平的传感器上，是天平进行称量的承重装置。它具有一定的几何形状和厚度，以圆形和方形的居多。在使用中应注意卫生清洁，更不要随意更换秤盘。

(2)传感器　传感器是电子天平的关键部件之一，由外壳、磁钢、极靴和线圈等组成，装在秤盘的下方。它的精度很高，也很灵敏。应保持天平称量室的清洁，切忌称样时撒落样品而影响传感器正常工作。

(3)位置检测器　位置检测器由高灵敏度的远红外发光管和对称式光敏电池组成。它的作用是将秤盘上的载荷转变成电信号输出。

(4)PID调节器　PID(比例、积分、微分)调节器的作用就是保证传感器快速而稳定地工作。

(5)功率放大器　其作用是将微弱的信号进行放大，以保证天平的精度和工作要求。

(6)低通滤波器　它的作用是排除外界和某些电器元件产生的高频信号的干扰，以保证传感器的输出为恒定的直流电压。

(7)模数(A/D)转换器　它的优点在于转换精度高，易于自动调零，能有效地排除干扰，将输入信号转换成数字信号。

(8)微计算机　它是电子天平的数据处理部件，具有记忆、计算和查表等功能。

(9)显示器　现在的显示器基本上有两种：一种是数码管的显示器；另一种是液晶显示器。它们的作用是将输出的数字信号显示在显示屏上。

(10)机壳　其作用是保护电子天平免受灰尘等物质的侵害，也是电子元件的基座等。

(11)气泡平衡仪(水平仪)　其作用是便于在工作中有效地判断天平的水平位置。

(12)底脚　电子天平的支撑部件，也是电子天平的水平调节部件。

电子天平的外形及基本部件(以德国赛多利斯公司生产的 Sartorius110s 型电子天平为例)见图 1-5。

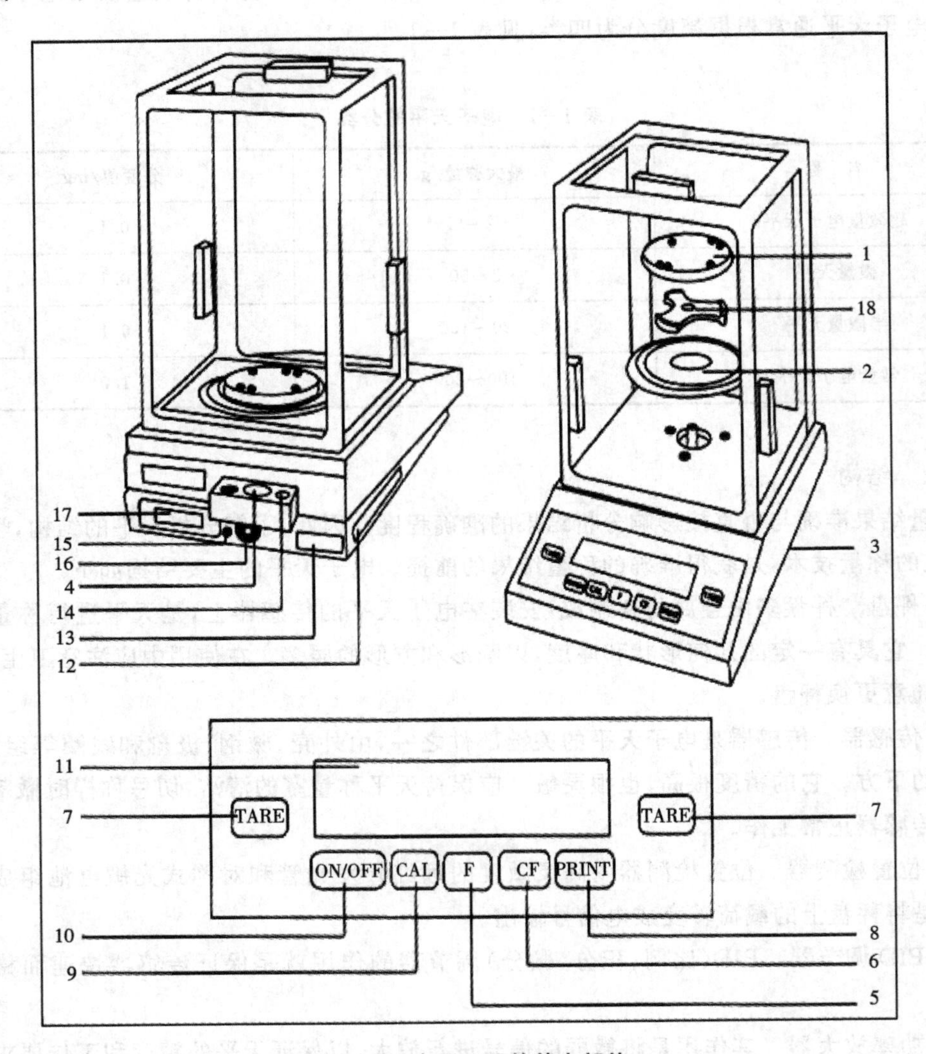

图 1-5　电子天平的基本部件

1—秤盘；2—屏蔽环；3—地脚螺栓；4—水平仪；5—功能键；6—清除键；7—除皮键；8—打印键；9—调校键；10—开关键；11—显示器；12—CMC 标签；13—具有 cє 标记的型号牌；14—防盗装置；15—去联锁；16—电源接口；17—数据接口；18—秤盘支架

3. 称量方式

3.1　直接称量

当电子天平显示 0.000 0 g 时，打开天平侧门，将被测物小心地置于天平盘上，关闭天平门，待数字不再变动后即得被测物的质量。打开天平门，取出被测物，关闭天平门。

3.2　去皮称量

按 TARE 键清零，将容器置于天平盘上，关闭天平门，电子天平显示容器质量。再按 TARE 键清零，即去除皮重，此时电子天平显示 0.000 0 g。再置称量物于容器中，或将称量物（粉末状物或液体）逐步加入容器中直至达到所需质量，待显示器左下角的“0”消失，这时显示的是称量物的净质量。将天平盘上的所有物品拿开后，电子天平显示负值，按 TARE 键，电子天平显示 0.000 0 g。若在称量过程中天平盘上的总质量超过了电子天平的额定最大载荷，电子天平仅显示上部线段，此时应立即减小载荷。

4. 称量方法

4.1　直接称量法

直接称量法是将称量物放在天平盘上（药品需装入烧杯、称量瓶中或放在称量纸上）直接称量出物体质量的方法。此法适用于称量物体的质量，例如称量某小烧杯的质量、在容量器皿校正中称量某容量瓶的质量、质量分析实验中称量某坩埚的质量等都使用这种称量方法，此法适宜称量洁净干燥、不易潮解或升华的固体试样。

4.2　递减称量法

递减称量法是利用每两次称量之差求得一份或多份被称物质质量的方法。其用于称量一定范围内的样品和试剂，主要用于易吸温、易氧化或易与 CO_2 等反应的物质的称量。具体称量方法见工作任务一。

在实际称量时，直接称量法是递减称量法的基础，在进行递减称量法的练习时，每一步的称量都是直接称量法，故不再另行练习直接称量法。

【项目测试一】

1. 填空题

(1)电子天平的称量依据是____________________原理。

(2)对安装精度要求较高的电子天平，理想的温度是____℃，相对湿度为____%。

(3)电子天平开机后至少需要预热______min 以上，才能正式称量。

2. 选择题

(1)当电子天平显示（　　）时，可进行称量。

A. 0.000 0　　B. CAL　　C. TARE　　D. OL

(2)电子天平使用前必须进行校准，下列哪种说法是不正确的？（　　）

A. 首次使用前必须校准

B. 天平由一地移到另一地使用前必须校准

C. 使用 30 天左右需校准

D. 可随时校准

E. 不能由操作者自行校准

(3)将与下列电子天平的结构特点对应的电子天平的特征找出来填在括号中。

①电子天平没有宝石和玛瑙刀（　　）

②称量全程不用砝码，几秒钟即可显示出读数(　　)

③天平内部装有标准砝码(　　)

④采用数字显示代替指针刻度式显示(　　)

⑤可与电脑相连，完成数据统计工作(　　)

A. 灵敏度高，操作方便　　B. 智能化程度高

C. 称量速度快　　D. 使用寿命长

E. 称量数据准确可靠

3. 问答题

(1)举例说明什么是直接称量法、递减称量法和固定质量称量法。

(2)电子天平的称量方式有几种？

(3)电子天平安装后为什么要先进行校准才能使用？

任务二　一般溶液的配制

学习目标

1. 了解溶液的组成，学会溶液浓度的几种表示方法和计算。
2. 能够运用溶液浓度间的换算公式解决化学药品配制前的计算问题。
3. 学会配制一般溶液的操作技术。

技能目标

会运用托盘天平称量、配制一般溶液。

一般溶液是非标准溶液，它在分析工作中常用于溶解样品、调节 pH 值、分离或掩蔽离子、显色等。配制一般溶液对精度要求不高，有效数字有 1～2 位即可，试剂的质量可由托盘天平称量，体积用量筒量取。常用的配制方法有直接溶解法、介质水溶法和稀释法三种。

【工作任务一】

配制 1 mol/L 的 NaCl 溶液 100 mL。

【工作目标】

1. 学会配制溶液前的计算。
2. 学会用直接溶解法配制溶液。

【工作情境】

本任务可在化验室或实验室中进行。

1. 仪器：托盘天平、烧杯、量筒和试剂瓶(或滴瓶)。
2. 试剂：NaCl。

【工作原理】

直接溶解法适用于易溶于水且不发生水解的固体试剂(如 KOH、NaCl 和

$(NH_4)_2C_2O_4$)的配制。在配制其溶液时,首先根据溶液的浓度和体积计算出所需固体试剂的质量,然后用托盘天平称取相应量的固体试剂置于烧杯中,加入少量蒸馏水,搅拌使之溶解并稀释至所需体积,最后转移至试剂瓶或滴瓶中,贴上标签,保存备用。

【工作过程】

用托盘天平称取 5.85 g NaCl,置于洗涤干净的烧杯中,用量筒量取 100 mL 蒸馏水倒入烧杯中,用玻璃棒搅拌使其溶解,摇匀。将配制好的溶液转移至试剂瓶(或滴瓶)中,贴上标签。

【注意事项】

1. 配制前应根据溶液的浓度和体积准确计算出所需固体试剂的质量。
2. 称量数据的读取,应准确无误。

【体验测试】

1. 欲配制 0.5 mol/L 的 NaCl 溶液 250 mL,应称取 NaCl 多少克?
2. 将 80 g NaOH 溶解在 1 L 水中,所得溶液的物质的量浓度是否为 1 mol/L?

【工作任务二】

配制酸性氯化亚锡溶液 100 mL。

【工作目标】

学会用介质水溶法配制溶液。

【工作情境】

本任务可在化验室或实验室中进行。

1. 仪器:托盘天平、烧杯和试剂瓶(或滴瓶)。
2. 试剂:氯化亚锡和盐酸。

【工作原理】

在分析工作中会用到许多溶液,大多数溶液的配制方法同工作任务一,但易水解的固体试剂(如 $FeCl_3$、Na_2S 和 $SnCl_2$ 等)遇水会水解,在配制这些试剂的水溶液时,应称取一定量的固体试剂置于烧杯中,加入适量一定浓度的酸或碱使之溶解,再用蒸馏水稀释至所需体积,搅拌均匀后转移至试剂瓶或滴瓶中,这种配制方法称为介质水溶法。由于氯化亚锡是强还原剂,其溶液状态在自然界中不稳定,易水解成白色乳浊液,反应方程式为 $SnCl_2 + H_2O \rightleftharpoons Sn(OH)Cl\downarrow$(白色)$+ HCl$,所以在配制氯化亚锡溶液时,常常将氯化亚锡溶解在盐酸中来抑制其水解。

【工作过程】

用托盘天平称量 40 g 氯化亚锡,置于干净的烧杯中,然后往烧杯中加入盐酸至溶液达到 100 mL,用玻璃棒搅拌使氯化亚锡溶解,再将溶液转移至试剂瓶(或滴瓶)中,贴上标签。

【注意事项】

在配制氯化亚锡溶液时,通常先将 $SnCl_2$ 固体溶解在少量的浓盐酸中,再加水稀释。为防止 Sn^{2+} 被氧化,常向新配制的氯化亚锡溶液中加入少量金属锡粒起稳定作用。

$$Sn+2HCl \xlongequal{\triangle} SnCl_2+H_2\uparrow$$

【体验测试】

如何在实验室配制三氯化铁试液?

【工作任务三】

配制(1+9)HCl 溶液 150 mL。

【工作目标】

学会体积比溶液的配制方法。

【工作情境】

本任务可在化验室或实验室中进行。

1. 仪器:量筒、烧杯和试剂瓶(或滴瓶)。

2. 试剂:36%的浓盐酸。

【工作原理】

体积比溶液是液体试剂相互混合或用溶剂(大多为水)稀释时的表示方法,在分析检验中应用比较广泛。例如,(1+5)HCl 溶液表示 1 体积市售浓 HCl 与 5 体积蒸馏水混合而成的溶液,在有些分析规程中写成(1∶5)HCl 溶液,意义完全相同。

【工作过程】

用量筒量取 15 mL 浓盐酸,倒入盛有 135 mL 蒸馏水的烧杯中,用玻璃棒搅拌、混匀。再将溶液转移至试剂瓶(或滴瓶)中,贴上标签。

【注意事项】

取用浓盐酸时,因其易挥发,故应在通风橱中移取。

【体验测试】

1. 如何配制(1+3)HCl 溶液?此溶液的物质的量浓度是多少?

2. 欲配制(2+3)乙酸溶液 1 L,如何配制?

【知识链接】

溶液浓度与稀溶液的依数性

1. 溶液浓度的表示方法

1.1 质量浓度(ρ_B)

质量浓度是单位体积的溶液中所含溶质 B 的质量,用符号 ρ_B 表示:

$$\rho_B=\frac{m_B}{V}$$

质量浓度 ρ_B 的常用单位有 kg/L、g/L 和 mg/mL 等。质量浓度主要用于表示浓度较低的标准溶液或指示剂溶液,如 $\rho_{Cu^{2+}}=4$ mg/mL,$\rho_{酚酞}=10$ g/L。

配制溶质为固体的溶液时,为表达方便,常用质量浓度表示。如生理盐水的浓度为

0.9%，是每 100 mL 溶液中含 0.9 g 氯化钠；血糖含量为 100 mg%（福林-吴法），指每 100 mL 血液中含 100 mg 糖（主要指葡萄糖）。

这里要特别注意质量浓度 ρ_B 与密度 ρ 的区别。如：浓硫酸的质量浓度 $\rho_{H_2SO_4}$ = 1.77 kg/L，表示每升该溶液中溶质硫酸的质量为 1.77 kg；浓硫酸的密度 ρ=1.84 kg/L，表示每升该溶液的质量为 1.84 kg，两者含义不同，不可混淆。当溶液为纯溶质时，$\rho_B=\rho$，即溶液的质量与溶质的质量相等。

1.2　物质的量浓度（c_B）

物质的量浓度是单位体积的溶液中所含溶质的物质的量，用符号 c 表示。若溶质用 B 表示，则 B 的物质的量浓度的定义式为

$$c_B=\frac{n_B}{V}$$

c_B 的常用单位有 mol/L 和 mmol/L。

【例题 1-1】　称取 2.0 g 固体 NaOH 溶解于不含 CO_2 的蒸馏水中，形成 500 mL 溶液。试求该溶液的物质的量浓度。

解：$c_{NaOH}=\frac{n_{NaOH}}{V}=\frac{\frac{m_{NaOH}}{M_{NaOH}}}{V}=\frac{\frac{2.0\ \text{g}}{40.00\ \text{g/mol}}}{\frac{500\ \text{mL}}{1\ 000}}=0.1\ \text{mol/L}$

【例题 1-2】　计算质量浓度为 80 g/L 的稀盐酸的物质的量浓度。

解：依据题意，1 L 此盐酸溶液中含 HCl 80 g。

$$c_{HCl}=\frac{n_{HCl}}{V}=\frac{m_{HCl}}{M_{HCl}V}=\frac{80\ \text{g}}{36.5\ \text{g/mol}\times 1\ \text{L}}=2.19\ \text{mol/L}$$

1.3　质量分数（w_B）

溶质的质量与溶液的质量之比称为该溶液的质量分数，旧称为质量百分比浓度，用符号 w_B 表示，无单位，溶质与溶液质量单位必须一致。

$$w_B=\frac{m_{溶质}}{m_{溶液}}\times 100\%$$

质量分数不随温度变化而变化。

例如：w_{HCl}=37%（或 0.37）表示 100 g 盐酸溶液中含 37 g 氯化氢。

1.4　体积分数（φ_B）

体积分数为在相同的温度和压强下，某一组分 B 的体积占混合物总体积的百分比，用符号 φ_B 表示，无单位，溶质与溶液体积单位必须一致。

$$\varphi_B=\frac{V_B}{V}\times 100\%$$

两种液体混合成溶液时，假若不考虑体积变化，某一组分的浓度可用体积分数表示。用体积分数表示溶液浓度，方法简单、使用方便，是一种常用的方法。如消毒用的医用酒精浓度为 75%即指 100 mL 溶液中含 75 mL 纯酒精。

1.5　质量摩尔浓度（m_B）

溶液中溶质 B 的物质的量除以溶剂的质量称为溶质 B 的质量摩尔浓度，以 m_B 表示，单

位为 mol/kg，对于很稀的溶液，$m_B \approx c_B$。

$$m_B = \frac{n_B}{m}$$

例如：$m_B = 1.0$ mol/kg 表示 1 kg 水中含 1.0 mol 溶质 B。质量摩尔浓度不随温度变化而变化。在室温下配制的溶液温度升高后，只要溶剂不损失，质量摩尔浓度就不发生变化。因此，它通常用于稀溶液依数性的研究和一些精密的测定中。

【例题 1-3】 将 54 g 葡萄糖溶于 1 000 g 水中，该葡萄糖溶液的质量摩尔浓度是多少？

解：$M_{葡萄糖} = 180$ g/mol

$$m_{葡萄糖} = \frac{n_{葡萄糖}}{m} = \frac{54/180}{1} = 0.3 \text{ mol/kg}$$

1.6　比例浓度

比例浓度包括容量比浓度和质量比浓度。容量比浓度是液体试剂相互混合或用溶剂(大多为水)稀释时的表示方法。例如，(1+5)HCl 溶液表示 1 体积市售浓 HCl 与 5 体积蒸馏水混合而成的溶液，在有些分析规程中写成(1∶5)HCl 溶液，意义完全相同。质量比浓度是两种固体试剂相互混合的表示方法。例如，(1+100)钙指示剂－氯化钠混合指示剂表示 1 个单位质量的钙指示剂与 100 个单位质量的氯化钠混合，是一种固体稀释方法，同样也可写成 1∶100。

2. *溶液浓度之间的换算*

在实际工作中，常常要将一种溶液的浓度换算成另一种浓度，即进行相应的浓度换算。浓度换算的关键是从正确理解各种浓度的基本定义出发，建立合理的等量关系。实验室常用溶液的密度及浓度见表 1-2。

2.1　质量分数与物质的量浓度之间的换算

在配制稀溶液时，使用物质的量浓度比较方便，但很多药品标识的是质量分数，质量分数与物质的量浓度换算的桥梁是密度，以质量不变列等式。

溶质的质量＝溶质的物质的量浓度×溶液的体积×溶质的摩尔质量
＝溶液的体积×溶液的密度×质量分数

即

$$cVM = 1\,000V\rho w$$

$$c = 1\,000\rho w/M$$

表 1-2　实验室常用溶液的密度及浓度

试剂	密度/(g/mL)	质量分数/%	物质的量浓度(近似值)/(mol/L)
H_2SO_4	1.84	98.0	18.4
HCl	1.18	37.0	12
HNO_3	1.42	71.0	16.0
H_3PO_4	1.70	85.0	14.7

续表

试剂	密度/(g/mL)	质量分数/%	物质的量浓度(近似值)/(mol/L)
CH_3COOH	1.05	99.8	17.5
$NH_3 \cdot H_2O$	0.89	30.0	15.7

溶液被稀释前后溶质的质量不变，只是溶剂的量改变了，因此根据溶质的质量不变原则列等式：

$$c_1V_1=c_2V_2$$

式中：c_1 为稀释前溶液的浓度；V_1 为稀释前溶液的体积；c_2 为稀释后溶液的浓度；V_2 为稀释后溶液的体积。

【例题 1-4】 下列溶液为实验室和工业中常用的试剂，计算出它们的物质的量浓度。

(1)盐酸：密度 1.18 g/mL，质量分数 0.37；

(2)硫酸：密度 1.84 g/mL，质量分数 0.98；

(3)硝酸：密度 1.42 g/mL，质量分数 0.71；

(4)氨水：密度 0.89 g/mL，质量分数 0.30。

解：(1)$c_{HCl}=\dfrac{1\,000\rho w}{M_{HCl}}=\dfrac{1\,000\times1.18\times0.37}{36.5}=12\ \text{mol/L}$

(2)$c_{H_2SO_4}=\dfrac{1\,000\rho w}{M_{H_2SO_4}}=\dfrac{1\,000\times1.84\times0.98}{98}=18.4\ \text{mol/L}$

(3)$c_{HNO_3}=\dfrac{1\,000\rho w}{M_{HNO_3}}=\dfrac{1\,000\times1.42\times0.71}{63}=16.0\ \text{mol/L}$

(4)$c_{NH_3}=\dfrac{1\,000\rho w}{M_{NH_3}}=\dfrac{1\,000\times0.89\times0.30}{17}=15.7\ \text{mol/L}$

【例题 1-5】 欲配制 0.1 mol/L 的盐酸溶液 400 mL，需浓度为 37%、密度为 1.18 g/mL 的浓盐酸多少毫升？

解：$c_{HCl}=\dfrac{1\,000\rho w}{M}=\dfrac{1\,000\times1.18\times37\%}{36.5}\approx12\ \text{mol/L}$

$$c_1V_1=c_2V_2$$

$$V_1=\frac{0.1\times400}{12}=3.33\ \text{mL}$$

2.2　质量浓度与物质的量浓度之间的换算

因为 $\rho_B=\dfrac{m_B}{V}$，$c_B=\dfrac{n_B}{V}$，$n_B=\dfrac{m_B}{M_B}$，所以 $\rho_B=c_BM_B$ 或 $c_B=\dfrac{\rho_B}{M_B}$。

【例题 1-6】 计算 $\rho_B=90$ g/L 的稀盐酸溶液的物质的量浓度 c_B 是多少。

解：已知 $M_{HCl}=36.5$ g/mol，$\rho_{HCl}=90$ g/L，所以

$$c_{HCl}=\frac{\rho_{HCl}}{M_{HCl}}=\frac{90}{36.5}=2.47\ \text{mol/L}$$

3. 稀溶液的依数性

溶液的性质既不同于溶质，也不同于溶剂。其一些性质与溶质的本性有关，如溶液的颜

色、密度、导电性和 pH 值等；而另一些性质与溶液中溶质的独立质点数有关，与溶质的本性无关，如溶液的蒸气压下降、沸点升高、凝固点降低和渗透压。这 4 种性质为不同溶质的稀溶液所共有，且溶液越稀，表现得越有规律性，故称为稀溶液的依数性或稀溶液的通性。

3.1 溶液的蒸气压下降

3.1.1 饱和蒸气压

在一定温度和压力下，把水放在密闭的真空容器中，由于分子的热运动，一部分能量较高的水分子从水面逸出，扩散到空气中形成水蒸气，这一过程称为蒸发。水蒸气分子也在不断地运动，其中一些分子可能重新回到水面变成液态水，这一过程称为凝聚。当蒸发速度和凝聚速度相等时，液态水和水蒸气即液相和气相处于平衡状态，此时的蒸气称为饱和蒸气。饱和蒸气所呈现的压力称为饱和蒸气压，简称蒸气压。每一种液体在一定温度下都有其恒定的饱和蒸气压。很明显，越容易挥发的液体，饱和蒸气压越大；温度越高，液体的蒸发速度越快，饱和蒸气压也越大。在一定温度下，每种液体的饱和蒸气压都是固定的。例如 20 ℃时，水的饱和蒸气压为 2.33 kPa，酒精的饱和蒸气压为 5.85 kPa。

3.1.2 溶液的蒸气压

如果在密闭容器内的纯溶剂（水）中溶入少量难挥发非电解质（如葡萄糖、蔗糖、甘油等），在同一温度下，溶液的蒸气压总是低于纯溶剂的蒸气压，这种现象称为溶液的蒸气压下降。这里所说的蒸气压实际上指溶液中纯溶剂的蒸气压。

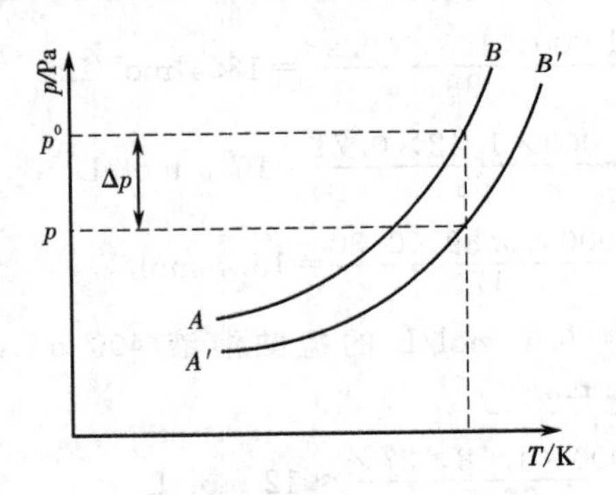

图 1-6 溶液的蒸气压下降

图 1-6 中溶液的蒸气压曲线（$A'B'$线）在水的蒸气压曲线（AB 线）之下，表明溶液的蒸气压比纯溶剂的低。若以 p^0 表示某温度下纯溶剂的蒸气压，p 表示同温度下溶液的蒸气压，$p^0-p=\Delta p$ 表示在该温度下溶液的蒸气压下降。Δp 随浓度增大而增大。

难挥发非电解质溶于纯溶剂后，一方面束缚了一部分高能的溶剂分子逸出，另一方面占据了一部分溶剂的表面，减少了单位面积上的溶剂分子数目。因此，从溶液中蒸发出的溶剂分子数目比从纯溶剂中蒸发出的溶剂分子数目少，从而使溶液的蒸气压比同一温度下纯溶剂的蒸气压低。显然，溶液浓度越大，溶液的蒸气压下降值越大。

3.1.3 拉乌尔定律

1887 年法国物理学家拉乌尔（F. M. Raoult）根据实验结果总结出下列定律：在一定温度下，难挥发非电解质稀溶液的蒸气压下降值与溶液中溶质的质量摩尔浓度成正比，而与溶

质的本性无关，该定律称为拉乌尔定律。拉乌尔定律的数学表达式为

$$\Delta p=Km_B$$

式中：Δp 为溶液的蒸气压下降值；m_B 为溶液中溶质的质量摩尔浓度；K 为与溶剂有关的常数。

3.2　溶液的沸点升高和凝固点降低

3.2.1　溶液的沸点升高

液体的蒸气压随温度升高而增大，液体的蒸气压等于外界压力（通常指 101 325 Pa）时液体的温度称为该液体的沸点。一切液体都有一定的沸点，如果纯溶剂中溶入少量难挥发非电解质，溶液的沸点总是高于纯溶剂的沸点，这种现象叫溶液的沸点升高。溶液的沸点升高是溶液的蒸气压下降的必然结果。

由图 1－7 可以看出，水在 373 K 时的蒸气压是 101 325 Pa，溶入难挥发溶质后蒸气压降低，虽然温度仍为 373 K，但溶液不会沸腾。要使溶液沸腾，必须继续加热升高温度，使它的蒸气压继续增大，直到等于外界压力时溶液才开始沸腾，此时的温度（T_b）称为溶液的沸点。显然，溶液的沸点升高了。溶液越浓，蒸气压下降越多，沸点升高也越多。根据拉乌尔定律可以推出稀溶液的沸点升高值 ΔT_b 也和溶液中溶质的质量摩尔浓度成正比，即

$$\Delta T_b=K_b m_B$$

式中：ΔT_b 为溶液的沸点升高值，K；m_B 为溶液中溶质的质量摩尔浓度，mol/kg；K_b 为溶剂的沸点升高常数，K・kg/mol。该常数取决于溶剂的性质，而与溶质的本性无关。

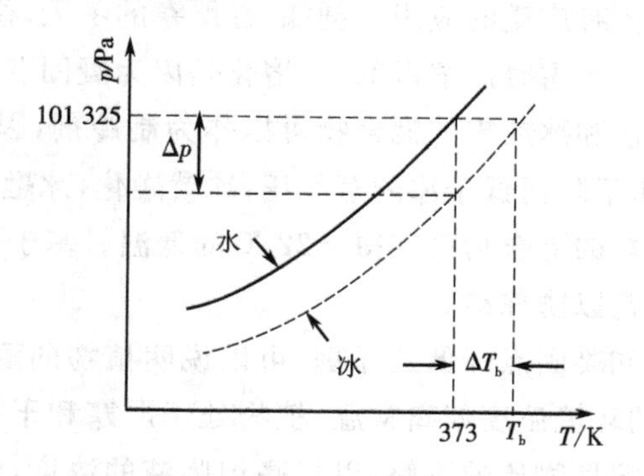

图 1－7　水溶液的沸点升高

3.2.2　溶液的凝固点降低

溶液的凝固点是溶液的蒸气压（即溶液中纯溶剂的蒸气压）与固态纯溶剂的蒸气压相等时的温度。溶液的凝固点比纯溶剂的凝固点低是一个常见的自然现象，例如海水由于含有大量的盐分，因此相较于纯水在更低的温度下才结冰。若向纯水中加入难挥发溶质，因为在同一温度下水溶液的蒸气压低于纯水的蒸气压，即在 0 ℃时溶液的蒸气压低于冰的蒸气压，所以溶液不能凝固。降低温度，溶液的蒸气压相应减小，直到溶液的蒸气压曲线和冰（固态纯溶剂）的蒸气压曲线相交，此时溶液的蒸气压与固态纯溶剂的蒸气压相等，该点对应的温度即为溶液的凝固点。如图 1－8 所示，显然溶液的凝固点低于纯溶剂的凝固点。

溶液的凝固点降低也是由蒸气压下降引起的，所以溶液的凝固点降低值与溶液的蒸气

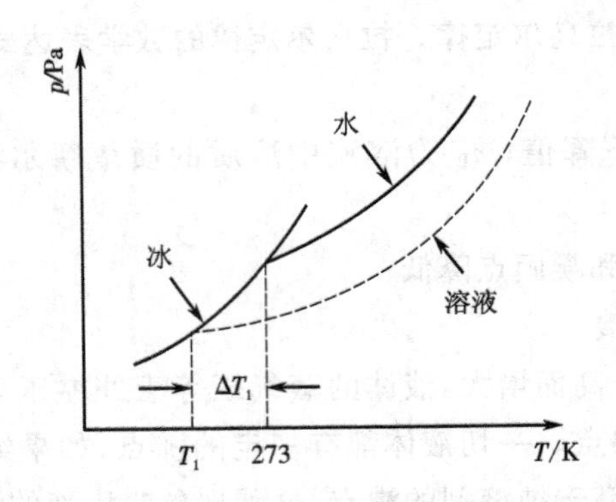

图 1-8 水溶液的凝固点降低

压下降值成正比，即稀溶液的凝固点降低值与溶液中溶质的质量摩尔浓度成正比，可表示为

$$\Delta T_f = K_f m_B$$

式中：K_f 为溶液的凝固点降低常数，单位为 K · kg/mol，它也是纯溶液的特征常数。溶液的沸点升高和凝固点降低都与溶质的质量摩尔浓度成正比，而溶质的质量摩尔浓度又与溶质的相对分子质量有关。因此，可以通过对溶液沸点升高和凝固点降低的测定来计算难挥发非电解质的相对分子质量。由于同一溶剂的凝固点降低常数比沸点升高常数大，溶液凝固点的测定比沸点的测定简易准确，所以用凝固点降低法测定相对分子质量比用沸点升高法更为广泛。

溶液凝固点降低的性质有广泛的应用。例如：在严寒的冬天，往汽车水箱中加入甘油或防冻液，可防止水冻结；北方下雪时撒溶雪剂，雪溶化是因为凝固点下降；腌咸菜时缸中的水不易结冰也是这个道理。盐和冰或雪的混合物可以作为制冷剂，因为盐溶解在冰表面的水中成为溶液，溶液的蒸气压下降而低于冰的蒸气压，冰就融化，冰融化时要吸收大量的热，使温度降低。三份冰和一份盐的混合物可获得－22 ℃的低温。基于这个原理，冬季建筑工人向砂浆中加入食盐或氯化钙以防冻结。

利用溶液蒸气压下降和凝固点降低的原理，可以说明植物的耐寒性和抗旱性。生物化学研究表明：当植物所处的环境温度偏离常温，植物处于严寒和干旱状态的时候，有机体细胞中强烈地发生糖类等可溶性物质的溶解，以提高细胞液的浓度，细胞液浓度越大，其凝固点降低越多，使细胞液能够在越低的温度不冻结，从而表现出一定的抗寒能力；同样，由于细胞液浓度增大，细胞液的蒸气压下降，水分蒸发变慢，因此表现出抗旱能力。

3.3 溶液的渗透压

3.3.1 渗透压

溶液的渗透压可用图 1-9 所示的装置来说明。

有这样一种膜，只允许某些小分子物质（如水）通过而不允许大分子物质（如蔗糖分子、蛋白质分子、悬浮颗粒等）通过，这种膜称为半透膜，动物的肠衣、膀胱膜、毛细血管壁，植物的细胞膜，人工制得的羊皮纸等都是半透膜。如图 1-9 所示，用一个半透膜将蔗糖溶液和纯水分开，装置左边装纯水，右边装蔗糖水溶液，并使两边的液面 a、c 等高。假设半透膜两侧都有相同数目的分子与膜接触，但在糖溶液一侧有一部分是不能透过半透膜的糖分子，水

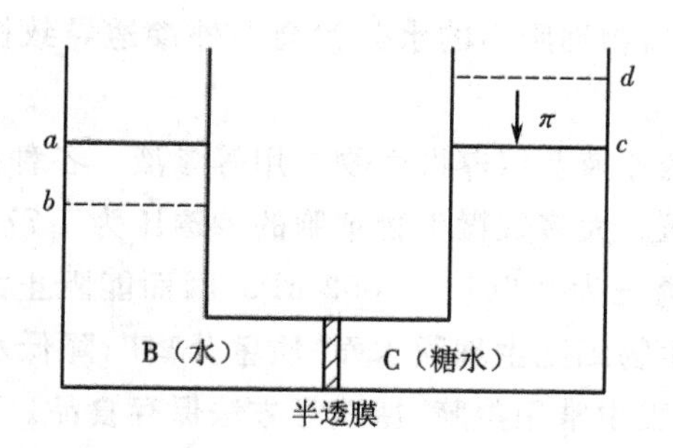

图 1-9　渗透压示意

分子在单位时间内从纯水进入糖溶液的数目比从糖溶液进入纯水的数目多。结果是溶剂透过半透膜渗透到溶液中，使得溶液的体积增大，液面升高到 d，溶剂液面下降到 b。这种溶剂分子通过半透膜进入溶液的过程称为渗透。

随着渗透作用的进行，溶液液面不断升高。若要保持溶液液面不上升，必须施予溶液一定的压力，使单位时间内溶剂分子从两个相反方向穿过半透膜的数目相等，即达到渗透平衡。因此，渗透压就是阻止溶剂通过半透膜进入溶液所施予溶液的最小额外压力。

渗透作用不仅发生在有半透膜隔开的纯溶剂和溶液之间，也可以发生在有半透膜隔开的两种不同浓度的溶液之间，所以渗透作用必须具备两个条件：一是有半透膜存在；二是半透膜两侧的溶液浓度不同。如果半透膜两侧溶液的渗透压相等，称为等渗溶液；如果不相等，渗透压高的称为高渗溶液，渗透压低的称为低渗溶液。

3.3.2　渗透压的计算

稀溶液的渗透压与浓度、温度的关系可以用下式表示：

$$\pi = c_B RT$$

式中：π 为溶液的渗透压，kPa；c_B 为溶液的浓度，mol/L；R 为摩尔气体常数，为 8.314 J/(mol·K)；T 为体系的温度，K。

利用上述公式，通过测定溶液的渗透压可以计算溶质的相对分子质量。此法常用于测定高分子化合物的相对分子质量。

【例题 1-7】 有一蛋白质的饱和水溶液，每升含蛋白质 5.18 g，已知在 298 K 时，该溶液的渗透压为 413 Pa，求此蛋白质的摩尔质量。

解： $\pi = c_B RT = \dfrac{m_B}{M_B V} RT$

$$M_B = \frac{m_B RT}{\pi V} = \frac{5.18 \times 8.314 \times 10^3 \times 298}{413 \times 1} = 31\ 075\ \text{g/mol}$$

该蛋白质的摩尔质量为 31 075 g/mol。

3.3.3　渗透作用在农业中的应用

动植物体的细胞膜多半具有半透膜的性能，因此渗透作用对于动植物的生存有着重大的意义。水渗入植物细胞后就会产生相当大的压力，从而使植物组织保持撑紧状态并具有弹性。植物的生长发育和土壤溶液的渗透压有关，只有土壤溶液的渗透压低于细胞液的渗透压时，植物才能不断从土壤中吸收水分和养分进行正常的生长发育；如果土壤溶液的渗透压高于植物细胞的渗透压，植物细胞内的水分就会向外渗透导致植物枯萎。盐碱地不利于作物生长就是这个道理。

实验室配制各种细胞悬浮液及培养微生物常用等渗液。各种微生物的生长都需要周围环境有一个最适宜的渗透压。大多数微生物细胞的渗透压为 1 778～3 047 kPa。含糖量在60%～65%的糖渍品的渗透压为 3 647～4 052 kPa，因而能阻止大多数微生物引起的食品变质。用盐腌食品能使微生物细胞生理脱水而“质壁分离”；降低水分活度而使微生物不能正常生活。因此，在果品加工中常用盐腌、糖渍等方法保存食品。

人和高等动物体内有细胞膜、血球膜、毛细血管壁等许多薄膜，它们都具有半透膜的性质，不停地进行着渗透，从而使血液、细胞液、组织液等具有一定的渗透压。如人体血液的平均渗透压为 780.2 kPa，在进行静脉注射或静脉输液时，要根据不同情况选用不同渗透压的溶液，尤其要注意使用等渗溶液。例如 0.9%的生理盐水及 5%的葡萄糖溶液即为人体血液的等渗溶液。

反渗透又称逆渗透，实际上是渗透过程的逆过程。在渗透过程中，如果外加在溶液液面上的压力超过了渗透压，就会产生另外一种情况：浓度高的溶液中的溶剂向浓度低的溶液中流动，使溶解在溶液中的溶质与溶剂分离，这一过程称为反渗透过程。

所谓“反渗技术”就是在渗透压较大的溶液一边加上比其渗透压还要大的压力，迫使溶剂从高浓度溶液向低浓度溶液扩散，从而达到浓缩溶液的目的。对一些不能或不适合在高温条件下浓缩的物质可以利用“反渗技术”在常温下进行浓缩。比如速溶咖啡和速溶茶制作、饮用水净化、海水淡化、污水处理等。

应该指出，只要是难挥发溶质的溶液，都有蒸气压下降、沸点升高、凝固点降低和渗透压等现象。但表明这些依数性与溶液浓度间关系的稀溶液定律只适用于非电解质稀溶液，对于浓溶液或电解质溶液不适用。因为在浓溶液中，溶质浓度大，溶质粒子之间相互牵制的作用大为增大，情况比较复杂。而在电解质溶液中，由于电解质电离产生正、负离子，一方面溶液中总的粒子数增加，另一方面正、负电荷之间产生静电作用，从而导致稀溶液定律所指定的定量关系不再成立，必须加以校正。

4. 盐类水解

盐是酸碱中和反应的产物，除酸式盐和碱式盐外，大多数盐在水中既不能离解出 H^+，也不能离解出 OH^-，它们的水溶液似乎应该是中性的，但为什么 NaAc、Na_2CO_3 和 NH_4Cl 等盐类物质溶于水时显一定的酸碱性而不显中性呢？这是由于盐类物质溶于水时，盐的离子与 H_2O 发生水解反应，产生 H^+ 或 OH^-，并且生成弱酸或弱碱，结果引起 H_2O 的离解平衡移动，改变了溶液中 H^+ 和 OH^- 的相对浓度，所以溶液就不显中性了。

4.1 盐类水解的实质

盐类水解的实质是盐的离子与溶液中 H_2O 离解出的 H^+ 和 OH^- 作用，这种产生弱电解质的反应叫作盐类的水解。如 NaAc 溶于水后发生的反应为

$$\begin{array}{ccccc} NaAc & \rightleftharpoons & Na^+ & + & Ac^- \\ & & & & + \\ H_2O & \rightleftharpoons & OH^- & + & H^+ \\ & & & & \Updownarrow \\ & & & & HAc \end{array}$$

由于 Ac^- 与 H_2O 离解出的 H^+ 结合生成 HAc 分子，使[H^+]减小，导致水的离解平衡向右移动，因此溶液中[OH^-]>[H^+]，这就是 NaAc 水溶液显碱性的原因。

NH_4Cl 溶于水后有下列反应发生：

$$\begin{array}{ccccc} NH_4Cl & \rightleftharpoons & Cl^- & + & NH_4^+ \\ & & & & + \\ H_2O & \rightleftharpoons & H^+ & + & OH^- \\ & & & & \Updownarrow \\ & & & & NH_3 \cdot H_2O \end{array}$$

由于 NH_4^+ 与 H_2O 离解出的 OH^- 结合生成 $NH_3 \cdot H_2O$ 分子，使[OH^-]减小，导致水的离解平衡向右移动，因此溶液中[H^+]>[OH^-]，这就是 NH_4Cl 水溶液显酸性的原因。

按照酸碱质子理论，盐的水解就是盐的离子与 H_2O 分子间的质子传递反应。NH_4Cl 和 NaAc 的水解反应亦可表示为

$$NH_4^+ + H_2O \rightleftharpoons NH_3 + H_3O^+$$

$$Ac^- + H_2O \rightleftharpoons HAc + OH^-$$

4.2　各类盐的水解平衡

4.2.1　强碱弱酸盐

这类盐的阴离子有水解作用，水解后溶液显碱性。以 NaAc 为例，水解反应为

$$Ac^- + H_2O \rightleftharpoons HAc + OH^-$$

平衡时

$$K_h = \frac{[HAc]\cdot[OH^-]}{[Ac^-]} = \frac{[HAc]\cdot[OH^-]\cdot[H^+]}{[Ac^-]\cdot[H^+]} = \frac{[HAc]\cdot K_w}{[Ac^-]\cdot[H^+]} = \frac{K_w}{K_a}$$

K_h表示水解时的平衡常数，称为水解常数。K_h值的大小表示盐水解程度的大小。K_h与 K_a成反比，即酸越弱，它与强碱形成的盐水解程度越大（K_h越大），溶液的碱性越强。K_h值一般不能直接查到，而是通过 $K_h = \frac{K_w}{K_a}$间接求出。

盐的水解用水解度 h 表示：

$$h = \frac{\text{已水解的盐的浓度}}{\text{初始浓度}} \times 100\%$$

NaAc 溶液的[OH^-]和 pH 值可作如下计算：设平衡时溶液的[OH^-]为 x mol/L，溶液的初始浓度为 c mol/L，则

$$\begin{array}{lll} Ac^- + H_2O \rightleftharpoons & HAc + & OH^- \\ c-x & x & x \end{array}$$

$$K_h=\frac{[HAc]\cdot[OH^-]}{[Ac^-]}=\frac{x^2}{c-x}$$

由于一般情况下 K_h 值很小，溶液中未发生水解的 Ac^- 的浓度近似等于 NaAc 的初始浓度，即 $c-x\approx c$。代入上式得

$$x=\sqrt{K_h c}$$

即

$$[OH^-]=\sqrt{K_h c}=\sqrt{\frac{K_w}{K_a}c}$$

4.2.2 强酸弱碱盐

这类盐的阳离子有水解作用，水解后溶液显酸性。以 NH_4Cl 为例，水解反应为

$$NH_4^+ + H_2O \rightleftharpoons NH_3\cdot H_2O + H^+$$

溶液中的 NH_4^+ 水解，用同样的方法可以推出

$$K_h=\frac{K_w}{K_b}$$

$$[H^+]=\sqrt{K_h c}=\sqrt{\frac{K_w}{K_b}c}$$

4.2.3 弱酸弱碱盐

这类盐的阴、阳离子都有水解作用，水解后溶液的酸、碱性取决于生成的弱酸、弱碱的相对强弱。如果弱酸的离解常数 K_a 与弱碱的常数 K_b 近似相等，则溶液接近中性；如果 $K_a>K_b$，溶液呈酸性；如果 $K_b>K_a$，溶液呈碱性。

弱酸弱碱盐的水解常数为

$$K_h=\frac{K_w}{K_aK_b}$$

还需指出，尽管弱酸弱碱盐水解的程度往往比较大，但无论所生成的弱酸和弱碱的相对强弱如何，溶液的酸、碱性总是比较弱的。例如：根据计算，0.1 mol/L 的 NH_4CN 约有 51% 发生水解，溶液的 pH 值仅为 9.2；与之相比，0.1 mol/L 的 NaCN 仅有 1.3% 发生水解，而 pH 值高达 11.1。因此，不能认为水解的程度越大，溶液的酸性或碱性越高。

4.2.4 强酸强碱盐

强酸强碱盐的阴、阳离子不能与水离解出的 H^+ 或 OH^- 结合形成弱电解质，水的离解平衡未被破坏，故溶液呈中性，即强酸强碱盐在溶液中不发生水解。

【例题 1-8】 计算 0.1 mol/L 的 NH_4Cl 溶液的 pH 值和水解度。

解：因为 NH_4Cl 是强酸弱碱盐，水解显酸性，即

$$NH_4^+ + H_2O \rightleftharpoons NH_3 + H_3O^+$$

所以

$$[H^+]=\sqrt{K_h c}=\sqrt{\frac{K_w}{K_b}c}=\sqrt{\frac{1.0\times10^{-14}}{1.76\times10^{-5}}\times0.1}=7.5\times10^{-6}$$

$$pH=-\lg[H^+]=-\lg(7.5\times10^{-6})=5.1$$

$$h=\frac{\text{已水解的盐的浓度}}{\text{初始浓度}}\times 100\%=\frac{7.5\times 10^{-6}}{0.1}\times 100\%=7.5\times 10^{-3}\%$$

4.3　影响盐类水解的因素

影响水解平衡的因素有以下几个方面。

(1)盐的本性。盐类水解时所生成的弱酸或弱碱的离解常数越小，水解程度越大。若水解产物为沉淀，则其溶解度越小，水解程度越大。

(2)盐的浓度。盐的浓度越小，水解的趋势越大。稀释可促进水解，如：

$$CO_3^{2-}+H_2O \rightleftharpoons HCO_3^-+OH^-$$

在一定的温度下，用水稀释时，各离子的浓度都减小，使 $K_c<K_h$，促使平衡向水解的方向移动。对于弱酸弱碱盐，水解程度与浓度无关。

(3)温度。由于中和反应是放热反应，因此其可逆过程——水解反应是吸热反应。一般加热可以促进水解反应，如：

$$FeCl_3+3H_2O \rightleftharpoons Fe(OH)_3+3HCl$$

加热时溶液的颜色逐渐变深，最后析出棕红色的 $Fe(OH)_3$ 沉淀，这说明加热可以促进 $FeCl_3$ 水解。

(4)酸碱度。盐类物质水解时，常引起溶液中[H^+]和[OH^-]的变化，因此调节溶液的酸碱度可以促进或抑制水解反应。如：

$S^{2-}+H_2O \rightleftharpoons HS^-+OH^-$　　加酸促进水解

$Al^{3+}+3H_2O \rightleftharpoons Al(OH)_3+3H^+$　　加碱促进水解

4.4　盐类水解在农业中的应用

碳酸氢铵在 30 ℃以上就分解为水、二氧化碳和氨气。施用碳酸氢铵、碳酸铵肥料要适当深埋，一方面防止其水解生成二氧化碳和氨气，降低肥效，同时防止氨气有毒伤苗；另一方面铵态氮肥深施可以增强土壤对铵离子的吸收，提高肥效。

使用明矾 $KAl(SO_4)_2\cdot 12H_2O$ 净水的原理如下：

$$Al^{3+}+3H_2O \rightleftharpoons 3H^++Al(OH)_3$$

水解产生的 $Al(OH)_3$ 为带正电荷的溶胶，而需要净化的水中常含带负电荷的黏土胶体，它们相互凝结，从而达到净化水的目的。

许多农药、医药依赖盐类水解发挥药效。例如磷化铝常用作仓储杀虫剂，在干燥条件下无药效。

$$AlP+3H_2O = PH_3\uparrow+Al(OH)_3\downarrow$$

也有许多医药因盐类水解而失效。例如，铜、汞、银、铁盐在医药上常用作杀毒、灭菌、止血剂，这些药物极易水解成氢氧化物沉淀而失效。

兽医分别使用 NH_4Cl 和 $NaHCO_3$ 治疗碱中毒、酸中毒，原因是：

$$NH_4^++H_2O \rightleftharpoons NH_3\cdot H_2O+H^+$$

$$HCO_3^-+H_2O \rightleftharpoons H_2CO_3+OH^-$$

NH_4^+ 水解后产生的 H^+ 中和碱，生成的 $NH_3\cdot H_2O$ 合成尿素由肾排出。HCO_3^- 水解后产生的 OH^- 中和酸，生成的 H_2CO_3 在肺部以 CO_2 的形式呼出。Cl^-、Na^+ 是动物体内含量较高的两种离子,可以通过代谢排出。

另外,泡沫灭火器内贮藏有 Na_2CO_3 和 $Al_2(SO_4)_3$ 两种溶液,当发生火灾险情时,打开灭火器的按钮,两种溶液混合。

$$3CO_3^{2-} + 2Al^{3+} + 6H_2O \longrightarrow 2Al(OH)_3 \downarrow + 3H_2CO_3$$
$$H_2CO_3 \longrightarrow CO_2 \uparrow + H_2O$$

CO_2 和 $Al(OH)_3$ 混合在一起呈泡沫状,可以附在着火物的表面;此外,CO_2 有阻燃作用,因此可灭火。

弱酸弱碱盐的阴、阳离子都水解,水解程度大,因而在潮湿的空气中长期放置固体药品会因吸湿、水解变成水溶液,所以 $(NH_4)_2S$、NH_4Ac、$(NH_4)_2CO_3$、NH_4SCN 等弱酸弱碱盐类化学药品要比强酸弱碱盐和强碱弱酸盐更注意密封保存。

【项目测试二】

1. 判断题

(1)盐酸和硝酸以 3+1 的比例混合而成的酸叫"王水",以 1+3 的比例混合而成的酸叫"逆王水",它们几乎可以溶解所有的金属。( )

(2)配制(1+100)铬黑 T-氯化钠混合指示剂时,必须采用万分之一的分析天平称量。( )

(3)配制盐酸溶液(1+1)时,必须使用吸量管移取溶液。( )

2. 填空题

(1)盐类水解的实质是盐的离子与溶液中____离解出的____和____作用,这种产生______的反应叫作盐类的水解。

(2)NH_4Cl 水溶液显____性,而 NaAc 水溶液显____性。

(3)0.1 mol/L 的 NH_4Cl 溶液 pH 值为____,水解度为____。

(4)影响盐类水解的因素有________、________、________、________。

3. 选择题

(1)将 100 mL 0.90 mol/L 的 KNO_3 溶液与 300 mL 0.10 mol/L 的 KNO_3 溶液混合,所制得的 KNO_3 溶液浓度为( )。

A. 0.50 mol/L B. 0.40 mol/L C. 0.30 mol/L D. 0.20 mol/L

(2)硫酸瓶上的标记是:H_2SO_4 80.0%(质量分数);密度 1.727 g/mL;相对分子质量 98.0。该酸的物质的量浓度是( )。

A. 10.2 mol/L B. 14.1 mol/L C. 14.1 mol/L D. 16.6 mol/L

(3)将 3.5 mL 18 mol/L 的浓硫酸配成 350 mL 的溶液,该溶液的物质的量浓度为( )。

A. 0.25 mol/L B. 0.28 mol/L C. 0.18 mol/L D. 0.35 mol/L

(4)单位质量摩尔浓度的溶液是指 1 mol 溶质溶于( )。

A. 1 L 溶液　　B. 1 000 g 溶液　　C. 1 L 溶剂　　D. 1 000 g 溶剂

4. 计算题

(1)计算(1+2) H_2SO_4 溶液的物质的量浓度。

(2)欲配制(2+3)硝酸溶液 1 000 mL，应取试剂浓硝酸和蒸馏水各多少毫升？

(3)将 2.5 g NaCl 溶于 497.5 g 水中配制成溶液，此溶液的密度为 1.002 g/mL，求该溶液的物质的量浓度和质量分数。

(4)现需 220 mL 浓度为 2.0 mol/L 的盐酸，应取质量分数 20%、密度 1.10 g/mL 的盐酸多少毫升？

5. 问答题

(1)为何 NaHS 溶液呈弱碱性，Na_2S 溶液呈较强的碱性？

(2)如何配制 $SnCl_2$、$Bi(NO_3)_3$ 和 Na_2S 溶液？

(3)为何不能在水溶液中制备 Al_2S_3？

(4)同是酸式盐，为何 NaH_2PO_4 溶液呈酸性，而 Na_2HPO_4 溶液呈碱性？

任务三　标准溶液的配制

学习目标

1. 学会常用滴定分析仪器的操作技术。
2. 能够运用直接法和间接法配制标准溶液，并能够对标准溶液进行标定。
3. 学会配制和标定标准溶液的计算，并能正确地进行数据处理。

技能目标

学会标准溶液的配制和标定技术。

标准溶液是一种已知准确浓度的试剂溶液，在容量分析中常作为滴定剂使用，在农产品的分析检验中常用来测定物质的含量或待标定溶液的浓度。由于标准溶液浓度的准确度直接影响分析结果的准确度，因此配制标准溶液的方法，使用的仪器、量具和试剂等都有严格的要求。

【工作任务一】

滴定分析仪器的校正。

【工作目标】

1. 学会常用滴定分析仪器的操作技术。
2. 学会滴定分析仪器的校正。

【工作情境】

本任务可在化验室或实验室中进行。

1.仪器：分析天平(0.1 mg)、滴定管及滴定架、移液管、容量瓶、精密温度计(10～30 ℃，分度值为0.1 ℃)、50 mL和250 mL烧杯、胶头滴管、洗瓶和具塞锥形瓶。

2.试剂：95%的乙醇(供干燥仪器用)和蒸馏水。

【工作原理】

玻璃量器的校正在农产品的分析检验中是必不可少的一项工作。根据中华人民共和国国家计量检定规程(JJG 196—2006)《常用玻璃量器》中的规定，容量示值的检定有衡量法和容量比较法两种，其中衡量法是仲裁检定方法。

衡量法是通过称量被检量器量入或量出纯水的表观质量，并根据该温度下纯水的表观密度进行计算，得出在标准温度20 ℃下被检玻璃量器的实际容量。其计算公式为

$$V_{20}=mK(t)$$

根据测定的质量值(m)和测定水温所对应的$K(t)$值即可求出被检玻璃量器在20 ℃下的实际容量。

容量比较法是以水为介质，将标准量器与被检量器比较，以标准量器的量值来确定被检量器的量值。本工作任务重点介绍用衡量法检定滴定管、分度吸量管(以下简称吸量管)、单标线吸量管(以下简称移液管)和单标线容量瓶容量的方法。

1.玻璃量器使用中的几个名称及其含义

(1)标准温度。量器的容积与温度有关，规定一个共同的温度293 K，即20 ℃。

(2)标称容量。量器上的标线和数字。

(3)容量允差。在标准温度20 ℃下，滴定管、分度吸量管的标称容量和零至任意分量以及任意两检定点间的最大误差。

(4)流出时间。从最高标线开始，水通过流液口自然流出至最低标线所需的时间。

2.玻璃量器的产品标记

(1)制造厂名或商标。

(2)标准温度：20 ℃。

(3)形式标记：量入式用“In”，量出式用“Ex”，吹出式用“吹”或“Blow out”。

其中，量入式容量瓶是在标明的温度下，液体充满到标线时，装入瓶内液体的体积恰好与瓶上标明的体积相同；量出式容量瓶是在标明的温度下，液体充满到标线时，从瓶内倾出液体的体积与瓶上标明的体积相同。在精确分析时，使用量入式容量瓶更适合。

(4)滴定管的准确度等级：A或B。

(5)非标准的口与塞、活塞芯和外套必须用相同的配合号码。无塞滴定管的流液口与管下部也应标有同号。

(6)用硼硅玻璃制成的玻璃量器应标“BSi”字样。

【工作过程】

1.检定的环境条件

(1)室温(20±5)℃，且室内温度变化不能大于1 ℃/h。

(2)水温与室温之差不应超过2 ℃。

(3)检定介质为纯水(蒸馏水或去离子水)，应符合GB/T 6682—2008的要求。

(4)清洗干净并晾干的被检量器须在检定前 4 h 放入实验室内。

2. 检定结果与周期

凡使用需要实际值的检定，检定次数至少为两次，两次检定数据的差值应不超过被检玻璃量器容量允差的 1/4，取两次检定的平均值。玻璃量器的检定周期为 3 年，其中无塞滴定管为 1 年。

3. 滴定管的校正

(1)将滴定管竖直固定在滴定台上，装入蒸馏水至最高标线以上约 5 mm 处。

(2)缓慢地将液面调到零位，同时排出流液口中的空气，移去流液口的最后一滴水珠。

(3)取一只容量大于被检滴定管的洁净、干燥、有盖的称量杯或具塞锥形瓶，称得空瓶质量(m_0)。

(4)完全开启活塞(碱式滴定管还需用力挤压玻璃小球)，使水充分地从流出口流出。

(5)当液面降至被检分度线以上约 5 mm 处时，等待 30 s，然后在 10 s 内将液面调至被检分度线，随即用称量杯或具塞锥形瓶移去流液口的最后一滴水珠。

(6)将被检滴定管内的蒸馏水放入称量杯或具塞锥形瓶后，称出瓶和蒸馏水的质量。

(7)在调整被检滴定管液面的同时，应观察测温筒内的水温，读数应准确到 0.1 ℃。

(8)按工作原理中衡量法的计算公式计算被检滴定管在标准温度 20 ℃下的实际容量。

(9)滴定管除计算各检定点的容量误差外，还应计算任意两检定点的最大误差。

(10)滴定管检定点的选择如表 1－3 所示。

(11)滴定管的允许误差(mL)如表 1－4 所示。

表 1－3　滴定管检定点的选择

滴定管的量程	检定点				
1～10 mL	半容量和总容量两点				
0～25 mL	0～5 mL	0～10 mL	0～15mL	0～20 mL	0～25 mL
0～50 mL	0～10 mL	0～20 mL	0～30 mL	0～40 mL	0～50 mL
0～100 mL	0～20 mL	0～40 mL	0～60 mL	0～80 mL	0～100 mL

表 1－4　滴定管的允许误差

标称容量/mL		1	2	5	10	25	50
分度值/mL		0.01		0.02	0.05	0.1	0.1
容量允差/mL	A 级	±0.010		±0.010	±0.025	±0.04	±0.05
	B 级	±0.020		±0.020	±0.050	±0.08	±0.10

4. 分度吸量管和单标线吸量管的校正

(1)用洁净、干燥的吸量管吸取蒸馏水，使液面达到最高标线以上约 5 mm 处，迅速用食指堵住吸管口，擦干吸量管流液口外面的水。

(2)缓慢地将液面调到被检分度线，移去流液口的最后一滴水珠。

(3)取一只容量大于被检吸量管的洁净、干燥、带盖的称量杯或具塞锥形瓶，称得空瓶质量(m_0)。

(4)将流液口与称量杯或具塞锥形瓶内壁接触，称量杯或具塞锥形瓶倾斜 30°，使蒸馏水沿称量杯或具塞锥形瓶内壁充分流下。对于流出式吸量管，当水流至流液口口端不流时，等待约 3 s，随即用称量杯或具塞锥形瓶移去流液口的最后一滴水珠(口端保留残留液)。对于吹出式吸量管，当水流至流液口口端不流时，随即将流液口处的残留液排出。

(5)将被检吸量管内的蒸馏水放入称量杯或具塞锥形瓶后，称出瓶和蒸馏水的质量。

(6)在调整被检吸量管液面的同时，应观察测温筒内的水温，读数应准确到 0.1 ℃。

(7)按工作原理中衡量法的计算公式计算被检吸量管在标准温度 20 ℃下的实际容量。

(8)分度吸量管除计算各检定点的容量误差外，还应计算任意两检定点的最大误差。

(9)吸量管检定点的选择如表 1－5 所示。

(10)吸量管的允许误差(mL)如表 1－6 和表 1－7 所示。

表 1－5　吸量管检定点的选择

<table>
<tr><td rowspan="5">吸量管</td><td rowspan="2">0.5 mL 以下的检定点(包括 0.5 mL)</td><td>半容量(半容量～流液口)</td></tr>
<tr><td>总容量</td></tr>
<tr><td rowspan="3">0.5 mL 以上的检定点(不包括 0.5 mL)</td><td>总容量的 1/10。若无总容量的 1/10 分度线，则检 2/10 点(自流液口起)</td></tr>
<tr><td>半容量(半容量～流液口)</td></tr>
<tr><td>总容量</td></tr>
</table>

表 1－6　单标线吸量管的允许误差

<table>
<tr><td colspan="2">标称容量/mL</td><td>1</td><td>2</td><td>3</td><td>5</td><td>10</td><td>15</td><td>20</td><td>25</td><td>50</td><td>100</td></tr>
<tr><td rowspan="2">容量允差/mL</td><td>A 级</td><td>±0.007</td><td>±0.010</td><td colspan="2">±0.015</td><td colspan="2">±0.020</td><td>±0.025</td><td>±0.030</td><td>±0.05</td><td>±0.08</td></tr>
<tr><td>B 级</td><td>±0.015</td><td>±0.020</td><td colspan="2">±0.030</td><td colspan="2">±0.040</td><td>±0.050</td><td>±0.060</td><td>±0.10</td><td>±0.16</td></tr>
</table>

表 1－7　分度吸量管的允许误差

<table>
<tr><td rowspan="3">标称容量/mL</td><td rowspan="3">分度值/mL</td><td colspan="4">容量允差/mL</td></tr>
<tr><td colspan="2">流出式</td><td colspan="2">吹出式</td></tr>
<tr><td>A 级</td><td>B 级</td><td>A 级</td><td>B 级</td></tr>
<tr><td>0.1</td><td>0.001
0.005</td><td></td><td></td><td>±0.008</td><td>±0.004</td></tr>
<tr><td>0.2</td><td>0.002
0.01</td><td></td><td></td><td>±0.003</td><td>±0.006</td></tr>
<tr><td>0.25</td><td>0.002
0.01</td><td></td><td></td><td>±0.004</td><td>±0.008</td></tr>
</table>

续表

标称容量/mL	分度值/mL	容量允差/mL			
		流出式		吹出式	
		A级	B级	A级	B级
0.5	0.005 0.01 0.02			±0.005	±0.015
1	0.01	±0.008	±0.015	±0.008	±0.015
2	0.02	±0.012	±0.025	±0.012	±0.025
5	0.05	±0.025	±0.050	±0.025	±0.050
10	0.1	±0.05	±0.10	±0.05	±0.10
25	0.2	±0.10	±0.20		
50	0.2	±0.10	±0.20		

5. 容量瓶的校正

(1)对清洗干净并经过干燥处理的被检容量瓶进行称量,称得空容量瓶的质量(m_0)。

(2)加入蒸馏水至被检容量瓶的标线处,称出瓶和蒸馏水的质量。

(3)将温度计插入被检容量瓶中,测量蒸馏水的温度,读数应准确到 0.1 ℃。

(4)按工作原理中衡量法的计算公式计算被检容量瓶在标准温度 20 ℃下的实际容量。

(5)容量瓶的允许误差(mL)如表 1-8 所示。

表 1-8　单标线容量瓶的允许误差

标称容量/mL		1	2	5	10	25	50
容量允差/mL	A级	±0.010	±0.015	±0.020	±0.020	±0.03	±0.05
	B级	±0.020	±0.030	±0.040	±0.040	±0.06	±0.10
标称容量/mL		100	200	250	500	1 000	2 000
容量允差/mL	A级	±0.10	±0.15	±0.15	±0.25	±0.40	±0.60
	B级	±0.20	±0.30	±0.30	±0.50	±0.80	±1.20
分度线宽度/mm		≤0.4					

6. 检定结果的处理

(1)经检定合格的玻璃量器,贴检定合格证,并标明检定日期。

(2)经检定不合格的玻璃量器,贴检定不合格证书,并注明不合格项目。

【数据处理】

1. 滴定管校正数据的记录及处理

水温 ____ ℃

滴定管读数/mL		瓶加水的质量/g		水的质量/g		实际容量/mL		校正值/mL		平均值/mL	总校正值/mL
1	2	1	2	1	2	1	2	1	2		

检定结论：将两次校正结果的平均值对照容量允差，判定检定结果。

2. 分度吸量管和单标线吸量管校正数据的记录及处理

水温 ____ ℃

吸量管读数/mL		瓶加水的质量/g		水的质量/g		实际容量/mL		校正值/mL		平均值/mL	总校正值/mL
1	2	1	2	1	2	1	2	1	2		

检定结论：将两次校正结果的平均值对照容量允差，判定检定结果。

3. 容量瓶校正数据的记录及处理

水温 ____ ℃

吸量管读数/mL		瓶加水的质量/g		水的质量/g		实际容量/mL		校正值/mL		平均值/mL	总校正值/mL
1	2	1	2	1	2	1	2	1	2		

检定结论：将两次校正结果的平均值对照容量允差，判定检定结果。

【注意事项】

1. 待校正的仪器应仔细洗净，滴定管应洗至内壁不挂水珠。

2. 滴定管校正值准确与否的关键：读数要准确，滴定管不漏水。

3. 滴定管进行分段校正时，每次都应从滴定管的 0.00 mL 开始。

4. 滴定管活塞涂油的量要合适，活塞不能漏水，但也不能涂多。若凡士林堵塞管口，轻则用针通，重则用洗耳球吸放热洗涤液疏通。

5. 校正时滴定管或移液管尖端和外壁的水必须除去。

6. 容量瓶必须干燥后才能开始校正。

7. 检定前 4 小时或更早些时间，将清洁后的量器放入工作室，使它的温度与室温平衡。

8. 如室温有变化，须在每次放水时记录水的温度。

9. 一般每个仪器应校正两次，即做平行实验。

10. 吸量管和容量瓶都是有刻度的精确玻璃量器，不得放在烘箱中烘烤干燥。

【体验测试】

1. 容量仪器为什么要校正？

2. 校正时如何处理滴定管下端的悬滴？

3. 分段校正滴定管时，为何每次都要从 0.00 mL 开始？滴定管每次放出的纯水体积是否一定要是整数？应注意什么？

4. 食指和中指夹持锥形瓶的磨口塞时应注意什么？

5. 校正时如何处理锥形瓶内、外壁的水？

6. 校正 50 mL 滴定管时，若放水超过 50 mL 如何处理？

7. 在 25 ℃时检定一只滴定管，数据列于下表中，请计算各点校正至 20 ℃时的校正值，并判断是否符合国家规定中的允差范围（A 级或 B 级）。

滴定管读数/mL	瓶加水的质量/g	水的质量/g	实际容量/mL	校正值/mL
0.00	（空瓶）29.20			
10.10	39.28	10.08	10.12	+0.02
20.07	49.19	19.99	20.07	
30.14	59.27	30.07	30.19	
40.17	69.24	40.04	40.20	
49.96	79.07	49.87	50.06	

【工作任务二】

重铬酸钾标准溶液（0.016 67 mol/L）的配制。

【工作目标】

1. 标准、规范地使用分析天平和容量瓶。

2. 学会用直接法配制标准溶液的操作技术。

【工作情境】

本任务可在化验室或实验室中进行。

1. 仪器：分析天平（0.1 mg）、容量瓶、小烧杯、玻璃棒、试剂瓶、钥匙、称量瓶和干燥器。

2.试剂：基准 $K_2Cr_2O_7$。

【工作原理】

$K_2Cr_2O_7$易于提纯，纯品在120 ℃下干燥至恒重后可作为基准物质，直接配制成标准溶液。$K_2Cr_2O_7$标准溶液非常稳定，可以长期保存使用。用$K_2Cr_2O_7$滴定时，可在盐酸溶液中进行，不受Cl^-的影响。

【工作过程】

取基准重铬酸钾，在140～150 ℃下干燥至恒重后，准确称取0.980 9 g，置于烧杯中，加水溶解后转移至200 mL容量瓶中，然后加水稀释至刻度，摇匀，即可根据称取的质量计算出$K_2Cr_2O_7$标准溶液的物质的量浓度。

【数据处理】

$$c(K_2Cr_2O_7)=\frac{n(K_2Cr_2O_7)}{V}=\frac{\frac{m(K_2Cr_2O_7)}{M(K_2Cr_2O_7)}}{V}\times 1\ 000$$

式中：$c(K_2Cr_2O_7)$——$K_2Cr_2O_7$标准溶液的物质的量浓度，mol/L；

$m(K_2Cr_2O_7)$——称取的重铬酸钾的质量，g；

$M(K_2Cr_2O_7)$——重铬酸钾的摩尔质量，294.2 g/mol；

V——配制用容量瓶的体积，mL。

【注意事项】

1.称量过程要注意精准，切不可洒落。

2.使用容量瓶配制溶液要注意不要溅出溶液和定容过量。

3.配制好的标准溶液不要忘记贴标签，应注明药品名称、浓度、配制日期、配制人和复核人。

【体验测试】

1.判断题

(1)在配制重铬酸钾标准溶液时，因时间紧可以不用干燥至恒重。(　　)

(2)去除重铬酸钾内的水分只要加热超过100 ℃就可以了。(　　)

(3)配制重铬酸钾标准溶液时可以不用蒸馏水。(　　)

(4)配制完重铬酸钾标准溶液后，可以把该溶液直接放在容量瓶中贴标签保存。(　　)

2.实验室要配制重铬酸钾标准溶液(0.100 0 mol/L)500 mL，应称取多少克重铬酸钾基准试剂？

【工作任务三】

盐酸标准溶液(0.100 0 mol/L)的配制与标定。

【工作目标】

1.标准、规范地使用分析天平、滴定管和吸量管配制标准溶液。

2.学会用间接法配制和标定标准溶液的操作技术。

3.学会用无水碳酸钠作基准物质标定盐酸溶液的原理和方法。

【工作情境】

本任务可在化验室或实验室中进行。

(1)仪器:量筒、烧杯、分析天平(0.1 mg)、酸式滴定管、锥形瓶、电炉和称量瓶。

(2)试剂:浓盐酸、基准无水碳酸钠和甲基红-溴甲酚绿混合指示液。

【工作原理】

市售盐酸(分析纯)的密度为1.19 g/mL,含HCl 37%,物质的量浓度约为12 mol/L。浓盐酸易挥发,因此,应先将浓盐酸稀释至所需近似浓度,再用基准物质进行标定。

盐酸标准溶液可用硼砂($Na_2B_4O_7\cdot 10H_2O$)或无水碳酸钠(Na_2CO_3)标定。

本实验选用无水Na_2CO_3作基准物质标定HCl,标定反应为

$$2HCl+Na_2CO_3 = 2NaCl+H_2O+CO_2\uparrow$$

【工作过程】

1. HCl标准溶液(0.100 0 mol/L)的配制

取盐酸9.0 mL,加适量水至1 000 mL,摇匀。

2. HCl标准溶液(0.1 mol/L)的标定

取在270~300 ℃下干燥至恒重的基准无水碳酸钠约0.15 g(如选用25 mL的滴定管,称取量可在0.100 0~0.120 0 g之间),加50 mL水使其溶解,加甲基红-溴甲酚绿混合指示液10滴,用HCl溶液滴定至溶液由绿色转变为紫红色时,煮沸2 min,冷却至室温,继续滴定至溶液由绿色转变为暗紫色。操作过程如图1-10所示。

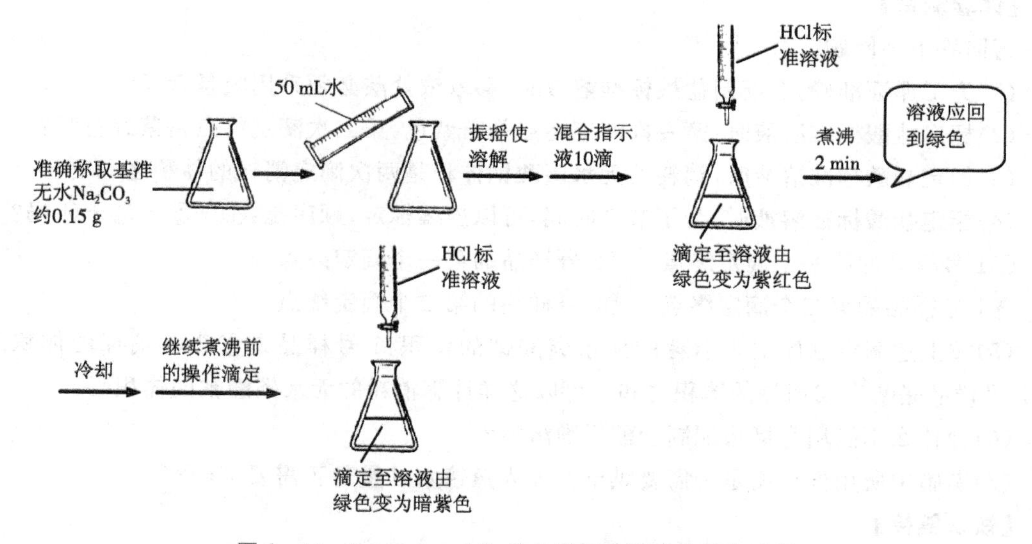

图1-10　0.100 0 mol/L的盐酸标准溶液的标定过程

【数据处理】

测定次数	1	2	3
$m(Na_2CO_3)$/g			
V(HCl)/mL			
c(HCl)/(mol/L)			
c(HCl)平均值/(mol/L)			
相对平均偏差/%			

$$c(\mathrm{HCl})=\frac{2m(\mathrm{Na_2CO_3})}{M(\mathrm{Na_2CO_3})V(\mathrm{HCl})\times10^{-3}}$$

式中：c(HCl)——HCl标准溶液的物质的量浓度，mol/L；

$m(Na_2CO_3)$——称取的无水碳酸钠的质量，g；

$M(Na_2CO_3)$——无水碳酸钠的摩尔质量，g/mol；

V(HCl)——滴定消耗的HCl标准溶液的体积，mL。

【注意事项】

1. 接近滴定终点时，应剧烈摇动锥形瓶以加速H_2CO_3分解；或将溶液加热至沸腾赶出CO_2，冷却后再滴定至终点。

2. 无水碳酸钠经过高温烘烤后极易吸水，故称量瓶要盖严；称量时动作要快些，以免无水碳酸钠吸水。

【体验测试】

请回答下列问题。

(1)为了保证准确，在配制盐酸标准溶液时，移取浓盐酸必须采用吸量管吗？

(2)标定盐酸标准溶液时，第一次滴定终点是暗紫色，第二次滴定终点是紫红色吗？

(3)标定盐酸标准溶液时，消耗的无水碳酸钠体积是两次滴定消耗的体积之和吗？

(4)标定盐酸标准溶液时，为了节省时间，可以连续标定，顺序是：①+②+③+④吗？

①1号样品的第一个滴定终点　②2号样品的第一个滴定终点

③1号样品的第二个滴定终点　④2号样品的第二个滴定终点

(5)按上述滴定顺序记录消耗的无水碳酸钠的体积：1号样品是①+③消耗的体积之和；2号样品是②+④消耗的体积之和。可以这样计算消耗的无水碳酸钠的体积吗？

(6)为什么不能用直接法配制盐酸标准溶液？

(7)实验中所用锥形瓶是否需要烘干？加入蒸馏水的量是否需要准确？

【知识链接】

误差及滴定分析技术

1. 误差的来源及控制

分析误差是客观存在的，只是程度不同。在仪器的校正和食品的定量分析中，为了得到正确的分析结果，必须了解分析过程中产生误差的原因及规律，才能对分析数据进行正确的处理。

1.1　误差及其产生的原因

分析结果与真实值的差称为误差。在定量分析中，根据误差的性质和产生的原因，可将误差分为系统误差和偶然误差。

1.1.1　系统误差

系统误差是由分析过程中某种确定的原因引起的，一般有固定的方向（正或负）和大小，在同一条件下重复测定时，它会重复出现，具有单向性。在相同的条件下增加测定次数不能消除系统误差。若找出其产生原因并加以测定，就可以进行校正以消除误差，因此，系统误差又叫可测误差。

系统误差根据来源可分为方法误差、仪器误差、试剂误差和操作误差四种。

(1)方法误差。

方法误差是由于分析方法本身不完善或选用不当所造成的误差。例如，在滴定分析中反应不完全或有副反应、指示剂不合适、干扰物质的影响、滴定终点和化学计量点不一致等，都会产生系统误差。

(2)仪器误差。

仪器误差是由于测定仪器不够准确或未经校准所引起的误差。例如，天平两臂不等长、天平的灵敏度低、砝码本身质量不准、砝码生锈或沾有灰尘以及容量仪器刻度不够准确等引起的误差。

(3)试剂误差。

试剂误差是由于试剂或蒸馏水中含有微量杂质或干扰物质而引起的误差。

(4)操作误差。

由于分析工作者的主观原因造成操作不符合要求，产生的误差叫操作误差。例如，滴定管读数偏高或偏低，对滴定终点颜色的判断偏深或偏浅，辨别不敏锐等所造成的误差。

1.1.2　偶然误差

偶然误差也称随机误差或不可定误差，是由某些难以预料的偶然因素引起的。例如，测量过程中温度、湿度、气压、灰尘以及电压、电流的微小变化，天平及滴定管读数的不确定性，电子仪器显示读数的微小变动等，都会引起测量数据波动。其影响时大时小，时正时负。

引起偶然误差的因素难以察觉，也难以控制。消除系统误差后，在同样的条件下增加平行测定次数，可以发现偶然误差的统计规律。因此，可通过采用增加平行测定次数，取平均值的方法，减小偶然误差。

除上述两类误差外，在实际工作中还有一种过失误差，即由分析工作者的人为错误造成的误差。例如，称量时读错数据、滴定时溶液溅失、加错试剂、读错刻度、记录和计算错误等。过失误差无规律可循，一旦出现数据必须舍弃。

1.2　控制和消除误差的方法

为确保分析结果的准确度，可从误差的分类中寻找减小分析过程中的各种误差的方法。

1.2.1 选择合适的分析方法

不同的分析方法具有不同的准确度和灵敏度，对分析结果的质量分数 $w>1\%$ 的常量组分的测定，常采用重量分析法或滴定分析法；对分析结果的质量分数 $w<1\%$ 的微量组分或 $w<0.001\%$ 的痕量组分的测定，相对误差较大，需要采用准确度稍差但灵敏度高的仪器分析法，采用滴定分析法往往作不出结果。因此，必须根据分析对象、样品情况及对分析结果的要求选择合适的分析方法。

1.2.2 减小测量误差

任何分析方法都离不开测量，只有减小了测量误差，才能保证分析结果的准确度。在滴定分析中，误差主要来自以下两个方面。

(1)称量误差。通常，分析天平每次称量有±0.000 1 g的绝对误差。若用减量法称量，可能引起的最大绝对误差为±0.000 2 g。为了使测量的相对误差小于0.1%，称取的试样质量最小为

$$\text{试样质量}=\frac{\text{绝对误差}}{\text{相对相差}}\times 100\%=\frac{\pm 0.0002\ \text{g}}{\pm 0.1\%}\times 100\%=0.2\ \text{g}$$

即称取的试样质量必须在0.2 g以上。

(2)体积误差。滴定管读数有±0.01 mL的绝对误差，在一次滴定中需读数两次，可造成的最大绝对误差为±0.02 mL。为了使测量的相对误差小于0.1%，消耗的滴定液的体积最少为

$$\text{滴定液的体积}=\frac{\text{绝对误差}}{\text{相对误差}}\times 100\%=\frac{\pm 0.02\ \text{mL}}{\pm 0.1\%}\times 100\%=20\ \text{mL}$$

在实际操作中，消耗的滴定液的体积可控制在20～30 mL，这样既减小了测量误差，又节省试剂和时间。

1.2.3 减小偶然误差

在消除系统误差的前提下，增加平行测定次数可以减小偶然误差。对于一般的分析，平行测定次数以3～5次为宜。

1.2.4 消除系统误差

(1)做对照实验。

对照实验是用于检查分析方法是否可行，检验试剂是否失效、反应条件是否正常和分析仪器的误差等，是检验系统误差的有效方法。可以用标准试样（或纯净物）与被测试样进行对照，或采用更加可靠的分析方法（如国家标准）进行对照，也可以由不同分析人员（内检）、不同分析单位（外检）进行对照。

(2)做空白实验。

以溶剂代替样品，按与样品完全相同的条件、方法和步骤进行分析称为空白实验，所得结果称为空白值。从样品的分析结果中扣除空白值，可以消除或减小由试剂、蒸馏水及实验器皿带入的杂质引起的误差，使分析结果更准确。

(3)校准仪器。

在精确的分析中，必须对仪器进行校正以减小系统误差。如定期对天平、砝码、移液管、

滴定管和容量瓶等进行校正，在分析测定时用校正值。此外，在同一个操作过程中使用同一种仪器，可以使仪器误差相互抵消，这是一种简单而有效的消除系统误差的办法。

2. 分析结果的评价

在定量分析中，评价一个分析结果的好坏通常用精密度、准确度和灵敏度这三项指标。这里重点介绍准确度和精密度。

2.1　准确度

准确度是分析结果与真实值相接近的程度。准确度主要是由系统误差决定的，它反映了测定结果的可靠性。准确度的高低可用误差表示。误差越小，分析结果的准确度越高，反之越低。测量值的误差有两种表示方法：绝对误差和相对误差。

绝对误差(E)指测量值(X)与真实值(T)之差。

$$E=X-T$$

相对误差(RE)指绝对误差占真实值(通常用平均值代表)的百分数。

$$RE=\frac{E}{T}\times 100\%$$

例如，用万分之一分析天平称量某试样两份，分别为 1.956 2 g 和 0.195 0 g，两份试样的真实值分别为 1.956 4 g 和 0.195 2 g，它们的绝对误差分别为

$$E_1=1.956\,2-1.956\,4=-0.000\,2\ \text{g}$$

$$E_2=0.195\,0-0.195\,2=-0.000\,2\ \text{g}$$

相对误差分别为

$$RE_1=\frac{-0.000\,2}{1.956\,4}\times 100\%=-0.01\%$$

$$RE_2=\frac{-0.000\,2}{0.195\,2}\times 100\%=-0.1\%$$

由上述两组计算数据可见，两份试样的绝对误差相等，但相对误差不同。当被测定的量大时，相对误差小，测定的准确度高。反之，当被测定的量小时，相对误差大，测定的准确度低。因此，选择分析方法时，为了便于比较，通常用相对误差表示测定结果的准确度。

误差有正负之分，正值表示分析结果偏高，负值表示分析结果偏低。

2.2　精密度

精密度是同一样品在相同的条件下多次平行分析结果相互接近的程度。这些分析结果的差异是由偶然误差造成的，代表着测定方法的稳定性和测定数据的再现性，一般用偏差来表示。

偏差一般用绝对偏差(d)、相对偏差(d_r)、平均偏差($\bar{d}$)、相对平均偏差($\bar{d}_r$)、标准偏差(S)、相对标准偏差(RSD)来表示。偏差越小，说明测定结果的精密度越高，再现性越好。

在一般情况下，常量组分定量化学分析要求相对平均偏差、相对标准偏差小于 0.2%。

(1)绝对偏差(d)是单次测量值(X_i)与平均值($\overline{X}$)之差。

$$d=x_i-\bar{x}$$

$$\bar{x}=\frac{x_1+x_2+\cdots+x_n}{n}=\frac{1}{n}\sum_{i=1}^{n}x_i$$

(2)相对偏差(d_r)是单次测量值的绝对偏差占平均值的百分数。

$$d_r=\frac{d}{\bar{x}}\times 100\%$$

绝对偏差和相对偏差均有正负之分。绝对偏差和相对偏差只能表示单次测量值与平均值的接近程度。在实际工作中,为了表示一组数据的精密度,常使用平均偏差和相对平均偏差。

(3)平均偏差($\bar{d}$)是各单次测量绝对偏差的绝对值的平均值。

$$\bar{d}=\frac{\sum_{i=1}^{n}|x_i-\bar{x}|}{n}$$

式中:n 表示测量次数。

(4)相对平均偏差($\bar{d}_r$)是平均偏差占平均值的百分数。

$$\bar{d}_r=\frac{\bar{d}}{\bar{x}}\times 100\%=\frac{\sum_{i=1}^{n}|x_i-\bar{x}|/n}{\bar{x}}\times 100\%$$

平均偏差和相对平均偏差都是正值。

(5)标准偏差(S)(也称标准离差或均方根差)是反映一组测量数据离散程度的统计指标,能更好地反映大的偏差存在的影响。

$$S=\sqrt{\frac{\sum_{i=1}^{n}(x_i-\bar{x})^2}{n-1}}=\sqrt{\frac{(x_1-\bar{x})^2+(x_2-\bar{x})^2+\cdots+(x_n-\bar{x})^2}{n-1}}$$

例如甲、乙两组对某一试样进行分析测定的结果如下表所示:

组别	测量数据	平均值	平均偏差	标准偏差
甲组	5.3 5.0 4.6 5.1 5.4 5.2 4.7 4.7	5.0	0.25	0.31
乙组	5.0 4.3 5.2 4.9 4.8 5.6 4.9 5.3	5.0	0.25	0.35

从以上两组数据可见,乙组中的一个数据 4.3 偏差较大,测定数据较分散。两组的平均偏差一样,不能比较出精密度的差异,标准偏差则可反映出甲组的精密度高于乙组。

(6)相对标准偏差(RSD)是标准偏差占平均值的百分数,也称变异系数(CV)或偏离系数。在比较两组或几组测量值波动的相对大小时,常常采用相对标准偏差。

$$RSD=\frac{S}{\bar{x}}\times 100\%$$

【例题 1-9】 某标准溶液的五次标定结果分别为 0.102 2 mol/L、0.102 9 mol/L、0.102 5 mol/L、0.102 0 mol/L、0.102 7 mol/L。计算平均值、平均偏差、相对平均偏差、标准偏差及相对标准偏差。

解:平均值 $\bar{x}=\frac{0.1022+0.1029+0.1025+0.1020+0.1027}{5}=0.1026\ \text{mol/L}$

平均偏差 $\bar{d}=\frac{0.0004+0.0003+0.0001+0.0006+0.0001}{5}=0.0003\ \text{mol/L}$

相对平均偏差$\frac{\overline{d}}{x}\times 100\%=\frac{0.000\,3}{0.102\,6}\times 100\%=0.29\%$

标准偏差 $S=\sqrt{\frac{(0.000\,4)^2+(0.000\,3)^2+(0.000\,1)^2+(0.000\,6)^2+(0.000\,1)^2}{5-1}}$

$=0.000\,4\ \text{mol/L}$

相对标准偏差 $RSD=\frac{0.000\,4}{0.102\,6}\times 100\%=0.39\%$

误差和偏差具有不同的含义。但因为真实值往往不可能准确知道，人们只能通过多次重复实验得出一个相对准确的平均值，以代替真实值来计算误差的大小。因此，在实际工作中并不强调误差和偏差这两个概念的区别，生产部门一般把它们都称为误差。

2.3　准确度和精密度的关系

准确度表示分析结果与真实值相接近的程度，说明测定的可靠性。精密度是在相同条件下，多次平行分析结果相互接近的程度。如果几次测定的数据比较接近，表示分析结果的精密度高。那么准确度和精密度之间有什么关系呢？

例如：甲、乙、丙、丁 4 人分析同一试样（设其真实值为 10.15%），各分析 4 次，测定结果见图 1-11。由表 1-9 中 4 人的分析结果来看，甲的分析结果准确度和精密度都高，结果可靠；乙精密度高，准确度低，这是因为存在系统误差；丙精密度与准确度均低；丁平均值接近于真实值，但精密度不高，只能说这个结果是凑巧得来的，因此不可靠。

表 1-9　4 人分析结果的比较

分析者	甲	乙	丙	丁
精密度	高	高	低	低
准确度	高	低	低	高
可靠性	高	低	低	低

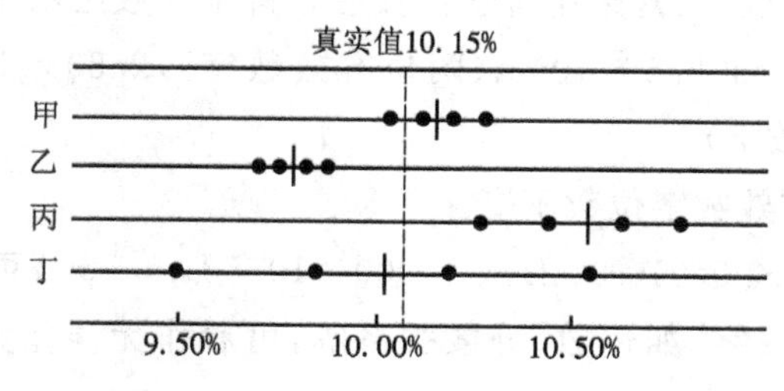

图 1-11　4 人分析同一试样的结果（·表示个别测定值，|表示平均值）

由此可见，精密度高准确度不一定高，精密度低可靠性也低。精密度是准确度的先决条件，是前提。只有在消除系统误差的情况下，才可用精密度同时表达准确度。测量值的准确度表示测量的正确性，测量值的精密度表示测量的重现性。

精确度是精密度和准确度的合称，是对测量的随机误差及系统误差的综合评定。它反映随机误差和系统误差对测量的综合影响程度。只有随机误差和系统误差都非常小，才能说测量的精确度高。

2.4 灵敏度

灵敏度是分析方法所能检测到的最低限量。不同的分析方法有不同的灵敏度。一般而言，仪器分析法具有较高的灵敏度，化学分析（如重量分析和容量分析）法灵敏度相对较低。

3. 有效数字

在分析工作中，分析数据的记录、计算和报告都要注意有效数字问题。因此，建立有效数字的概念，掌握有效数字的运算规则，对正确处理原始数据、正确表示分析与检验结果具有十分重要的意义。

3.1 有效数字的概念

有效数字是在分析工作中测量到的具有实际意义的数字，它包括所有准确数字和最后一位可疑数字。记录食品测量数据的位数，确定几位数字为有效数字，必须与测量方法及所用仪器的准确程度相匹配，不可以任意增加或减少有效数字。例如，用万分之一的分析天平称量样品 0.102 5 g，反映了分析天平能准确至 0.000 1 g，它可能有±0.000 1 g 的误差，样品的实际质量是在(0.102 5±0.000 1)g 范围内的某一值。有效数字能反映测量准确到什么程度。

3.2 有效数字的定位

有效数字的定位是确定可疑数字的位置。这个位置确定后，其后面的数字均为无效数字。

(1)数字“0”在有效数字中的作用。

数字中的“0”有两方面的作用，一是和小数点一并起定位作用，不是有效数字；二是和其他数字一样作为有效数字使用。

数字中间的“0”都是有效数字；数字前面的“0”都不是有效数字，只起定位作用；数字后面的“0”要依具体情况而定。

例如 2 500 L，“0”是否是有效数字就不好确定，这个数可能是 2 位、3 位或 4 位有效数字。为表示清楚它的有效数字，常采用科学计数法。科学计数法用一位整数、若干位小数和 10 的幂次表示有效数字。如 2.5×10^{3} L（两位有效数字），2.50×10^{3} L（三位有效数字），2.500×10^{3} L（四位有效数字）。

(2)在变换单位时，有效数字位数不变。

例如 10.00 mL 可写成 0.010 00 L 或 1.000×10^{-2} L；9.56 L 可写成 9.56×10^{3} mL。

(3)不是测量得到的数字，如倍数、分数关系等，可看作无误差数字或无限多位的有效数字。

例如 5 mol 硫酸、$\frac{1}{2}$ mol 氯化钠中的 5、$\frac{1}{2}$是非测量所得数，可以看作无限多位的有效数字。

(4)在分析化学中还常遇到 pH、pK_a、lg K 等对数数据，其有效数字位数只取决于小数部分数字的位数，因为整数部分只代表原值是 10 的方次部分。

例如 pH＝11.02，表示$[H^{+}]=9.5\times10^{-12}$，有效数字是两位，而不是四位；pH＝7.13，

表示$[H^+]=7.4\times10^{-8}$，有效数字是两位，而不是三位。

(5)首位数字≥8时，其有效数字位数可多算一位。

例如9.66，虽然只有三位，但已接近10.00，故可认为它有四位有效数字。

3.3 有效数字的修约规则

在运算时按一定的规则确定有效数字的位数后，弃去多余的尾数，称为数字的修约。其规则如下。

(1)四舍六入五成双(或尾留双)。

四舍：被修约数≤4时，则舍弃；

六入：被修约数≥6时，则进位；

五成双(或尾留双)指被修约数等于5，且5后无数或为0时，若5前面为偶数(0以偶数计)，则舍弃；若5前面为奇数，则进1，即奇进偶不进。被修约数等于5，且5后面还有不为0的任何数时，无论5前面是偶数还是奇数一律进1。

例如：将下列数字修约至只留一位小数。

1.05→1.0　0.15→0.2　0.25→0.2

将下列数字修约为有两位有效数字。

1.050 1→1.1　2.351→2.4　3.252→3.3　5.050→5.0

(2)只允许对原测量值一次修约到所需位数，不能分次修约。例如：将2.134 6修约为有三位有效数字只能修约为2.13，不能先修约为2.135，再修约为2.14。

(3)在大量的数据运算过程中，为了减小舍入误差，防止误差迅速累积，对参加运算的所有数据可先多保留一位有效数字(不修约)，运算后再按运算法则将结果修约至应有的有效数字位数。

(4)在修约标准偏差值或其他表示准确度和精密度的数值时，修约的结果应使准确度和精密度的估计值变得差一些。

例如：$S=0.113$，如取两位有效数字，宜修约为0.12；如取一位，宜修约为0.2。

3.4 有效数字的运算规则

在分析测定过程中，一般都要经过几个测量步骤，获得几个准确度不同的数据。由于每个测量数据的误差都要传递到最终的分析结果中去，因此必须根据误差传递规律，按照有效数字的运算法则合理取舍。运算时必须遵守加减法和乘除法的运算规则。

3.4.1 加减法

几个数据相加或相减时，先把各数据修约至小数点后位数最少的位数再加减。加减法运算是各数值绝对误差的传递。

例如，12.61、0.567 4、0.014 2三个数相加，由有效数字的含义可知，这三个数的最后一位都是欠准的，是可疑数字。即12.61中的1已是可疑数字，其他两个数据小数点后第三、第四位再准确也是没有意义的。所以在运算之前，应以12.61为准，将其他两个数据修约为0.57、0.01，然后再相加：

$$12.61+0.57+0.01=13.19$$

3.4.2 乘除法

乘除法运算可按照有效数字位数最少的那个数修约其他各数，然后再乘除。即乘除法的积或商的误差是各个数据相对误差的传递结果。

例如，求 0.012 1、25.64 和 1.057 82 三个数之积。

此三个数相乘应以 0.012 1 为依据来确定其他数据的位数。这是因为以上三个数的相对误差分别为

$$\pm\frac{0.000\ 1}{0.012\ 1}\times100\%=\pm0.8\%$$

$$\pm\frac{0.01}{25.64}\times100\%=\pm0.04\%$$

$$\pm\frac{0.000\ 01}{1.057\ 82}\times100\%=\pm0.000\ 9\%$$

0.012 1 的有效数字位数最少，相对误差最大。因此，应以此数为依据将其余两数修约成三位有效数字后再相乘，即

$$0.012\ 1\times25.6\times1.06=0.328$$

3.4.3 四则运算

四则运算时，同样先修约后运算。

首位为 8、9 的数字在运算中，有效数字可多保留一位，最后结果以实际位数为准。

例如，9.23 有三位有效数字，在运算中可当作四位有效数字，最后结果仍为三位有效数字。

$$9.23\times1.236\ 2=9.23\times1.236=11.4$$

3.4.4 对数运算

所取对数尾数（对数首数除外）应与真数的有效数字相同。真数有几位有效数字，则其对数尾数亦应有几位有效数字。

例如，设$[H^+]=1.3\times10^{-3}$ mol/L，求该溶液的 pH 值。

$$pH=-\lg\ [H^+]=-\lg\ (1.3\times10^{-3})=2.89$$

表示准确度或精密度时，在大多数情况下只取一位有效数字即可，最多取两位。

目前，使用电子计算器来计算定量分析的结果已相当普遍，要特别注意最后结果的有效数字位数，虽然计算器上显示的数字位数很多，但切不可全部照抄，应根据前述规则决定数字取舍。

3.5 有效数字在食品分析中的应用

3.5.1 正确地记录

有效数字可以反映测量数据的准确程度，正确地记录测量数据，应根据取样量、量具的精度、检测方法的允许误差和标准中的限度规定，确定数字的有效位数，测量结果必须与测量的准确度相符合。因此，记录测量结果时，其位数必须按照有效数字的规定，不可夸大或缩小。例如，记录滴定管的读数时，必须记录到小数点后 2 位，如消耗溶液的体积为 20.00 mL，不可写成 20 mL。

3.5.2　选择适当的量具

根据对测量结果准确度的要求，要正确称取样品用量，必须选用适当的量具。按照GB/T 601－2002《化学试剂　标准滴定溶液的制备》的规定，工作基准试剂质量的数值≤0.5 g 时，按精确至 0.01 mg 称量；数值＞0.5 g 时，按精确至 0.1 mg 称量。

3.5.3　正确地表示分析结果

要正确地表示分析结果，必须保证实验数据的记录、运算和分析项目的准确度等，都要符合有效数字的要求。例如，甲、乙两同学用同样的方法测定甘露醇原料，称取样品 0.200 0 g，测定结果：甲报告含量为 0.889 6，乙报告含量为 0.880。根据分析项目的称量记录可知：

$$\text{称样的准确度}=\frac{\pm 0.000\,1}{0.200\,0}\times 100\%=\pm 0.05\%$$

$$\text{甲分析结果的准确度}=\frac{\pm 0.000\,1}{0.889\,6}\times 100\%=\pm 0.01\%$$

$$\text{乙分析结果的准确度}=\frac{\pm 0.001}{0.880}\times 100\%=\pm 0.1\%$$

甲报告的准确度符合称样的准确度，而乙报告的准确度则不符合。

4.滴定管操作技术

滴定管是滴定时用来准确测量滴定溶液体积的一种量出式量器。按控制流出液方式的不同，滴定管下端有玻璃活塞，以此控制溶液流出的，称酸式滴定管；以乳胶管连接尖嘴玻璃管，以乳胶管内装有的玻璃珠控制溶液流出的，称碱式滴定管。如图 1－12 所示。

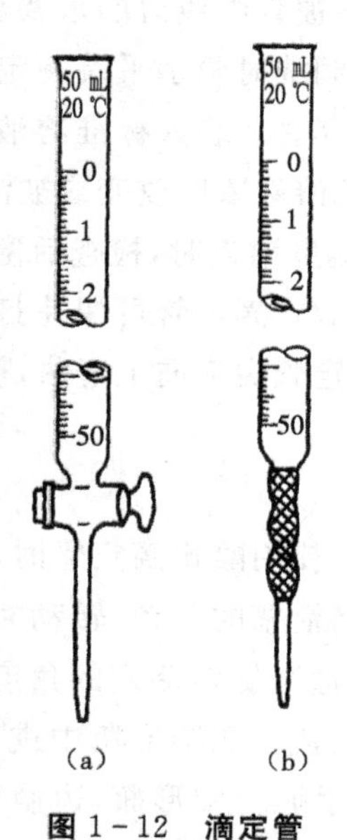

图 1－12　滴定管

(a)酸式滴定管　(b)碱式滴定管

酸式滴定管用来盛放酸性、中性或有氧化性的溶液，不适宜盛放碱性溶液。因为碱能腐蚀玻璃，如果长期放置，活塞就无法转动。碱式滴定管适于盛放碱性溶液或无氧化性的溶液，不能用来盛放 $KMnO_4$、$AgNO_3$、I_2等能与橡皮起作用的溶液。

滴定管按容积可分为常量、半微量和微量滴定管。常量滴定管容积为 25、50 和 100 mL，最常用的是 50 mL，最小刻度是 0.1 mL，可估读至 0.01 mL，测量溶液体积的最大误差为 0.02 mL。

4.1 检漏及涂油

(1)检漏。将滴定管用水充满至"0"刻度附近，然后把滴定管竖直夹在滴定管架上。对于酸式滴定管，用滤纸将滴定管外壁、旋塞周围和尖端处擦干，静置 1～2 min，检查管尖或活塞周围有无水渗出，再将活塞转动 180°，重新检查，如漏水或活塞转动不灵活，则需涂油。对于碱式滴定管，如漏水，则需更换合适的乳胶管和大小适中的玻璃珠。

(2)涂油。酸式滴定管在涂油时，一般将滴定管平放在实验台面上，取出活塞，用滤纸将活塞和活塞孔内的水擦干，然后用手指蘸取少许凡士林分别在活塞的两头均匀地涂上薄薄的一层，活塞孔的两旁少涂一些，以免堵塞活塞孔。将涂好凡士林的活塞插进活塞孔，沿同一方向旋转活塞，直到活塞与活塞孔接触处全部呈透明且没有纹路为止。涂油后的滴定管必须再行检漏。

4.2 滴定管的洗涤

酸式滴定管可直接向管中加入铬酸洗液（或合成洗涤剂溶液）浸泡；碱式滴定管先拔去乳胶管，换上乳胶帽，然后加入洗液（或合成洗涤剂溶液）浸泡，再用自来水冲洗、蒸馏水淋洗。

4.3 装标准溶液

为使装入滴定管中的标准溶液不被管内残留的水稀释，装液前应用待装的标准溶液润洗滴定管 2～3 次，每次 5～10 mL。润洗时两手平端滴定管，边转边向管口倾斜，让液体流遍全管内壁，然后把润洗液全部放出弃去。装入标准溶液时，应由试剂瓶直接倒入滴定管，不要通过烧杯、漏斗等其他容器，以免溶液浓度改变或被污染。

当标准溶液加至滴定管的" 0 "刻度附近时，检查活塞附近（或橡皮管内）及滴定管尖端有无气泡。如有气泡，应及时除去。酸式滴定管可快速打开活塞，使溶液急速冲出，将气泡排出；碱式滴定管可手持橡皮管将滴定管尖嘴向上弯曲，挤捏乳胶管，使溶液从尖嘴处喷出，把气泡赶出，如图 1-13 所示。

4.4 滴定操作

将滴定管竖直夹在滴定管架上。使用酸式滴定管时，左手控制滴定管旋塞，拇指在前，食指和中指在后，手指略微弯曲，控制活塞的转动，转动时应将活塞往里扣，手心空握，不要向外用力，防止顶出活塞造成漏液。适当旋转活塞的角度，即可控制流速。在滴定过程中，左手始终不能离开活塞而任由溶液自流。在锥形瓶中进行滴定时，将滴定管下端伸入瓶口约 1 cm。滴定时，左手控制活塞，右手握持锥形瓶，边滴边沿同一方向作圆周摇动（不能前后晃动，否则会使溶液溅出），如图 1-14 所示。

使用碱式滴定管时，以左手拇指和食指向侧下方挤压玻璃珠所在部位的乳胶管，使溶液从空隙处流出，无名指和小指夹住出口管，以防尖嘴处触及锥形瓶。注意不能使玻璃珠上下移动或挤捏玻璃珠的下部，以免管尖吸入气泡。

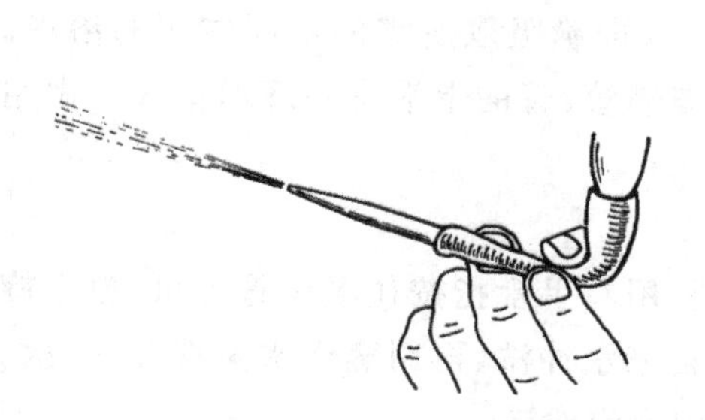

图 1-13　碱式滴定管排气泡

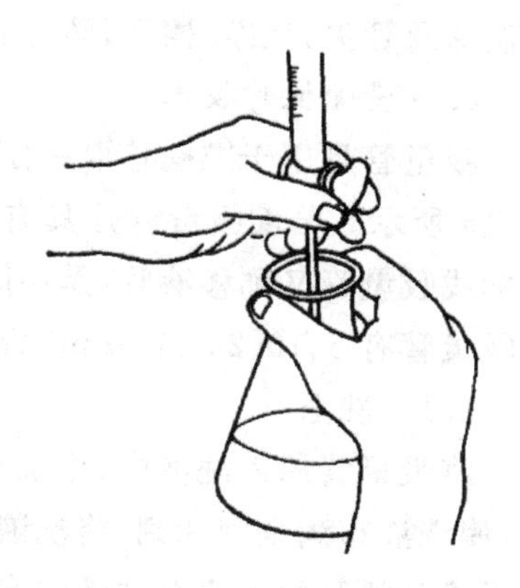

图 1-14　滴定操作

滴定时溶液流出应呈断线珠链状。滴定速度一般为 10 mL/min，即以每秒 3～4 滴为宜。接近终点时，应一滴或半滴地加入，直至恰好到达滴定终点为止。加半滴的方法是先使溶液液滴悬挂在管口，用锥形瓶内壁将其沾落，再用蒸馏水冲洗内壁。用碱式滴定管滴加半滴溶液时，应放开食指和拇指，使悬挂的半滴溶液进入瓶口内，再松开无名指和中指。

4.5　滴定管读数

滴定管的读数需在加入或流出溶液稳定 1～2 min 后进行。读数时滴定管应保持竖直状态（一般用拇指和食指拿住滴定管上端，让滴定管自然垂直于地面），视线应与溶液弯月面的最下缘在同一水平面上。对于无色溶液或浅色溶液，读取弯月面下缘的最低点，如图 1-15(a)所示；对于深色溶液（如高锰酸钾溶液等），可读取两侧的最高点，如图 1-15(b)所示；对于有蓝线乳白衬背的液面，可读取蓝色最尖端，如图 1-15(c)所示。为协助读数，可以用黑纸或黑白纸板作为读数卡，衬在滴定管背面，如图 1-15(d)所示。

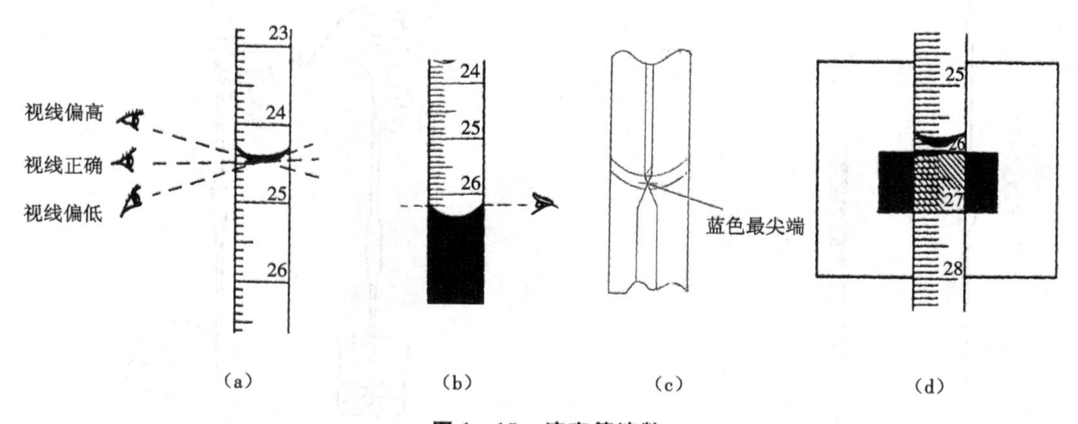

图 1-15　滴定管读数

(a)无色及浅色溶液的读数　(b)深色溶液的读数　(c)蓝线乳白衬背的液面读数　(d)读数卡

每次滴定都应从“0”刻度开始。滴定结束后，弃去滴定管内剩余的溶液，用自来水冲洗数次，再用蒸馏水淋洗，倒置于滴定管夹上。滴定管长期不用时，酸式滴定管应在活塞与活塞孔之间加垫纸片，并以橡皮筋拴住，以防日久打不开活塞；碱式滴定管应取下乳胶管，拆出玻璃珠及管尖，洗净、擦干，防止乳胶管老化。

5.吸量管操作技术

吸量管是用于准确移取一定体积溶液的量器，包括分度吸量管和单标线吸量管，如图1-16所示。分度吸量管是具有分刻度的玻璃管，可以准确吸取所需的不同体积的溶液。单标线吸量管又称移液管，是中间膨大、两端细长的玻璃管，管的上端有一环形标线。常用的吸量管有5、10、25和50 mL等规格。

5.1 洗涤

将吸量管插入洗液中，用洗耳球吸取至管1/3处，用右手食指按住吸量管上口，放平旋转，使洗液布满全管片刻，将洗液放回原瓶。然后用自来水冲洗，再用蒸馏水淋洗2～3次。也可将吸量管放入盛有洗液的大量筒或高型玻璃缸内浸泡洗涤。

5.2 移取溶液

移取溶液之前，先用滤纸将尖端内外的水吸去，再用欲移取的溶液润洗2～3次，以保证被移取溶液的浓度不变。移取溶液时，右手拇指及中指拿住管颈刻线以上的部位，将移液管下端插入液面以下1～2 cm处；左手拿洗耳球，先挤出洗耳球中的空气，再将洗耳球的尖端按到吸量管口上，缓慢松开左手，待液面借吸力慢慢上升到刻线以上时，立刻用右手食指堵住吸量管口，将吸量管尖端提离液面，用滤纸擦去尖端外部的溶液，然后将吸量管尖端仍靠在盛溶液的容器内壁上，稍松食指，用拇指及中指轻轻捻转管身，让液面缓慢下降，直到溶液的弯月面与标线相切。食指按紧，将吸量管移入准备接收溶液的容器中，使其管尖靠着容器内壁，管身竖直。松开食指，溶液自由地沿内壁流下，流尽后等待15 s左右再取出吸量管，如图1-17所示。对管上未刻“吹”字的，切勿把残留在管尖内的溶液吹出，因为在校正吸量管时已经考虑了末端所保留的溶液的体积。

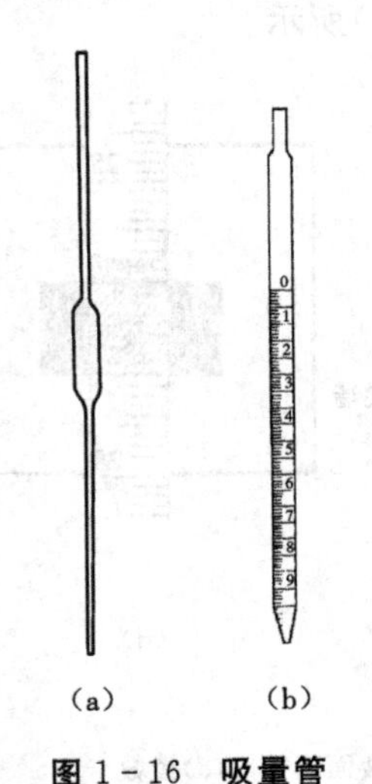

图1-16 吸量管

(a)单标线吸量管 (b)分度吸量管

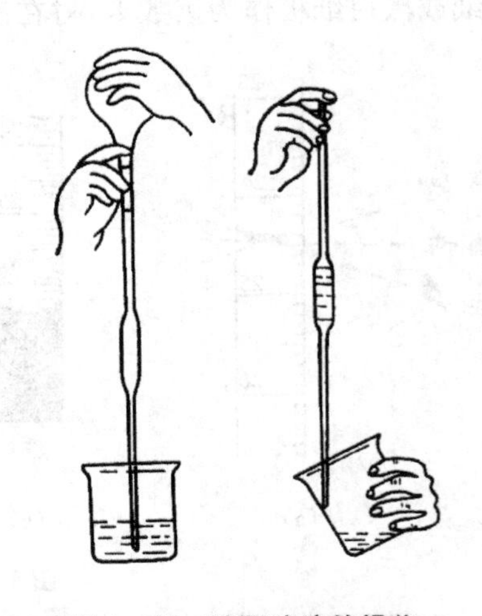

图1-17 移取溶液的操作

由于分度吸量管的容量精度低于单标线吸量管，所以在移取2 mL以上固定量溶液时，应尽可能使用单标线吸量管。

吸量管使用后应洗净放在吸量管(或称移液管)架上。

6. 容量瓶操作技术

容量瓶是细颈梨形平底的玻璃瓶,带有磨口玻璃塞或塑料塞,瓶颈部刻有一环形标线,表示在所指温度(一般为 20 ℃)下液体充满至标线时的容积。容量瓶(如图 1－18 所示)主要用于把精密称量的物质配制成具有准确浓度的溶液,或将具有准确体积的浓溶液稀释成一定体积的稀溶液。常用的容量瓶有多种规格,如 25、50、100、250、500 和 1 000 mL 等。容量瓶有无色、棕色两种。

图 1－18　容量瓶

6.1　检漏

容量瓶使用前应检查是否漏水,方法是:向容量瓶中加自来水至标线,塞紧瓶塞,用一只手的食指按住塞子,另一只手的指尖顶住瓶底边缘,将瓶倒立 2 min,观察瓶塞周围是否有水渗出。如不漏水,将瓶直立,把塞子旋转 180°后再倒立、检漏。如仍不漏水,则可使用。容量瓶塞要与容量瓶配套使用,瓶塞须用橡皮筋或细线系在瓶颈上,以防掉下摔碎或与其他瓶塞搞错而漏水。

6.2　洗涤

容量瓶使用前必须洗涤干净,方法是:将瓶内的水沥尽,倒入少量洗液或合成洗涤剂,转动容量瓶使洗液润洗全部内壁;然后放置数分钟,将洗液倒回原瓶;再依次用自来水冲洗,蒸馏水淋洗 3 次。

6.3　使用方法

6.3.1　精密配制一定浓度的固体物质

将准确称量的试剂放在小烧杯中,加少量蒸馏水或适当的溶剂使之溶解(必要时可加热)。待试剂全部溶解并冷却后,将溶液沿玻璃棒转移至容量瓶中。转移时将玻璃棒伸入容量瓶内,烧杯嘴紧靠玻璃棒,使溶液沿玻璃棒慢慢流入,玻璃棒下端要靠近瓶颈内壁,但不要触及瓶口,以免有溶液溢出。待溶液流完后,将烧杯沿玻璃棒稍向上提,同时直立烧杯,使附着在烧杯嘴上的溶液流回烧杯中。残留在烧杯和玻璃棒上的少许溶液用少量蒸馏水淋洗 2～3 次,洗涤液按上述方法转移到容量瓶中。

当溶液盛至容量瓶容积约 2/3 时,应握住瓶颈直立、旋摇容量瓶,使溶液初步混匀(注意不要盖瓶塞）。然后继续稀释至刻度线下 2～3 cm，改用胶头滴管滴加蒸馏水至溶液弯月面最低点与容量瓶标线相切。盖好瓶塞，将容量瓶倒转和摇动多次，使溶液混合均匀，装瓶，贴签。

6.3.2　精密稀释浓溶液

用吸量管精密移取一定体积的浓溶液至容量瓶中，再按上述方法稀释至标线，摇匀，装瓶，贴签。容量瓶的使用如图 1－19 所示。

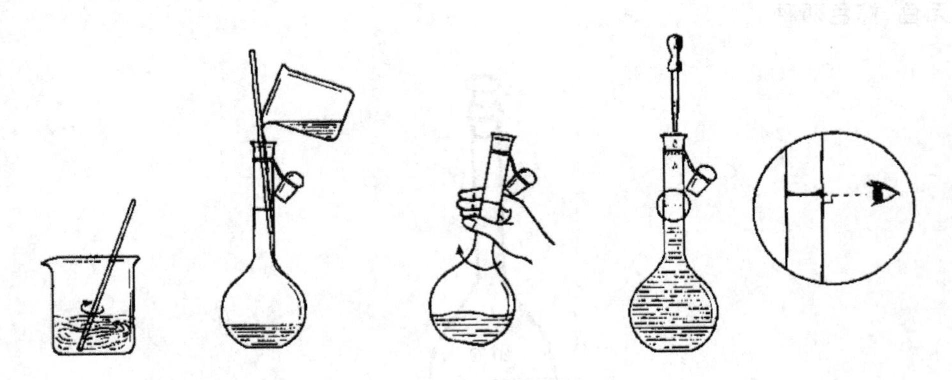

图 1－19　容量瓶的使用

容量瓶是量器而不是容器，不宜长期存放溶液。如需保存溶液，应将溶液转移至试剂瓶中。试剂瓶应预先干燥或用少量该溶液润洗 2～3 次。

标准溶液与基准物质

1. 标准溶液浓度表示方法

1.1　物质的量浓度（以符号 c_B 表示）

1.2　滴定度（有两种表示方法）

1.2.1　第一种表示方法

每毫升标准溶液中所含溶质的质量（g/mL 或 mg/mL），以符号 T 表示。如 T_{NaOH} = 0.004 000 g/mL，表示 1 mL NaOH 标准溶液中含 0.004 000 g NaOH。在实际应用中经常使用的是物质的量浓度，需要把物质的量浓度换算为滴定度，换算公式如下：

$$T=\frac{c\times M}{1\ 000}$$

【例题 1－10】　设盐酸标准溶液的浓度为 0.191 9 mol/L，试计算此标准溶液的滴定度 T_{HCl} 为多少 g/mL，并说明滴定度的含义。（注：M_{HCl}=36.46 g/mL）

解：$T=\frac{c\times M}{1000}=\frac{0.191\ 9\times 36.46}{1\ 000}=0.006\ 997$ g/mL

含义：表示 1 mL HCl 标准溶液中含 0.006 997 g HCl。

1.2.2　第二种表示方法

每毫升标准溶液相当于被测物质的质量，常以符号 T_{M_1/M_2} 表示，M_1 是标准溶液溶质的化学式，M_2 是被测物质的化学式。滴定度一般用小数表示，单位为 g/mL。如 $T_{NaOH/HCl}$ = 0.003 646 g/mL，表示 1 mL NaOH 溶液可与 0.003 646 g HCl 反应。

2.基准物质

能用来直接配制和标定标准溶液的物质叫基准物质(或基准试剂)。凡是基准物质应具备下列条件。

(1)纯度高。一般要求其纯度在99.9%以上。

(2)组成恒定。物质的组成与化学式相符。若含结晶水,结晶水的含量也应与化学式相符。如硼砂 $Na_2B_4O_7 \cdot 10H_2O$ 和草酸 $H_2C_2O_4 \cdot 2H_2O$ 等。

(3)性质稳定。在保存或称量中组成与质量不变,如不吸收 CO_2 和 H_2O,不被空气中的 O_2 所氧化,在加热干燥时不分解等。

(4)具有较大的摩尔质量。摩尔质量越大,称取的量越多,称量的相对误差就越小。

分析化学中常用的基准物质有无水碳酸钠(Na_2CO_3)、硼砂($Na_2B_4O_7 \cdot 10H_2O$)、邻苯二甲酸氢钾($KHC_8H_4O_4$)、草酸($H_2C_2O_4 \cdot 2H_2O$),还有纯金属如Zn、Cu等。常用的基准物质见表1-10,使用时应按表中规定的干燥条件进行处理。

表1-10　常用基准物质的干燥条件及应用

基准物质		干燥后的组成	干燥条件/℃	标定对象
名称	分子式			
碳酸氢钠	$NaHCO_3$	Na_2CO_3	270～300	酸
十水合碳酸钠	$Na_2CO_3 \cdot 10H_2O$	Na_2CO_3	270～300	酸
硼砂	$Na_2B_4O_7 \cdot 10H_2O$	$Na_2B_4O_7 \cdot 10H_2O$	放在装有NaCl和蔗糖饱和溶液的密闭器皿中	酸
碳酸氢钾	$KHCO_3$	K_2CO_3	270～300	酸
二水合草酸	$H_2C_2O_4 \cdot 2H_2O$	$H_2C_2O_4 \cdot 2H_2O$	室温,空气干燥	碱或 $KMnO_4$
邻苯二甲酸氢钾	$KHC_8H_4O_4$	$KHC_8H_4O_4$	110～120	碱
重铬酸钾	$K_2Cr_2O_7$	$K_2Cr_2O_7$	140～150	还原剂
溴酸钾	$KBrO_3$	$KBrO_3$	130	还原剂
碘酸钾	KIO_3	KIO_3	130	还原剂
铜	Cu	Cu	室温,干燥器中保存	还原剂
三氧化二砷	As_2O_3	As_2O_3	室温,干燥器中保存	氧化剂
草酸钠	$Na_2C_2O_4$	$Na_2C_2O_4$	130	氧化剂
碳酸钙	$CaCO_3$	$CaCO_3$	110	EDTA
锌	Zn	Zn	室温,干燥器中保存	EDTA
氧化锌	ZnO	ZnO	900～1 000	EDTA
氯化钠	NaCl	NaCl	500～600	$AgNO_3$
氯化钾	KCl	KCl	500～600	$AgNO_3$
硝酸银	$AgNO_3$	$AgNO_3$	220～250	氯化物

2.1　化学试剂的选择

在食品分析检测工作中经常要使用化学试剂,因此,在配制具体的试剂溶液时应根据不同的工作要求合理地选用相应级别的试剂。按照国家标准，常用试剂的规格可分为以下几级。

(1)基准试剂。用于定量分析的基准物，也可以精确称量后直接配制标准溶液，其含量一般为99.95%～100.05%。

(2)优级纯。即一级品，又称保证试剂，杂质含量低，用于精密的科学研究和测定工作。

(3)分析纯。即二级品，用于一般的科学研究和重要的分析工作。

(4)化学纯。即三级品，用于工厂、教学实验和一般的分析工作。

(5)实验试剂。即四级品，杂质含量高，但比工业品纯度高，用于普通的实验或研究。

我国化学试剂等级及标志见表1-11。

表1-11　我国化学试剂等级及标志

级别	中文标志	代号	标签颜色	纯度标准
基准	基准试剂			纯度极高
一级品	优级纯	G.R	绿色	纯度较高
二级品	分析纯	A.R	红色	纯度略低
三级品	化学纯	C.P	蓝色	纯度较低
四级品	实验试剂	L.R	棕色	杂质较多

对分析结果准确度要求较高的检验，如仲裁分析、进出口商品检验以及试剂检验等，可选用优级纯和分析纯试剂。车间控制分析可选用分析纯和化学纯试剂。制备实验、冷却浴或加热浴用的药品可选用工业品。用直接法配制标准溶液一般选用基准试剂。

2.2　标准溶液的配制

标准溶液是已知准确浓度的试剂溶液，根据物质的性质，通常有两种配制方法，即直接法和间接法(标定法)。

直接法是准确称取一定量的基准物质，溶解后稀释成具有准确浓度的溶液。根据所称取基准物质的质量和溶液的体积，计算出该标准溶液的准确浓度。

如配制$c(Na_2CO_3)=0.100\ 0$ mol/L的标准溶液500 mL时，应先用分析天平准确称取于270～300 ℃下烘至恒重的无水碳酸钠5.300 0 g置于烧杯中，加入适量蒸馏水使其完全溶解后，定量转移至500 mL的容量瓶中，然后稀释至刻度，摇匀。其浓度为

$$c(Na_2CO_3)=\frac{n(Na_2CO_3)}{V}=\frac{\frac{m(Na_2CO_3)}{M(Na_2CO_3)}}{V}=\frac{\frac{5.300\ 0}{106.0}}{\frac{500}{1\ 000}}=0.100\ 0\ \text{mol/L}$$

用直接法配制的标准溶液可以直接用于滴定分析。这种方法快速、简便，但只能用于配制基准物质的溶液，如$K_2Cr_2O_7$标准溶液和Na_2CO_3标准溶液等。

标准溶液的配制与标定

1. 间接配制法

很多化学试剂不符合基准物质的条件，如 NaOH 容易吸收空气中的水分和 CO_2；$KMnO_4$不易提纯，性质不稳定；浓盐酸易挥发，组成不恒定等。这些物质只能采用间接法配制标准溶液。

首先将试剂配成近似具有所需浓度的溶液，再用基准物质或另一种已知准确浓度的标准溶液测定其准确浓度，这种测定标准溶液准确浓度的操作称为标定。这种配制方法是先配制后标定，因此，间接配制法也称标定法。

采用间接配制法时，溶质与溶剂的用量均应根据规定量进行称量或量取，并使制成后滴定液的 F 值为 0.95～1.05，如 F 值超出此范围，应加入适量的溶质或溶剂予以调整。

1.1 用基准物质标定

用分析天平准确称取一定质量的基准物质，溶解后用被标定的标准溶液滴定，根据所消耗标准溶液的体积和所称取基准物质的质量，计算出该标准溶液的准确浓度。

$$c_T=\frac{m_B}{M_B V_T}\times 1\ 000$$

式中 c_T——被标定的标准溶液的物质的量浓度，mol/L；

m_B——所称取基准物质的质量，g；

M_B——基准物质的摩尔质量，g/mol；

V_T——滴定所消耗的被标定溶液的体积，mL。

基准物质标定法又分为多次称量法和移液管法两种。

1.1.1 多次称量法

精密称取若干份同样的基准物质，分别溶于适量的水中，然后用待标定的溶液滴定，根据所称量的基准物质的质量和所消耗的待标定溶液的体积，即可计算出该溶液的准确浓度，最后取其平均值作为标准溶液的浓度。

1.1.2 移液管法

称取一份较多的基准物质，溶解后定量转移到容量瓶中，稀释至一定体积，摇匀。用移液管取出若干份该溶液，用待标定的标准溶液滴定，最后取其平均值。

1.2 用另一种已知准确浓度的标准溶液标定

用移液管吸取一定量的已知准确浓度的标准溶液，然后用被标定的溶液滴定，根据所消耗的被标定溶液的体积和已知准确浓度的标准溶液的浓度和体积，可以计算出被标定溶液的准确浓度。

$$c_T V_T=c_B V_B$$

$$c_T=\frac{c_B V_B}{V_T}$$

式中 c_T——被标定溶液的物质的量浓度，mol/L；

V_T——所消耗的被标定溶液的体积，mL；

c_B——已知标准溶液的物质的量浓度，mol/L；

V_B——所消耗已知标准溶液的体积,mL。

2. 标准溶液的计算

对于一般的化学反应 $aA+bB=cC+dD$,假设 A 为标准溶液,B 为待测物质,C 与 D 为产物,a、b、c、d 是反应中各物质的计量系数。当这个滴定反应到达化学计量点时:

$$n_A : n_B = a : b$$

$$n_B = \frac{b}{a} n_A$$

若被测物质溶液的体积为 V_B,到达化学计量点时,用掉的浓度为 c_A 的标准溶液的体积为 V_A,由上述公式得

$$c_B \times V_B = \frac{b}{a} \times c_A \times V_A$$

若被测物质为固体物质,到达化学计量点时,上式变为

$$\frac{m_B}{M_B} = \frac{b}{a} \times c_A \times V_A$$

$$m_B = \frac{b}{a} \times c_A \times V_B \times M_B$$

以上为滴定分析中定量计算的基本依据。

2.1 配制药品时的计算

【例题 1-11】 用容量瓶配制 0.100 0 mol/L 的 $K_2Cr_2O_7$ 标准溶液 500 mL,应称取基准物质 $K_2Cr_2O_7$ 多少克?

解: $m_{K_2Cr_2O_7} = \frac{c_{K_2Cr_2O_7} \times V_{K_2Cr_2O_7} \times M_{K_2Cr_2O_7}}{1\ 000} = \frac{0.100\ 0 \times 500 \times 294.2}{1\ 000} = 14.71\ g$

【例题 1-12】 配制 0.10 mol/L 的盐酸溶液 200 mL,需取浓盐酸(密度为 1.19 g/mL,质量分数为 37%)溶液多少毫升?

解: 已知 $M_{HCl}=36.46$ g/mol,

$$c_{浓} = \frac{1\ 000 \times \rho \times w}{M_{HCl}} = \frac{1\ 000 \times 1.19 \times 37\%}{36.46} = 12\ mol/L$$

$$c_{浓} \times V_{浓} = c_{稀} \times V_{稀}$$

$$V_{浓} = \frac{c_{稀} \times V_{稀}}{c_{浓}} = \frac{0.10 \times 200}{12} = 1.7\ mL$$

【例题 1-13】 实验室现有 NaOH 溶液(0.086 92 mol/L)3 600 mL,欲配制浓度为 0.100 0 mol/L 的 NaOH 溶液,应加入 NaOH 溶液(0.500 0 mol/L)多少毫升?

解: 设应加入 NaOH 溶液(0.500 0 mol/L)V 毫升,则

$$0.500\ 0 \times V + 0.086\ 92 \times 3\ 600 = 0.100\ 0 \times (3\ 600 + V)$$

$$V = 117.72\ mL$$

2.2 标定药品时的计算

【例题 1-14】 已知 H_2SO_4 标准溶液的浓度为 0.050 12 mol/L,用此溶液滴定未知浓度的 NaOH 溶液 20.00 mL,用去 H_2SO_4 标准溶液 20.45 mL,求 NaOH 溶液的浓度。

解：滴定反应式为

$$H_2SO_4+2NaOH=Na_2SO_4+2H_2O$$

已知标准溶液 $n_{H_2SO_4}=1$、待测物质 $n_{NaOH}=2$，

$$c_{NaOH}\times V_{NaOH}=2\times c_{H_2SO_4}\times V_{H_2SO_4}$$

$$c_{NaOH}=\frac{2\times c_{H_2SO_4}\times V_{H_2SO_4}}{V_{NaOH}}=\frac{2\times 0.050\ 12\times 20.45}{20.00}=0.102\ 5\ \text{mol/L}$$

【例题 1－15】　用0.162 5 g无水 Na_2CO_3 标定HCl溶液，以甲基橙为指示剂，到达化学计量点时，消耗HCl溶液25.18 mL，求HCl溶液的浓度（$M_{Na_2CO_3}=106.0$ g/moL）。

解：$2HCl+Na_2CO_3=2NaCl+CO_2\uparrow+H_2O$

因反应中HCl和 Na_2CO_3 的系数分别为2和1，则

$$n_{HCl}=2n_{Na_2CO_3}$$

$$c_{HCl}\times V_{HCl}=\frac{2\times m_{Na_2CO_3}}{M_{Na_2CO_3}}$$

$$c_{HCl}=\frac{2\times m_{Na_2CO_3}}{M_{Na_2CO_3}\times V_{HCl}}=\frac{2\times 0.162\ 5}{106.0\times 25.18\times 10^{-3}}=0.121\ 8\ \text{mol/L}$$

2.3　物质的量浓度与滴定度之间的换算

设一般的化学反应 $aA+bB=cC+dD$ 中A为标准溶液，B为待测物质，C与D为产物，a、b、c、d 是反应中各物质的计量系数。

$$aA\rightarrow bB$$

$$\frac{a}{c_A\times\frac{1}{1\ 000}}=\frac{b\times M_B}{T_{M_A/M_B}}$$

$$c_A=\frac{a}{b}\times\frac{T_{M_A/M_B}\times 1\ 000}{M_B}\text{或 } T_{M_A/M_B}=\frac{b}{a}\times M_B\times\frac{c_A}{1\ 000}$$

【例题 1－16】　已知 $T_{HCl/Na_2CO_3}=0.005\ 300$ g/mL，试计算HCl标准溶液的物质的量浓度。

解：已知 $M_{Na_2CO_3}=106.0$ g/mol，HCl与 Na_2CO_3 的反应方程式为

$$2HCl+Na_2CO_3=2NaCl+CO_2\uparrow+H_2O$$

$$n_{Na_2CO_3}=\frac{1}{2}n_{HCl}$$

$$T_{HCl/Na_2CO_3}=\frac{1}{2}\times\frac{c_{HCl}\times M_{Na_2CO_3}}{1\ 000}$$

$$0.005\ 300=\frac{1}{2}\times\frac{c_{HCl}\times 106.0}{1\ 000}$$

$$c_{HCl}=\frac{2\times 0.005\ 300\times 1\ 000}{106.0}=0.100\ 0\ \text{mol/L}$$

2.4　被测组分百分含量的计算

设样品质量为 S(g)，被测组分B的质量为 m_B(g)，被测组分的质量百分数为 $B\%$，计算公式为

$$B\%=\frac{m_B}{S}\times 100\%$$

$$m_B=\frac{b}{a}\times c_A\times V_A\times M_B$$

$$B\%=\frac{\frac{b}{a}\times c_A\times V_A\times M_B}{S}\times 100\%$$

式中，b/a 表示反应物计量系数之比；c_A 表示标准溶液的物质的量浓度，mol/L；V_A 表示消耗的标准溶液的体积，mL；M_B 表示被测组分的摩尔质量，g/mol。注意，实际计算时需要把体积的单位毫升换算成升。

【例题 1-17】 称取工业用草酸试样 0.334 0 g，用 0.160 5 mol/L 的氢氧化钠标准溶液滴定到终点，消耗 28.35 mL 标准溶液。试样中草酸（$H_2C_2O_4\cdot 2H_2O$）的质量百分数为多少？

解： 已知 $M_{H_2C_2O_4\cdot 2H_2O}=126.07$ g/mol，氢氧化钠与草酸的滴定反应为：

$$2NaOH+H_2C_2O_4=Na_2C_2O_4+2H_2O$$

$$n_{NaOH}:n_{H_2C_2O_4}=2:1$$

根据公式 $B\%=\frac{\frac{b}{a}\times c_A\times V_A\times M_B}{S}\times 100\%$ 得

$$w_{(H_2C_2O_4\cdot H_2O)}\%=\frac{\frac{1}{2}\times 0.160\ 5\times 28.35\times 126.07}{0.334\ 0\times 1\ 000}\times 100\%=85.87\%$$

【项目测试三】

1. 选择题

(1) 在定量分析中，要求测定结果的误差（　　）。

A. 等于零　　B. 越小越好

C. 在允许的误差范围之内　　D. 没有要求

(2) 分析测定中出现的下列情况，属于系统误差的是（　　）。

A. 滴定时有液滴溅出　　B. 滴定管未经校正

C. 所用纯水中含有干扰离子　　D. 砝码读错

(3) 下列方法中，（　　）可用来减小分析测定中的偶然误差。

A. 进行仪器校正　　B. 进行空白实验

C. 进行对照实验　　D. 增加平行实验的次数

(4) 有效数字指（　　）。

A. 位数为 4 的数字　　B. 最末一位不准确的数字

C. 在分析测定中实际测得的数字　　D. 小数点前的数字

(5) 将有效数字 0.635 5 修约为 3 位，正确结果是（　　）。

A. 0.635　B. 0.636　C. 0.64　D. 0.6

(6)某分析人员用甲醛法测定某铵盐中的含氮量。称取试样 0.500 3 g,用 NaOH 标准溶液(0.280 2 mol/L)进行滴定,消耗 NaOH 标准溶液 18.32 mL。他写出了如下四种结果,请问哪一种是对的?(　)

A. $\%NH_3=17.4\%$　B. $\%NH_3=17.44\%$　C. $\%NH_3=17.442\%$　D. $\%NH_3=17\%$

2. 填空题

(1)能够直接配制标准溶液的物质称为________,如________。

(2)标定酸溶液时,常用的基准物质有________和________。

(3)标定碱溶液时,常用的基准物质有________和________。

3. 下列各种误差是系统误差还是偶然误差?

(1)砝码被腐蚀;

(2)天平的两臂不等长;

(3)容量瓶和移液管不配套;

(4)在重量分析中样品里不需要测定的成分被共沉淀;

(5)在称量时样品吸收了少量水分;

(6)试剂里含有微量被测组分;

(7)天平的零点突然变动;

(8)读取滴定管的读数时,最后一位数字估测不准;

(9)用重量法测 SiO_2 时,试液中的硅酸沉淀不完全;

(10)以含量约为98%的 Na_2CO_3 为基准试剂标定盐酸的浓度。

4. 请指出下列实验记录中的错误。

(1)用 HCl 标准溶液滴定 25.00 mL NaOH 溶液:

V_{HCl}:24.6　24.7　24.6

$\bar{V}_{HCl}=24.63$

(2)称取 0.456 7 g 无水碳酸钠,用量筒加水约 20.00 mL。

(3)由滴定管中放出 25 mL NaOH 溶液,以甲基橙作指示剂,用 HCl 标准溶液滴定。

5. 问答题

(1)用于直接配制标准溶液的基准物质应符合什么条件?

(2)化学试剂的规格有哪几种?如何选用?

(3)标准溶液的浓度表示方法有几种?

(4)简述配制溶液时的注意事项。

(5)滴定管的活塞涂油时要注意哪些事项?

(6)如何操作滴定管的活塞?

(7)怎样控制滴定管的流液速度?

(8)怎样使滴定管的读数准确?

(9)怎样使吸量管移取的液体体积准确?

(10)标准溶液的配制方法有几种?如何进行?

(11)什么叫标定？标定方法有几种？

6.计算题

(1)市售盐酸(分析纯)的密度为1.19 g/mL，含HCl 37%，物质的量浓度是多少？

(2)配制HCl标准溶液(0.1 mol/L)1 000 mL时，为什么取盐酸9.0 mL？请写出详细计算过程。如果配制1 mol/L的HCl标准溶液500 mL，应该取浓盐酸多少毫升？

(3)用基准物NaCl配制0.100 0 mg/mL的NaCl标准溶液1 000 mL，应如何配制？

(4)标定盐酸溶液的浓度，共进行四次平行测定，测得浓度分别为0.101 2、0.101 3、0.101 0、0.101 6 mol/L。求平均值、绝对偏差、平均偏差、相对平均偏差、标准偏差及相对标准偏差。

(5)滴定管的读数误差为±0.01 mL，如果滴定用去标准溶液2.50 mL，相对误差是多少？如果滴定用去标准溶液25.00 mL，相对误差又是多少？这些数值说明什么问题？

任务四　缓冲溶液的配制

学习目标

1.知道缓冲溶液的组成和缓冲原理，学会利用缓冲溶液的计算公式计算缓冲溶液的pH值。

2.学会缓冲溶液的配制技术。

技能目标

会用常用玻璃仪器配制缓冲溶液。

缓冲溶液是一种能抵抗外加少量强酸、强碱或适当稀释而保持pH值基本不变的溶液。缓冲溶液具有缓冲作用。许多化学反应和生产过程必须在一定的pH值范围内才能正常进行。在分析工作中，对溶液的酸碱度要求较高的实验常用一定pH值的缓冲溶液来调节。分析工作中常用的缓冲溶液，大多数用于控制溶液的pH值，称为普通缓冲溶液；还有一部分专门在测量溶液的pH值时作为参照标准，如用pH计测定pH值所用的标准溶液，被称为pH值标准缓冲溶液。本任务重点学习缓冲溶液的配制技术。

【工作任务一】

配制pH=10.0的标准缓冲溶液500 mL。

【工作目标】

学会常用的标准缓冲溶液的配制技术。

【工作情境】

本任务可在化验室或实验室中进行。

1.仪器：托盘天平、量筒和细口瓶。

2. 试剂：固体 NH_4Cl 和浓氨水。

【工作原理】

缓冲溶液是保持溶液的 pH 值相对稳定的溶液，能调节和控制溶液的酸度，当溶液中加入少量强酸、强碱或稍加稀释时，pH 值不发生明显的变化。缓冲溶液根据组成的不同通常分为三种类型。

(1) 弱酸及其对应的盐：

弱酸(抗碱成分)	对应的盐(抗酸成分)
HAc	NaAc
H_2CO_3	$KHCO_3$

(2) 弱碱及其对应的盐：

弱碱(抗酸成分)	对应的盐(抗碱成分)
$NH_3 \cdot H_2O$	NH_4Cl

(3) 多元弱酸的酸式盐及其对应的次级盐：

多元弱酸的酸式盐(抗碱成分)	对应的盐(抗酸成分)
$NaHCO_3$	Na_2CO_3
NaH_2PO_4	Na_2HPO_4

缓冲溶液的 pH 值可通过亨德森-哈塞尔巴赫方程计算，其中 HB 表示弱酸，B^- 表示其共轭碱。

$$pH = pK_a + \lg \frac{[B^-]}{[HB]}$$

在配制缓冲溶液时，若使用浓度相同的共轭酸和共轭碱，则它们的缓冲比等于体积比。

$$pH = pK_a + \lg \frac{[V_{B^-}]}{[V_{HB}]}$$

配制一定 pH 值的缓冲溶液的原则：选择合适的缓冲系，使缓冲系共轭酸的 pK_a 尽可能与所配缓冲溶液的 pH 值相等或接近，以保证缓冲系在总浓度一定时具有较强的缓冲能力。配制的缓冲溶液要有适当的总浓度，一般情况下，缓冲溶液的总浓度宜控制在 0.05～0.2 mol/L，按上面的简化公式计算出 V_{B^-} 和 V_{HB} 并进行配制。

配制 pH＝10.0 的缓冲溶液应用弱碱及其对应的盐，所以采用固体 NH_4Cl 和浓氨水进行配制。常见普通缓冲溶液的配制如表 1－12 所示。

表 1－12　常见普通缓冲溶液的配制

pH 值	配制方法
3.6	$NaAc \cdot 3H_2O$ 8 g 溶于适量水中，加 6 mol/L 的 HAc 134 mL，稀释至 500 mL
4.0	$NaAc \cdot 3H_2O$ 20 g 溶于适量水中，加 6 mol/L 的 HAc 134 mL，稀释至 500 mL
4.5	$NaAc \cdot 3H_2O$ 32 g 溶于适量水中，加 6 mol/L 的 HAc 68 mL，稀释至 500 mL

续表

pH 值	配制方法
5.0	$NaAc \cdot 3H_2O$ 50 g 溶于适量水中，加 6 mol/L 的 HAc 34 mL，稀释至 500 mL
5.7	$NaAc \cdot 3H_2O$ 100 g 溶于适量水中，加 6 mol/L 的 HAc 13 mL，稀释至 500 mL
7.5	NH_4Cl 60 g 溶于适量水中，加 15 mol/L 的氨水 1.4 mL，稀释至 500 mL
8.0	NH_4Cl 50 g 溶于适量水中，加 15 mol/L 的氨水 3.5 mL，稀释至 500 mL
8.5	NH_4Cl 40 g 溶于适量水中，加 15 mol/L 的氨水 8.8 mL，稀释至 500 mL
9.0	NH_4Cl 35 g 溶于适量水中，加 15 mol/L 的氨水 24 mL，稀释至 500 mL
9.5	NH_4Cl 30 g 溶于适量水中，加 15 mol/L 的氨水 65 mL，稀释至 500 mL
10.0	NH_4Cl 27 g 溶于适量水中，加 15 mol/L 的氨水 197 mL，稀释至 500 mL
10.5	NH_4Cl 9 g 溶于适量水中，加 15 mol/L 的氨水 175 mL，稀释至 500 mL
11.0	NH_4Cl 3 g 溶于适量水中，加 15 mol/L 的氨水 207 mL，稀释至 500 mL

【工作过程】

1. 用托盘天平称取 27 g 固体 NH_4Cl，置于烧杯中，加 50 mL 蒸馏水溶解后，用量筒量取 175 mL 浓氨水倒入烧杯，混合均匀后转移到细口瓶中，稀释至 500 mL，贴上标签。

2. 用 pH 试纸检查其 pH 值是否符合，若 pH 值不符合，可用共轭酸或碱调节。对 pH 值要求严格的实验，还需在 pH 计的监控下对所配缓冲溶液的 pH 值加以校正。

【注意事项】

1. 配制所用的药品要有较好的质量。

2. 药品称量和蒸馏水量取要准确。

3. 由于浓氨水挥发性较强，故此操作应在通风橱内进行。

【体验测试】

1. 欲配制 NH_3-NH_4Cl 缓冲溶液 100 mL，需要称量 5.4 g 固体 NH_4Cl，量取 35 mL 浓氨水。此缓冲溶液的 pH 值是多少？叙述该缓冲溶液的配制过程。

2. 如何配制 100 mL pH 值为 5.10 的缓冲溶液？

【工作任务二】

配制 pH＝4.01 的标准缓冲溶液。

【工作目标】

学会配制标准缓冲溶液的操作技术。

【工作情境】

本任务可在化验室或实验室中进行。

1. 仪器：分析天平(0.1 mg)、容量瓶、小烧杯、玻璃棒、试剂瓶、药匙、胶头滴管、称量瓶和干燥器。

2. 试剂：固体邻苯二甲酸氢钾。

【工作原理】

邻苯二甲酸氢钾($KHC_8H_4O_4$)易制得纯品，在空气中不吸水，容易保存，摩尔质量较大，是一种较好的基准物质和测定 pH 值的缓冲剂。其为白色结晶，密度为 1.636 g/cm³，溶于水，水溶液有酸性反应，邻苯二甲酸氢根离子既可以和氢氧根离子反应生成邻苯二甲酸钾，又可以和氢离子反应生成邻苯二甲酸，故可用来配制标准缓冲溶液。常用的 pH 值标准缓冲溶液如表 1－13 所示。

表 1－13　常用的 pH 值标准缓冲溶液

pH 值标准缓冲溶液	pH 值(25 ℃)
饱和酒石酸氢钾(0.034 mol/L)	3.56
0.05 mol/L 的邻苯二甲酸氢钾	4.01
0.025 mol/L 的 KH_2PO_4－0.025 mol/L 的 Na_2HPO_4	6.86
0.10 mol/L 的硼砂	9.18

【工作过程】

准确称取在(115.0±5.0)℃下烘干 2～3 h 的邻苯二甲酸氢钾 1.012 0 g，于小烧杯中溶解后，定量转移至 100 mL 的容量瓶内，稀释至刻度，摇匀后贴上标签。

【注意事项】

干燥时温度不宜过高，过高则邻苯二甲酸氢钾会脱水成为邻苯二甲酸酐。

【体验测试】

1. 邻苯二甲酸氢钾和硼砂($Na_2B_4O_7 \cdot 10H_2O$)为什么可单独配制缓冲溶液？

2. 准确称取在(115.0±5.0)℃下烘干 2～3 h 的邻苯二甲酸氢钾 1.012 0 g，于小烧杯中溶解后，定量转移至 100 mL 的容量瓶，此溶液的物质的量浓度是多少？

【知识链接】

电解质溶液

电解质是在水溶液中或在熔融状态下能离解成离子的化合物，主要包括酸、碱、盐类化合物。电解质在溶液中全部或部分以离子形式存在，电解质之间的反应实质上是离子之间的反应，主要运用化学平衡原理讨论电解质溶液中的化学平衡规律。

1. 水的离解和溶液的 pH 值

1.1　水的离解

水是一种既能接受质子又能给出质子的两性物质。实验证明，纯水有微弱的导电性，说明它是一种极弱的电解质，在纯水中存在着下列平衡：

$$H_2O + H_2O \rightleftharpoons H_3O^+ + OH^-$$

上式可简写为

$$H_2O \rightleftharpoons H^+ + OH^-$$

水分子间发生的这种质子转移称为质子自递作用，其平衡常数

$$K_i = \frac{[H^+] \cdot [OH^-]}{[H_2O]}$$

即

$$[H^+] \cdot [OH^-] = [H_2O] \cdot K_i = K_w$$

水的离解很微弱，平衡常数表达式中的$[H_2O]$可看成一个常数，K_i 也是一个常数，则 $K_i \cdot [H_2O]$仍为常数，用 K_w 表示。K_w 称为水的离子积常数，简称水的离子积，它表明在一定的温度下，水的$[H^+]$和$[OH^-]$之积为一个常数。

经实验测定得知，在 22 ℃下，1 L 纯水中仅有 10^{-7} mol 水分子离解，因此，纯水的$[H^+]$和$[OH^-]$都是 10^{-7} mol/L，即 $K_w = [H^+] \cdot [OH^-] = 10^{-7} \times 10^{-7} = 1 \times 10^{-14}$。

水的离解是吸热过程，温度升高，K_w 增大，不同温度下水的离子积见表 1-14。

表 1-14　不同温度下水的离子积

T/K	273	283	295	298	313	323	373
K_w	0.13×10^{-14}	0.36×10^{-14}	1.0×10^{-14}	1.27×10^{-14}	3.8×10^{-14}	5.6×10^{-14}	7.4×10^{-14}

由表 1-4 可以看出，水的离子积 K_w 随温度变化而变化。为了方便起见，在室温下常采用 $K_w = 1 \times 10^{-14}$进行有关计算。

由于水的离解平衡的存在，$[H^+]$和$[OH^-]$两者中若有一种增大，则另一种一定减小。所以不仅在纯水中，而且在任何酸性或碱性的稀溶液中，$[H^+]$和$[OH^-]$的乘积也是个常数，在室温下都为 1×10^{-14}。

1.2　溶液的酸碱性和 pH 值

常温时纯水的$[H^+]$和$[OH^-]$相等，都是 10^{-7} mol/L，所以纯水是中性的。如果向纯水中加酸，由于$[H^+]$增大，水的离解平衡向左移动，当达到新的平衡时，溶液的$[H^+] > [OH^-]$，$[H^+] > 10^{-7}$ mol/L，$[OH^-] < 10^{-7}$ mol/L，溶液呈酸性。如果向纯水中加碱，由于$[OH^-]$增大，水的离解平衡向左移动，当达到新的平衡时，溶液的$[OH^-] > [H^+]$，$[OH^-] > 10^{-7}$ mol/L，$[H^+] < 10^{-7}$ mol/L，溶液呈碱性。溶液的酸碱性与$[H^+]$和$[OH^-]$的关系可表示为：

中性溶液　$[H^+] = [OH^-] = 10^{-7}$ mol/L

酸性溶液　$[H^+] > 10^{-7}$ mol/L $> [OH^-]$

碱性溶液　$[H^+] < 10^{-7}$ mol/L $< [OH^-]$

$[H^+]$越大，溶液的酸性越强；$[H^+]$越小，溶液的酸性越弱。酸性溶液中不是没有

OH^-，只是浓度很小(小于 H^+ 的浓度)。

溶液的酸碱性常用$[H^+]$表示，但当溶液的$[H^+]$很小时，用$[H^+]$表示溶液的酸碱性就很不方便，因此在$[H^+]$很小时常用 pH 值表示溶液的酸碱性。

pH 值的概念：氢离子浓度的负对数叫 pH 值。

$$pH=-\lg[H^+] \text{或} [H^+]=10^{-pH}$$

pOH 值的概念：氢氧根离子浓度的负对数叫 pOH 值。

$$pOH=-\lg[OH^-] \text{或} [OH^-]=10^{-pOH}$$

$$pH+pOH=14$$

溶液的酸碱性和 pH 值的关系是：295 K 时，中性溶液 pH=7；酸性溶液 pH<7；碱性溶液 pH>7。

pH 值越小酸性越强，pH 值越大碱性越强。一般而言，pH 值的使用范围是 0～14，当$[H^+]$大于 1 mol/L 时，直接用$[H^+]$表示溶液的酸碱性，此时用 pH 值表示比较麻烦，如 2 mol/L 的 HCl 溶液的 pH 值是−0.301 0，为负值。

必须注意：pH 值相差一个单位，$[H^+]$相差 10 倍，因此两种不同 pH 值的溶液混合，必须换算成$[H^+]$再进行计算。

不同的农作物生长有其最适宜的 pH 值。水稻、玉米、大豆、小麦等主要农作物生长最适宜的 pH 值为 6～7。我国北方和沿海地区土壤含碳酸盐较多，由于水解使土壤盐碱化。这些地区的土壤有的 pH 值高达 10.5，不利于作物生长，同时在碱性条件下，土壤中的许多微量元素(如 Fe、Cu、Zn、Mn 等)转变成难溶氢氧化物或碱式碳酸盐，植物不能吸收，降低了这些营养元素的有效性。施用$(NH_4)_2SO_4$ 可改良盐碱地，但正常土壤长期施用铵态氮肥，易引起土壤板结硬化，导致农作物品质下降。相反，我国南方土壤含铁量较高，铁盐水解使土壤显酸性，一些土壤 pH 值低到 2.0，这不利于作物生长，常施用石灰来改良土壤。

2. 电解质溶液

2.1　强电解质溶液

电解质分为强电解质和弱电解质。为了定量表示电解质在溶液中离解程度的大小，引入离解度的概念。离解度是离解平衡时已离解的分子数占原来分子数的百分数。

根据近代物质结构理论，强电解质是离子型化合物或具有强极性的共价化合物，它们在溶液中是全部离解的。理论上强电解质在水溶液中应 100%离解成离子，但对其溶液导电性的测定结果表明，它们的离解度均小于 100%。这种由实验测得的离解度为表观离解度。表 1-15 列出了几种强电解质溶液的表观离解度。

表 1-15　几种强电解质溶液的表观离解度(25 ℃，0.1 mol/L)

电解质	离解式	表观离解度/%
氯化钾	$KCl \rightarrow K^+ + Cl^-$	86
硫酸锌	$ZnSO_4 \rightarrow Zn^{2+} + SO_4^{2-}$	40

续表

电解质	离解式	表观离解度/%
盐酸	$HCl \rightarrow H^+ + Cl^-$	92
硝酸	$HNO_3 \rightarrow H^+ + NO_3^-$	92
硫酸	$H_2SO_4 \rightarrow 2H^+ + SO_4^{2-}$	61
氢氧化钠	$NaOH \rightarrow Na^+ + OH^-$	91
氢氧化钡	$Ba(OH)_2 \rightarrow Ba^{2+} + 2OH^-$	81

为了解释上述矛盾现象，1923 年德拜（Debye P. L. W.）和休克尔（Hückel E.）提出了强电解质溶液离子互吸理论。该理论认为强电解质在水中是完全离解的，但由于溶液中的离子浓度较大，阴、阳离子之间的静电作用比较显著，在阳离子周围吸引着较多的阴离子；在阴离子周围吸引着较多的阳离子。这种情况好似阳离子周围有阴离子氛，阴离子周围有阳离子氛。

离子在溶液中的运动受到周围离子氛的牵制，并非完全自由。因此在导电性实验中，阴、阳离子向两极移动的速度比较慢，好似电解质没有完全离解。显然，这样所测得的"离解度"并不代表溶液的实际离解情况，故称为表观离解度。

由于离子间的相互牵制，致使离子的有效浓度表现得比实际浓度要小，如 0.1 mol/L 的 KCl 溶液，K^+ 和 Cl^- 的浓度应该是 0.1 mol/L，但根据表观离解度计算得到的离子有效浓度只有 0.086 mol/L。通常把有效浓度称为活度（α），活度与实际浓度（c）的关系为

$$\alpha = fc$$

式中，f 为活度系数。一般情况下，$\alpha < c$，故 f 常小于 1。显然，溶液中离子浓度越大，离子间相互牵制程度越大，f 越小。此外，离子所带的电荷数越大，离子间的相互作用越强，同样会使 f 减小。以上两种情况都会引起离子活度减小。而在弱电解质溶液中，由于离子浓度很小，离子间的距离较大，相互作用较弱。此时，活度系数 $f \rightarrow 1$，离子活度与浓度几乎相等，故在近似计算中用浓度代替活度，不会引起大的误差。本书采用离子浓度进行计算。

2.2　弱电解质溶液

2.2.1　一元弱酸（碱）溶液的离解平衡

（1）离解度。

弱电解质的离解是可逆过程，可以用离解度（α）表示其离解的程度：

$$\alpha = \frac{\text{已离解的分子数}}{\text{离解前分子总数}} \times 100\%$$

在温度、浓度相同的条件下，离解度越大，表示该弱电解质的离解能力越强。

例如：18 ℃时在 0.1 mol/L 的醋酸溶液中，每 10 000 个醋酸分子中有 134 个离解成 H^+ 和 Ac^-，醋酸的离解度为

$$\alpha = \frac{134}{10\ 000} \times 100\% = 1.34\%$$

离解度的大小可以相对地表示电解质的强弱。

(2)离解平衡常数。

弱电解质在水溶液中存在着分子与离子间的离解平衡，一元弱酸以醋酸的离解过程为例进行讨论。

$$HAc \rightleftharpoons H^+ + Ac^-$$

根据化学平衡原理，在一定温度下，当醋酸在水溶液中达到离解平衡时，溶液中 H^+、Ac^- 的浓度与未离解的 HAc 分子浓度间的关系可用下式表示：

$$K_a = \frac{[H^+] \cdot [Ac^-]}{[HAc]}$$

K_a 称为酸的离解平衡常数，简称离解常数。式中$[H^+]$和$[Ac^-]$表示氢离子和醋酸根离子的平衡浓度，[HAc]表示未离解的醋酸分子的平衡浓度。

一元弱碱的离解以氨水为例，它的离解平衡式为

$$NH_3 \cdot H_2O \rightleftharpoons NH_4^+ + OH^-$$

根据化学平衡原理，其离解平衡常数 K_b 为

$$K_b = \frac{[NH_4^+] \cdot [OH^-]}{[NH_3]}$$

应当指出，K_a、K_b 不受浓度的影响，只与电解质的本性和温度有关。在温度相同时，同类弱电解质的 K_a 或 K_b 可以表示弱酸或弱碱的相对强度。一些弱电解质的离解常数见附录五。

(3)离解常数与离解度的关系。

离解常数和离解度都能反映弱电解质的离解程度，它们之间既有区别又有联系。离解常数是化学平衡常数的一种形式，它不随电解质的浓度而变化；离解度则是转化率的一种形式，它表示弱电解质在一定条件下的离解百分率，在离解度允许的范围内可随浓度而变化。离解常数能比离解度更好地反映出弱电解质的特征，故应用范围比离解度更为广泛。

弱电解质的离解常数 K_i(包括 K_a、K_b)和离解度的关系以弱酸 HAc 为例进行讨论。设 HAc 的浓度为 c mol/L，离解度为 α。

$$HAc \rightleftharpoons H^+ + Ac^-$$

	HAc	H^+	Ac^-
$c_{起始}$	c	0	0
$c_{平衡}$	$c - c\alpha$	$c\alpha$	$c\alpha$

$$K_a = \frac{[H^+] \cdot [Ac^-]}{[HAc]} = \frac{(c\alpha)^2}{c - c\alpha} = \frac{c\alpha^2}{1-\alpha}$$

写成 K_i 与 α 的一般关系式为

$$K_i = \frac{c\alpha^2}{1-\alpha}$$

当 $c/K_i > 500$，$\alpha < 5\%$时，$1-\alpha \approx 1$，于是近似有

$$K_i = c\alpha^2 \text{ 或 } \alpha = \sqrt{\frac{K_i}{c}}$$

以上表达式所表示的就是奥斯特瓦尔德稀释定律，其意义是：同一弱电解质的离解度与

其浓度的平方根成反比，即浓度越小，离解度越大；同一浓度的不同弱电解质的离解度与其离解常数的平方根成正比。

【例题 1-18】 298 K 时，HAc 的离解常数为 1.76×10^{-5}。计算 0.10 mol/L 的 HAc 溶液的 H^+ 浓度、pH 值和离解度。

解：设达到离解平衡时，溶液中$[H^+]$为 x mol/L，则$[HAc]=(0.10-x)$mol/L，$[Ac^-]=x$ mol/L，

$$HAc \rightleftharpoons H^+ + Ac^-$$

平衡浓度　$0.10-x$　　x　　x

将有关数值代入平衡关系式中：

$$K_a=\frac{[H^+]\cdot[Ac^-]}{[HAc]}=\frac{x^2}{0.10-x}=1.76\times10^{-5}$$

$c/K_a>500$，故近似有

$0.10-x\approx0.10$

$[H^+]=x=\sqrt{1.76\times10^{-5}\times0.10}=1.33\times10^{-3}$ mol/L

$pH=-\lg[H^+]=-\lg(1.33\times10^{-3})=2.88$

$$\alpha=\frac{x}{c}\times100\%=\frac{1.33\times10^{-3}}{0.10}=1.33\%$$

把上述近似计算推广到一般情况，当 $c/K_a>500$ 时，可得浓度为 $c_{酸}$ 的一元弱酸溶液中$[H^+]$的近似计算公式为

$$[H^+]=\sqrt{K_a\cdot c_{酸}}$$

用同样的方法可以得出一元弱碱溶液中$[OH^-]$的近似计算公式为

$$[OH^-]=\sqrt{K_b\cdot c_{碱}}$$

2.2.2 多元酸的离解

分子中含两个或两个以上可被置换的 H^+ 的酸称为多元酸，常见的多元弱酸有 H_2CO_3、H_2S、H_3PO_4 等。多元弱酸的离解是分步进行的，每一步有一个离解平衡常数。

二元酸　碳酸　$H_2CO_3 \rightleftharpoons H^+ + HCO_3^-$　$K_{a_1}=4.3\times10^{-7}$

$HCO_3^- \rightleftharpoons H^+ + CO_3^{2-}$　$K_{a_2}=5.6\times10^{-11}$

氢硫酸　$H_2S \rightleftharpoons H^+ + HS^-$　$K_{a_1}=9.1\times10^{-8}$

$HS^- \rightleftharpoons H^+ + S^{2-}$　$K_{a_2}=1.1\times10^{-12}$

三元酸　磷酸　$H_3PO_4 \rightleftharpoons H^+ + H_2PO_4^-$　$K_{a_1}=7.52\times10^{-3}$

$H_2PO_4^- \rightleftharpoons H^+ + HPO_4^{2-}$　$K_{a_2}=6.23\times10^{-8}$

$HPO_4^{2-} \rightleftharpoons H^+ + PO_4^{3-}$　$K_{a_3}=2.2\times10^{-13}$

一般而言，对于二元酸：$K_{a_1}\gg K_{a_2}$；对于三元酸：$K_{a_1}\gg K_{a_2}\gg K_{a_3}$。

【例题 1-19】 在室温下，碳酸饱和溶液的物质的量浓度约为 0.04 mol/L，求此溶液中 H^+、HCO_3^- 和 CO_3^{2-} 的浓度。（已知 $K_{a_1}=4.3\times10^{-7}$，$K_{a_2}=5.6\times10^{-11}$）

解：由于 H_2CO_3 的 $K_{a_1}\gg K_{a_2}$，可忽略二级离解，当一元酸处理。

设溶液中$[H^+]=x$ mol/L，则$[HCO_3^-]\approx[H^+]=x$ mol/L，

$$H_2CO_3 \rightleftharpoons H^+ + HCO_3^-$$

$c_{起始}$　0.04　0　0

$c_{平衡}$　$0.04-x$　x　x

$$K_{a_1}=\frac{[H^+]\cdot[HCO_3^-]}{[H_2CO_3]}=\frac{x^2}{0.04-x}=4.3\times10^{-7}$$

$c/K_a>500$，近似计算有

$0.04-x\approx0.04$

$x=[H^+]=\sqrt{4.3\times10^{-7}\times0.04}=1.3\times10^{-4}$ mol/L

HCO_3^- 的二级离解为

$$HCO_3^- \rightleftharpoons H^+ + CO_3^{2-}$$

$$K_{a_2}=\frac{[H^+]\cdot[CO_3^{2-}]}{[HCO_3^-]}=5.6\times10^{-11}$$

H_2CO_3 的 $K_{a_1}\gg K_{a_2}$，故

$[HCO_3^-]\approx[H^+]=1.3\times10^{-4}$ mol/L

$[CO_3^{2-}]\approx K_{a_2}=5.6\times10^{-11}$

根据例题 1-19 可得出如下结论。

(1)多元弱酸的 $K_{a_1}\gg K_{a_2}\gg K_{a_3}$，求$[H^+]$时，可把多元弱酸当作一元弱酸来处理。当 $c/K_a>500$ 时，可以根据公式$[H^+]=\sqrt{K_a\cdot c_{酸}}$近似计算。

(2)在二元弱酸溶液中，酸根的浓度近似等于 K_{a_2}，与酸的原始浓度无关。

3. 同离子效应和盐效应

3.1 同离子效应

向弱电解质溶液中加入一种与弱电解质具有相同离子的强电解质，将引起离解平衡向左移动，导致弱酸或弱碱离解度降低，这种现象称为同离子效应。

$$HAc \rightleftharpoons H^+ + Ac^-$$

$$NaAc \rightleftharpoons Na^+ + Ac^-$$

同离子效应使弱电解质的离解度减小，但离解平衡常数不变。

【例题 1-20】 向 0.10 mol/L 的醋酸溶液中加入固体醋酸钠(设溶液体积不变)，使其浓度为 0.20 mol/L。求此溶液中$[H^+]$和醋酸的离解度。

解：设由醋酸离解出的$[H^+]$为 x mol/L。

$$HAc \rightleftharpoons H^+ + Ac^-$$

$0.10-x$　x　x　→总的$[Ac^-]=0.20+x$

$$NaAc \rightleftharpoons Na^+ + Ac^-$$

　0.20　0.20

$$K_a=\frac{[H^+]\cdot[Ac^-]}{[HAc]}=\frac{x(0.20+x)}{0.10-x}=1.76\times10^{-5}$$

$c/K_a>500$，则 $0.20+x\approx0.20$，$0.10-x\approx0.10$。

$[H^+]=x=0.88\times10^{-5}\approx9.0\times10^{-6}$

$$\alpha=\frac{9.0\times10^{-6}}{0.10}\times100\%=0.009\%$$

3.2 盐效应

加入不与弱电解质(难溶电解质)具有相同离子的强电解质,使弱电解质电离度(难溶电解质溶解度)略有增大的效应叫盐效应。例如,向 0.1 mol/L 的 HAc 溶液中加入 0.1 mol/L 的 NaCl 溶液,则 HAc 的离解度由 1.33%增大到 1.82%。这是由于加入强电解质 NaCl 后,溶液中阴、阳离子浓度增大,离子间的相互牵制作用加强,妨碍了离子的运动,减小了离子的运动速度,使 H^+ 和 Ac^- 分子化倾向略微降低,从而使 HAc 的离解度略有增大。

产生同离子效应时,必然伴随着盐效应。同离子效应和盐效应的效果相反,且同离子效应的作用要大得多,在一般计算,特别是较稀的溶液中,可以不考虑盐效应的影响。

缓冲溶液

许多化学反应和生产过程必须在一定的 pH 值范围内才能进行或进行得比较完全。那么,怎样的溶液才具有维持自身的 pH 值基本不变的作用呢?实验发现,弱酸及其盐、弱碱及其盐等的混合溶液具有这种能力。

1. 缓冲溶液的概念和组成

向纯水中加入少量酸或碱,其 pH 值发生显著的变化;而向 HAc 和 NaAc 或 NH_3 和 NH_4Cl 的混合溶液中加入少量酸或碱,其 pH 值改变很小(如表 1-16 所示);在一定范围内加水稀释时,HAc 和 NaAc 或 NH_3 和 NH_4Cl 的混合溶液的 pH 值改变也很小。

表 1-16 向三种溶液中加入 1.0 mol/L 的 HCl 溶液和 NaOH 溶液后 pH 值的变化

序号	原溶液	加入 1.0 mL 1.0 mol/L 的 HCl 溶液	加入 1.0 mL 1.0 mol/L 的 NaOH 溶液
1	1.0 L 纯水	pH 值从 7.0 变为 3.0,改变 4 个单位	pH 值从 7.0 变为 11.0,改变 4 个单位
2	1.0 L 溶液,含有 0.10 mol HAc 和 0.10 mol NaAc	pH 值从 4.67 变为 4.75,改变 0.08 个单位	pH 值从 4.76 变为 4.77,改变 0.01 个单位
3	1.0 L 溶液,含有 0.10 mol NH_3 和 0.10 mol NH_4Cl	pH 值从 9.26 变为 9.25,改变 0.01 个单位	pH 值从 9.26 变为 9.27,改变 0.01 个单位

这种能抵抗外加少量强酸、强碱或水的稀释而保持 pH 值基本不变的溶液称为缓冲溶液,这种作用称为缓冲作用。缓冲溶液具有缓冲作用,是因为缓冲溶液中同时含有足量的能够对抗外来少量酸的成分和能够对抗外来少量碱的成分。通常把这两种成分称为缓冲对或缓冲系。其中,能够对抗外来少量酸的成分称为抗酸成分;能够对抗外来少量碱的成分称为抗碱成分。

1.1 缓冲作用原理

在 HAc-NaAc 缓冲系中,HAc 为弱电解质,在水中部分离解成 H^+ 和 Ac^-;NaAc 为强电解质，在水中全部离解成 Na^+ 和 Ac^-。

$$HAc \rightleftharpoons H^+ + Ac^-$$

$$NaAc \longrightarrow Na^+ + Ac^-$$

由于 NaAc 完全离解，所以溶液中存在着大量的 Ac^-。弱酸 HAc 只有较少部分离解，加上由 NaAc 离解出的大量 Ac^- 离子产生的同离子效应，使 HAc 的离解度变得更小，因此溶液中除大量的 Ac^- 外，还存在着大量的 HAc 分子。在溶液中同时存在大量弱酸分子及该弱酸的酸根离子（或大量弱碱分子及该弱碱的阳离子），就是缓冲溶液组成的特征。

向此混合溶液中加少量强酸，溶液中大量的 Ac^- 将与加入的 H^+ 结合而生成难离解的 HAc 分子，以致溶液的 H^+ 浓度几乎不变。换句话说，Ac^- 起了抗酸的作用。加入少量强碱时，由于溶液中的 H^+ 将与 OH^- 结合生成 H_2O，使 HAc 的离解平衡向右移动，继续离解出的 H^+ 仍与 OH^- 结合，致使溶液的 OH^- 浓度几乎不变，因而 HAc 分子起了抗碱的作用。由此可见，缓冲溶液同时具有抵抗少量酸或碱的作用，其抗酸、抗碱作用是由缓冲对的不同部分担负的。加水稀释时，溶液中 HAc 和 Ac^- 的浓度同步减小，致使溶液的 H^+ 浓度几乎不变。

1.2　缓冲溶液 pH 值的计算

缓冲溶液具有保持溶液的 pH 值相对稳定的能力，因此掌握缓冲溶液本身的 pH 值十分重要。缓冲溶液 pH 值的计算公式推导如下。

以 HAc－NaAc 缓冲对为例，体系中存在的反应为

$$HAc \rightleftharpoons H^+ + Ac^-$$

$$NaAc \longrightarrow Na^+ + Ac^-$$

$$[H^+] = K_a \cdot \frac{[HAc]}{[Ac^-]}$$

依近似处理，$[HAc] = c_{弱酸}$，$[Ac^-] = c_{弱酸盐}$，则

$$[H^+] = K_a \cdot \frac{c_{弱酸}}{c_{弱酸盐}}$$

$$pH = pK_a + \lg \frac{c_{弱酸盐}}{c_{弱酸}} = pK_a + \lg \frac{n_{弱酸盐}}{n_{弱酸}}$$

同理，由弱碱及弱碱盐组成的缓冲对

$$pOH = pK_b + \lg \frac{c_{弱碱盐}}{c_{弱碱}}$$

【例题 1－21】　将 400 mg 固体 NaOH 分别加到下列两种溶液中，它们的体积均为 1 L。试分别计算这两种溶液 pH 值的变化。

(1)0.1 mol/L 的 HAc；(2)0.1 mol/L 的 HAc 和 0.1 mol/L 的 NaAc 的混合溶液。

解：因加入的是固体氢氧化钠，体积变化忽略不计。

(1)0.1 mol/L 的 HAc 溶液的 pH 值。

$$[H^+] = \sqrt{cK_a} = \sqrt{0.1 \times 1.76 \times 10^{-5}} = 1.33 \times 10^{-3}$$

$$pH = -\lg[H^+] = -\lg(1.33 \times 10^{-3}) = 2.88$$

$$\begin{array}{lcccc} & NaOH & + \ HAc & \longrightarrow \ NaAc & + \ H_2O \\ c_{起始} & 0.01 & 0.1 & 0 & \\ c_{变化} & -0.01 & -0.01 & +0.01 & \\ c_{平衡} & 0 & 0.09 & 0.01 & \end{array}$$

反应生成的由醋酸钠与醋酸组成的缓冲体系 pH 值为

$$pH=pK_a+\lg\frac{c_{弱酸盐}}{c_{弱酸}}=4.75+\lg\frac{0.01}{0.09}=3.80$$

$$\Delta pH=3.80-2.88=0.92$$

(2)由 0.1 mol/L 的 HAc－NaAc 组成的缓冲溶液的 pH 值

$$[H^+]=K_a\frac{c_{弱酸盐}}{c_{弱酸}}=1.76\times10^{-5}\times\frac{0.1}{0.1}=1.76\times10^{-5}$$

$$pH=4.75$$

加入 400 mg 氢氧化钠以后，

$$\begin{array}{lcccc} & NaOH & + \ HAc & \longrightarrow \ NaAc & + \ H_2O \\ c_{起始} & 0.01 & 0.1 & 0.1 & \\ c_{变化} & -0.01 & -0.01 & +0.01 & \\ c_{平衡} & 0 & 0.09 & 0.11 & \end{array}$$

$$pH=pK_a+\lg\frac{c_{弱酸盐}}{c_{弱酸}}=4.75+\lg\frac{0.11}{0.09}=4.84$$

$$\Delta pH=4.84-4.75=0.09$$

1.3 缓冲溶液的缓冲能力

缓冲溶液的缓冲作用有一定的限度，超过这个限度，缓冲溶液就会失去缓冲能力。缓冲溶液缓冲能力的大小用缓冲容量表示。所谓缓冲容量，是使 1 L(或 1 mol)缓冲溶液的 pH 值改变 1 个单位所需加入强酸(H^+)或强碱(OH^-)的物质的量。缓冲容量常用符号 β 表示。缓冲容量越大，说明缓冲溶液的缓冲能力越强。

一般而言，$c_{盐}:c_{酸}=1$时，缓冲溶液的缓冲能力最强；$c_{盐}:c_{酸}=1/10\sim10$ 时，有较好的缓冲作用。任何一个缓冲体系都有一个有效的缓冲范围：

弱酸及其盐体系 $pH=pK_a\pm1$

弱碱及其盐体系 $pOH=PK_b\pm1$

2. 缓冲溶液在农业中的应用

在农业生产中，土壤本身就具有保持其酸碱度的能力，主要原因是土壤具有缓冲作用。土壤为什么具有缓冲性能？主要有以下三个因素。

(1)土壤胶体上有交换性阳离子存在，这是土壤具有缓冲作用的主要原因。当土壤溶液中 H^+ 增加时，胶体表面的交换性盐基离子与溶液中的 H^+ 交换，使土壤溶液中 H^+ 的浓度基本不变：

$$\boxed{土壤胶体}M+H^+\rightleftharpoons\boxed{土壤胶体}H+M^+$$

M 代表盐基离子，可以是 Ca^{2+}、Mg^{2+}、Na^+、K^+ 等。当土壤溶液中加入 MOH 时，离解

产生 M^+ 和 OH^-，由于 M^+ 与胶体上的 H^+ 交换，转入溶液中的 H^+ 立即同 OH^- 生成弱电解质 H_2O，溶液的 pH 值变化甚微。

$$\boxed{\text{土壤胶体}}\ H + MOH \rightleftharpoons \boxed{\text{土壤胶体}}\ M + H_2O$$

值得注意的是，上述两个离子交换过程遵循等电荷交换的规律。土壤缓冲能力的大小与土壤的阳离子交换量有关。《土壤肥料学》中将"土壤的阳离子交换量"解释为"每百克干土中所含的全部交换性阳离子所带电荷的毫摩尔数"。土壤的阳离子交换量越大，其缓冲能力越强。因有机质含量高的土壤阳离子交换量大，故黏质土壤及有机质含量高的土壤比砂质土壤缓冲能力强。

(2)土壤中氨基酸等两性物质的存在是土壤具有缓冲作用的另一个原因：

$$R-\underset{\underset{NH_2}{|}}{CH}-COOH + H^+ \rightleftharpoons R-\underset{\underset{NH_3^+}{|}}{CH}-COOH$$

$$R-\underset{\underset{NH_2}{|}}{CH}-COOH + OH^- \rightleftharpoons R-\underset{\underset{NH_2}{|}}{CH}-COO^- + H_2O$$

(3)土壤溶液中弱酸及其盐的存在也使土壤具有缓冲作用。如碳酸、硅酸、磷酸、腐殖酸和其他有机酸及其盐构成了良好的缓冲体系。例如：碳酸及其盐的缓冲作用：

$$H_2CO_3 + 2OH^- \rightleftharpoons CO_3^{2-} + 2H_2O$$

$$CO_3^{2-} + 2H^+ \rightleftharpoons H_2CO_3$$

缓冲性能是土壤的一种重要性质，土壤的缓冲作用可以稳定土壤溶液的反应，使 pH 值保持在一定范围内。如果土壤没有这种能力，那么微生物和根系的呼吸、肥料的加入、有机质的分解等都将引起土壤反应的激烈变化，影响土壤养分的有效性。如 $pH<5$，Fe^{3+}、Al^{3+} 多，PO_4^{3-} 易与它们形成不溶性沉淀造成磷素固定；$pH>7$ 则发生明显的钙对磷的固定；$pH=6\sim7$ 的土壤中磷的有效性最大。

有机质含量高的肥沃土壤缓冲能力、自调能力都强，能为高产作物协调土壤环境条件，抵制不利因素的发展。所谓的肥土"饱得""饿得"，能自调土温，自调反应，其机理之一就是土壤缓冲能力强。相反，有机质贫乏的砂土缓冲性很差、自调能力低，"饿不得""饱不得"，经不起温度和反应条件的变化。对这类土壤采用多施有机肥、掺混黏土等办法，既可培肥土壤，又可提高其缓冲性能。

【项目测试四】

1. 填空题

(1)能够抵抗外加少量______或______以及稀释等的影响，保持溶液的 pH 值基本不变的溶液，称为__________。

(2)普通缓冲溶液主要用于控制溶液的__________。

(3)专门在测量溶液的 pH 值时作为参照标准的溶液称为______缓冲溶液。

2.判断题

(1)高浓度的强酸没有缓冲能力。(　　)

(2)HAc－NaAc可以用于配制缓冲溶液。(　　)

(3)缓冲溶液被稀释后,溶液的pH值基本不变,故缓冲容量基本不变。(　　)

(4)缓冲溶液的缓冲容量大小只与缓冲比有关。(　　)

(5)在缓冲溶液中,其他条件相同时,缓冲对的pK_a越接近缓冲溶液的pH值,该缓冲溶液的缓冲容量越大。(　　)

(6)HAc溶液和NaOH溶液混合可以配成缓冲溶液,条件是NaOH比HAc的物质的量适当过量。(　　)

(7)因$NH_4Cl-NH_3 \cdot H_2O$缓冲溶液的pH值大于7,所以不能抵抗少量的强碱。(　　)

(8)同一缓冲系的缓冲溶液总浓度相同时,$pH=pK_a$的溶液缓冲容量最大。(　　)

3.选择题

(1)下列公式中有错误的是(　　)。

A. $pH=pK_a+\lg([B^-]/[HB])$　　B. $pH=pK_a-\lg([HB]/[B^-])$

C. $pH=pK_a+\lg([n(B^-)]/[n(HB)])$　　D. $pH=pK_a-\lg([n(B^-)]/[n(HB)])$

E. $pH=-\lg(K_w/K_b)+\lg([B^-]/[HB])$

(2)用H_3PO_4($pK_{a1}=2.12$,$pK_{a2}=7.21$,$pK_{a3}=12.67$)和NaOH所配成的pH=7.0的缓冲溶液中,抗酸成分是(　　)。

A. $H_2PO_4^-$　　B. HPO_4^{2-}　　C. H_3PO_4　　D. H_3O^+

(3)欲配制pH=9.0的缓冲溶液,最好选用下列缓冲系中的(　　)。

A. 邻苯二甲酸($pK_{a_1}=2.89$,$pK_{a_2}=5.51$)　　B. 甲胺盐酸盐($pK_a=10.63$)

C. 甲酸($pK_a=3.75$)　　D. 氨水($pK_b=4.75$)

E. 硼酸 ($pK_a=9.14$)

(4)影响缓冲容量的主要因素是(　　)。

A. 缓冲溶液的pH值和缓冲比　　B. 弱酸的pK_a和缓冲比

C. 弱酸的pK_a和缓冲溶液的总浓度　　D. 弱酸的pK_a和其共轭碱的pK_b

E. 缓冲溶液的总浓度和缓冲比

4.计算下列溶液的pH值。

(1)0.01 mol/L的HNO_3溶液;　　(2)0.005 mol/L的NaOH溶液;

(3)0.005 mol/L的H_2SO_4溶液;　　(4)0.10 mol/L的HAc溶液;

(5)0.20 mol/L的$NH_3 \cdot H_2O$;　　(6)0.10 mol/L的HCN溶液;

(7)0.10 mol/L的Na_2CO_3溶液;　　(8)0.1 mol/LNH_4Cl的溶液;

(9)由0.10 mol/L的$NH_3 \cdot H_2O$和0.1 mol/L的NH_4Cl组成的缓冲溶液。

5.在血液中$H_2CO_3-NaHCO_3$缓冲对的功能之一是从细胞组织中迅速除去运动以后生成的乳酸,现由实验测得三人血浆中H_2CO_3、HCO_3^-的浓度如下:

(1)$[H_2CO_3]=0.001\,2$ mol/L,$[HCO_3^-]=0.024$ mol/L;

(2)$[H_2CO_3]$=0.001 4 mol/L,$[HCO_3^-]$=0.027 mol/L;

(3)$[H_2CO_3]$=0.001 7 mol/L,$[HCO_3^-]$=0.022 mol/L。

试求此三人血浆的 pH 值(pK_a=6.38)。

6. 欲配制 pH=4.5 的缓冲溶液,需向 500 mL 0.50 mol/L 的 NaAc 溶液中加入多少毫升 1.0 mol/L 的 HAc?

7. 判断下列混合溶液是不是缓冲溶液。如果是缓冲溶液,计算其 pH 值。

(1)100 mL 0.10 mol/L 的 HAc 溶液中加入 50 mL 0.1 mol/L 的 NaOH 溶液;

(2)50 mL 0.10 mol/L 的 HAc 溶液中加入 100 mL 0.1 mol/L 的 NaOH 溶液;

(3)500 mL 0.5mol/L 的 $NH_3 \cdot H_2O$ 溶液中加入 100 mL 1 mol/L 的 HCl 溶液;

(4)50 mL 1 mol/L 的 HCl 溶液中加入 100 mL 1 mol/L 的 NaOH 溶液。

项目二　滴定分析技术

滴定分析技术由酸碱滴定技术、氧化还原滴定技术、配位滴定技术和沉淀滴定技术组成，是根据标准溶液与试样间发生的化学反应的类型进行分类的。滴定分析技术通常用于被测组分的含量在1%以上的常量组分的分析，具有操作简便、快速，所用仪器简单、准确、便宜等特点。一般情况下滴定分析技术相对平均偏差在0.2%以下，各测量值及分析结果的有效数字位数均为四位，主要包括容量仪器的选择和使用，滴定终点的判断和控制、滴定数据的读取、记录和处理等，是进行土壤、肥料及农产品等的分析检测的基础。

任务一　酸碱滴定技术

学习目标

1. 学会配制、标定 NaOH 标准溶液及测定果蔬的总酸度。
2. 学会用酸碱滴定法测定铵盐中的氮含量。

技能目标

1. 会用浓碱法配制和标定 NaOH 标准溶液。
2. 会进行数据的处理、标准溶液浓度的计算。

酸碱滴定技术是以水溶液中的质子转移反应为基础的滴定分析技术。一般的酸、碱以及能与酸碱直接或间接发生质子转移反应的物质，都可以用酸碱滴定技术进行测定。在农业方面，土壤和肥料中氮、磷含量的测定以及饲料、农产品品质的评定等常用这种滴定技术。

【工作任务一】

NaOH 标准溶液(0.100 0 mol/L)的配制与标定。

【工作目标】

1. 学会用浓碱法配制 NaOH 标准溶液。
2. 能准确标定 NaOH 标准溶液的浓度。

【工作情境】

本任务可在化验室或实验室中进行。

1. 仪器：万分之一的电子天平、托盘天平、碱式滴定管(25 mL，无色)、量杯(500 mL)、锥形瓶(250 mL)、量筒(50 mL 和 100 mL)、表面皿或烧杯(100 mL)、烧杯(500 mL)、聚乙烯塑料瓶(500 mL)、容量瓶(200 mL)、吸量管(2 mL)、洗耳球、称量纸。

2. 试剂：氢氧化钠（分析纯）、邻苯二甲酸氢钾（基准物质）和酚酞指示剂（0.1%的乙醇溶液）。

【工作原理】

由于 NaOH 极易吸收空气中的水分和 CO_2，因而市售 NaOH 常含有 Na_2CO_3。Na_2CO_3的存在对指示剂的使用影响较大，应设法除去。配制不含 Na_2CO_3的 NaOH 标准溶液常用浓碱法。由于 Na_2CO_3在 NaOH 的饱和溶液中不易溶解，因此，通常将 NaOH 配成饱和溶液（含量约为 52%，相对密度约为 1.56），装在塑料瓶中放置，待 Na_2CO_3沉淀后，量取一定量的上清液，稀释至所需配制的浓度，即得。

用来配制氢氧化钠溶液的蒸馏水应加热煮沸放冷，以除去其中的 CO_2。

可用于标定碱溶液的基准物质很多，如草酸（$H_2C_2O_4 \cdot 2H_2O$）、苯甲酸（$C_7H_6O_2$）、邻苯二甲酸氢钾（$KHC_8H_4O_4$）等。

本实验采用邻苯二甲酸氢钾，它与氢氧化钠的反应式为

$$KHC_8H_4O_4 + NaOH \longrightarrow KNaC_8H_4O_4 + H_2O$$

到达计量点时由于弱酸盐的水解，溶液呈弱碱性，所以应采用酚酞作为指示剂。

【工作过程】

1. NaOH 标准溶液的配制

1.1 NaOH 饱和溶液的配制

取 NaOH 约 120 g，倒入装有 100 mL 蒸馏水的烧杯中，搅拌使之溶解成饱和溶液。冷却后置于塑料瓶中，静置数日，澄清后备用。

1.2 NaOH 标准溶液（0.100 0 mol/L）的配制

取澄清的 NaOH 饱和溶液 0.6 mL，加新煮沸放冷的蒸馏水 100 mL，搅拌摇匀，倒入试剂瓶中，密塞，即得。

2. NaOH 标准溶液（0.100 0 mol/L）的标定

用电子天平准确称取 0.400～0.500 g 纯邻苯二甲酸氢钾 3 份，分别置于 250 mL 的锥形瓶中，加入 40 mL 蒸馏水使其溶解，再滴入 2 滴酚酞指示剂，用待标定的氢氧化钠溶液滴定至溶液呈浅红色，在 30 s 内不褪色为止。记录消耗的 NaOH 溶液的体积。

【数据处理】

1. 数据记录

	1	2	3
邻苯二甲酸氢钾质量 m/g			
V_{NaOH}/mL			
c_{NaOH}/mol/L			
c_{NaOH}平均值/mol/L			
相对平均偏差			

2.结果计算

$$c_{NaOH}=\frac{m_{KHC_8H_4O_4}}{M_{KHC_8H_4O_4}\times\frac{V_{NaOH}}{1\,000}}(M_{KHC_8H_4O_4}=204.2\text{ g/mol})$$

$$\overline{x}=\frac{x_1+x_2+\cdots+x_n}{n}=\frac{1}{n}\sum_{i=1}^{n}x_i$$

绝对偏差:测量值与平均值之差。

$$d=x_i-\overline{x}$$

平均偏差($\overline{d}$):各单个偏差绝对值的平均值。

$$\overline{d}=\frac{\sum_{i=1}^{n}|x_i-\overline{x}|}{n}$$

式中 n表示测量次数。

相对平均偏差($\overline{d}_r$)指平均偏差占平均值的百分率。

$$\overline{d}_r=\frac{\overline{d}}{\overline{x}}\times100\%=\frac{\sum_{i=1}^{n}|x_i-\overline{x}|/n}{\overline{x}}\times100\%$$

【注意事项】

1.固体氢氧化钠应在表面皿上或小烧杯中称量,不能在称量纸上称量。

2.滴定之前应检查橡皮管内和滴定管管尖处是否有气泡,如有气泡应排出。

3.盛装基准物的3个锥形瓶应编号,以免张冠李戴。

【体验测试】

1.配制NaOH标准溶液时,用台秤称取固体NaOH是否影响浓度的准确度?能否用称量纸称取固体NaOH?为什么?

2.以邻苯二甲酸氢钾为基准物标定NaOH溶液的浓度,若消耗NaOH溶液(0.100 0 mol/L)约20 mL,应称取邻苯二甲酸氢钾多少克?

3.一个好的基准物质应具备哪些条件?

【工作任务二】

果蔬总酸度的测定。

【工作目标】

1.了解用酸碱滴定法测定果蔬的总酸度的原理。

2.学会果蔬的总酸度的测定方法。

3.进一步熟悉滴定分析仪器的基本操作。

【工作情境】

本任务可在化验室或实训室中进行。

1.仪器:电子天平、托盘天平、小刀、研钵或组织捣碎机、烧杯(100 mL和250 mL)、容量瓶(200 mL)、锥形瓶(250 mL)、碱式滴定管、移液管(50 mL)、干燥滤纸、漏斗和纱布。

2.试剂：0.100 0 mol/L 的氢氧化钠标准溶液和酚酞指示剂(0.1%的乙醇溶液)。

【工作原理】

果蔬及其制品中的酸味物质主要是一些溶于水的有机酸(苹果酸、柠檬酸、酒石酸、琥珀酸、醋酸)和无机酸(盐酸、磷酸)，它们的存在和含量决定了果蔬的风味、品质以及成熟度。一般未成熟的果蔬含酸量高，成熟的果蔬含糖量高。例如，葡萄在未成熟期所含的酸主要是苹果酸，随着果实成熟，苹果酸的含量减少，而酒石酸的含量增加，最后酒石酸变成酒石酸钾，因此，测定果蔬中酸和糖的相对含量的比值，能判断果蔬的成熟度。

果蔬的酸度可以分为总酸度(滴定酸度)、有效酸度(pH 值)及挥发酸度。总酸度是所有酸性物质的总量，包括已离解的酸的浓度和未离解的酸的浓度，常用酸碱滴定法测定，并以样品中代表酸的质量分数表示。有效酸度是样品中呈游离状态的氢离子的浓度，利用 pH 计测定样品的 pH 值可以测得。挥发酸是果蔬中易挥发的部分有机酸，如乙酸、甲酸等，可以将样品蒸馏后采用直接法或间接法测定。

本实验采用氢氧化钠标准溶液进行滴定，将其中的有机酸中和成盐类，以酚酞为指示剂，滴定至溶液呈粉红色、30 s 内不褪色为滴定终点。根据氢氧化钠标准溶液的浓度和所消耗的体积即可计算样品中的总酸含量，以某种代表酸表示。

$$RCOOH + NaOH = RCOONa + H_2O$$

总酸度的测定结果，一般蔬菜、苹果、桃、李等以苹果酸计，柑橘、柠檬、柚子等以柠檬酸计，葡萄以酒石酸计。

【工作过程】

1.样品处理

将果蔬样品去皮、去柄、去核后，切成块状置于研钵中或组织捣碎机中捣碎均匀，备用。

2.样品测定

准确称取均匀的样品 10～20 g(样品量可视含酸量而增减)，置于 250 mL 烧杯中，用水移入 200 mL 容量瓶中，充分振摇后定容，摇匀，用干燥滤纸及漏斗过滤，精密移取滤液 50.00 mL 至 250 mL 锥形瓶中，加入酚酞指示剂 3 滴，用 0.100 0 mol/L 的氢氧化钠标准溶液滴定至呈粉红色、30 s 内不褪色为终点，记录读数，平行测定 3 次。

【数据处理】

1.数据记录

	1	2	3
样品质量/g			
V_{NaOH}/mL			
c_{NaOH}/(mol/L)			
总酸度			
总酸度平均值			
相对平均偏差			

2. 结果计算

$$W=\frac{c_{NaOH}\times V_{NaOH}\times K}{m\times\frac{50}{200}}\times 100\%$$

式中 W——总酸度；

c_{NaOH}——氢氧化钠标准溶液的物质的量浓度，mol/L；

V_{NaOH}——消耗的氢氧化钠标准溶液的体积，mL；

m——样品质量，g；

K——换算成代表酸的系数。苹果酸 0.067、醋酸 0.060、酒石酸 0.075、乳酸 0.090、含一分子水的柠檬酸 0.070。

【注意事项】

1. 样品浸泡、稀释用的蒸馏水中不应含 CO_2，因为它溶于水会生成酸性的 H_2CO_3，影响滴定达到终点时酚酞的颜色变化，一般的做法是在分析前将蒸馏水煮沸并迅速冷却，以除去水中的 CO_2。样品中若含有 CO_2 也有影响，所以对含有 CO_2 的饮料样品，在测定前须除掉 CO_2。

2. 样品在用水稀释时应根据样品中酸的含量来定，为了使误差在允许的范围内，一般要求滴定时消耗 0.100 0 mol/L 的 NaOH 不少于 5 mL，最好在 10～15 mL。

3. 由于果蔬中含有的酸为弱酸，在用强碱滴定时，滴定终点偏碱性，一般 pH 值在 8.2 左右，所以用酚酞作终点指示剂。

4. 若样品(如果汁类)有色，可脱色或用电位滴定法，也可加大稀释比，按 100 mL 样液加 0.3 mL 酚酞测定

【体验测试】

1. 什么叫有效酸度？什么叫总酸度？

2. 本实验为什么选用酚酞作为指示剂？

3. 如果实验所用的蒸馏水中含二氧化碳，能否引起误差？如何消除此误差？

【工作任务三】

铵盐中氮含量的测定。

【工作目标】

1. 掌握用甲醛法测定氮的原理。

2. 了解酸碱滴定法的应用实例。

【工作情境】

本任务可在化验室或实验室中进行。

1. 仪器：电子天平、称量瓶、碱式滴定管、锥形瓶、量筒。

2. 试剂：0.1 mol/L 的标准氢氧化钠溶液、酚酞指示剂(0.1%的 60%乙醇溶液)、硫酸铵试样、40%的中性甲醛溶液(以酚酞为指示剂，用 0.1 mol/L 的氢氧化钠溶液中和至呈粉红

色后使用)。

【工作原理】

铵盐中氮含量的测定方法有蒸馏法和甲醛法两种,用甲醛法测定时,采用的是酸碱滴定法中的间接滴定方式。

甲醛与铵盐作用后,可生成等物质的量的酸,例如:

$$2(NH_4)_2SO_4+6HCHO = (CH_2)_6N_4+2H_2SO_4+6H_2O$$

反应生成的酸可以用氢氧化钠标准溶液滴定,由于生成的另一种产物六亚甲基四胺[$(CH_2)_6N_4$]是一种很弱的碱,达到化学计量点时 pH 值约为 8.8,因此用酚酞作指示剂。

$$w_N=\frac{c_{NaOH}\times V_{NaOH}\times \frac{14.01}{1\,000}}{m_{(NH_4)_2SO_4}}\times 100\%$$

【工作过程】

用差减法准确称取 0.140～0.150 g 硫酸铵试样 3 份,分别置于 250 mL 的锥形瓶中,加 40 mL 蒸馏水使其溶解,再加 4 mL 40%的甲醛中性水溶液,1～2 滴酚酞指示剂,充分摇匀后静置 1 min,待反应完全后用 0.100 0 mol/L 的氢氧化钠标准溶液滴定至呈粉红色。

如果试样中、甲醛中含有游离的酸,应事先中和除去。

【数据处理】

1. 数据记录

	1	2	3
$(NH_4)_2SO_4$质量/g			
V_{NaOH}/mL			
w_N/%			
w_N 平均值/%			
相对平均偏差			

2. 结果计算

$$w_N=\frac{c_{NaOH}\times V_{NaOH}\times \frac{14.01}{1\,000}}{m_{(NH_4)_2SO_4}}\times 100\%$$

式中　ω_N——硫酸铵中氮的质量分数,%;

c_{NaOH}——所用氢氧化钠溶液的浓度,mol/L;

V_{NaOH}——所用氢氧化钠溶液的体积,mL;

$m_{(NH_4)_2SO_4}$——所用硫酸铵的质量,g。

【注意事项】

1. 甲醛常以白色聚合状态存在,称为多聚甲醛。甲醛溶液中含少量多聚甲醛不影响滴定。

2. 由于溶液中已有甲基红,再用酚酞作指示剂,存在两种变色范围不同的指示剂,用氢氧化钠滴定时,溶液颜色先由红色转变为浅黄色(pH 值约为 6.2),再转变为淡红色(pH 值约为 8.2)，达到滴定终点时呈甲基红的黄色和酚酞的粉红色的混合色。

【体验测试】

1. 能否用甲醛法测定硝酸铵、氯化铵中的含氮量？能否用甲醛法测定土壤或蛋白质样品中的含氮量？

2. 试推导出试样中氮的质量分数的计算式。

3. 如果甲醛中含有少量甲酸会对测定结果有何影响(会使测定结果偏高还是偏低)？

4. 如果铵盐中或甲醛中含有少量游离酸会对测定结果有何影响？

【知识链接】

滴定分析法和酸碱滴定法

1. 滴定分析法

1.1　滴定分析法中的基本概念

1.1.1　滴定分析法　是将一种已知准确浓度的标准溶液用滴定管滴加到试样溶液中，直到所加标准溶液和试样按化学计量关系完全反应为止，根据标准溶液的浓度和消耗的体积求算试样中被测组分含量的一种方法。这种分析方法的操作手段主要是滴定，因此称为滴定分析法。因这一类分析方法是以测量容积为基础的分析方法，所以又称为容量分析法。

1.1.2　标准溶液　已知准确浓度的试剂溶液称为标准溶液(又称滴定剂或滴定液)。

1.1.3　滴定　将标准溶液从滴定管中滴加到被测物质溶液中的操作过程称为滴定。

1.1.4　化学计量点　当加入标准溶液中的物质的量与被测组分物质的量恰好符合化学反应式所表示的化学计量关系时，称反应达到了化学计量点，亦称等量点或等当点。

1.1.5　指示剂　许多滴定反应在达到化学计量点时外观上没有明显的变化，为了确定达到化学计量点，在实际滴定操作时常向被测物质的溶液中加入一种辅助试剂，借助于其颜色变化作为达到化学计量点的标志，这种能通过颜色变化指示达到化学计量点的辅助试剂称为指示剂。

1.1.6　滴定终点　在滴定过程中，指示剂发生颜色变化的转变点称为滴定终点。

1.1.7　终点误差　由于滴定终点与化学计量点不一定恰好符合而造成的分析误差称为终点误差或滴定误差。

化学计量点是根据化学反应的计量关系求得的理论值，而滴定终点是实际滴定时的测得值，只有在理想情况下滴定终点才与化学计量点完全一致。在实际测定中，指示剂往往不是恰好在达到化学计量点的一瞬间变色，两者不一定完全符合，这就产生了终点误差。其大小取决于化学反应的完全程度和指示剂的选择是否恰当。因此，为了减小终点误差，应选择合适的指示剂，使滴定终点尽可能接近化学计量点。

1.2　滴定分析法的基本条件

滴定分析法是以化学反应为基础的分析方法，各种类型的化学反应并不都能用于滴定分析，适用于滴定分析的化学反应必须具备以下四个条件。

1.2.1　反应要完全　标准溶液与被测物质之间的反应要按一定的化学反应方程式进

行，反应定量完成的程度要达到99.9%以上，无副反应发生，这是定量计算的基础。

1.2.2　反应速度要快　滴定反应要求瞬间完成，对于速度较慢的反应，需通过加热或加入催化剂等方法提高反应速度。

1.2.3　反应选择性要高　标准溶液只能与被测物质反应，被测物质中的杂质不得干扰主要反应，否则必须用适当的方法分离或掩蔽以去除杂质的干扰。

1.2.4　要有适宜的指示剂或简便、可靠的方法确定滴定终点。

根据标准溶液与试样间所发生的化学反应类型不同，将滴定分析法分为酸碱滴定法（又称中和法）、沉淀滴定法、配位滴定法和氧化还原滴定法四大类。下面重点介绍酸碱滴定法。

2.酸碱滴定法

2.1　酸碱指示剂

在酸碱滴定过程中溶液本身不发生任何外观变化，故常借助酸碱指示剂的颜色变化来指示滴定终点。酸碱指示剂是有机弱酸或弱碱，在水溶液中存在着电离平衡，且电离产生的酸式和碱式形体具有不同的颜色。

2.1.1　酸碱指示剂的变色原理

酸碱指示剂有酸型指示剂和碱型指示剂两种，其中酸型指示剂用HIn表示，碱型指示剂用InOH表示。当溶液的pH值改变时，伴随着电离平衡的移动，电离产生的酸、碱式形体的浓度相对发生变化，从而引起溶液颜色变化。

如甲基橙是一种双色指示剂，它在溶液中发生如下的离解作用和颜色变化：

$$^{-}O_3S-C_6H_4-N{=}N-C_6H_4-N(CH_3)_2 \underset{OH^-}{\overset{H^+}{\rightleftharpoons}}$$

黄色（偶氮式）

$$^{-}O_3-C_6H_4-NH-N{=}C_6H_4{=}N(CH_3)_2$$

红色（醌式）

由平衡关系可以看出，当H^+浓度减小时，平衡向左移动，溶液由红色变成黄色；反之，当H^+浓度增大时，溶液由黄色变成红色。

酚酞指示剂是有机弱酸，它在水溶液中发生如下的离解作用和颜色变化：

$$(HO-C_6H_4)_2C(-O-)(C_6H_4-C{=}O) + 2H_2O \rightleftharpoons (HO-C_6H_4)_2C(-OH)-C_6H_4-COO^- + H_3O^+$$

无色（内酯式）　　　　无色

$$(HO-C_6H_4)_2C(-O-)(C_6H_4-C{=}O) + 2H_2O \underset{H^+}{\overset{OH^-}{\rightleftharpoons}} HO-C(C_6H_4-OH)({=}C_6H_4{=}O)-C_6H_4-COO^-$$

无色（内酯式）　　　　红色（醌式）

从离解平衡看，溶液由酸性变为碱性，平衡向右移动，溶液由无色变成红色；反之，在酸性溶液中，由红色变成无色。但在浓碱溶液中，酚酞会转变成无色的羧酸盐式。

2.1.2 指示剂的变色范围

讨论指示剂的变色范围，目的是了解指示剂的颜色变化与溶液的 pH 值的关系。指示剂在 pH 值为多大时变色，对于酸碱滴定分析非常重要。下面以酸型指示剂（HIn）为例说明指示剂变色与溶液 pH 值的定量关系。弱酸型指示剂在溶液中的电离平衡为

$$\underset{\text{酸式色}}{HIn} \rightleftharpoons H^+ + \underset{\text{碱式色}}{In^-}$$

平衡时

$$K_{HIn}=\frac{[H^+]\cdot[In^-]}{[HIn]}$$

$$[H^+]=K_{HIn}\cdot\frac{[HIn]}{[In^-]}$$

两边取负对数得

$$pH=pK_{HIn}-\lg\frac{[HIn]}{[In^-]}$$

式中，K_{HIn}为指示剂的离解常数，也称为指示剂常数，在一定温度下是一个常数。

所以，指示剂的颜色取决于$[HIn]/[In^-]$。由于人眼对颜色的分辨能力的限制，通常只有当一种形体的浓度超过另一种形体的浓度 10 倍或 10 倍以上时，才能观察出其中浓度较大的那种颜色。因此，只能在一定浓度比范围内看到指示剂的颜色变化，这一范围是

$$\frac{[HIn]}{[In^-]}=10\sim 0.1$$

此时，溶液的 pH 值分别为

$$pH=pK_{HIn}-\lg^{10}=pK_{HIn}-1$$

$$pH=pK_{HIn}-\lg^{10^{-1}}=pK_{HIn}+1$$

当$[HIn]/[In^-]\geqslant 10$时，$pH\leqslant pK_{HIn}-1$，看到酸式色；

当$[HIn]/[In^-]\leqslant \frac{1}{10}$时，$pH\geqslant pK_{HIn}+1$，看到碱式色。

由此可见，只有当溶液的 pH 值由 $pK_{HIn}-1$ 变化到 $pK_{HIn}+1$，才能观察到指示剂的颜色变化，将观测到指示剂颜色发生变化的 pH 值范围叫作指示剂的变色范围，也叫变色区间。指示剂的变色范围是

$$pH=pK_{HIn}\pm 1$$

当$[HIn]/[In^-]=1$时，指示剂的酸式色浓度等于碱式色浓度，溶液呈现混合色，此时 $pH=pK_{HIn}$，此 pH 值称为指示剂的理论变色点。

应当指出，指示剂的实际变色范围与理论推算之间是有差别的。这是由于人眼对不同颜色的敏感程度不同，加上两种颜色之间相互掩盖。

例如：甲基橙 $pK_a(HIn)=3.4$，理论变色范围是 2.4～4.4，但实际测得变色范围为 3.1～4.4。

当 pH＝3.1 时，$[H^+]=8\times10^{-4}$ mol/L，

$$\frac{[HIn]}{[In^-]}=\frac{[H^+]}{K_a(HIn)}=\frac{8\times10^{-4}}{4\times10^{-4}}=2$$

当 pH＝4.4 时，$[H^+]=4\times10^{-5}$ mol/L，

$$\frac{[HIn]}{[In^-]}=\frac{[H^+]}{K_a(HIn)}=\frac{4\times10^{-5}}{4\times10^{-4}}=\frac{1}{10}$$

可见，当$[HIn]/[In^-]\geqslant2$ 时，就能看到酸式色(红色)，而当$[In^-]/[HIn]\geqslant10$ 时，才能看到碱式色(黄色)。这是由于人眼对红色较黄色更为敏感。指示剂的变色范围越窄越好，这样在达到化学计量点时，pH 值稍有改变，指示剂立即由一种颜色变成另一种颜色，即指示剂变色敏锐，有利于提高测定结果的准确度。几种常用的酸碱指示剂表 2－1。

表 2－1 几种常用的酸碱指示剂

指示剂	变色范围/pH 值	颜色		pK_{HIn}	浓度	用量/(滴/10 mL 试液)
		酸色	碱色			
百里酚蓝	1.2～2.8	红	黄	1.65	0.1%的 20%乙醇溶液	1～2
甲基黄	2.9～4.0	红	黄	3.25	0.1%的 90%乙醇溶液	1
甲基橙	3.1～4.4	红	黄	3.45	0.05%的水溶液	1
溴酚蓝	3.0～4.6	黄	紫	4.1	0.1%的 20%乙醇溶液或其钠盐的水溶液	1
溴甲酚绿	4.0～5.6	黄	蓝	4.9	0.1%的 20%乙醇溶液或其钠盐的水溶液	1～3
甲基红	4.4～6.2	红	黄	5.1	0.1%的 60%乙醇溶液或其钠盐的水溶液	1
溴百里酚蓝	6.0～7.6	黄	蓝	7.3	0.1%的 20%乙醇溶液或其钠盐的水溶液	1
中性红	6.8～8.0	红	黄橙	7.4	0.1%的 60%乙醇溶液	1
酚红	6.7～8.4	黄	红	8.0	0.1%的 60%乙醇溶液或其钠盐的水溶液	1
酚酞	8.0～9.6	无	红	9.1	0.5%的 90%乙醇溶液	1～3
百里酚酞	9.4～10.6	无	蓝	10.0	0.1%的 90%乙醇溶液	1～2

2.1.3 影响指示剂变色范围的因素

(1)温度。

温度的变化会引起指示剂离解常数 K_{HIn} 的变化，因此指示剂的变色范围也随之变动。例如：8 ℃时，甲基橙的变色范围为 3.1～4.4；而 100 ℃时，为 2.5～3.7。

(2)指示剂的用量。

指示剂的用量不宜过多，否则溶液颜色较深，变色不敏锐。此外，指示剂本身是弱酸或弱碱，如果用量多，消耗的滴定液多，会带来较大的误差。但指示剂的用量也不能太少，如果用量太少，不易观察颜色的变化。一般 25 mL 被测溶液加 1～2 滴指示剂较为适宜。

(3)滴定的顺序。

指示剂的变色是靠肉眼观察出来的，肉眼观察显色比观察褪色容易，观察深色比观察浅色容易。所以用碱滴定酸时，常用酚酞作指示剂，酚酞由酸式色（无色）变为碱式色（红色），颜色变化明显，易于辨别；用酸滴定碱时，一般用甲基橙作指示剂，到达滴定终点时由碱式色（黄色）变为酸式色（橙色），颜色变化亦很明显，便于观察。

2.2 酸碱滴定的类型及指示剂的选择

下面以一元强碱（酸）滴定强酸（碱）为例，讨论酸碱滴定的滴定曲线、指示剂的选择以及与此相关的酸碱滴定问题。

(1)以 0.100 0 mol/L 的 NaOH 标准溶液滴定 20.00 mL 0.100 0 mol/L 的 HCl 溶液为例，计算不同阶段溶液的 pH 值。

为了便于掌握溶液在整个滴定过程中 pH 值的变化情况，特将整个滴定过程分为四个阶段。

①滴定前。溶液的 pH 值由 HCl 的原始浓度决定。

$[H^+]=0.100\ 0\ \text{mol/L}, pH=1.00$

②滴定开始至达到化学计量点前。溶液的酸度取决于剩余的盐酸溶液的体积，其计算公式为

$$[H^+]=\frac{n_{HCl}-n_{NaOH}}{V_{总}}=\frac{n_{剩余HCl}}{V_{总}}=\frac{c_{HCl}\times V_{剩余HCl}}{V_{总}}$$

例如：滴入 NaOH 标准溶液 18.00 mL，剩余的 HCl 溶液体积为 2.00 mL，溶液总体积增加至(18.00+20.00)mL，则

$$[H^+]=\frac{0.100\ 0\times 2.00}{20.00+18.00}=5.3\times 10^{-3}\ \text{mol/L}, pH=2.28$$

当滴入 NaOH 标准溶液 19.98 mL，HCl 被中和的百分数为 99.9%，剩余的 HCl 溶液体积为 0.02 mL 时，溶液总体积增加至(20.00+19.98)mL，则

$$[H^+]=\frac{0.100\ 0\times 0.02}{20.00+19.98}=5.0\times 10^{-5}\ \text{mol/L}, pH=4.30$$

③达到化学计量点时。当滴入 NaOH 溶液 20.00 mL 时，达到化学计量点，NaOH 和 HCl 以等物质的量作用，溶液呈中性。

$[H^+]=[OH^-]=1.0\times 10^{-7}(\text{mol/L})\quad pH=7.00$

④达到化学计量点后。溶液的 pH 值取决于过量的 NaOH 溶液的体积，其计算公式如下：

$$[OH^-]=\frac{n_{NaOH}-n_{HCl}}{V_{总}}=\frac{c_{NaOH}\times V_{NaOH}-c_{HCl}\times V_{HCl}}{V_{NaOH}+V_{HCl}}$$

例如：滴入 NaOH 溶液 20.02 mL，过量的 NaOH 溶液体积为 0.02 mL，则

$$[OH^-]=\frac{0.100\ 0\times 0.02}{20.00+20.02}=5.0\times 10^{-5}\ \text{mol/L}$$

$pOH=4.30$

$pH=14-4.30=9.70$

表 2-2 用 0.100 0 mol/L 的 NaOH 滴定 20.00 mL 0.100 0 mol/L 的 HCl 时溶液的 pH 值变化情况

滴入 NaOH 体积 /mL	滴入 NaOH 物质的量/mmol	HCl 被中和的量 /%	剩余 HCl 体积 /mL	过量 NaOH 体积 /mL	pH 值
0.00	0.00	0.00			1.00
18.00	1.800	90.00			2.28
19.80	1.980	99.00	20.00		3.30
19.98	1.998	99.90	2.00		4.30
20.00	2.000	100.0	0.20		7.00 突跃范围
20.02	2.002	100.1	0.02	0.02	9.70
20.20	2.020	101.0	0.00	0.20	10.70
22.00	2.200	110.0		2.00	11.70
40.00	4.000	200.0		20.00	12.50

(2)滴定曲线的绘制。

逐一计算,将计算结果列于表 2-2 中。然后以 NaOH 的加入量(或中和百分数)为横坐标,相应的 pH 值为纵坐标作图,就得到所要绘制的用强碱滴定强酸的滴定曲线,如图 2-1 所示。

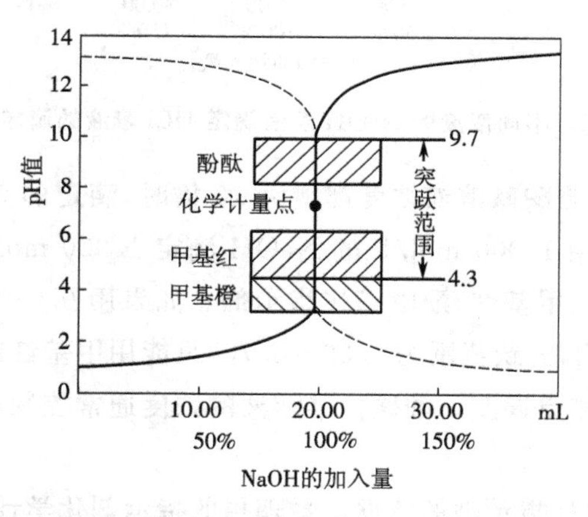

图 2-1 0.100 0 mol/L 的 NaOH 溶液与 0.100 0 mol/L 的 HCl 溶液的滴定曲线

(3)pH 值的突跃范围。

由表 2-2 和图 2-1 可以看出,从滴定开始到加入 19.80 mL NaOH 溶液,溶液的 pH 值只改变了 2.3 个单位。再加入 0.18 mL NaOH 溶液(共加入 19.98 mL),pH 值就改变了 1 个单位,变化速度显然加快了。从 19.98 mL 到 20.02 mL,即 NaOH 加入 0.1%的不足到 0.1%的过量,pH 值从 4.30 变化到 9.70,共改变了 5.4 个单位,形成了滴定曲线的“突跃”部分。此后,继续加入 NaOH 溶液,所引起的 pH 值变化又越来越小。

在化学计量点前后一定相对误差范围内(如±0.1%)溶液 pH 值的突变称为滴定突跃。滴定突跃所在的 pH 值范围称为滴定的 pH 值突跃范围,简称突跃范围。指示剂的选择就是以突跃范围为依据的。选择指示剂的原则是该指示剂的变色范围应全部或部分落在突跃范围之内。对于用0.100 0 mol/L 的 NaOH 滴定20.00 mL 0.100 0 mol/L 的 HCl 来说，凡在突跃范围 pH＝4.30～9.70 以内变色的指示剂，都可作为该滴定的指示剂。如酚酞(变色范围 pH＝8.0～10.0)、甲基红(变色范围 pH＝4.4～6.2)、甲基橙(变色范围 pH＝3.1～4.4)以及由中性红与亚甲基蓝组成的混合指示剂等，都适用于该滴定，终点误差为±0.1%。

如果改用 HCl 滴定 NaOH(条件与前者相同)，则滴定曲线的形状与图 2-1 相同，但位置相反，滴定的突跃范围为 pH＝9.70～4.30，同样可选用甲基红作指示剂。

滴定突跃范围的大小也与酸碱溶液的浓度有关。通过计算，可以得到不同浓度的 NaOH 与 HCl 的滴定曲线，如图 2-2 所示。

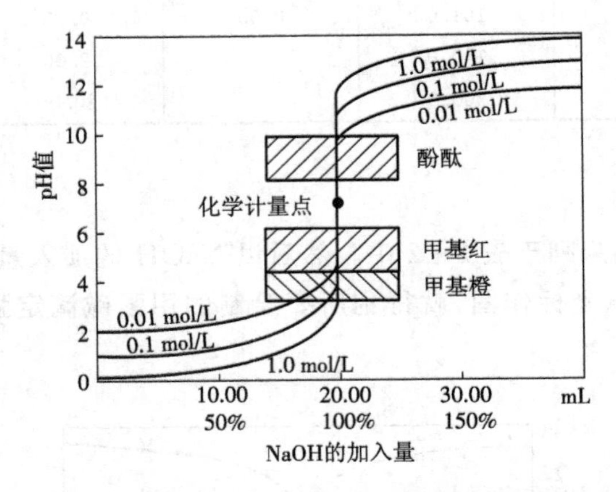

图 2-2 不同浓度的 NaOH 溶液滴定 HCl 溶液的滴定曲线

从图 2-2 可以看出，当酸碱溶液浓度都增大 10 倍时，滴定的突跃范围增大 2 个单位；反之，减小 2 个单位。如用 1.000 mol/L 的 NaOH 滴定 1.000 mol/L 的 HCl，突跃范围为 3.30～10.70，可用甲基橙、甲基红、酚酞等作指示剂。如果用 0.010 00 mol/L 的 NaOH 滴定 0.010 00 mol/L 的 HCl，突跃范围为 5.30～8.70，只能用甲基红或酚酞作指示剂，而不能使用甲基橙，否则会增大终点误差。酸碱标准溶液的浓度通常控制在 0.100 0 mol/L 左右。

(4)指示剂的选择。

滴定的突跃范围是选择指示剂的依据。最理想的指示剂化学计量点和指示剂的变色点一致，但在实际的分析中很难做到。因此，凡在滴定突跃范围内发生变化的指示剂，即变色点的 pH 值处于滴定突跃范围内的指示剂均适用，都能使滴定保证足够的准确度(相对误差在 0.1%以内)。

(5)浓度的影响。

滴定突跃范围的大小和溶液的浓度有关。分别用 1.0、0.1、0.01 mol/L 三种浓度的 NaOH 标准溶液滴定相同浓度的 HCl 时，它们的 pH 值突跃范围分别为 3.3～10.7、4.3～9.7、5.3～8.7。如图 2-2 所示，随着溶液浓度增大，pH 值的突跃范围也不断增大，突跃范围越大则可供选择的指示剂就越多；反之，溶液越稀，突跃范围越小，可供选择的指示剂就越少。若浓度太大，试剂消耗量太多；若浓度太小，突跃不明显，指示剂的选择也比较困难。因此，常用的标准溶液的浓度一般为 0.1～1 mol/L。

如果用 0.100 0 mol/L 的 HCl 溶液滴定相同浓度的 NaOH 溶液，情况相似，但 pH 值的变化方向相反，如图 2-1 中虚线所示。这时选甲基橙作指示剂就不太合适。

酸度的测定

1. 概述

1.1　酸度的概念

分析和研究果蔬的酸度，首先应区分如下几种不同酸度的概念。

1.1.1　总酸度

总酸度是果蔬中所有酸性成分的总量。它包括未离解的酸的浓度和已离解的酸的浓度，其大小可用滴定法来确定，故总酸度又称为“可滴定酸度”。

1.1.2　有效酸度

有效酸度是被测溶液中 H^+ 的浓度，准确地说是溶液中 H^+ 的活度，所反映的是已离解的那部分酸的浓度，常用 pH 值来表示，其大小可用酸度计（即 pH 计）测定。

1.1.3　挥发酸

挥发酸是果蔬中易挥发的有机酸，如甲酸、醋酸及丁酸等低碳直链脂肪酸，其可通过蒸馏法分离，再用标准碱滴定法来测定。

1.2　酸度测定的意义

果蔬中的酸不仅作为酸味成分，而且在果蔬的加工、贮藏及品质管理等方面被认为是重要的成分，测定果蔬的酸度具有十分重要中意义。

1.2.1　有机酸影响果蔬的色、香、味

果蔬中所含色素的色调与其酸度密切相关，在一些变色反应中，酸是起很重要作用的成分。如叶绿素在酸性条件下变成黄褐色的脱镁叶绿素，花青素在不同酸度下颜色亦不相同。

果实及其制品的口感取决于糖、酸的种类、含量及比例，酸度降低则甜味增加，同时水果中适量的挥发酸也会带给其特定的香气。

果蔬中有机酸含量高，则其 pH 值小，而 pH 值的大小对果蔬的稳定性有一定影响。降低 pH 值，能减弱微生物的抗热性，抑制其生长，所以 pH 值是果蔬罐头杀菌条件的主要依据。在水果加工中，控制介质的 pH 值可以抑制水果褐变。有机酸能与 Fe、Sn 等金属反应，加快设备和容器的腐蚀作用，影响制品的风味与色泽。有机酸可以提高维生素 C 的稳定性，防止其氧化。

1.2.2　利用有机酸含量与糖含量之比，可判断某些果蔬的成熟度

有机酸在果蔬中的含量因成熟度及生长条件不同而异，一般随着成熟度提高，有机酸含量下降，糖含量增加，糖酸比增大。故测定酸度可判断某些果蔬的成熟度，对于确定果蔬收获及加工工艺条件很有意义。

1.3　果蔬中有机酸的种类与分布

果蔬中酸的种类很多，可分为有机酸和无机酸两类，但主要是有机酸，无机酸含量很少。通常有机酸部分呈游离状态、部分呈酸式盐状态存在于果蔬中，而无机酸呈中性盐化合物状态存在于果蔬中。果蔬中常见的有机酸有苹果酸、柠檬酸、酒石酸等，见表 2-3 和表 2-4。

表 2-3 果实中主要的有机酸

果实	有机酸	果实	有机酸
苹果	苹果酸、少量柠檬酸	梅	柠檬酸、苹果酸、草酸
桃	苹果酸、柠檬酸、奎宁酸	温州蜜栈	柠檬酸、苹果酸
洋梨	苹果酸、柠檬酸	夏橙	柠檬酸、苹果酸、琥珀酸
梨	苹果酸、柠檬酸	柠檬	柠檬酸、苹果酸
葡萄	苹果酸、酒石酸	菠萝	柠檬酸、苹果酸、酒石酸
樱桃	苹果酸	甜瓜	柠檬酸
杏	苹果酸、柠檬酸	番茄	柠檬酸、苹果酸

表 2-4 蔬菜中主要的有机酸

蔬菜	有机酸	蔬菜	有机酸
菠菜	草酸、苹果酸、柠檬酸	甜菜叶	柠檬酸、苹果酸、草酸
甘蓝	柠檬酸、苹果酸、琥珀酸、草酸	莴苣	柠檬酸、苹果酸
笋	草酸、酒石酸、乳酸、柠檬酸	甘薯	草酸
芦笋	柠檬酸、苹果酸、酒石酸	蓼	甲酸、醋酸、戊酸

2. 酸度的测定

2.1 总酸度的测定

2.1.1 原理

果蔬中的有机弱酸，如酒石酸、苹果酸、柠檬酸、草酸、乙酸等电离常数均大于 10^{-8}，可以用强碱标准溶液直接滴定。用酚酞作指示剂，滴定至终点(溶液呈浅红色，30 s 为不褪色)时，根据所消耗的标准碱溶液的浓度和体积，可计算出样品中的总酸含量。

2.1.2 操作方法

(1)样品制备。

将干鲜果蔬用粉碎机或高速组织捣碎机捣碎并混合均匀。取适量样品(按总酸含量确定)，用 15 mL 无 CO_2 的蒸馏水(果蔬干品须加 8～9 倍无 CO_2 的蒸馏水)移入 250 mL 容量瓶中，在 75～80 ℃的水浴中加热 0.5 h(果脯类于沸水浴中加热 1 h)，冷却后定容，用干滤纸过滤，弃去初始滤液 25 mL，收集滤液备用。

(2)测定。

准确吸取按上法制备的滤液 50 mL，加酚酞指示剂 3～4 滴，用 0.100 0 mol/L 的 NaOH 标准溶液滴定至微呈红色，30 s 内不褪色，记录消耗的 0.100 0 mol/L 的 NaOH 标准溶液的体积。

2.1.3　结果计算

$$总酸度=\frac{c\times V\times K\times V_0}{m\times V_1}\times 100$$

式中　c——NaOH 标准溶液的浓度，mol/L；

V——滴定消耗的 NaOH 标准溶液的体积，mL；

m——样品的质量或体积，g 或 mL；

V_0——样品稀释液总体积，mL；

V_1——滴定时吸取的样液体积，mL；

K——换算系数，即 1 mmol NaOH 相当于主要酸的克数。

因果蔬中含有多种有机酸，总酸度测定结果通常以样品中含量最多的那种酸表示，见表 2－5。

表 2－5　换算系数的选择

分析样品	主要有机酸	换算系数
葡萄及其制品	酒石酸	0.075
柑橘类及其制品	柠檬酸	0.064 或 0.070（带一分子结晶水）
苹果、核果及其制品	苹果酸	0.067
菠菜	草酸	0.045

2.1.4　注意事项

(1)本法适用于各类浅色的果蔬总酸的测定。

(2)果蔬中的酸是多种有机弱酸的混合物，用强碱滴定测其含量时滴定突跃不明显，滴定终点偏碱，一般 pH 值在 8.2 左右，故可选用酚酞作终点指示剂。

(3)颜色较深的果蔬使终点颜色变化不明显，遇此情况，可采用加水稀释、用活性炭脱色等方法处理后再滴定。若样液颜色过深或浑浊，宜采用电位滴定法。

(4)样品浸渍、稀释用的蒸馏水不能含有 CO_2，因为 CO_2 溶于水中成为酸性的 H_2CO_3，影响达到滴定终点时酚酞颜色的变化。无 CO_2 的蒸馏水在使用前应煮沸 15 min 并迅速冷却备用，必要时须经碱液抽真空处理。样品中的 CO_2 对测定亦有干扰，在测定之前应将其除去。

(5)样品浸渍、稀释之用水量应根据样品的总酸含量慎重选择，为使误差不超过允许范围，一般要求滴定消耗 0.1 mol/L 的 NaOH 溶液不得少于 5 mL，最好在 10～15 mL。

2.2　有效酸度的测定

有效酸度是被测溶液中 H^+ 的浓度，准确地说是溶液中 H^+ 的活度，所反映的是已离解的那部分酸的浓度，常用 pH 值来表示，其大小可用酸度计（即 pH 计）测定，也可采用比色法进行测定。

比色法是利用不同的酸碱指示剂来显示 pH 值，由于各种酸碱指示剂在不同的 pH 值范围内显示不同的颜色，故可用不同指示剂的混合物显示不同的颜色来指示样液的 pH 值。根据操作方法的不同，此法又分为试纸法和标准管比色法。

2.2.1　试纸法（尤其适用于固体和半固体样品 pH 值的测定）

将滤纸裁成小片，放在适当的指示剂溶液中，浸渍后取出干燥即可。用一个干净的玻璃棒沾取少量样液，滴在经过处理的试纸（有广泛试纸与精密试纸之分）上，使其显色，在 2～3 s 后与标准色相比较，以测出样液的 pH 值。此法简便、快速、经济，但结果不够准确，仅能粗略估计样液的 pH 值。

2.2.2　标准管比色法

用标准缓冲液配制不同 pH 值的标准系列，再分别加适当的酸碱指示剂使其于不同的 pH 值下呈现不同的颜色，即形成标准色。向样液中加入与标准缓冲液相同的酸碱指示剂，显色后与标准色管的颜色进行比较，与样液颜色相近的标准色管中缓冲溶液的 pH 值即为待测样液的 pH 值。

此法适用于色度和混浊度甚低的样液 pH 值的测定，因其受样液颜色、混浊度、胶体物、各种氧化剂和还原剂的干扰，故测定结果不甚准确，仅能准确到 0.1 个 pH 单位。

铵盐中氮的测定

常用的铵盐如 NH_4Cl、$(NH_4)_2SO_4$ 等，虽具有酸性，但酸性太弱，故不能用 NaOH 直接滴定，一般采用下面两种方法进行测定。

1. 蒸馏法

将铵盐试样放入蒸馏瓶中，加入过量浓 NaOH 溶液，加热把生成的 NH_3 蒸馏出来：

$$NH_4^+ + OH^- \xlongequal{\triangle} NH_3\uparrow + H_2O$$

将蒸馏出的 NH_3 吸收于 H_3BO_3 溶液中，然后用酸标准溶液滴定 H_3BO_3 吸收液：

$$NH_3 + H_3BO_3 \rightleftharpoons NH_4H_2BO_3$$

$$NH_4H_2BO_3 + HCl \rightleftharpoons NH_4Cl + H_3BO_3$$

H_3BO_3 是极弱的酸，它可以吸收 NH_3，但不影响滴定，故不需要定量加入。达到化学计量点时溶液中有 H_3BO_3 和 NH_4^+ 存在，pH 值约为 5，可用甲基红和溴甲酚绿混合指示剂，终点为粉红色。根据 HCl 的浓度和消耗的体积，按下式计算氮的质量分数：

$$w_N = \frac{c_{HCl}V_{HCl}M_N}{m_{试样}}$$

除用 H_3BO_3 吸收 NH_3 外，也可以用 HCl 或 H_2SO_4 标准溶液吸收，过量的酸用 NaOH 标准溶液反滴定，可以用甲基红作指示剂。

土壤和有机化合物中氮的测定一般采用凯氏定氮法。其原理是将试样用浓硫酸、硫酸钾和适量催化剂（如 $CuSO_4$、HgO 和 Se 粉等）加热消解，使各种氮化合物转变成铵盐，再按上述方法进行测定。

2. 甲醛法

甲醛与铵的强酸盐作用，生成等物质的量的酸：

$$NH_4^+ + 6HCHO = (CH_2)_6N_4H^+ + 4H^+ + 6H_2O$$

反应生成的酸用 NaOH 标准溶液滴定。达到化学计量点时产物为六亚甲基四胺，是一种很弱的碱($K_b=1.4\times10^{-9}$),溶液的 pH 值约为 8.7,故可选用酚酞作指示剂。根据 NaOH 的浓度和消耗的体积,按下式计算氮的质量分数:

$$w_N=\frac{c_{NaOH}V_{NaOH}M_N}{m_{试样}}$$

【项目测试一】

简答题

(1)简述滴定分析法的基本条件和滴定类型。

(2)简述果蔬中有机酸的种类。对于颜色较深的样品,在测定其酸度时如何排除干扰,以保证测定的准确度?

(3)什么是总酸度、有效酸度、挥发酸度?果蔬酸度的测定有何意义?

任务二 氧化还原滴定技术

学习目标

1.学会高锰酸钾法、直接碘量法和重铬酸钾法的操作要点及注意事项。

2.学会用氧化还原滴定法测定果蔬中的维生素 C 含量及测定土壤中的腐殖质含量。

技能目标

1.会配制和标定高锰酸钾和碘标准溶液。

2.会进行数据的处理、标准溶液浓度的计算。

氧化还原滴定技术是以氧化还原反应为基础的一种滴定分析方法,是滴定分析中应用较广泛的分析方法之一,可用来测定 H_2O_2 含量、抗坏血酸(维生素 C)含量以及土壤腐殖质含量。腐殖质是土壤中结构复杂的有机物,它含量的高低直接影响土壤肥力及土壤的耕作性能等,土壤腐殖质含量的测定对农业生产有重要意义。

氧化还原反应较为复杂,常常不能一步完成,且反应速度较慢,副反应较多,因而不是所有的氧化还原反应都能用于滴定分析。只有反应完全、反应速度快、无副反应的氧化还原反应才能用氧化还原滴定技术进行分析。氧化还原滴定技术按照所用滴定液的不同可分为高锰酸钾法、重铬酸钾法、直接碘量法、高碘酸钾法等。本任务主要介绍高锰酸钾法、直接碘量法和重铬酸钾法。

【工作任务一】

高锰酸钾标准溶液(0.020 00 mol/L)的配制与标定。

【工作目标】

1. 知道 $KMnO_4$ 标准溶液的配制和保存方法。

2. 学会用 $Na_2C_2O_4$ 标定 $KMnO_4$ 标准溶液的方法。

3. 练习用自身指示剂指示终点的方法。

【工作情境】

本任务可在化验室或实验室中进行。

1. 仪器：分析天平、托盘天平、酸式滴定管（25 mL，棕色）、锥形瓶（250 mL）、垂熔玻璃漏斗、试剂瓶（500 mL，棕色）、量筒（5 mL 和 100 mL）、量杯（500 mL）、水浴锅、药匙。

2. 试剂：$KMnO_4$（分析纯）、$Na_2C_2O_4$（基准物质）、H_2SO_4（分析纯）。

【工作原理】

市售的 $KMnO_4$ 中常含有少量 MnO_2 等杂质，它们会加速 $KMnO_4$ 的分解；蒸馏水中常含有微量的灰尘、氨等，它们也能还原 $KMnO_4$，所以不能用直接法配制 $KMnO_4$ 标准溶液。$KMnO_4$ 的氧化能力很强，所以易被水中的微量还原性物质还原而产生 MnO_2 沉淀。$KMnO_4$ 在水中还能自行分解：

$$4KMnO_4 + 2H_2O = 4MnO_2\downarrow + 4KOH + 3O_2\uparrow$$

该分解反应速度较慢，但能被 MnO_2 加速，见光分解得更快。可见，为了得到稳定的 $KMnO_4$ 溶液，须将溶液中析出的 MnO_2 沉淀滤掉，并置于棕色瓶中保存。

可以标定 $KMnO_4$ 标准溶液的基准物有 As_2O_3、纯铁丝、$Na_2C_2O_4$ 等，其中以 $Na_2C_2O_4$ 最为常用。用 $Na_2C_2O_4$ 作基准物时，标定反应为

$$2MnO_4^- + 5C_2O_4^{2-} + 16H^+ = 2Mn^{2+} + 10CO_2\uparrow + 8H_2O$$

该反应速度较慢，所以开始滴定时加入的 $KMnO_4$ 不能立即褪色，但一经反应生成 Mn^{2+} 后，Mn^{2+} 对该反应有催化作用，反应速度加快。在滴定中常采用加热滴定溶液的方法来加快反应速度。

$KMnO_4$ 溶液本身有色，当溶液中 MnO_4^- 的浓度约为 2×10^{-6} mol/L 时，人眼即可观察到粉红色。故用 $KMnO_4$ 作滴定剂时一般不加指示剂，而用稍过量的 MnO_4^- 的粉红色的出现来指示终点的到达。在这里将 $KMnO_4$ 称作自身指示剂。

【工作过程】

1. $KMnO_4$ 标准溶液（0.020 00 mol/L）的配制

称取 $KMnO_4$ 1.4 g 溶于 400 mL 新煮沸放冷的蒸馏水中，置于棕色玻璃瓶中，于暗处放置 7～10 天，用垂熔玻璃漏斗过滤，存于另一个棕色玻璃瓶中，备用。

2. $KMnO_4$ 标准溶液（0.020 00 mol/L）的标定

精密称取在 105 ℃下干燥至恒重的基准物 $Na_2C_2O_4$ 3 份，每份 0.100 0～0.120 0 g，分别置于 3 个锥形瓶中，加新煮沸并放冷的蒸馏水 100 mL 使溶解，再加浓 H_2SO_4 5 mL，摇匀。自滴定管中迅速加入 $KMnO_4$ 标准溶液约 16 mL，待褪色后加热至 65 ℃，继续滴定至溶液显淡粉红色，并保持 30 s 不褪色，即为终点。记录所消耗 $KMnO_4$ 标准溶液的体积（滴定终了时，溶液的温度应不低于 55℃）。

【数据处理】

1. 数据记录

	1	2	3
$Na_2C_2O_4$质量/g			
V_{KMnO_4}/mL			
c_{KMnO_4}/mol/L			
c_{KMnO_4}平均值/mol/L			
相对平均偏差			

2. 结果计算

$$c_{KMnO_4}=\frac{m_{Na_2C_2O_4}}{Na_2C_2O_4\times\frac{V_{KMnO_4}}{1\ 000}}\times\frac{2}{5}\quad(Na_2C_2O_4=134.00)$$

【注意事项】

1. $KMnO_4$溶液受热或受光照将发生分解：

$$4MnO_4^-+2H_2O=\!=\!=4MnO_2\downarrow+3O_2\uparrow+4OH^-$$

分解产物MnO_2会加速此分解反应。所以配好的溶液应贮存于棕色瓶中，并置于冷暗处保存。

2. $KMnO_4$在酸性溶液中是强氧化剂。滴定达到终点的粉红色溶液放置在空气中时，由于和空气中的还原性气体或还原性灰尘作用而逐渐褪色，所以经 30 s 不褪色即可认为达到滴定终点。

【体验测试】

1. 用$Na_2C_2O_4$标定$KMnO_4$溶液时，是否可用 HCl 或 HNO_3酸化溶液？

2. 用$KMnO_4$标准溶液滴定$Na_2C_2O_4$时，应如何从滴定管上读数？

3. 过滤$KMnO_4$溶液时，能否用滤纸过滤？为什么？

【工作任务二】

用重铬酸钾法测定土壤中腐殖质的含量。

【工作目标】

1. 学会土壤中腐殖质含量的测定方法。

2. 学会土壤样品的称取和处理。

【工作情境】

本任务可在化验室或实验室中进行。

1. 仪器：酸式滴定管、硬质试管(15 mm×100 mm)、锥形瓶、电子天平。

2. 试剂：H_2SO_4溶液(1 mol/L、3 mol/L)、Ag_2SO_4固体(二级试剂)、浓H_3PO_4(85%，二级试剂)、二苯胺磺酸钠指示剂(0.5%的水溶液)。

【工作原理】

土壤中腐殖质的含量是判断土壤肥力的重要指标。在一般情况下，土壤全氮占腐殖质的5%左右，腐殖质含量高，说明土壤肥力高；腐殖质含量低，表明土壤肥力低，所以测定土壤中腐殖质的含量对科学种田有重要的意义。

土壤中腐殖质的含量是通过测定土壤中碳的含量换算得到的。即在浓 H_2SO_4 存在的条件下，加 $K_2Cr_2O_7$ 溶液并在一定温度（170～180 ℃）下使土壤里的碳被 $K_2Cr_2O_7$ 氧化成 CO_2，剩余的 $K_2Cr_2O_7$ 用还原剂 $FeSO_4$ 滴定，并以二苯胺磺酸钠作指示剂，达到滴定终点时溶液呈浅绿色。反应如下：

$$2K_2Cr_2O_7(\text{过量})+8H_2SO_4+3C = 2K_2SO_4+2Cr_2(SO_4)_3+3CO_2\uparrow+8H_2O$$

$$K_2Cr_2O_7(\text{剩余的})+6FeSO_4+7H_2SO_4 = K_2SO_4+Cr_2(SO_4)_3+3Fe_2(SO_4)_3+7H_2O$$

【工作过程】

1. 试剂制备

$K_2Cr_2O_7$ 标准溶液，0.03 mol/L。准确称取已在140～150 ℃下烘干的二级试剂（或基准试剂）$K_2Cr_2O_7$ 2.451 8 g，置于250 mL的烧杯中，用适量水溶解后定量转移到250 mL的容量瓶中，加水稀释至刻度，摇匀。

$FeSO_4$ 溶液，0.2 mol/L。称取56 g $FeSO_4\cdot7H_2O$［或 $(NH_4)_2SO_4\cdot FeSO_4\cdot6H_2O$ 80 g］置于烧杯中，用少量水溶解并加入3 mol/L的 H_2SO_4 溶液30 mL，溶解后定量转入1 000 mL的容量瓶中，加水稀释至刻度，摇匀后用0.03 mol/L的 $K_2Cr_2O_7$ 标准溶液按下述方法进行标定。

标定方法：取20 mL $FeSO_4$ 溶液置于250 mL的锥形瓶中，加入1 mol/L的 H_2SO_4 溶液20 mL、85%的 H_3PO_4 3 mL及0.5%的二苯胺磺酸钠指示剂4滴，以0.03 mol/L的 $K_2Cr_2O_7$ 标准溶液滴定至溶液变为紫蓝色即为终点，然后按下式算出溶液的准确浓度：

$$c_{FeSO_4}=\frac{c_{K_2Cr_2O_7}\times V_{K_2Cr_2O_7}\times 6}{25.00}$$

$K_2Cr_2O_7$-H_2SO_4 溶液，0.06 mol/L。称取20 g$K_2Cr_2O_7$（二级试剂）置于2 000 mL的烧杯中，加500 mL水使其溶解，然后慢慢加入浓 H_2SO_4（密度为1.84 g/mL）500 mL，并不断搅拌。

2. 实验测定

准确称取通过100号筛的风干土样0.3 g，放入15 mm×100 mm的硬质试管中，加入约0.1 g Ag_2SO_4，用滴定管准确加入10 mL 0.06 mol/L的 $K_2Cr_2O_7$-H_2SO_4 溶液，然后置试管于事先预热至170～180 ℃的石蜡浴中，试管中先有细小的 CO_2 气泡放出，随后气泡增多，溶液开始沸腾，当石蜡浴的温度升至170～180 ℃时开始计算沸腾时间，约5 min。取出试管，让其自动冷却，无损地转入放有50 mL水的250 mL锥形瓶中，用水洗净试管，将洗液倒入锥形瓶中，全部溶液的体积控制在100～150 mL，加3 mL 85%的 H_3PO_4 和4滴0.5%的二苯胺磺酸钠指示剂，然后用 $FeSO_4$ 标准溶液滴定至溶液变为亮绿色即为终点，记下 $FeSO_4$ 标准溶液的体积 V(mL)。

3. 做空白实验

取 10 mL 0.06 mol/L 的 $K_2Cr_2O_7-H_2SO_4$溶液，加入 0.1 g Ag_2SO_4，其余步骤与上述步骤一样，此时消耗的 $FeSO_4$标准溶液的体积为 V_0(mL)。

【数据处理】

按下式计算土壤中腐殖质的含量：

$$腐殖质\%=\frac{(V_0-V)c_{FeSO_4}\times\frac{1}{6}\times\frac{3}{2}\times\frac{1}{1\,000}\times M_C\times 1.724\times 1.04}{W_{风干土}⑥}\times 100\%$$

上式是用风干土来计算的，若以烘干土来计算，应测定风干土的水分含量（水分%），从风干土的质量中减去水分的质量才为土样的质量。

【注意事项】

1. 0.06 mol/L 的 $K_2Cr_2O_7-H_2SO_4$溶液也可以按下述方法配制：

先配制 0.12 mol/L 的 $K_2Cr_2O_7$ 溶液，做消煮实验时，可用滴定管准确加入 5 mL 0.12 mol/L 的 $K_2Cr_2O_7$溶液，然后加入 5 mL 浓 H_2SO_4。

2. 取样多少取决于腐殖质含量的高低，若含量低于 2%，称 0.5 g；若含量为 2%～4%，可称取 0.3 g；若含量为 4%～7%，称取 0.2 g；若含量为 7%～10%，称取 0.1 g。

3. 加入 Ag_2SO_4的作用有二：一是除去样品中的 Cl^-，二是起催化剂的作用，使腐殖质被氧化的程度提高到 96%～97%。

4. 加热煮沸时要十分小心，应保持溶液呈微沸状态，在 170～180 ℃的范围内不会引起 $K_2Cr_2O_7$分解。如果温度过高，溶液剧烈沸腾，水蒸气大量蒸发，会引起酸度增大，造成 $K_2Cr_2O_7$分解，从而严重影响测定结果的准确性。

5. 加入 H_3PO_4的目的：由于 $FeSO_4$溶液的不断滴入，溶液中 Fe^{3+}的浓度不断增大，从而影响滴定终点的观察（Fe^{3+}的水溶液呈橙黄色），加入 H_3PO_4可与 Fe^{3+}配合生成磷酸铁的配合物，这一方面降低了 Fe^{3+}的浓度，扩大了滴定曲线上的突跃范围，从而提高了滴定的准确度，另一方面由于 Fe^{3+}浓度的降低，其颜色消失了，便于滴定终点的观察。

6. 土壤中常含有 Fe^{2+}，也会影响分析结果（偏高），原因是要多消耗 $K_2Cr_2O_7$。因此，测定腐殖质时一般用风干土（在风干的过程中，Fe^{2+}会被空气中的氧气氧化为 Fe^{3+}，对测定就没有影响了），否则测定结果就会偏高。

【体验测试】

1. 用重铬酸钾法测定土壤中腐殖质的含量，整个反应过程如何？写出测定过程中各步反应的反应式。

2. 实验中加入 KIO_3、Ag_2SO_4和 H_3PO_4等试剂的目的是什么？KIO_3和 Ag_2SO_4两种试剂的加入量过多对测定结果有什么影响？加入不足又如何？

3. 在测定过程中比较关键的操作有哪些？欲获得准确、可靠的分析结果，在操作当中应注意些什么？

4. 如何将风干土样的腐殖质含量换算成烘干土样的腐殖质含量？列出计算式予以说明。

【工作任务三】

用直接碘量法测定果蔬中维生素 C 的含量。

【工作目标】

1. 学会果蔬中维生素 C 含量的测定方法。

2. 学会果蔬等样品的取用和处理。

【工作情境】

本任务可在化验室或实验室中进行。

1. 仪器：电子天平、酸式滴定管、碘量瓶（250 mL）、移液管（25 mL）、量筒（10 mL 和 50 mL）、烧杯（150 mL）、洗瓶、解剖刀、培养皿、漏斗、纱布、多功能食物粉碎机和 pH 试纸。

2. 试剂：2％的盐酸溶液、0.1 mol/L 的 I_2 标准溶液、2 mol/L 的醋酸、5 g/L 的淀粉溶液以及橙、柑橘或番茄等。

【工作原理】

维生素 C（$C_6H_8O_6$）又称抗坏血酸，是一种重要的营养物质，它能维持正常的新陈代谢以及骨骼、肌肉和血管的正常生理功能，增强机体的抵抗力。蔬菜中的维生素 C 以 L－抗坏血酸为主，主要以还原型存在（还有氧化型及少量结合态）。

维生素 C 具有较强的还原性，可以与许多氧化剂发生氧化还原反应，因此可以利用其还原性测定维生素 C 的含量。下面介绍采用直接碘量法测定果蔬中维生素 C 的含量，这是以维生素 C 的氧化还原性为基础的一种氧化还原方法。

维生素 C 中的烯二醇基能被 I_2 定量氧化成二酮基，所以可以用直接碘量法测定果蔬中维生素 C 的含量。其反应式如下：

CH₂OH | H—C—OH | C, O | HO, OH $+ I_2 \xrightarrow{H^+}$ CH₂OH | H—C—OH | C, O | O, O $+ 2HI$

由反应式可知，酸性条件有利于反应向右进行。但由于维生素 C 的还原性很强，即使在弱酸性条件下，此反应也能进行得相当完全。在中性或碱性条件下，维生素 C 易被空气中的 O_2 氧化而产生误差，尤其在碱性条件下，误差更大。故该滴定反应应在酸性溶液中进行，以减慢副反应的速度。

【工作过程】

1. 样品的处理

将果蔬样品洗净晾干后，准确称取有代表性的可食用部分，用干净的研钵将其研磨成果浆，备用。

2. 滴定操作

准确称取 50.0 g 汁液，置于 250 mL 的锥形瓶中，加稀醋酸 10 mL 与淀粉指示液 1 mL，立即用 I_2 标准溶液(0.1 mol/L)滴定，至溶液显蓝色并持续 30 秒不褪色即为终点，记录所消耗的 I_2 标准溶液的体积。平行测定三次，取平均值，并计算相对平均偏差。

【数据处理】

1. 数据记录

测定次数		1	2	3
样品的质量/g	m_s			
滴定消耗的 I_2 标准溶液的体积/mL	$V_{初}$			
	$V_{终}$			
	$V=V_{终}-V_{初}$			
$w(C_6H_8O_6)$				
$\overline{w}(C_6H_8O_6)$				
相对平均偏差				

2. 结果计算

$$w(C_6H_8O_6)=\frac{cVM}{1\,000\times m_s}\times 100\%$$

式中：c——碘标准溶液的物质的量浓度，mol/L；

V——滴定消耗的 I_2 标准溶液的体积，mL；

m_s——称取的样品的质量，g；

M——维生素 C 的摩尔质量，176.13 g/mol。

【注意事项】

1. 实验用水应为新煮沸的冷蒸馏水，目的在于减小蒸馏水中的溶解氧的影响。

2. 测定应在酸性条件下进行，因为在酸性介质中维生素 C 被空气中的氧氧化的速度较在中性或碱性介质中慢。

3. 整个操作过程要迅速，以防止还原型抗坏血酸被氧化。滴定过程一般不超过 2 min。滴定所用的染料不应少于 1 mL 或多于 4 mL，如果样品中维生素 C 含量太高或太低，可酌情增减样液用量或改变提取液的稀释度。

4. 如提取的浆状物不易过滤，亦可离心，留取上清液进行滴定。

5. 某些水果、蔬菜(如橘子、西红柿等)的浆状物泡沫太多，可加数滴丁醇或辛醇。

【体验测试】

1. 为了测得准确的维生素 C 含量，在实验过程中应注意哪些操作步骤？为什么？

2. 测定维生素 C 的含量时，为什么加入醋酸？

【知识链接】

高锰酸钾法

高锰酸钾法是在强酸性介质中，以高锰酸钾为标准溶液直接或间接地测定还原性或氧化性物质含量的滴定分析方法。

1. 高锰酸钾法的原理及特点

高锰酸钾法是用 $KMnO_4$ 作氧化剂的氧化还原滴定法。$KMnO_4$ 是强氧化剂，其氧化能力和还原产物与溶液的酸度有关。

在强酸性溶液中，$KMnO_4$ 与还原剂作用，MnO_4^- 被还原为接近无色(肉色)的 Mn^{2+}：

$$MnO_4^- + 8H^+ + 5e^- = Mn^{2+} + 4H_2O$$

在强碱性溶液中，MnO_4^- 被还原成绿色的 MnO_4^{2-}：

$$MnO_4^- + e^- = MnO_4^{2-}$$

在弱酸性、中性或弱碱性溶液中，MnO_4^- 被还原成褐色的 MnO_2：

$$MnO_4^- + 2H_2O + 3e^- = MnO_2 \downarrow + 4OH^-$$

由此可见，高锰酸钾法既可在酸性条件下应用，也可在碱性条件下应用。由于 $KMnO_4$ 在强酸性溶液中有更强的氧化能力，同时生成接近无色的 Mn^{2+}，因此一般都在强酸性条件下使用。但 $KMnO_4$ 氧化有机物在碱性条件下比在酸性条件下快，所以用 $KMnO_4$ 法测定有机物含量一般都在碱性溶液中进行。

高锰酸钾法的优点是 $KMnO_4$ 氧化能力强，应用广泛，可以直接测定许多还原性物质，也可间接测定某些氧化性物质或其他物质，并且 $KMnO_4$ 可作自身指示剂。其缺点是 $KMnO_4$ 试剂常含有少量杂质，其标准溶液不够稳定；又由于 $KMnO_4$ 氧化能力强，可以和许多还原性物质发生反应，所以干扰比较严重，选择性差。

由于 $KMnO_4$ 能够将溶液中的 Cl^- 氧化为 Cl_2，所以在高锰酸钾法中，一般使用稀硫酸而不使用盐酸来控制溶液的酸度。

2. 高锰酸钾标准溶液的配制和标定

2.1 高锰酸钾标准溶液的配制

纯的 $KMnO_4$ 溶液是相当稳定的，但一般市售的 $KMnO_4$ 试剂中常含有 MnO_2、硫酸盐、氯化物及硝酸盐等少量杂质，同时蒸馏水中也常含有微量的还原性物质，能慢慢地将 $KMnO_4$ 还原为 $MnO(OH)_2$ 沉淀；MnO_2 和 $MnO(OH)_2$ 能进一步促进 $KMnO_4$ 分解，使 $KMnO_4$ 的浓度改变。故采用间接法配制高锰酸钾标准溶液，即先配制近似浓度的溶液，然后进行标定。配制 $KMnO_4$ 溶液时，应注意以下几点。

2.1.1 称取的 $KMnO_4$ 质量应稍多于理论计算量。

2.1.2 将配好的 $KMnO_4$ 液加热至沸腾，并保持微沸 1 h，然后放置两三天，使溶液中可能存在的还原性物质完全氧化。

2.1.3 用玻璃砂芯漏斗过滤，以除去析出的沉淀。

2.1.4 为了避免光照造成 $KMnO_4$ 催化分解，将过滤后的 $KMnO_4$ 溶液贮存于棕色试剂瓶中，并存放于暗处。

2.2　$KMnO_4$标准溶液的标定

标定$KMnO_4$溶液常用的基准物质有$H_2C_2O_4 \cdot 2H_2O$、As_2O_3、$Na_2C_2O_4$、$(NH_4)_2C_2O_4$及纯铁丝等，其中$Na_2C_2O_4$不含结晶水，性质稳定，容易提纯，故较为常用。

在稀硫酸溶液中，MnO_4^-与$C_2O_4^{2-}$的反应如下：

$$5C_2O_4^{2-}+2MnO_4^-+16H^+ = 2Mn^{2+}+10CO_2\uparrow+8H_2O$$

这一反应为自动催化反应，其中Mn^{2+}为催化剂。为了使反应定量地、较迅速地进行，应注意下述滴定条件。

2.2.1　温度：在室温下此反应进行得较缓慢，因此应将溶液加热至75～85 ℃，即有大量蒸气涌出，但溶液并未沸腾，温度不宜过高，否则在酸性溶液中，部分$H_2C_2O_4$会发生分解：

$$H_2C_2O_4 = CO_2\uparrow+CO\uparrow+H_2O$$

2.2.2　酸度：溶液应保持一定的酸度，一般在开始滴定时，溶液的$[H^+]$为0.5～1 mol/L。酸度不够时，反应产物可能混有沉淀；酸度过高时，又会促使$H_2C_2O_4$分解。

2.2.3　滴定速度：滴定开始时，$KMnO_4$溶液不宜滴加太快，在$KMnO_4$的紫红色未褪去前，不应加入第二滴。待几滴$KMnO_4$溶液作用完毕生成了Mn^{2+}后，滴定可逐渐加快，但不能让$KMnO_4$溶液连续流入，否则部分$KMnO_4$来不及与$C_2O_4^{2-}$反应，而在热的酸性溶液中发生分解，影响标定的准确度。分解反应如下：

$$4MnO_4^-+4H^+ = 4MnO_2\downarrow+3O_2\uparrow+2H_2O$$

2.2.4　滴定终点：MnO_4^-本身具有较深的颜色，其被还原为Mn^{2+}后紫红色褪去，过量的MnO_4^-使溶液呈现粉红色而指示滴定终点。$KMnO_4$的滴定终点是不稳定的，这是由于空气中的还原性气体及尘埃等杂质落入溶液中能使$KMnO_4$缓慢分解，从而使粉红色消失，所以经过半分钟不褪色，即可认为已经达到滴定终点。在这里将$KMnO_4$称作自身指示剂。

应用高锰酸钾法可直接滴定许多还原性较强的物质，如Fe^{2+}、$C_2O_4^{2-}$、H_2O_2、NO_2^-、Sb^{3+}等；也可利用$KMnO_4$与$Na_2C_2O_4$反应间接测定一些非氧化还原物质，如Ca^{2+}等。高锰酸钾法的主要缺点是选择性较差、标准溶液不够稳定等。

重铬酸钾法

以重铬酸钾作氧化剂的氧化还原滴定法称为重铬酸钾法。重铬酸钾是一种常用的氧化剂，在酸性溶液中与还原剂作用，$Cr_2O_7^{2-}$被还原成Cr^{3+}：

$$Cr_2O_7^{2-}+14H^++6e \rightleftharpoons 2Cr^{3+}+7H_2O$$

显然，$K_2Cr_2O_7$在酸性条件下的氧化能力不如$KMnO_4$强，应用范围较窄；并且需使用氧化还原指示剂；$Cr_2O_7^{2-}$和Cr^{3+}严重污染环境。因此本法宜少用，使用时应注意废液的处理。但重铬酸钾法与$KMnO_4$法相比也具有许多优点：$K_2Cr_2O_7$易于提纯，干燥后可直接作基准物，因而可用直接法配制标准溶液；$K_2Cr_2O_7$溶液保存于密闭容器中相当稳定，浓度可长期保持不变；$K_2Cr_2O_7$不受Cl^-还原作用的影响，可在盐酸溶液中进行滴定。

碘量法

碘量法是利用I_2的氧化性和I^-的还原性进行滴定的分析方法。其反应为

$I_2 + 2e^- \longrightarrow 2I^-$

由于 I_2 固体在水中的溶解度很小(0.001 33 mol/L)，故实际应用时通常将 I_2 溶解在 KI 溶液中，此时 I_2 在溶液中以 I_3^- 的形式存在，为方便和明确化学计量关系，一般仍简写为 I_2。

$I_2 + I^- \longrightarrow I_3^-$

碘量法测定可采用直接和间接的两种方式进行，I_2 是较弱的氧化剂，可与较强的还原剂作用；而 I^- 是中等强度的还原剂，能与许多氧化剂作用。

1. 直接碘量法

用 I_2 标准溶液直接滴定还原性较强的物质，如 Sn(Ⅱ)、Sb(Ⅲ)、As_2O_3、S^{2-}、SO_3^{2-}、维生素 C 等。

直接碘量法的基本反应是

$I_2 + 2e^- \longrightarrow 2I^-$

例如，硫化物在酸性溶液中能被 I_2 所氧化，反应式为

$S^{2-} + I_2 \longrightarrow S + 2I^-$

又如，SO_2 经水吸收后，可用 I_2 标准溶液直接滴定，反应式为

$I_2 + SO_2 + 2H_2O \longrightarrow 2I^- + SO_4^{2-} + 4H^+$

但是直接碘量法不能在碱性溶液中进行，当溶液的 pH>8 时，部分 I_2 会发生歧化反应。

$3I_2 + 6OH^- \longrightarrow IO_3^- + 5I^- + 3H_2O$

2. 间接碘量法

I^- 为中等强度的还原剂，能被一般氧化剂(如 Cu^{2+}、$KMnO_4$、$K_2Cr_2O_7$ 等)定量氧化而析出 I_2，析出的 I_2 可用 $Na_2S_2O_3$ 标准溶液滴定，这种方法称为间接碘量法。

间接碘量法的基本反应为

$2I^- - 2e^- \longrightarrow I_2$

$I_2 + 2S_2O_3^{2-} \longrightarrow 2I^- + S_4O_6^{2-}$

直接碘量法和间接碘量法概述见表 2-6。

表 2-6 碘量法概述

碘量法	标准溶液	测定原理	测定对象	指示剂
碘滴定法(直接碘量法)	I_2	$I_2 \xrightarrow{还原性物质} 2I^-$ $I_2 + 2e^- \rightleftharpoons 2I^-$	SO_2、Sn^{2+}、H_2S、抗坏血酸、还原性糖等	淀粉无色→蓝色
滴定碘法(间接碘量法)	$Na_2S_2O_3$	$2I^- \xrightarrow{氧化性物质} I_2$ $I_2 + 2S_2O_3^{2-} \rightleftharpoons 2I^- + S_4O_6^{2-}$	MnO_4^-、$Cr_2O_7^{2-}$、IO_3^-、NO_2^-、AsO_4^{3-}、ClO^-、H_2O_2、Fe^{3+}、Cu^{2+} 等	淀粉蓝色→无色

3. 碘量法的反应条件

3.1 控制溶液的酸度

I_2 和 $S_2O_3^{2-}$ 之间的反应必须在中性或弱酸性溶液中进行，因为在碱性溶液中，I_2 与

$S_2O_3^{2-}$ 会发生如下反应：

$$4I_2+S_2O_3^{2-}+10OH^- \rightleftharpoons 8I^-+2SO_4^{2-}+5H_2O$$

在较强的碱性溶液中，I_2会发生歧化反应：

$$3I_2+6OH^- \rightleftharpoons IO_3^-+5I^-+3H_2O$$

在强酸性溶液中，$Na_2S_2O_3$会分解，反应式为

$$S_2O_3^{2-}+2H^+ \rightleftharpoons SO_2\uparrow+S\downarrow+H_2O$$

3.2　防止碘挥发

配制I_2标准溶液时和在间接碘量法中，必须加入过量的KI（一般要比理论量多2～3倍），过量的KI和I_2形成I_3^-，可增大I_2的溶解度，降低I_2的挥发性，且可提高淀粉指示剂的灵敏度，此外过量的KI可提高反应速率和反应的完全程度。

3.3　应该在室温下进行

I^-在酸性溶液中易被空气中的O_2所氧化。

$$4I^-+4H^++O_2 \rightleftharpoons 2I_2+2H_2O$$

此反应在中性溶液中进行得极慢，随着溶液的[H^+]增大而加快，酸度较大或阳光直射都可促进空气中的O_2对I^-的氧化作用。所以碘量法一般在中性或弱酸性溶液中及低温（<25 ℃）下进行滴定，为了减少I^-与空气的接触，滴定时不应剧烈摇荡。此外，I^-和氧化剂反应析出的过程较慢，一般须在暗处放置5～10 min，使反应完全后再进行滴定。

碘量法的终点常用淀粉指示剂来确定，在有少量I^-存在的条件下，I_2与淀粉反应形成蓝色吸附配合物。该反应可逆且非常灵敏，当溶液中I_2的浓度小于10^{-5} mol/L时，碘和淀粉仍可显蓝色。淀粉溶液应用新鲜配制的，若放置时间过久，则其与I_2形成的配合物不呈蓝色而呈紫色或红色，终点变化也不灵敏。

直接碘量法根据蓝色的出现确定滴定终点，间接碘量法则根据蓝色的消失确定滴定终点。用间接碘量法测定氧化性物质时，一般在接近滴定终点前才加入淀粉指示剂，如果加入过早，则淀粉与I_2吸附得太牢，这部分I_2就不易与$Na_2S_2O_3$溶液反应，会给滴定带来误差。

碘标准溶液的准确浓度可通过与已知浓度的$Na_2S_2O_3$标准溶液比较滴定求得。

4. 0.100 0 mol/L的硫代硫酸钠标准溶液的配制与标定

4.1　0.100 0 mol/L的硫代硫酸钠标准溶液的配制

硫代硫酸钠（$Na_2S_2O_3\cdot5H_2O$）一般均含有少量S、Na_2SO_3、Na_2SO_4、Na_2CO_3、NaCl等杂质。因此，不能用直接法配制。硫代硫酸钠溶液不稳定，容易分解，其原因是：

4.1.1　与嗜硫细菌作用

$$Na_2S_2O_3 = Na_2SO_3+S\downarrow$$

这是硫代硫酸钠分解的主要原因。

4.1.2　与溶解在水中的CO_2作用

$$Na_2S_2O_3+CO_2+H_2O = NaHCO_3+NaHSO_3+S\downarrow$$

4.1.3　与空气中的O_2作用

$$2Na_2S_2O_3+O_2 = 2Na_2SO_4+2S\downarrow$$

由于以上原因，配制时应用新煮沸并冷却的蒸馏水溶解硫代硫酸钠，以除去水中的O_2、

CO_2和杀死嗜硫细菌；加入少量碳酸钠，使溶液呈微碱性，既可抑制嗜硫细菌生长，又可防止硫代硫酸钠分解；日光能促进 $Na_2S_2O_3$分解，所以 $Na_2S_2O_3$溶液应贮存于棕色瓶中，于暗处放置 8～14 天，待其稳定后再标定。长期保存的 $Na_2S_2O_3$ 溶液，应每隔一定时间重新加以标定。若保存得很好，可每 2 个月标定一次。如果发现溶液变混浊，表示有硫析出，在这种情况下溶液浓度变化很快，应重配。

4.2　0.100 0 mol/L 的硫代硫酸钠标准溶液的标定

标定 $Na_2S_2O_3$溶液一般可用 KIO_3、$KBrO_3$、$K_2Cr_2O_7$等基准物质。由于 $K_2Cr_2O_7$价廉、易提纯，故最常用。

4.2.1　标定的步骤

称取一定量的 $K_2Cr_2O_7$ 基准物，其在酸性溶液中与过量 KI 作用的反应式为

$$K_2Cr_2O_7+6KI+14HCl = 8KCl+2CrCl_3+3I_2+7H_2O$$

析出一定量的 I_2。然后以淀粉为指示剂，用 $Na_2S_2O_3$标准溶液滴定，反应式为

$$I_2+2Na_2S_2O_3 = Na_2S_4O_6+2NaI$$

根据标定反应按下式计算 $Na_2S_2O_3$的浓度：

$$c_{标}=\frac{6m_{基}}{M_{基}V_{标}}\text{（体积单位是升）}$$

4.2.2　标定时的注意事项

(1)$K_2Cr_2O_7$与 KI 反应时，溶液的酸度越大，反应进行得越快，但酸度太大时，I^-易被空气中的 O_2氧化，所以酸度一般以 0.2～0.4 mol/L 为宜。

(2)$K_2Cr_2O_7$与 KI 的反应进行得较慢。应将溶液在暗处放置一定时间(约 5 min)，待反应完全后再以 $Na_2S_2O_3$标准溶液滴定。

(3)滴定前需将溶液稀释。这样既可降低酸度，使 I^- 被空气氧化的速度减慢，又可使 $Na_2S_2O_3$的分解作用减弱；而且稀释后 Cr^{3+} 的颜色变浅，便于观察终点。达到滴定终点后，再经过几分钟，溶液又会出现蓝色，这是由于空气氧化 I^- 所引起的，不影响分析结果。

【项目测试二】

1. 选择题

(1)在酸性介质中，用高锰酸钾滴定草酸盐，滴定应(　　)。

A. 如同酸碱滴定一样迅速进行

B. 在开始时缓慢进行，以后逐渐加快，最后再慢

C. 始终缓慢进行

D. 开始时快，然后缓慢

(2)高锰酸钾法可在下列哪些介质中进行？(　　)

A. HCl　　B. HNO_3　　C. CH_3COOH　　D. H_2SO_4

(3)用 $Na_2C_2O_4$标定高锰酸钾时，刚开始褪色较慢，但之后褪色变快的原因是(　　)。

A. 温度过低　　B. 反应进行后温度升高

C. Mn^{2+}的催化作用　　D. $KMnO_4$浓度变小

(4)在间接碘量法中加入淀粉指示剂的适宜时间是(　　)。

A. 滴定开始时　　B. 滴定开始后

C. 滴定至近终点时　　D. 滴定至红棕色褪至无色时

(5)下列标准溶液配制好后不需要贮存于棕色瓶中的是(　　)。

A. $KMnO_4$　　B. $K_2Cr_2O_7$　　C. $Na_2S_2O_3$　　D. I_2

2. 问答题

(1)简述碘量法误差的主要来源及其减免措施。

(2)用高锰酸钾法测定硫酸亚铁的纯度,称样量为 1.354 5 g,在酸性条件下溶解,用 $KMnO_4$标准溶液(0.100 0 mol/L)滴定,消耗 46.92 mL,试计算样品中 $FeSO_4 \cdot 7H_2O$ 的质量分数。

(3)精确称取漂白粉样品 2.062 0 g,加少量蒸馏水研磨,定量转入 500 mL 的容量瓶中,用蒸馏水稀释至标线,摇匀,精密吸取此悬浊液 50.00 mL,置于碘量瓶中,加入过量的碘化钾,再用酸酸化,析出的碘用硫代硫酸钠标准溶液(0.109 3 moL/L)滴定,达到滴定终点时消耗 20.48 mL,求样品中有效氯的含量。

任务三　配位滴定技术

学习目标

1. 学会 EDTA 标准溶液的配制、标定及应用技术。
2. 学会配合物的组成、命名及配位滴定法的基础知识。
3. 知道金属指示剂的作用原理和应用条件、EDTA 滴定法在农业中的应用。

技能目标

1. 会配制、标定及应用 EDTA 标准溶液。
2. 会进行数据的处理、标准溶液浓度的计算。

配位滴定技术是以配位反应为基础的一种滴定分析方法。用于配位反应的配位剂一般可分为无机配位剂和有机配位剂。由于大多数无机配位剂与金属离子形成的配合物不够稳定,且各级稳定常数比较接近,不可能分步完成配合,因此,大部分无机配位剂不能得到广泛应用。而有机配位剂,特别是氨羧配位剂,一般含有两个或两个以上配位原子,配位能力强,可以与金属离子形成稳定性强、组成恒定的配合物。在配位滴定中,最常用的有机配位剂是乙二胺四乙酸,常缩写为 EDTA。

【工作任务一】

水的总硬度测定。

【工作目标】

1. 学会用配位滴定法测定水的总硬度的原理及方法。

2. 学会 EDTA 标准溶液的配制和标定。

3. 了解水的硬度的表示方法。

【工作情境】

本任务可在化验室或实验室中进行。

1. 仪器：万分之一电子天平、托盘天平、高温电炉、酸式滴定管(25 mL，棕色)、量杯(500 mL)、锥形瓶(250 mL)、量筒(5 mL、10 mL 和 100 mL)、烧杯(500 mL)、硬质玻璃瓶或聚乙烯塑料瓶(500 mL)、容量瓶(200 mL)和移液管(50 mL)。

2. 试剂：乙二胺四乙酸二钠(EDTA·2Na·$2H_2O$，分析纯)、ZnO(基准物质)、铬黑 T 指示剂、稀 HCl 溶液、甲基红指示剂、氨试液和 $NH_3 \cdot H_2O - NH_4Cl$ 缓冲液(pH=10)。

【工作原理】

EDTA 是乙二胺四乙酸(常用 H_4Y 表示)的英文名缩写。它难溶于水，通常使用其二钠盐 EDTA·2Na·$2H_2O$ 配制标准溶液。

EDTA·2Na·$2H_2O$ 是白色结晶或结晶型粉末，在室温下其溶解度为 111 g/L(约 0.3 mol/L)。配制 EDTA 标准溶液时，一般先用分析纯的 EDTA·2Na·$2H_2O$ 配制成近似浓度的溶液，然后以 ZnO 为基准物标定其浓度。滴定是在 pH 值约为 10 的条件下，以铬黑 T 为指示剂进行的。达到滴定终点时，溶液由紫红色变为纯蓝色。滴定过程中的反应为

滴定前：$Zn^{2+} + HIn^{2-} \rightleftharpoons ZnIn^{-} + H^{+}$

纯蓝色　　　紫红色

达到滴定终点前：$Zn^{2+} + H_2Y^{2-} \rightleftharpoons ZnY^{2-} + 2H^{+}$

达到滴定终点时：$ZnIn^{-} + H_2Y^{2-} \rightleftharpoons ZnY^{2-} + HIn^{2-} + H^{+}$

紫红色　　　纯蓝色

一般把含有较多钙、镁盐类的水称作硬水(硬水和软水尚无明确的界限，一般将硬度小于 6 度的水称作软水)，水中 Ca^{2+}、Mg^{2+} 的多少用硬度的高低表示。不论生活用水还是生产用水，对硬度指标都有一定的要求。如《生活饮用水卫生标准》中规定，生活饮用水的总硬度以 CaO 计，应不超过 250 mg/L。

水的硬度的测定，目前多用 EDTA 标准溶液直接滴定水中 Ca^{2+}、Mg^{2+} 的总量，然后换算成相应的硬度单位。水的硬度有多种表示方法，较常用的为德国度，即以 1 升水中含有 10 mg CaO 为 1 度。在我国除采用度外，还常用质量浓度表示水的硬度，即以 1 升水中含 CaO 的质量(mg)多少来表示水的硬度的高低，单位为 mg/L。

以铬黑 T 为指示剂，在 pH=10 的条件下测定水的硬度时，滴定过程中的反应为

滴定前：$Mg^{2+} + HIn^{2-} \rightleftharpoons MgIn^{-} + H^{+}$

纯蓝色　　　酒红色

达到滴定终点前：$Mg^{2+} + H_2Y^{2-} \rightleftharpoons MgY^{2-} + 2H^{+}$

$Ca^{2+} + H_2Y^{2-} \rightleftharpoons CaY^{2-} + 2H^{+}$

达到滴定终点时：$MgIn^{-} + H_2Y^{2-} \rightleftharpoons MgY^{2-} + HIn^{2-} + H^{+}$

酒红色　　　　　纯蓝色

【工作过程】

1. EDTA 标准溶液(0.050 00 mol/L)的配制

取 3.8～4.0 g EDTA·2Na·$2H_2O$，置于 250 mL 的烧杯中，加蒸馏水约 100.00 mL 使其溶解，稀释至 200.00 mL，摇匀，移入硬质玻璃瓶或聚乙烯塑料瓶中。

2. EDTA 标准溶液(0.050 00 mol/L)的标定

精确称取在 800 ℃下灼烧至恒重的基准 ZnO3 份，每份质量在 0.080 0～0.100 0 g 之间，分别置于 3 个 250 mL 的锥形瓶中，各加稀盐酸 3.00 mL 使其溶解，加蒸馏水 25 mL 与甲基红指示液 1 滴，滴加氨试液至溶液呈微黄色。再加蒸馏水 25.00 mL、$NH_3 \cdot H_2O-NH_4Cl$ 缓冲液(pH＝10)10 mL 和铬黑 T 指示剂 3 滴，用待标定的 EDTA 标准溶液滴定至溶液由紫红色转变为纯蓝色，即为终点。记录所消耗的 EDTA 标准溶液的体积。

3. EDTA 标准溶液(0.010 00 mol/L)的配制

精确量取 EDTA 标准溶液(0.050 00 mol/L)40.00 mL，置于 200 mL 的容量瓶中，加水稀释至刻度，摇匀，即得。

4. 水的总硬度的测定

量取 50 mL 的水样 3 份，置于 3 个锥形瓶中，各加 $NH_3 \cdot H_2O-NH_4Cl$ 缓冲液(pH＝10)5.00 mL 及铬黑 T 指示剂 3 滴，然后用 EDTA 标准溶液(0.010 00 mol/L)滴定至溶液由酒红色转变为纯蓝色，即为终点。记录所消耗的 EDTA 标准溶液的体积。

【数据处理】

1. 数据记录

将标定 0.050 00 mol/L 的 EDTA 标准溶液的数据记录于下表中。

	1	2	3
m_{ZnO}/g			
V_{EDTA}/mL			
c_{EDTA}/(mol/L)			
c_{EDTA}平均值/(mol/L)			
相对平均偏差			

将水的总硬度的测定数据记录于下表中。

	1	2	3
V_{EDTA}/mL			
硬度/(mg/L 或度)			
硬度平均值/(mg/L 或度)			
相对平均偏差			

2. 结果计算

EDTA 标准溶液的浓度按下式计算：

$$c_{EDTA}=\frac{m_{ZnO}}{V_{EDTA}\times\frac{M_{ZnO}}{1\ 000}}$$

式中 c_{EDTA}——EDTA 标准溶液的实际浓度,mol/L;

M_{ZnO}——氧化锌的质量,g;

V_{EDTA}——消耗的 EDTA 标准溶液的体积,mL;

M_{ZnO}——氧化锌的摩尔质量,81.38 g/mol。

水的总硬度按下式计算。

$$硬度=\frac{c_{EDTA}\times V_{EDTA}\times\frac{M_{CaO}}{1\ 000}}{V_{水}}\times10^6(以\ CaO\ 计,mg/L)$$

$$硬度=\frac{c_{EDTA}\times V_{EDTA}\times\frac{M_{CaO}}{1\ 000}}{V_{水}}\times10^5(以\ CaO\ 计,度)$$

式中 c_{EDTA}——EDTA 标准溶液的实际浓度,mol/L;

$V_{水}$——水的体积,mL;

V_{EDTA}——消耗的 EDTA 标准溶液的体积,mL;

M_{CaO}——氧化钙的摩尔质量,56.08 g/mol。

水的硬度分类见表 2-7。

表 2-7 水的硬度分类

德国度	特软水	软水	中硬水	硬水	特硬水
(单位:10 mg CaO/L)	0～4	4～8	8～15	16～30	>30
国际标准	软水	中软水	微硬水	中硬水	硬水
(单位:1 mg $CaCO_3$/L)	0～50	50～100	100～150	150～200	>200

【注意事项】

1.市售 EDTA·2Na·$2H_2O$ 有粉末状和结晶型两种,粉末状的较易溶解,结晶型的在水中溶解较慢,可加热使其溶解。

2.贮存 EDTA 标准溶液应选用硬质玻璃瓶,用聚乙烯瓶贮存更好,以免 EDTA 与玻璃中的金属离子作用。

3.该实验的取样量仅适用于以 CaO 计算硬度不大于 280 mg/L 的水样,若硬度大于 280 mg/L(以 CaO 计),应适当减小取样量。

4.硬度较大的水样加缓冲液后常析出 $CaCO_3$、$MgCO_3$ 微粒,使终点不稳定,出现"返回"现象,难以确定终点。遇到此情况,可在加缓冲液前向溶液中加入一小块刚果红试纸,滴加稀 HCl 至试纸变为蓝色,振摇 2 min,然后依法操作。

【体验测试】

1.配制 EDTA 标准溶液,为什么不用乙二胺四乙酸而用其二钠盐?

2. 标定EDTA标准溶液时，已用氨试液将溶液调为碱性，为什么还要加$NH_3 \cdot H_2O-NH_4Cl$缓冲液？

3. 已知1法国度相当于1 L水中含有10 mg $CaCO_3$，试计算1德国度相当于多少法国度。

4. 若只测定水中的Ca^{2+}，应选择何种指示剂？在什么条件下测定？

5. 为什么硬度较大（含Ca^{2+}、Mg^{2+}较多）的水样加酸酸化后振摇2 min，能防止Ca^{2+}、Mg^{2+}生成碳酸盐沉淀？

【知识链接】

配位滴定法

配位化合物简称配合物，旧称络合物，是一类广泛存在、组成复杂的重要的化合物。生物体内的金属元素多以配合物的形式存在，如人体血液中起输送氧气作用的血红蛋白，是铁的配合物；叶绿素承担着植物的光合作用，是镁的配合物；对调节体内的物质代谢（尤其是糖类代谢）有着重要作用的胰岛素，是锌的配合物；对恶性贫血有防治作用的维生素B12，是钴的配合物；在体内起支配生化反应作用的各种酶，也是金属配合物。配合物在农业方面应用非常广泛，如磷肥以PO_4^{3-}的形式存在，它能与土壤中的Fe^{3+}和$A1^{3+}$生成难溶化合物而使磷肥失效，如施有机肥，其中含有腐殖质酸，能与Fe^{3+}和Al^{3+}生成螯合物，使PO_4^{3-}被释放，被植物有效地利用。

1. 配合物的基本概念

配合物种类繁多，组成复杂，目前还没有严格的定义，一般只能从它的形成上理解这一概念。例如向$HgCl_2$溶液中加入KI，开始时生成橘黄色HgI_2沉淀，继续加入KI至过量，沉淀溶解，变为无色溶液。反应过程为

$$HgCl_2+2KI = HgI_2\downarrow+2KCl$$

$$HgI_2+2KI = K_2[HgI_4]$$

此时溶液里除了K^+和$[HgI_4]^{2-}$之外，几乎检测不到Hg^{2+}。再如，向硫酸铜溶液中滴加氨水，开始有蓝色的碱式硫酸铜$Cu_2(OH)_2SO_4$沉淀生成，氨水过量后蓝色沉淀溶解，变成深蓝色的$[Cu(NH_3)_4]SO_4$溶液。同样，溶液中存在着$[Cu(NH_3)_4]^{2+}$和SO_4^{2-}，几乎没有Cu^{2+}。

像$[HgI_4]^{2-}$和$[Cu(NH_3)_4]^{2+}$这样比较复杂的离子称为配离子，其定义可以归纳为：由一个中心原子（或叫中心离子，以下统称中心原子，如Hg^{2+}和Cu^{2+}）与几个配体（阴离子或分子，如I^-、NH_3）以配位键结合而形成的复杂离子（或分子）叫作配离子。含有配离子的化合物（如$K_2[HgI_4]$、$[Cu(NH_3)_4]SO_4$）和配位分子（如$[Ni(CO)_4]$、$[Co(NH_3)_3Cl_3]$）统称配合物。配位分子是由中心原子和配体形成的分子。

配离子的电荷数等于中心原子与配体电荷的代数和。$[HgI_4]^{2-}$的电荷数是-2，$[Cu(NH_3)_4]^{2+}$的电荷数是$+2$，$[Fe(CN)_6]^{4-}$的电荷数是-4。

配合物是由内界和外界组成的，内界是配合物的特征部分，是由中心原子和配体通过配

位键结合而成的一个相当稳定的整体，用方括号标明；方括号外面的离子离中心较远，构成外界。内界和外界之间的化学键是离子键。

下面以 $K_4[Fe(CN)_6]$ 和 $[Ni(NH_3)_4]SO_4$ 为例说明配合物的组成：

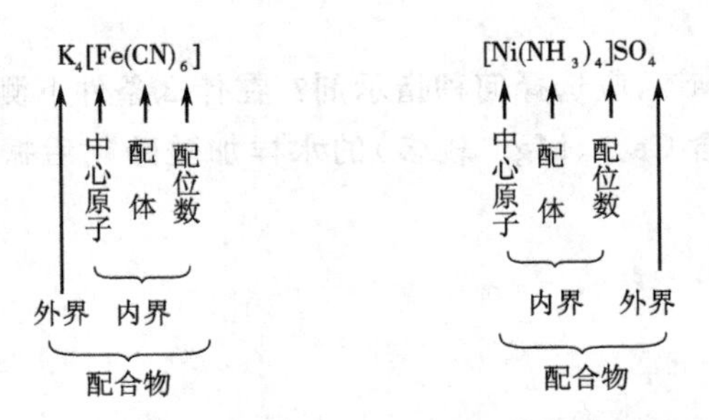

配合物与复盐不同。如铝钾矾 $[KAl(SO_4)_2 \cdot 12H_2O]$ 俗称明矾，它是由 K_2SO_4 与 $Al_2(SO_4)_3$ 作用生成的，将它溶解在水中几乎全部电离成简单的 K^+、Al^{3+}、SO_4^{2-}。而配合物则不然，它在水溶液中不能完全离解成简单离子。不过配合物与复盐之间并无明显界限，有些复盐也可以看成极不稳定的配合物，如明矾的水溶液中也有极少量的 $[Al(SO_4)_2]^-$ 存在。

2.配位滴定法

2.1 配位滴定的概念

配位滴定法是以配位反应为基础的滴定分析法。它用配位剂作标准溶液，直接或间接滴定被测物质，并选用适当的指示剂确定滴定终点。用于配位滴定的反应应能满足一般的滴定分析对反应的要求，即形成的配合物(或配离子)要相当稳定，配位数必须固定，只形成一种配位数的配合物。配位滴定法主要用于金属离子的测定，如测定植物及种子中钙、镁的含量，测定土壤盐基代换量等，包括直接滴定、返滴定、置换滴定和间接滴定等方式。

用于配位滴定的配位剂有无机配位剂和有机配位剂两类，由于多数无机配位剂形成的配位化合物不够稳定，且往往生成多级配合物而难以确定计量关系，或很难找到适宜的指示剂等原因，致使无机配位剂应用甚少。许多有机配位剂，尤其是像 EDTA 这样的氨羧配位剂能够克服无机配位剂的缺点，故被广泛应用于配位滴定中。

氨羧配位剂大多是以氨基二乙酸 $[-N(CH_2COOH)_2]$ 为基本结构的有机配体，这类配合剂中含有配合能力很强的氨基氮和羧基氧两种配位原子，能与很多金属离子形成稳定的可溶性配合物。氨羧配合剂很多，其中最重要的是乙二胺四乙酸，简称 EDTA，它的结构式为

$$\begin{array}{ccc} H\ddot{O}OCH_2C & & CH_2CO\ddot{O}H \\ \diagdown & & \diagup \\ & \ddot{N}-CH_2-CH_2-\ddot{N} & \\ \diagup & & \diagdown \\ H\ddot{O}OCH_2C & & CH_2CO\ddot{O}H \end{array}$$

EDTA 分子中含有 2 个氨基 N 和 4 个羧基 O，共有 6 个配位原子，可以和很多金属离子形成非常稳定的配合物。用 EDTA 作标准溶液可以滴定几十种金属离子，因此，通常所说的配位滴定就是指 EDTA 滴定。

2.2 配位滴定的基本原理

EDTA 是一个四元酸，常用符号 H_4Y 表示。它在水中溶解度很小，22 ℃时每 100 mL

水仅能溶解 0.02 g，也难溶于酸和有机溶剂，但易溶于 NaOH 溶液和氨水，生成相应的盐。在实际滴定中，常使用含结晶水的二钠盐 $Na_2H_2Y \cdot 2H_2O$，习惯上也称其为 EDTA。此二钠盐在水中溶解度较大，22 ℃时每 100 mL 水能溶解 11.1 g，浓度约为 0.3 mol/L，pH 值约为 4.5。

它的 2 个氨基氮可再接受 H^+，形成 H_6Y^{2+}，因此相当于六元酸，有六级离解平衡：

$$H_6Y^{2+} \rightleftharpoons H^+ + H_5Y^+ \qquad K_{a_1}=1.26\times10^{-1}$$

$$H_5Y^+ \rightleftharpoons H^+ + H_4Y \qquad K_{a_2}=2.51\times10^{-2}$$

$$H_4Y \rightleftharpoons H^+ + H_3Y^- \qquad K_{a_3}=1.00\times10^{-2}$$

$$H_3Y^- \rightleftharpoons H^+ + H_2Y^{2-} \qquad K_{a_4}=2.16\times10^{-3}$$

$$H_2Y^{2-} \rightleftharpoons H^+ + HY^{3-} \qquad K_{a_5}=6.9\times10^{-7}$$

$$HY^{3-} \rightleftharpoons H^+ + Y^{4-} \qquad K_{a_6}=5.5\times10^{-11}$$

可见，EDTA 在溶液中能以 H_6Y^{2+}、H_5Y^+、H_4Y、H_3Y^-、H_2Y^{2-}、HY^{3-}、Y^{4-} 7 种形式存在。在不同的 pH 值条件下，7 种形式所占的比例不同。例如，在 pH<2 的强酸性溶液中，EDTA 主要以 H_4Y 的形式存在；在 pH=2.67～6.16 的溶液中，主要以 H_2Y^{2-} 的形式存在；在 pH=6.2～10.2 的溶液中，主要以 HY^{3-} 的形式存在；在 pH>10.2 的碱性溶液中，主要以 Y^{4-} 的形式存在。在这 7 种形式中，只有 Y^{4-} 能与金属离子直接配合。溶液的酸度越低，Y^{4-} 的浓度越大。因此，EDTA 在碱性溶液中配位能力较强。

EDTA 配位能力很强，它与金属离子形成配合物时具有以下特点。

(1)组成一定。在一般情况下，EDTA 与金属离子形成配合物的螯合比为 1∶1，与金属离子的价态无关。

$$M^{2+} + H_2Y^{2-} \rightleftharpoons MY^{2-} + 2H^+$$

$$M^{3+} + H_2Y^{2-} \rightleftharpoons MY^- + 2H^+$$

$$M^{4+} + H_2Y^{2-} \rightleftharpoons MY + 2H^+$$

这使滴定分析的计算变得简单、方便，这是 EDTA 滴定的优越之处。

(2)稳定性高。EDTA 与金属离子形成的配合物属于螯合物，具有多个五元环结构，稳定常数大，稳定性很高。

(3)可溶性好。EDTA 与金属离子形成的配合物一般都可溶于水，这使滴定分析能够在水溶液中进行。

(4)普遍性。除碱金属外，EDTA 几乎能与所有的金属离子发生配位反应，生成螯合物。用 EDTA 滴定金属离子非常实用。

(5)配合物的颜色。EDTA 与无色金属离子配位时，一般生成无色螯合物，与有色金属离子配位时则生成颜色更深的螯合物。如 Ni^{2+} 显浅绿色，而 NiY^{2-} 显蓝绿色；Cu^{2+} 显浅蓝色，而 CuY^{2-} 显深蓝色。

2.3　金属指示剂

与其他滴定方法一样，配位滴定也需要用指示剂来指示终点。配位滴定分析中的指示剂用来指示溶液中金属离子浓度的变化情况，故称为金属离子指示剂，简称金属指示剂。

2.3.1 金属指示剂的变色原理

金属指示剂本身是一种有机配位剂，可与金属离子生成有颜色的配合物。这种配合物的颜色与金属指示剂本身的颜色明显不同。

把金属指示剂滴加到被测金属离子溶液中，它立即与部分金属离子配位，此时溶液呈现该配合物的颜色，若用 M 表示金属离子，用 In 表示指示剂的阴离子(略去电荷)，反应可表示为

$$\underset{\text{甲色}}{M+In} \rightleftharpoons \underset{\text{乙色}}{MIn}$$

滴定开始后，随着 EDTA 的不断加入，溶液中游离的金属离子逐渐与 EDTA 配位。由于金属离子与金属指示剂形成的配合物(MIn)稳定性比金属离子与 EDTA 形成的配合物稳定性差，因此，EDTA 能从 MIn 中夺取 M 生成 MY，从而使 In 游离出来。反应式为

$$\underset{\text{乙色}}{MIn}+Y \rightleftharpoons MY+\underset{\text{甲色}}{In}$$

此时，溶液的颜色由乙色转变为甲色而指示滴定终点的到达。

2.3.2 金属指示剂应具备的条件

金属离子的显色剂很多，但只有具备下列条件的才能用作配位滴定的金属指示剂。

(1)在滴定的 pH 值范围内，MIn 的颜色与 In 的颜色应有显著的不同，这样达到滴定终点颜色变化才明显。

(2)MIn 的稳定性要适当，一般要求 $K_f MIn<10^4$，$K_f MIn<K_f MY$ 且 $\lg(K_f MY)-\lg(K_f MIn)\geqslant 2$。如果 MIn 的稳定性太差，它的离解程度就很大，会造成滴定终点提前或颜色变化不明显，滴定终点难以确定；反之，如果稳定性过好，达到化学计量点时 EDTA 难以夺取 MIn 中的 M，In 不能及时游离出来，滴定终点看不到颜色变化或颜色变化滞后。

(3)MIn 应易溶于水，配位反应灵敏度高，指示剂稳定，并且有较好的选择性。

2.3.3 常用的金属指示剂

(1)铬黑 T，简称 BT 或 EBT，属于二酚羟基偶氮类染料。在不同的 pH 值范围内它有不同的颜色，pH<6 时显红色，7<pH<11 时显蓝色，pH>12 时显橙色。铬黑 T 能与许多二价金属离子如 Mg^{2+}、Ca^{2+}、Zn^{2+}、Cd^{2+}、Pb^{2+} 等形成红色配合物。因此，铬黑 T 只有在 pH=7～11 的范围内使用，达到滴定终点时才有明显的颜色变化，即由红色变为蓝色。在实际工作中常在 pH=9～10 的范围内使用铬黑 T，原因就在于此。

(2)钙指示剂，简称 NN 或钙红，属于偶氮类染料。其在不同的 pH 值范围内也呈现不同的颜色，pH<7 时显红色，8<pH<13.5 时显蓝色，pH>13.5 时显橙色。由于在 pH=12～13 时它能与 Ca^{2+} 形成红色配合物，所以常在此酸度下测定钙的含量，达到滴定终点时溶液由红色变为蓝色，颜色变化很明显。

铬黑 T 和钙指示剂纯品固体比较稳定，但在水溶液或乙醇溶液中均不稳定，因此常把这两种指示剂与纯净的中性盐如 NaCl，按 1∶100 的比例混合均匀、研细、密闭保存于干燥器中备用。

【项目测试三】

1. 解释下列名词

(1)配离子　(2)配合物　(3)金属指示剂

2. 问答题

(1)配合物中内外界之间、金属离子与配体之间存在着什么化学键?

(2)EDTA配位滴定有哪些特性?

(3)金属指示剂的变色原理是什么?

3. 向$ZnSO_4$溶液中慢慢加入NaOH溶液,可生成白色沉淀$Zn(OH)_2$,把沉淀分成三份,分别加入氨水、HCl和过量的NaOH溶液,沉淀都能溶解。写出三个反应式。

4. 在pH=10的条件下,以铬黑T为指示剂,滴定25.00 mL水样中的Ca^{2+}、Mg^{2+},共用去0.010 0 mol/L的EDTA标准溶液4.93 mL,求此水样的总硬度是多少度。

5. 取100 mL水样,调节pH=10,用铬黑T作指示剂,用去0.010 0 mol/L的EDTA 25.40 mL;另取100 mL水样,调节pH=12,用钙指示剂,用去EDTA 14.25 mL,求每升水样中含CaO、MgO各多少毫克?

6. 试剂厂生产无水$ZnCl_2$,采用EDTA测定产品中$ZnCl_2$的含量,先准确称取样品0.250 0 g,溶于水后,在pH=6的情况下,以二甲酚橙为指示剂,用0.102 4 mol/L的EDTA滴定溶液中的Zn^{2+},用去17.90 mL,求样品中$ZnCl_2$的质量百分含量。

任务四　沉淀滴定技术

学习目标

1. 学会硝酸银标准溶液的配制、标定及应用技术。
2. 知道铬酸钾指示剂的作用原理和应用条件。

技能目标

1. 会配制和标定硝酸银标准溶液。
2. 会进行数据的处理、标准溶液浓度的计算。

沉淀滴定技术是以沉淀反应为基础的一种滴定分析方法。我们熟知的沉淀反应很多,但能用于沉淀滴定的沉淀反应却很少,原因是:有些沉淀溶解度比较大,反应不能定量完成;有些沉淀反应速率较慢,容易形成过饱和溶液;有的有共沉淀等副反应发生。采用沉淀滴定法必须满足的条件:溶解度足够小;能定量完成;反应速度要快;有适当的指示剂指示终点;吸附现象不影响终点的观察。

【工作任务】

罐头食品中食盐含量的测定。

【工作目标】

1. 学习用银量法测定氯化钠的原理和方法。

2. 知道莫尔法终点的判断和实际应用。

3. 学会硝酸银标准溶液的配制和标定。

【工作情境】

本任务可在化验室或实验室中进行。

1. 仪器：容量瓶（100 mL 和 200 mL）、锥形瓶、滴定管、组织捣碎机、坩埚、干燥器、烧杯、滤纸。

2. 试剂：$AgNO_3$固体（A. R.）、NaCl（A. R.）、5%的K_2CrO_4溶液、NaOH 溶液、罐头样品。

【工作原理】

在中性溶液中将样品处理后，以铬酸钾为指示剂，用硝酸银标准滴定液测定试液中氯化钠的含量。由于 AgCl 的溶解度小于Ag_2CrO_4的溶解度，Ag^+优先与Cl^-结合生成白色的 AgCl 沉淀，微过量的Ag^+再与CrO_4^{2-}结合生成砖红色的Ag_2CrO_4沉淀，指示滴定终点。根据硝酸银标准滴定液的消耗量，计算罐头食品中食盐的含量。

滴定反应：$Ag^+ + Cl^- \xlongequal{} AgCl\downarrow$（白色）

指示剂反应：$2Ag^+ + CrO_4^{2-} \xlongequal{} Ag_2CrO_4\downarrow$（红色）

【工作过程】

1. 试剂准备

1.1 5%的铬酸钾溶液

称取 5 g 铬酸钾，溶于 95 mL 水中。

1.2 0.1 mol/L 的硝酸银标准溶液

(1)配制。称取 17 g 硝酸银溶于水中，转移到 1 000 mL 的容量瓶中，用水稀释至刻度，摇匀，置于暗处或转移到棕色瓶中。

(2)标定。取在 110 ℃下干燥至恒重的基准氯化钠 0.100 00～0.120 00 g，置于 250 mL 的锥形瓶中。加水 50 mL 使其溶解，加入 1 mL 5%的铬酸钾溶液，边猛烈摇动边用 0.1 mol/L 的硝酸银标准溶液滴定至出现稳定的砖红色，保持 1 min 不褪色。记录消耗的 0.1 mol/L 的硝酸银标准溶液的体积(ml)。

(3)计算。

$$c=\frac{m}{0.058\,44\times V}$$

式中 c——硝酸银标准溶液的实际浓度，mol/L；

V——滴定消耗的硝酸银标准溶液的体积，mL；

m——氯化钠的质量，g；

0.058 44——与 1.00 mL 硝酸银标准溶液[$c(AgNO_3)=1.000$ mol/L]相当的氯化钠的质量，g。

计算$AgNO_3$溶液的浓度，两次测定的相对偏差不能大于 0.2%。

2.试样的制备和测定

2.1　果蔬类罐头

将食品固体与液体成比例混合称取 200 g，在组织捣碎机中捣碎，置于 500 mL 的烧杯中备用。准确称取已粉碎的样品 10～20 g（精确至 0.01 g），用蒸馏水将试样移入 200 mL 的容量瓶中，摇匀后加蒸馏水至刻度，再摇匀，用干燥滤纸滤入干燥的锥形瓶中。用移液管吸取 50 mL 试液，加酚酞指示剂 3～5 滴，用氢氧化钠中和至呈淡红色，加入 5%的铬酸钾溶液 1 mL，用 $AgNO_3$ 溶液滴定至呈砖红色，记录体积 V(mL)。

2.2　肉、禽、水产类罐头

由于这类罐头颜色较深，用 $AgNO_3$ 滴定时不易观察，所以试液制备与果蔬类罐头不同。取捣碎均匀的样品 10 g（精确至 0.01 g）置于坩埚中，在水浴中干燥（小心碳化）至坩埚内容物可用玻璃棒压碎为止，用蒸馏水将其溶解后移入 200 mL 的容量瓶中，加蒸馏水至刻度，摇匀，用干燥滤纸滤入干燥的锥形瓶中。用移液管吸取 50 mL 试液，加酚酞指示剂 3～5 滴，用氢氧化钠中和至呈淡红色，加入 5%的铬酸钾溶液 1 mL，用 $AgNO_3$ 溶液滴定至呈砖红色，记录体积 V(mL)。

2.3 空白试验

用移液管吸取 50 mL 蒸馏水，加入 5%的铬酸钾指示剂 1 mL，用 $AgNO_3$ 标准溶液滴定至呈砖红色，记录消耗的 $AgNO_3$ 溶液的体积 V_0(mL)。

【数据处理】

1.数据记录

	1	2	3
m/g			
V/mL			
V_0/mL			
w/%			
w 平均值/%			
相对平均偏差			

2.结果计算

果蔬类罐头中氯化钠的含量以质量百分率表示，按下式计算：

$$w(\%)=\frac{0.058\ 44\times c(V-V_0)\times n}{m}\times 100$$

式中　w——果蔬类罐头中氯化钠的含量，%；

V——滴定试样消耗的 0.1 mol/L 的硝酸银标准溶液的体积，mL；

V_0——空白试验消耗的 0.1 mol/L 的硝酸银标准溶液的体积，mL；

n——稀释倍数，即 200/50；

m——试样的质量，g；

c——硝酸银标准溶液的实际浓度，mol/L。

【注意事项】

1. 样品颗粒要小，过大盐分不易析出；有汤汁的样品要先分析固形物，然后按比例取样，再把固体部分打碎，加汤汁并搅匀。

2. 吸取的样液的吸管要用干的，如果是潮的必须用样液洗两次。

3. 吸取的样液要澄清，如太混浊须过滤，否则会影响滴定终点的判定。

4. 废液不要直接倒入下水道，要装在废液桶中。

5. 深色物料应稀释到合适的倍数再滴定，以便于观察。在满足观察条件的前提下，稀释倍数以待滴定的稀释样品消耗 5～8 mL $AgNO_3$溶液为宜，这样有利于减小滴定误差和节约试剂。

【体验测试】

1. 滴定液的酸度应控制在什么范围为宜？为什么？

2. 在滴定过程中为什么要充分振荡溶液？

【知识链接】

沉淀滴定技术

沉淀滴定技术是以沉淀反应为基础的一种滴定分析方法。目前应用较广的主要是生成难溶性银盐的反应。例如：

$$Ag^+ + Cl^- \xlongequal{} AgCl\downarrow$$

$$Ag^+ + SCN^- \xlongequal{} AgSCN\downarrow$$

以此类反应为基础的沉淀滴定法称为银量法。银量法主要用来测定 Ag^+、Cl^-、Br^-、I^-、SCN^-以及大多数生物碱的氢卤酸盐等，在化工、冶金、农业及工业“三废”等生产部门的检测工作中有广泛的应用。常用的银量法按所用的指示剂不同分为铬酸钾指示剂法（莫尔法）、铁铵矾指示剂法（佛尔哈德法）和吸附指示剂法（法扬斯法）三种。

1. 铬酸钾指示剂法（莫尔法）

1.1　基本原理

铬酸钾指示剂法是在中性溶液中，以 K_2CrO_4为指示剂，用 $AgNO_3$标准溶液滴定氯化物或溴化物的滴定分析方法。此法是1856年由莫尔创立的，所以又叫莫尔法。由于 AgCl 的溶解度（1.8×10^{-3} g/L）比 Ag_2CrO_4的溶解度（2.6×10^{-3} g/L）小，根据分步沉淀的原理，滴定过程首先析出 AgCl 沉淀。滴定到化学计量点附近，由于[Cl^-]迅速降低，[Ag^+]增大直至 $c^2(Ag^+)c(CrO_4^{2-})\geqslant K(Ag_2CrO_4)$时，出现砖红色的 Ag_2CrO_4沉淀，指示达到滴定终点。反应式为

$$Ag^+ + Cl^- \rightleftharpoons AgCl\downarrow（白色）$$

$$K_{sp}(AgCl)=1.56\times10^{-10}$$

$$2Ag^+ + CrO_4^{2-} \rightleftharpoons Ag_2CrO_4\downarrow（砖红色）$$

$$K_{sp}(Ag_2CrO_4)=9\times10^{-12}$$

1.2　滴定条件

1.2.1　指示剂的用量应适当

CrO_4^{2-} 的浓度以控制在 5.0×10^{-3} mol/L 左右为宜。若[CrO_4^{2-}]过大，滴定终点提前，同时 CrO_4^{2-} 本身呈黄色，浓度过大，颜色过深，必将影响滴定终点的制定；如果[CrO_4^{2-}]过小，滴定终点会延后，两者都会影响滴定的准确度。在实际测定中，一般在 25～50 mL 溶液中加入 5% 的 K_2CrO_4 1 mL 即可。

1.2.2　溶液酸度的影响

滴定溶液必须呈弱酸性、中性或弱碱性（pH＝6.5～10.5）。

在酸性溶液中，有下述反应发生：

$$2H^+ + 2CrO_4^{2-} \rightleftharpoons 2HCrO_4^- \rightleftharpoons Cr_2O_7^{2-} + H_2O$$

[CrO_4^{2-}]的浓度减小，Ag_2CrO_4 沉淀出现推迟，甚至不会沉淀。故滴定时溶液的 pH 值不能小于 6.5。

如果溶液碱性太强，Ag^+ 将形成 Ag_2O 沉淀析出：

$$2Ag^+ + 2OH^- \rightleftharpoons 2AgOH\downarrow \rightleftharpoons Ag_2O\downarrow + H_2O$$

AgOH 不稳定，会马上失水变成褐色的 Ag_2O 沉淀，因此滴定时溶液的 pH 值不能大于 10.5。

1.2.3　滴定溶液中不应含有氨

因为 AgCl 和 Ag_2CrO_4 均可形成 $[Ag(NH_3)_2]^+$ 配离子而溶解，故滴定容液中不应含有氨。若有氨存在，需用酸中和。当有铵盐存在时，如溶液的 pH 值过高，也会增大氨的浓度。因此，有铵盐存在时，溶液的 pH 值宜控制在 6.5～7.2。若 pH 值超过 7.2，将有部分 NH_4^+ 转变为 NH_3 而与 Ag^+ 发生配位反应，使标准溶液消耗得更多。

1.2.4　消除干扰离子

干扰离子共有 4 种类型。显然，凡是能与 Ag^+ 生成微溶性化合物或配合物的阴离子都会干扰滴定，如 S^{2-}、PO_4^{3-}、CO_3^{2-}、$C_2O_4^{2-}$ 等，应该预先除去，S^{2-}、CO_3^{2-} 可在酸性溶液中煮沸除去；凡能和 CrO_4^{2-} 形成沉淀的阳离子也干扰测定，如 Hg^{2+}、Ba^{2+}、Pb^{2+} 等，其中 Ba^{2+} 可加 Na_2SO_4 清除；凡离子有颜色，例如 Cu^{2+}、Co^{3+}、Ni^{2+} 等大量地存在时，将影响滴定终点的观察；Al^{3+}、Fe^{3+}、Sn^{4+} 等高价金属离子在中性或弱碱性溶液中会发生水解，也影响测定，应预先分离。

1.2.5　剧烈摇动溶液

AgCl、AgBr 沉淀分别对溶液中的 Cl^- 和 Br^- 有显著的吸附作用，使滴定终点提前。所以滴定时必须剧烈摇动溶液，使吸附的 Cl^- 和 Br^- 解吸。

1.2.6　应用范围

本方法主要用于直接测定 Cl^-、Br^- 或两者共存时的总量，土壤、植物、饲料中的氯含量及食品加工中的 NaCl 含量。要注意本方法不宜直接滴定 I^- 或 SCN^-，因 AgI、AgSCN 在达到滴定终点前分别对溶液中的 I^- 或 SCN^- 有强烈的吸附作用，使滴定终点提前，误差较大。如果用此法测 Ag^+，应该用返滴定法。即先加已知过量的 NaCl 标准溶液，再用 $AgNO_3$ 标准溶液滴定剩余的 Cl^-，然后求算 Ag^+ 的含量。如果用 NaCl 标准溶液直接滴定

Ag^+，K_2CrO_7指示剂与Ag^+生成的Ag_2CrO_4在达到滴定终点时转化为AgCl的速度较慢，故滴定误差较大。

2.铁铵矾指示剂法(佛尔哈德法)

2.1 基本原理

用铁铵矾$[NH_4Fe(SO_4)_2 \cdot 12H_2O]$溶液作指示剂，测定银盐和卤素化合物的方法，称为铁铵矾指示剂法。本法由佛尔哈德于1898年创立，又称为佛尔哈德法。这种方法的滴定终点是生成有色的可溶性物质，分为直接滴定法和返滴定法。

2.1.1 直接滴定法，用于测定Ag^+

向含有Ag^+的硝酸溶液中加入铁铵矾指示剂，用NH_4SCN标准溶液滴定，Ag^+被沉淀为AgSCN，达到等量点时，稍过量的NH_4SCN与Fe^{3+}作用生成红色的$[FeSCN]^{2+}$，指示滴定终点到达，反应式为

$$Ag^+ + SCN^- \rightleftharpoons AgSCN\downarrow\text{(白色)}$$

$$SCN^- + Fe^{3+} \rightleftharpoons [FeSCN]^{2+}\text{(红色)}$$

在实际操作中，为了能明显地观察到红色，Fe^{3+}的浓度控制在0.015 mol/L左右，H^+的浓度控制在0.1～1 mol/L，若酸度太低，会发生水解生成棕色的$Fe(OH)_3$或$[Fe(H_2O)_5OH]^{2+}$，影响滴定终点的观察。同时注意滴定时必须剧烈摇荡，以使被AgSCN吸附的Ag^+及时释出，避免指示剂过早显色。此法可用于直接滴定Ag^+。

2.1.2 返滴定法，用于测定卤素离子

向含有卤素离子的硝酸溶液中加入已知过量的$AgNO_3$标准溶液，卤素离子便以卤化银的形式沉淀出来，多余的$AgNO_3$以铁铵矾为指示剂，用NH_4SCN标准溶液回滴。此过程与直接滴定法相同。滴定时的主要反应为

$$Ag^+ + Cl^- \rightleftharpoons AgCl\downarrow\text{(白色)}$$

$$Ag^+ + SCN^- \rightleftharpoons AgSCN\downarrow\text{(白色)}$$

$$SCN^- + Fe^{3+} \rightleftharpoons [FeSCN]^{2+}\text{(红色)}$$

由于AgSCN的溶解度小于AgCl，滴加SCN^-时，AgCl可能向AgSCN转化：

$$AgCl\downarrow + SCN^- \rightleftharpoons AgSCN\downarrow + Cl^-$$

2.1.3 滴定条件

(1)酸度。

滴定必须控制在酸性条件下，一般用0.1～1 mol/L的硝酸来控制酸度。其目的：一是避免指示剂中的Fe^{3+}发生水解，生成红棕色的$Fe(OH)_3$沉淀；二是避免能形成氢氧化物的阳离子(如Zn^{2+}、Ba^{2+}、Pb^{2+}等)及能与Ag^+生成沉淀的阴离子(如PO_4^{3-}、CO_3^{2-}、S^{2-}等)干扰测定。

(2)返滴定法测定Cl^-。

由于在溶液当中同时存在AgCl和AgSCN两种难溶银盐的沉淀溶解平衡，AgCl的溶度积(1.77×10^{-10})又大于AgSCN的溶度积(1.03×10^{-12})，故AgCl能转化为AgSCN而使达到滴定终点时产生的$[FeSCN]^{2+}$褪色。转化反应为

$$
\begin{array}{ccccc}
AgCl & \rightleftharpoons & Ag^{+} & + & Cl^{-} \\
 & & + & & \\
 & & SCN & & \\
 & & \updownarrow & & \\
 & & AgSCN\downarrow & &
\end{array}
$$

为了避免发生上述反应，常采用下列措施。

①过滤。在返滴定前将生成的 AgCl 沉淀过滤除去，并用稀硝酸充分洗涤沉淀，再用 NH_4SCN 标准溶液滴定滤液中过量的 Ag^+。此种方法的缺点是操作太麻烦。

② 加入有机溶剂。加入有机溶剂（如 1,2-二氯乙烷、硝基苯等），用力摇动，使 AgCl 沉淀表面覆盖一层有机保护膜，从而与滴定溶液分开，阻止 SCN^- 与 AgCl 发生沉淀转化反应，此法简便。

(3)返滴定法测定 I^-。

由于 AgBr、AgI 的溶解度比 AgSCN 小，不会发生沉淀转化反应，故不必采取上述措施。但测定 I^- 时必须先加 $AgNO_3$，后加指示剂，否则会发生如下反应：

$$2Fe^{3+} + 2I^- \rightleftharpoons I_2\downarrow + 2Fe^{2+}$$

影响测定结果的准确性。此法可用于测定 Cl^-、Br^-、I^- 和 SCN^-。

佛尔哈德法是在酸性较强的介质中进行的，因此某些弱酸根离子如 PO_4^{3-}、S^{2-} 等虽然存在，却不干扰测定，所以佛尔哈德法较莫尔法选择性高。

(4)去除干扰性物质。

强氧化剂、Cu^{2+}、Hg^{2+} 等都能与 SCN^- 起作用而干扰测定，应预先除去。

3.吸附指示剂法（法扬斯法）

3.1 基本原理

用 $AgNO_3$ 标准溶液滴定，吸附指示剂确定滴定终点，测定卤化物和硫氰酸盐含量的方法称为吸附指示剂法。此法是由法扬斯于 1923 年提出的，故又称为法扬斯法。

吸附指示剂是一类有机染料，它是一种有机弱酸，其阴离子在溶液中容易被带正电荷的胶状沉淀所吸附，并且在吸附后结构改变导致颜色变化，从而指示滴定终点。如用 $AgNO_3$ 标准溶液滴定 Cl^-，用荧光黄作指示剂，在达到化学计量点前，溶液中存在过量的 Cl^-，这时 AgCl 胶态沉淀吸附 Cl^-，使 AgCl 沉淀表面带负电荷 $[(AgCl\downarrow)\cdot Cl^-]$，由于同种电荷相排斥，而不再吸附荧光黄指示剂的阴离子(FIn^-)，使溶液显荧光黄阴离子的黄绿色。达到化学计量点后，溶液中就有过量的 Ag^+，这时 AgCl 沉淀吸附 Ag^+ 使沉淀颗粒带正电荷 $[(AgCl\downarrow)\cdot Ag^+]$，立即吸附荧光黄指示剂的阴离子，结构发生改变，指示剂由黄绿色变成微红色。其变色过程可用简式表示如下：

$$\underset{\substack{\text{黄绿色} \\ \text{（达到滴定终点前）}}}{[(AgCl\downarrow)\cdot Cl^-]} + FIn^- \longrightarrow \underset{\substack{\text{微红色} \\ \text{（达到滴定终点后）}}}{[(AgCl\downarrow)\cdot Ag^+]\cdot FIn^-}$$

3.2 滴定条件

3.2.1 在滴定中要保持胶体状态。指示剂的颜色变化发生在沉淀表面，这就要求沉淀的表面积要大，沉淀的颗粒要小，防止在滴定过程中 AgCl 凝聚。尤其是在化学计量点，溶液中既无过量的 Cl^-，又无过量的 Ag^+，AgCl 不带电荷，极易凝聚。因此，在滴定前加入糊精或淀粉等亲水性高分子化合物，使胶体 AgCl 颗粒保持分散状态，更有利于对指示剂的吸附。

3.2.2 要根据被测离子选择合适的指示剂。胶体颗粒对指示剂的吸附应略小于对被测离子的吸附，否则指示剂的离子可能在达到化学计量点前进入吸附层使滴定终点提前。但沉淀对指示剂的吸附能力也不能太弱，否则会造成滴定终点延后。卤化银胶体沉淀对卤素离子和几种常用的吸附指示剂的吸附能力为

I^-＞二甲基二碘荧光黄＞Br^-＞曙红＞Cl^-＞二氯荧光黄＞荧光黄

因此，测定 Cl^- 时只能用荧光黄，而不能用曙红；测定 Br^- 时只能用曙红或荧光黄，而不能用二甲基二碘荧光黄；测定 I^- 时只能用二甲基二碘荧光黄或曙红。

3.2.3 溶液的 pH 值应适当，应由所选的指示剂具体确定。如选用荧光黄，pH＝7.0～10.0；如选用曙红，pH＝2.0～10.0。

3.2.4 滴定时应避免强光直射。因为卤化银在强光下会分解为黑色的金属银，所产生的黑色影响观察结果。

【项目测试四】

1. 什么叫沉淀滴定法？沉淀滴定法所用的沉淀反应必须具备哪些条件？

2. 试比较银量法中三种指示滴定终点的方法：

内容	铬酸钾法	铁铵矾法	吸附法
标准溶液			
指示剂			
反应原理			
滴定条件			
应用范围			

3. 在下列情况下，测定结果是偏高、偏低还是无影响？说明其原因。

(1)在 pH＝4 的条件下，用莫尔法测定 Cl^-；

(2)用佛尔哈德法测定 Cl^-，既没有将 AgCl 沉淀滤去或加热促其凝聚，也没有加有机溶剂；

(3)在同(2)的条件下测定 Br^-；

(4)用法扬斯法测定 Cl^-，用曙红作指示剂；

(5)用法扬斯法测定 I^-，用曙红作指示剂。

4. 称取 NaCl 试液 20.00 mL，加入 K_2CrO_4 多少指示剂，用 0.102 3 mol/L 的 $AgNO_3$ 标准溶液滴定，用去 27.00 mL，求每升溶液中含 NaCl 多少克？

5. 称取 NaCl 基准试剂 0.117 3 g，溶解后加入 30.00 mL $AgNO_3$ 标准溶液，过量的 Ag^+ 需要 3.20 mL NH_4SCN 标准溶液滴定至终点。已知 20.00 mL $AgNO_3$ 标准溶液与 21.00 mL NH_4SCN 标准溶液能完全作用，计算 $AgNO_3$ 和 NH_4SCN 溶液的浓度各为多少？

6. 测土壤腐殖质的含量，称取 0.433 4 g 土样，加 10.00 mL $K_2Cr_2O_7$－H_2SO_4 溶液消解，而后用 0.122 5 mol/L 的 $FeSO_4$ 标准溶液滴定，用去 20.20 mL，已知空白实验耗去 $FeSO_4$ 溶液 31.50 mL，求该土样中腐殖质的质量分数。

7. 吸取某果蔬样品原汁液 10 mL，用 2％的草酸浸提剂定量至 100 mL。滴定时吸取上述待测液 10 mL，放入 50 mL 的锥形瓶中，用 7.353×10^{-4} mol/L 的 2,6－二氯靛酚标准溶液滴定至终点时，消耗 20.00 mL，求每毫升果蔬样品原汁液中含维生素 C 多少毫克？

项目三　分光光度分析技术

分光光度分析技术是基于物质对光的选择性吸收而建立起来的，是通过测定物质在特定波长处或一定波长范围内的吸光度对该物质进行定性、定量分析的方法，包括比色法、紫外-可见分光光度法等。它具有灵敏度和准确度高（相对误差在1%～5%）、操作简便、测定快速、应用范围广等优点。

任务一　紫外-可见分光光度法

学习目标

1. 了解光的本质与颜色、光吸收曲线。

2. 了解紫外 可见分光光度计的组成、原理，学会T6紫外 可见分光光度计的使用方法。

技能目标

会用分光光度计进行分析和检测，并能够正确进行数据处理。

紫外-可见分光光度法是依据物质对紫外、可见光区不同波长光的吸收程度进行定性、定量分析的一种分析方法。

【工作任务一】

用邻二氮菲比色法测定水样中铁的含量。

【工作目标】

1. 学会使用T6（新世纪）紫外-可见分光光度计，了解和掌握分光光度法的测定原理。

2. 学会用邻二氮菲法测定试样中微量铁的原理及方法。

【工作情境】

本任务可在化验室或实验室中进行。

1. 仪器

T6（新世纪）紫外-可见分光光度计（或其他型号）、容量瓶（50 mL）、吸量管（5 mL和10 mL）、量筒（5 mL）、烧杯、洗瓶、洗耳球、小滤纸和镜头纸。

2. 试剂

（1）铁标准溶液（100 μg/mL）。准确称取0.863 4 g铁盐 $NH_4Fe(SO_4)_2 \cdot 12H_2O$，置于烧杯中，加入20 mL 6mol/L的HCl和少量水，溶解后定量转移入1 000 mL的容量瓶中，加

水稀释至刻度，充分摇匀。

(2)铁标准溶液(10 μg/mL)。用移液管移取上述标准溶液 10 mL，置于 100 mL 的容量瓶中，加入 6 mol/L 的 HCl 2 mL，然后加水稀释至刻度，充分摇匀。

(3)10%的盐酸羟胺溶液(新配制)。

(4)0.1%的邻二氮菲溶液(新配制)。

(5)HAc－NaAc 缓冲溶液(pH≈5.0)。称取 136 g NaAc，加水使之溶解，向其中加入 120 mL 冰醋酸，加水稀释至 500 mL。

【工作原理】

邻二氮菲是测定微量铁的一种较好的试剂，其结构为

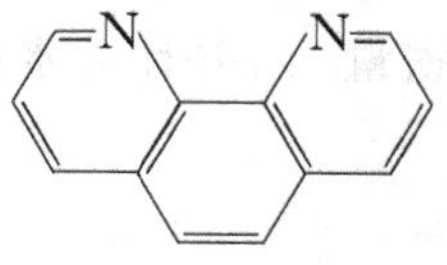

在 pH＝2.0～9.0 的条件下，Fe^{2+} 与邻二氮菲生成很稳定的橙红色配合物，反应式如下：

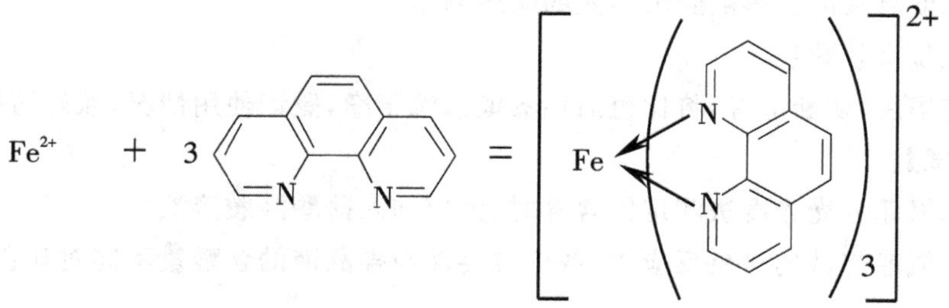

该配合物的配合比为 3∶1。Fe^{3+} 与邻二氮菲作用形成蓝色配合物，稳定性较差，因此在实际应用中常加入还原剂盐酸羟胺，将 Fe^{3+} 还原为 Fe^{2+}，与显色剂邻二氮菲作用。

在显色前用盐酸羟胺把 Fe^{3+} 还原为 Fe^{2+}：

$$4Fe^{3+} + 2NH_2OH = 4Fe^{2+} + N_2O + H_2O + 4H^+$$

测定时，溶液的酸度控制在 pH＝2～9 较适宜，酸度过高，反应速度慢；酸度太低，Fe^{2+} 水解，影响显色。Bi^{3+}、Ca^{2+}、Hg^{2+}、Ag^{+}、Zn^{2+} 与显色剂生成沉淀，Cu^{2+}、Co^{2+}、Ni^{2+} 则形成有色配合物，因此当这些离子共存时应注意它们的干扰作用。

【工作过程】

1. 邻二氮菲－Fe^{2+} 吸收曲线的绘制

用吸量管吸取铁标准溶液(10 μg/mL)0.0 mL 和 2.0 mL，分别放入 50 mL 的容量瓶中，加入 1 mL 10%的盐酸羟胺溶液、2.0 mL 0.1%的邻二氮菲溶液和 5 mL HAc－NaAc 缓冲溶液，加水稀释至刻度，充分摇匀。放置 10 min 后，用 1 cm 吸收池，以试剂溶液为参比溶液(即仅加入相同的试剂)，在 420～600 nm 的波长范围内分别测定其吸光度值 A。在临近最大吸收波长处应间隔 5～10 nm 测其 A 值，在其他各处可间隔 20～40 nm 测其 A 值。然后以波长为横坐标，所测 A 值为纵坐标，绘制吸收曲线，并找出最大吸收峰的波长，以 λ_{max}

表示。

2. 标准曲线的绘制

用吸量管吸取铁标准溶液(10 μg/mL)0.0 mL、0.5 mL、1.0 mL、1.5 mL、2.0 mL、2.5 mL、3.0 mL、3.5 mL,分别放入8只50 mL的容量瓶中,并依次加入1 mL 10%的盐酸羟胺溶液,稍摇动。加入2.0 mL 0.1%的邻二氮菲溶液和5 mL HAc-NaAc缓冲溶液,加水稀释至刻度,充分摇匀。放置10 min后,用1 cm比色皿,以不加铁标准溶液的试剂为参比溶液,选λ_{max}为测定波长,测其A值。以铁含量为横坐标,所测A值为纵坐标,绘制标准曲线。

3. 水样分析

准确吸取适量水样置于50 mL的容量瓶中,在λ_{max}处用1 cm吸收池,以空白样为参比液,按步骤2的方法显色后,测定A_X值。在标准曲线上查出含铁量c_X,并计算水样中铁的含量($c_{水样}$)。

【注意事项】

1. 比色皿洗净后用所盛溶液润洗3次。
2. 用擦镜纸轻轻擦干净比色皿的外表面。
3. 测吸光度时按由稀溶液到浓溶液的顺序测定。
4. 读出三位有效数字。
5. 测量完毕后,切断电源,将比色皿用蒸馏水洗干净,登记使用情况,盖好防护罩。

【体验测试】

1. 用邻二氮菲分光光度法测定铁含量时,为何加入盐酸羟胺溶液?
2. 在邻二氮菲与铁的显色反应中,各标准溶液与样品液的含酸量不同对显色有无影响?

【知识链接】

分光光度法

1. 分光光度法的基本原理

1.1 光的基础知识

光是一种电磁波,具有波和粒子的二象性,通常用频率(ν)和波长(λ)来描述光。人的眼睛能感觉到的光称为可见光,其波长在400～760 nm,人的眼睛感觉不到的还有红外光(波长大于760 nm)、紫外光(波长小于400 nm)、X射线等。

在可见光区,不同波长的光呈现不同的颜色(见表3-1),具有单一波长的光称为单色光,由不同波长的光组成的光称为复合光。白光属于复合光,让一束白光通过棱镜,便可分解为红、橙、黄、绿、青、蓝、紫七种颜色的光,这种现象称为光的色散。

不仅七种单色光可以混合为白光把两种适当颜色的单色光按一定强度比例混合也可成为白光,这两种单色光称为互补色光,图3-1中直线相连的两种色光混合可成为白光。如绿光和紫光互补,黄光和蓝光互补等。

表 3-1　不同波长光的颜色

波长 λ/nm	颜色
620～760	红色
590～620	橙色
560～590	黄色
500～560	绿色
480～500	青色
430～480	蓝色
400～430	紫色

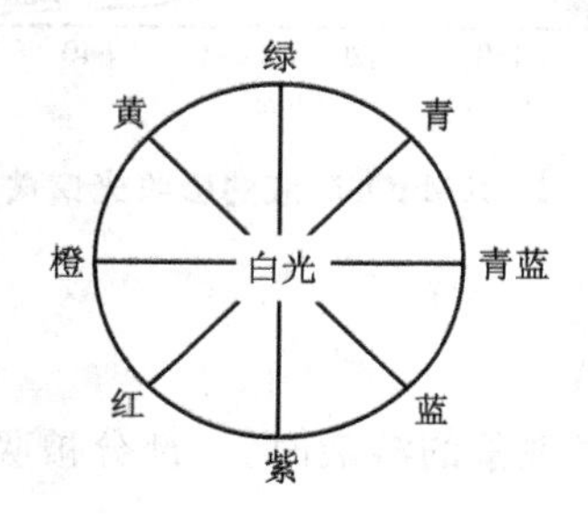

图 3-1　光的互补色示意

物质的颜色正是由于物质对不同波长的光选择性吸收而产生的。对溶液来说，之所以呈现不同的颜色，是由于溶液中的分子或离子选择性地吸收某种波长的色光。一束白光通过溶液时，如果溶液对各种波长的光都不吸收，则溶液无色透明；如果溶液对各种波长的光完全吸收，则呈现黑色；如果只允许一部分波长的光透过，则溶液呈现出透过的光的颜色。也就是说溶液呈现的是与它吸收的光互补的光的颜色。如高锰酸钾溶液因吸收了白光中的绿光而呈现紫色；硫酸铜因吸收了白光中的黄光而呈现蓝色。

1.2　吸收光谱

吸收光谱又称吸收光谱曲线，是在溶液浓度一定的条件下，以波长为横坐标，以吸光度为纵坐标，所绘制的曲线。它能更清楚地描述物质对光的吸收情况。

让不同波长的单色光依次通过一定浓度的高锰酸钾溶液，便可测出该溶液对各种单色光的吸光度。以波长 λ 为横坐标，以吸光度 A 为纵坐标，绘制曲线，曲线上吸光度最大的地方称为最大吸收峰，它所对应的波长称为最大吸收波长，用 λ_{max} 表示。如图 3-2 所示，配制四种不同浓度的高锰酸钾溶液分别进行测定，可得四条吸收光谱曲线，它们的最大吸收波长是相同的，但吸光度随浓度增大而增大，高锰酸钾溶液的 λ_{max} 为 525 nm，说明高锰酸钾溶液对波长在 525 nm 附近的绿光有最大吸收，而对紫色光和红色光吸收很少，故高锰酸钾溶液显紫色。在定量分析中，吸收曲线可提供测定的适当波长，一般以灵敏度大的 λ_{max} 作为测定波长。

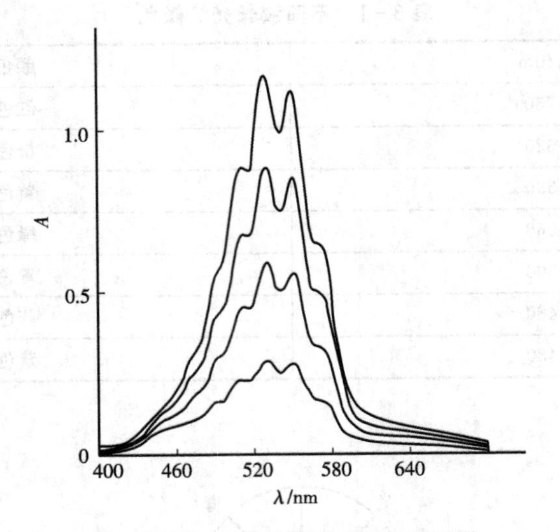

图 3-2　$KMnO_4$溶液的吸收光谱曲线

2. 光吸收定律

2.1　透光率(T)和吸光度(A)

一束单色光透过均匀、无散射现象的溶液时，一部分被吸收，一部分透过溶液，即

$$I_0 = I_a + I_t$$

式中　I_0 为入射光的强度，I_a 为溶液吸收光的强度，I_t 为溶液透过光的强度。

当入射光的强度 I_0 一定时，溶液吸收光的强度 I_a 越大，溶液透过光的强度 I_t 越小，用 I_t/I_0 表示光线透过溶液的能力，称为透光率，用符号 T 表示，其数值可用小数或百分数表示：

$$T = \frac{I_t}{I_0} \times 100\%$$

透光率的倒数反映了物质对光的吸收程度，应用时取它的对数 lg $(1/T)$作为吸光度，用 A 表示：

$$A = \lg \frac{I_0}{I_t} = \lg \frac{1}{T} = -\lg T$$

2.2　光的吸收定律——朗伯-比尔定律

朗伯于 1730 年提出了吸光度与液层厚度的关系，比尔于 1852 年又提出了吸光度与浓度的关系，当液层厚度和浓度都可以改变时，就要考虑两者同时对透射光强度的影响，将两者综合即为朗伯——比尔定律，这是分光光度法的基本定律。

朗伯-比尔定律：一束平行的单色光通过均匀、无散射现象的溶液时，在单色光强度、溶液的温度等条件不变的情况下，溶液的吸光度与溶液的浓度及液层厚度的乘积成正比。

$$A = EcL$$

式中　E——吸光系数；

c——溶液的浓度；

L——液层厚度。

朗伯-比尔定律是紫外-可见分光光度法进行定量分析的理论基础，适用于可见光、紫外光、红外光和均匀、非散射的液体、气体及透光固体。

2.3 吸光系数

朗伯-比尔定律中的 E 为吸光系数，物理意义是吸光物质单位浓度、单位液层厚度的吸光度。在一定条件下，吸光系数是物质的特性常数之一，可作为定性鉴别的重要依据。吸光系数的常用表示方法有以下两种。

2.3.1 摩尔吸光系数 波长一定，溶液的浓度为 1 mol/L，液层厚度为 1 cm 时的吸光度，单位为 L/(mol·cm)，用 ε 表示。

$$\varepsilon=\frac{A}{cL}$$

2.3.2 百分吸光系数 波长一定，溶液的浓度为 1%(g/mL)，液层厚度为 1 cm 时的吸光度，单位为 mL/(g·cm)，用 $E_{1\,\mathrm{cm}}^{1\%}$ 表示。

$$E_{1\,\mathrm{cm}}^{1\%}=\frac{A}{cL}$$

$E_{1\,\mathrm{cm}}^{1\%}$ 和 ε 可以通过下式换算：

$$E_{1\,\mathrm{cm}}^{1\%}=\frac{\varepsilon\times10}{M}$$

式中 M——摩尔质量。

【例题 3-1】 Fe^{2+} 浓度为 5.0×10^{-4} g/100 mL 的溶液与 1,10-邻二氮杂菲反应，生成橙红色配合物。该配合物在波长 508 nm、比色皿厚度 2 cm 时测得 $A=0.19$。计算 1,10-邻二氮杂菲亚铁的 $E_{1\,\mathrm{cm}}^{1\%}$ 和 ε。

解：已知铁的相对原子量为 55.85，根据朗伯-比尔定律求得

$$E_{1\,\mathrm{cm}}^{1\%}=\frac{A}{cL}=\frac{0.19}{5.0\times10^{-4}\times2}=190\ \mathrm{mL/(g\cdot cm)}$$

$$\varepsilon=\frac{ME_{1\,\mathrm{cm}}^{1\%}}{10}=\frac{55.85\times190}{10}=1.06\times10^{3}\ \mathrm{L/(mol\cdot cm)}$$

3. 分光光度法

分光光度法通常包括紫外-可见分光光度法、红外光谱法等。下面重点介绍采用紫外-可见分光光度法进行食品定量分析的方法。

3.1 标准曲线法

标准曲线法是紫外-可见分光光度法中最经典的方法。测定时先取与被测物质含有相同组分的标准品，配成一系列浓度不同的标准溶液，置于相同厚度的吸收池中，分别测其吸光度。然后以溶液浓度 c 为横坐标，以相应的吸光度 A 为纵坐标，绘制 $A-c$ 曲线，如果符合比尔定律，该曲线为通过原点的一条直线——标准曲线(或工作曲线)，如图 3-3 所示。在相同的条件下测出样品溶液的吸光度，从标准曲线上便可查出与此吸光度对应的样品溶液的浓度。

朗伯-比尔定律只适用于稀溶液，浓度较大时，吸光度与浓度不成正比，当浓度超过一定数值时，溶液偏离比尔定律，曲线顶端向下或向上弯曲，如图 3-4 所示。

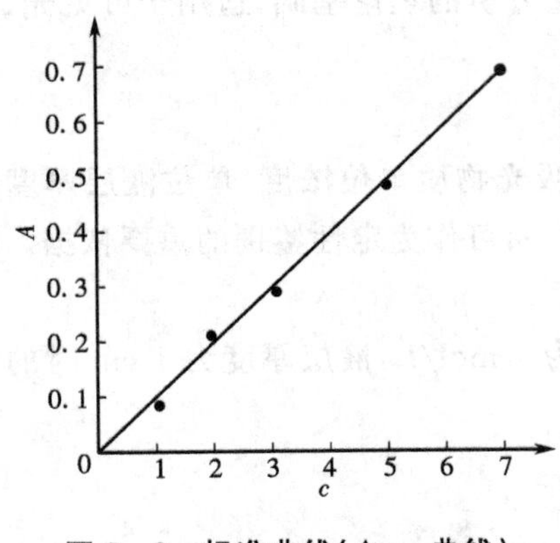

图 3-3 标准曲线($A-c$ 曲线)

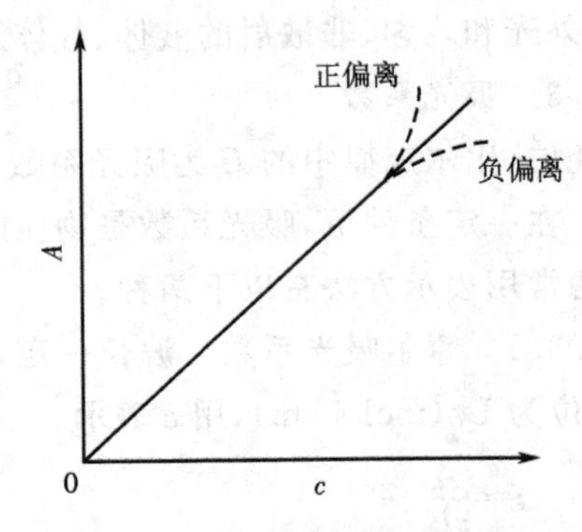

图 3-4 标准曲线弯曲现象

标准曲线法对仪器的要求不高,尤其适用于单色光不纯的仪器,因为在这种情况下,虽然测得的吸光度值会随所用仪器的不同而有相当大的变化,但若认定一台仪器,固定其工作状态和测定条件,则浓度与吸光度之间的关系仍可写成 $A=Ec$,不过这里的 E 仅是一个比例常数,不能用作定性分析的依据,也不能互用。

3.2 对照法

对照法又称比较法。在相同的条件下在线性范围内配制样品溶液和标准溶液,在选定波长处分别测量吸光度。根据比尔定律,

$$A_X=E_Xc_XL_X$$

$$A_R=E_Rc_RL_R$$

式中 A_X——样品溶液的吸光度;

c_X——样品溶液的浓度;

A_R——标准溶液的吸光度;

c_R——标准溶液的浓度。

因是同种物质,用同一台仪器、相同厚度的吸收池,在同一波长下测定,故 $E_X=E_R$、$L_X=L_R$,所以

$$c_X=\frac{A_X}{A_R}\times c_R$$

为了减小误差,比较法配制的标准溶液的浓度常与样品溶液的浓度接近。

测定不纯样品中某纯组分的含量时,可先配制相同浓度的不纯样品溶液和标准品溶液,即 $c_{原样}=c_R$,设 c_X 为溶液中被测纯组分的浓度,在最大吸收峰处分别测定其吸光度 A,便可直接计算出样品中纯品的含量。

$$w_{被测纯组分}=\frac{c_X}{c_{原样}}=\frac{c_R\times\frac{A_X}{A_R}}{c_{原样}}=\frac{A_X}{A_R}$$

即

$$w=\frac{A_X}{A_R}\times 100\%$$

【例题 3－2】 准确称取不纯的 $KMnO_4$ 样品与标准品 $KMnO_4$ 各 0.150 0 g，分别用 1 000 mL 的容量瓶定容。各取 10.0 mL 溶液稀释至 50.00 mL，在 $\lambda_{max}=525$ nm 处测得 $A_X=0.250$，$A_R=0.280$，求样品中纯 $KMnO_4$ 的含量。

解：由配制方法可知样品溶液与标准品溶液浓度一致，则

$$w_{KMnO_4}=\frac{A_X}{A_R}=\frac{0.250}{0.280}=0.892\ 9$$

3.3　吸光系数法

吸光系数是物质的特性常数。只要测定条件不致引起对比尔定律的偏离，即可根据测得的吸光度 A，按比尔定律求出浓度或含量。中国药典中均采用百分吸光系数法。E 值可从手册或文献中查到。

$$c=\frac{A}{EL}$$

【例题 3－3】 维生素 B12 的水溶液在 $\lambda_{max}=361$ nm 处的 $E_{1\,cm}^{1\%}$ 是 207，测得溶液的 A 为 0.414，吸收池厚度为 1 cm，求该溶液的浓度。

解：$c=\frac{A}{E_{1\,cm}^{1\%}L}=\frac{0.414}{207\times 1}=2.0\times 10^{-3}$ g/100 mL

吸光系数法测定较简单、方便，但不同型号的仪器测定有一定的误差。对照法可以排除仪器带来的误差，但使用的标准对照品必须是由国家有关部门提供的。

4.分光光度计

分光光度法是利用分光光度计进行测定的。各种类型的分光光度计的结构和原理基本相同，一般由光源、单色器、吸收池、检测器和信号显示器五大部分组成。

4.1　光源

光源可以发射出供溶液或吸收物质选择性吸收的光。理想的光源必须在使用波长范围内发射连续性的、有足够辐射强度和良好稳定性的紫外光及可见光，且其强度不随波长的变化而发生明显的变化。实际上许多光源的强度都随波长变化而变化。为了解决这一问题，在分光光度计内装有光强度补偿装置，使不同波长下的光强度一致。可见光区常用的光源是钨灯，能发射出波长为 350～2 500 nm 的连续光谱，适用范围是 350～100 0 nm。目前常采用卤钨灯，如碘钨灯，其特点是发光强度大，稳定性好，使用寿命长。紫外光区常用氢灯或氘灯作为光源，波长范围为 160～375 nm，因为玻璃吸收紫外光而石英不吸收紫外光，因而氢灯的灯壳用石英制成。为了使光源稳定，分光光度计均配有稳压装置。

4.2　单色器

将来自光源的复合光分散为单色光的装置称为分光系统或单色器。它是分光光度计的核心部件，其性能直接影响光谱带宽，测定的灵敏度、选择性和工作曲线的线性范围。

单色器可分为滤光片、棱镜和光栅。滤光片能让某一波长的光透过，而其他波长的光被吸收，滤光片可分为吸收滤光片、截止滤光片、复合滤光片和干涉滤光片。棱镜是用玻璃或石英材料制成的一种分光装置，其原理是利用光从一种介质进入另一种介质时，由于波长不同在棱镜内的传播速度不同，折射率不同而将不同波长的光分开，玻璃棱镜因色散能力强，分光性能好，能吸收紫外线而用于可见光分光光度计中，石英棱镜可用于可见光和紫外光分

光光度计中。光栅是分光光度计常用的一种分光装置，其特点是波长范围宽，可用于紫外、可见和近红外光区，而且分光能力强，光谱中各谱线的宽度均匀一致。

4.3　吸收池

吸收池又称为比色皿或比色杯，常用无色透明、耐腐蚀和耐酸碱的玻璃或石英材料做成，用于盛放待比色的溶液。玻璃吸收池用于可见光区，而石英吸收池用于紫外光区，厚度有0.5、1、2、3 cm等。同一台分光光度计的吸收池透光度应一致，在同一波长、相同溶液的条件下，吸收池间的透光度误差应小于0.5%，使用时应对吸收池进行校准。

4.4　检测器

检测器是将透过溶液的光信号转换为电信号，并将电信号放大的装置。常用的检测器为光电管和光电倍增管。

4.5　信号显示器

信号显示器是将光电管或光电倍增管放大的电信号通过仪表显示出来的装置。常用的信号显示器有检流计、微安表、记录器和数字显示器。检流计和微安表可显示透光度（$T\%$）和吸光度（A）。

4.6　紫外-可见分光光度计（以T6型为例）的使用

4.6.1　开机自检：依次打开打印机、仪器主机电源，仪器开始初始化；约3分钟初始化完成，

初始化 ▬▬▬	43%
1. 样品池电机	OK
2. 滤光片	OK
3. 光源电机	OK

初始化完成后仪器进入主菜单界面。

4.6.2　进入光度测量状态：按“ENTER”键进入光度测量主界面。

光度测量：

0.000　Abs

250 nm

4.6.3　进入测量状态：按“START/STOP”键进入样品测量界面。

250.0 nm		−0.002 Abs
No.	Abs	Conc

4.6.4　设置测量波长：按“GOTO λ”键，在界面中输入测量波长，例如需要在 460 nm 处测量，输入 460，按“ENTER”键确认，仪器将自动调整波长。

请输入波长：

调整完波长后界面显示如下：

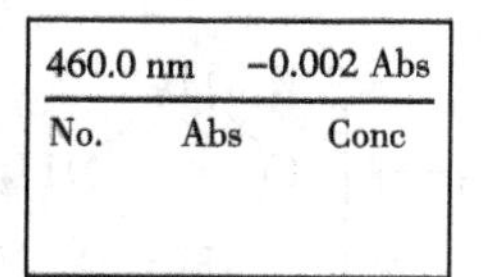

4.6.5　设定参数：这个步骤主要设定样品池。按“SET”键进入参数设定界面，按“下”键将光标移动到“试样设定”上，按“ENTER”键确认，进入设定界面。

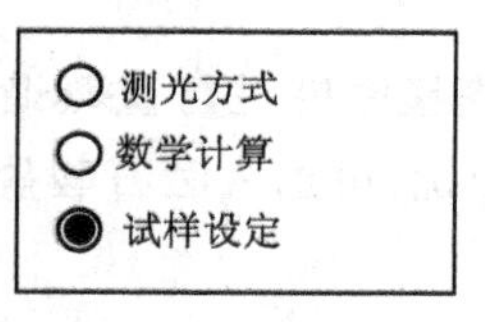

4.6.6　设定使用的样品池个数：按“下”键将光标移动到“使用样池数”上，按“ENTER”键循环选择需要使用的样品池个数。(主要根据使用的比色皿数量确定，比如使用 2 个比色皿，则修改为 2)

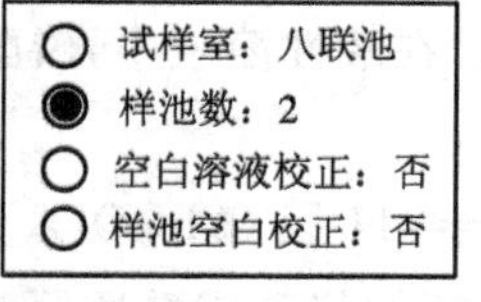

4.6.7　样品测量：按“RETURN”键返回到参数设定界面，再按“RETURN”键返回到光度测量界面。在 1 号样品池内放入空白溶液，2 号样品池内放入待测样品。关闭样品池盖后按“ZERO”键进行空白校正，再按“START/STOP”键进行样品测量。

460.0 nm　–0.002 Abs

No.	Abs	Conc
1-1	0.012	1.000
2-1	0.052	2.000

如需要测量下一个样品，取出比色皿，更换为下一个测量样品，按“START/STOP”键即可读数。

如需要更改波长，可直接按“GOTO λ”键调整波长。注意更改波长后必须重新按“ZERO”键进行空白校正。如果每次使用的比色皿数量是固定的，下一次使用仪器时可以跳过步骤4.6.5、4.6.6直接进入样品测量。

4.6.8 结束测量:测量完成后按"PRINT"键打印数据,如果没有打印机应记录数据,退出程序或关闭仪器后测量数据将消失。确保已从样品池中取走所有比色皿,清洗干净以便下一次使用。按"RETURN"键直接返回到仪器的主菜单界面后再关闭仪器电源。

5. 应用实例

5.1 铵的测定

微量铵的测定常采用标准系列法。NH_4^+ 与奈氏试剂(K_2HgI_4的强碱性溶液)作用生成棕黄色的胶体溶液,反应式为

$$NH_4^+ + 2[HgI_4]^{2-} + 4OH^- = \left[\begin{array}{ccc} & Hg & \\ O & & NH_2 \\ & Hg & \end{array}\right] I\downarrow + 7I^- + 3H_2O$$

溶液颜色的深浅与 NH_4^+ 的浓度成正比。

根据上述原理,测定时先制备标准色阶,使 NH_4^+ 试样溶液在相同的条件下显色,然后在比色管中比色测定。

测定所用的蒸馏水应加入碱和高锰酸钾进行重蒸馏,以除去蒸馏水中的微量铵。如果有 Ca^{2+}、Mg^{2+} 等存在,会对测定有干扰,可加入酒石酸盐进行掩蔽。另外,还应加入阿拉伯胶保护胶体,使胶体溶液稳定。

5.2 磷的测定

采用吸光光度分析法,使用T6紫外-可见分光光度计可以测定样品中磷的含量,如植株中的全磷、土壤速效磷、血清中的无机磷、饲料中的总磷的测定,食品加工中品质改良剂——焦磷酸盐、总磷酸盐、游离磷酸盐和结合磷的测定。

微量磷的测定一般采用钼蓝法。在酸性溶液中,磷酸盐与钼酸铵作用生成黄色磷钼酸,反应式为

$$PO_4^{3-} + 12MoO_4^{2-} + 27H^+ \rightleftharpoons H_7[P(Mo_2O_7)_6] + 10H_2O$$

在一定的酸度下,加入适量的还原剂将磷钼酸还原为磷钼蓝,使溶液呈深蓝色。蓝色的深浅与磷的含量成正比。

$$H_7[P(Mo_2O_7)_6] \xrightarrow{SnCl_2} H_7\left[P\begin{array}{l} \diagup Mo_2O_5 \\ \diagdown (Mo_2O_7)_5 \end{array}\right]$$

磷钼蓝法所用的还原剂为 $SnCl_2$ 氯化亚锡或抗坏血酸。用 $SnCl_2$ 作还原剂,反应灵敏度高、显色快,但显色时间短,对酸度和钼酸铵的浓度要求比较严格,干扰离子较多。用抗坏血酸作还原剂,反应灵敏度高、稳定时间长,反应要求的酸度范围宽($[H^+]$为0.48～1.44 mol/L),Fe^{3+}、AsO_4^{3-}、SiO_3^{2-} 干扰较小,但显色慢,需要在沸水浴中加热。实际测定时常用抗坏血酸氯化亚锡分光光度法,即在加入氯化亚锡前加入少量抗坏血酸,这样不但可以消除大量 Fe^{3+} 的干扰,增强钼蓝的稳定性,而且能使显色在室温下进行,简化操作步骤。磷的含量为0.05～2.0 mg/kg时,符合朗伯-比耳定律,生成的钼蓝在650 nm波长处有最大

吸收，故可在此波长下测定其吸光度。

【项目测试】

1. 填空题

(1)分光光度法(或分子吸收光谱法)包括__________、__________等，它们是基于__________建立起来的分析方法。

(2)朗伯定律说明光的吸收与______成正比，比耳定律说明光的吸收与______成正比，二者合为一体称为朗伯-比耳定律，其表达式为__________。

(3)摩尔吸光系数的单位是______，它表示物质的浓度为______、液层厚度为______时溶液的吸光度，则光的吸收定律的表达式可写为__________。

(4)百分吸光系数的单位是______，它表示物质的浓度为______、液层厚度为______时溶液的吸光度，则光的吸收定律的表达式可写为__________。

2. 问答题

(1)光的基本性质是什么？

(2)什么是白光、可见光、单色光、复合光、互补光？

(3)物质为什么会有颜色，物质对光选择性吸收的本质是什么？

(4)解释下列名词，并说明它们之间的数学关系：

透光率　吸光度　百分吸光系数　摩尔吸光系数

3. 精密称取维生素 C 0.050 0 g，溶于 100 mL 0.005 mol/L 的硫酸溶液中，量取此溶液 2.0 mL，稀释至 100 mL，取此溶液于 1 cm 吸收池中在 λ_{max} 为 245 nm 处测得 A 值为 0.551，求样品中维生素 C 的百分含量。(已知 $E_{1\,cm}^{1\%}=5\,600$ mL/(g · cm))

4. 50 mL 含 5.0 μg Cd^{2+} 的溶液用卟啉显色剂显色后，在 428 nm 的波长下用 0.5 cm 比色皿测得吸光度 $A=0.46$，求摩尔吸光系数。

5. 已知一溶液在 λ_{max} 处 $\varepsilon=1.40\times10^4$ L/(mol · cm)，现用 1.0 cm 比色皿测得该物质的吸光度为 0.85，计算该溶液的浓度。

6. 一化合物的摩尔质量为 125 g/mol，摩尔吸光系数 $\varepsilon=1.40\times10^4$ L/(mol · cm)。欲配制 1.0 L 该化合物的溶液，使其稀释 200 倍后在厚度为 1.0 cm 的比色皿中测得的吸光度为 0.60，应称取该化合物多少克？

7. 有一 Fe^{3+} 标准溶液的浓度为 6.00 mg/kg，吸光度为 0.304，有一 Fe^{3+} 试液在同一条件下测得的吸光度为 0.510，求 Fe^{3+} 试液中铁的含量(mg/kg)。

8. 测定土壤中磷的含量时，进行下列实验：

(1)称取 1.00 g 土壤，经消化处理后定容至 100 mL，然后吸取 10.00 mL 提取液，在 50 mL 的容量瓶中显色定容；

(2)标准磷溶液的浓度为 10 mg/kg，吸取 4.00 mL 此标准溶液于 50 mL 的容量瓶中定容；

(3)用分光光度计测得标准溶液的吸光度为 0.125，土壤试液的吸光度为 0.250，求该土壤中磷的含量。

项目四　常见的有机物

有机化合物大量存在于自然界中，它与人类的关系非常密切，人类的衣、食、住、行都离不开有机物。如粮食、蔬菜、棉花、肉、蛋、丝、麻、药材等天然高分子化合物，合成纤维、塑料、植物生长调节剂、激素、食品添加剂等都是有机物。本项目主要介绍农业生产和农产品检测中常用的有机物。

任务一　常见有机物的检验与认知

学习目标

1. 学会根据官能团的种类对有机化合物进行分类和命名。
2. “记”忆重要的有机化合物的性质及应用。

技能目标

1. 学会运用有机物的性质鉴别和检测农产品中的各类有机化合物。
2. 能够书写并命名一些重要的有机物。

有机化合物简称有机物。它们都是含碳的化合物，但碳的氧化物、碳酸盐及碳化钙等化合物仍归为无机物。有机化学是研究有机化合物的结构、性质、合成、应用以及有机化合物之间相互转变的规律的一门科学。有机化学是化学、化工、食品、生命科学及环境工程等专业的基础课程，有机物的结构是研究各类有机物的理化性质的基础，官能团反应是掌握有机物合成及应用的重点，其掌握程度直接影响后续农学专业课程的学习。

【工作任务一】

常见有机物官能团的认知。

【工作目标】

1. 能够通过有机物官能团的性质对有机物进行鉴别。
2. 学会书写一些重要的有机物官能团。

【工作情境】

本实训任务可在化验室或实验室中进行。

1. 仪器：试管、试管架、试管夹、水浴锅、胶头滴管。

2. 试剂：95%的乙醇（干燥仪器用）、蒸馏水、5%的 Br_2/CCl_4、0.1%的 $KMnO_4$、发烟硫酸、5%的 HNO_3、5%的 NaOH、2%的 $AgNO_3$、饱和 $NaHCO_3$ 溶液等。

【工作过程】

1.不饱和烃的鉴定

1.1　Br_2/CCl_4溶液实验

将5滴或0.1 g样品置于试管中，加入2 mL CCl_4，再滴加5%的Br_2/CCl_4，振荡试管，如果溶液不断褪色，表明样品中有不饱和键（>C═C<、—C≡C—）。

1.2　高锰酸钾溶液实验

将5滴或0.1 g样品置于盛有2 mL水或丙酮的试管中，逐滴加入0.1%的$KMnO_4$溶液，同时摇动试管，如果加1 mL以上溶液仍不显紫色，表明样品中含有不饱和键或还原性官能团。

2.醇和酚实验

2.1　甘油与氢氧化铜的反应

取试管两支，各加入5%的氢氧化钠溶液1 mL和5%的硫酸铜溶液10滴，摇匀，然后向一支试管中加入95%的乙醇1 mL，向另一支试管中加入甘油1 mL，振摇，观察现象并比较结果。

2.2　溴水实验(酚的检验)

向试管中加入2～3滴酚的饱和水溶液和1 mL水，滴加饱和溴水。若样品为苯酚，则产生白色沉淀。

2.3　三氯化铁溶液实验(酚的检验)

取0.5 mL样品的饱和水溶液，加1 mL水，再滴加3～4滴1%的$FeCl_3$溶液，观察颜色变化。酚及具有C═C—OH结构的化合物均产生较深的颜色，多为蓝紫色。

3.醛和酮的检验

3.1　2,4-二硝基苯肼实验(C═O的检验)

取2,4-二硝基苯肼试剂(配制方法为取2 g 2,4-二硝基苯肼试剂溶于15 mL浓H_2SO_4中备用，加入150 mL 95%的乙醇，用蒸馏水稀释至500 mL，搅拌均匀，过滤，滤液储存于棕色瓶中备用)置于试管中，加2～3滴样品，振荡，观察现象。如果有黄或橙红色沉淀生成，表明样品中含C═O。

3.2　银镜反应实验

向洁净的试管中加入2 mL 2%的硝酸银溶液，滴加2%的氨水直至生成的黑色氧化银溶解为止。加2滴样品，振荡均匀后静置几分钟。若无变化，把试管置于50～60 ℃的水浴中温热几分钟(不能摇动)。若有银镜生成，表明样品中含醛基。(易氧化的糖、多羟基酚、某些芳胺及其他还原性物质也可能呈现正性反应)

3.3　碘仿反应实验

向洁净的试管中滴5滴试样，加1 mL碘溶液(配制方法为将25 g KI溶于100 mL蒸馏水中，再加入12.5 g碘，搅拌使碘溶解)，再滴加5%的NaOH溶液至红色消失为止。观察有无沉淀析出，是否有碘仿的气味。如果出现乳白色浊液，把试管置于50～60 ℃的水浴中温热几分钟。若生成有特殊气味的黄色沉淀(CHI_3)，表明样品中具有CH_3CO—连于H或

C上的结构或能被次碘酸盐氧化为这种结构的化合物存在。

4.羧酸及其衍生物的检验

4.1　酸性检验

向配有胶塞和导气管的试管中加入2 mL饱和$NaHCO_3$溶液，滴加5滴(或0.1 g)样品，产生的气体用5%的$BaCl_2$溶液检验。若出现$BaCO_3$沉淀，表明样品中含有羧基或酸性更强的基团(如$-SO_3H$)，或能水解成羧基或酸性更强的基团(如酸酐基、酰氯基)。

4.2　异羟肟实验(酯、酰氯、酸酐的检验)

向试管中加入1 mL 0.5 mol/L的盐酸羟胺的乙醇溶液，加入1滴样品，并加入几滴6 mol/L的NaOH溶液使之呈碱性，煮沸，冷却后用5%的盐酸酸化，再加入1滴2%的$FeCl_3$溶液。若出现红色或紫色，表明样品中含有酯基、酰卤基或酸酐基，羧基和酰胺基呈阴性。

4.3　酰胺的水解($-\overset{\overset{O}{\|}}{C}-NH_2$的检验)

向试管中加入0.5 g样品和2 mL 6 mol/L的NaOH煮沸。若有NH_3生成，表明样品中含有$-\overset{\overset{O}{\|}}{C}-NH_2$。

5.胺的检验

取0.5 g胺类样品置于试管中，加2 mL浓盐酸和3 mL水，搅拌均匀使其溶解，放在冰水浴中冷却到0 ℃。另取0.5 g亚硝酸钠溶于2 mL水中，将此溶液慢慢滴加到上述冷却液中并加以搅拌，直到混合液使碘化钾淀粉试纸变蓝为止。根据下列情况区别胺的类别：起泡、放出气体、得到澄清溶液，表明样品为脂肪伯胺；溶液中有黄色固体或油状物析出，加碱不变色，表示为仲胺；加碱至呈碱性时转变为绿色固体，表示为芳香族叔胺；不起泡，得到澄清溶液时，取数滴溶液加到5%的β-萘酚的氢氧化钠溶液中，若出现橙红色沉淀，表示为芳伯胺，若无颜色，表示为脂肪族叔胺。

6.糖类的鉴别

6.1　还原性检验——银镜反应

操作与3.2相同(糖配成5%的溶液)。若有银镜生成，表明样品为单糖或还原性低聚糖。

6.2　成脎实验

向试管中加入2 mL 5%的糖溶液和1 mL苯肼试剂(配制方法为取1 g 2,4-二硝基苯肼溶于7.5 mL浓硫酸中，加入75 mL 95%的乙醇和170 mL蒸馏水，搅拌均匀后过滤，滤液放在棕色瓶中保存)，混合均匀。把试管放在沸水浴中加热。在显微镜下观察析出的脎的晶形，据此鉴别糖。不同糖生成脎的时间可能不同。

6.3　淀粉的检验

取2～3 mL 1%的淀粉溶液，加入1滴碘溶液，观察结果。淀粉遇碘呈蓝色，糊精遇碘显紫红或红色，二糖与单糖遇碘不显色。

6.4　纤维素在铜氨溶液中溶解

取3～4 mL透明的铜氨溶液置于试管中，加入一小块滤纸或脱脂棉，搅拌至几乎完全溶解。再加入 8～10 mL 水，观察现象。把混合液倾入盛有 15～20 mL 8%的盐酸的大试管中，纤维素析出。

7. 氨基酸和蛋白质的检验

7.1　茚三酮实验

向试管中加入 1 mL 1%的氨基酸或蛋白质溶液，滴加 2～3 滴 0.2%的水合茚三酮溶液，于沸水浴中加热 15 min，有紫红（或蓝紫）色产生。凡含有游离基（—NH_2）的化合物均呈正性反应。

7.2　缩二脲反应实验

向试管中加入 1～2 mL 蛋白质或肽溶液和 1～2 mL 20%的 NaOH 溶液，再滴加 3～5 滴 0.5%的硫酸铜溶液，温热，若产生红色、蓝色或紫色为正性反应。蛋白质或其水解产物肽均呈正性反应。

7.3　蛋白质的可逆沉淀

取 2 mL 清蛋白质溶液置于试管中，加同体积的饱和硫酸铵溶液（约 43%），将混合物稍加振荡，析出蛋白质沉淀使溶液变混浊或形成絮状沉淀。将 1 mL 混浊的液体倾入另一试管中，加 1～3 mL 水振荡，蛋白质沉淀又重新溶解。碱金属和镁盐有类似的作用。如果使用重金属盐，则蛋白质会形成永久性沉淀。

【注意事项】

1. 每个鉴别实验都要注意观察现象并及时记录。

2. 实验结束后，要把废液倒入废液缸中。

【体验测试】

1. 用简单的化学方法鉴别下列各组化合物。

(1)乙烷、乙烯、乙炔　　(2)1-丁炔、2-丁炔

(3)丁烷、1-丁烯、2-丁烯　　(4)1-己炔、2-己炔

2. 用简单的化学方法鉴别下列各组化合物。

(1)1-丁醇、2-丁醇、2-甲基-2-丙醇

(2)乙醚、正丁醇

(3)邻甲苯酚、苯甲醇

3. 用化学方法鉴别下列各组物质。

(1)丙醛和丙酮　　(2)甲醛和乙醛　　(3)苯甲醛和苯甲醇

4. 用化学方法鉴别下列各组化合物。

(1)甲胺、二甲胺、三甲胺　　(2)苯胺、三甲胺

【工作任务二】

食用白醋中醋酸含量的测定。

【工作目标】

1. 学会用滴定分析操作技术测定食用白醋中醋酸的含量。

2. 了解用强碱滴定弱酸时指示剂的选择。

【工作情境】

本任务可在化验室或实验室中进行。

1. 仪器：碱式滴定管、移液管（20 mL、10 mL 和 2 mL）、锥形瓶、量筒（100 mL）、容量瓶（100 mL）。

2. 试剂：NaOH 标准溶液（0.100 0 mol/L）、食用白醋、酚酞指示剂。

【工作原理】

醋酸的电离常数 $K_a=1.8\times10^{-5}$，可以用标准氢氧化钠溶液直接滴定，反应式为

$$NaOH+CH_3COOH \rightleftharpoons CH_3COONa+H_2O$$

滴定至化学计量点时 pH 值为 8.7。用 NaOH 标准溶液（0.100 0 mol/L）滴定 CH_3COOH 溶液时 pH 值突跃范围为 7.7～9.7，通常选酚酞作指示剂。达到滴定终点时溶液由无色到显淡红色。由于空气中的 CO_2 可使酚酞的红色褪去，故滴至微红色在 30 s 内不褪色为止。

【工作过程】

取洗净的 20 mL 移液管 1 支，用少量待测样品溶液润洗 3 次，然后精确量取食用白醋 20.00 mL 置于 200 mL 的容量瓶中，用蒸馏水稀释至刻度，密塞摇匀。将 10 mL 移液管洗净后，用少量稀释后的醋酸溶液洗 3 次，然后精确移取 10.00 mL 3 份置于 3 个锥形瓶中，各加水 25 mL、酚酞指示剂 2 滴，用 NaOH 标准溶液（0.100 0 mol/L）滴至显淡红色，且 30 s 内不褪色为止。

【结果计算】

1. 数据记录

	1	2	3
V_{CH_3COOH}/mL	$10\times\frac{20}{200}$	$10\times\frac{20}{200}$	$10\times\frac{20}{200}$
V_{NaOH}/mL			
CH_3COOH%			
CH_3COOH%平均值			
相对平均偏差			

2. 结果计算

$$CH_3COOH\%=\frac{c_{NaOH}\times V_{NaOH}\times\frac{M_{CH_3COOH}}{1\ 000}}{V_{醋酸}}\times100\%(M_{CH_3COOH}=60.05\ g/mol)$$

【注意事项】

没有食醋可以用醋酸代替测定，但要根据说明配制成所需的浓度。

【体验测试】

取食醋的移液管要先用待取液润洗 3 次才能准确移取，为什么？锥形瓶要不要也用食醋润洗？

【工作任务三】

从茶叶中提取咖啡因。

【工作目标】

1. 学会生物碱的提取方法。

2. 学会脂肪提取器的使用方法。

【工作情境】

1. 仪器：脂肪提取器、蒸馏装置、蒸发皿、电炉子、砂浴、水浴锅、漏斗、石棉网、研钵、滤纸、玻璃棒、剪子、刀、温度计。

2. 试剂：酒精、茶叶、生石灰

【工作原理】

茶叶中含有咖啡因，占1%～5%，还含有11%～12%的丹宁酸(鞣酸)，0.6%的色素、纤维素、蛋白质等。为了提取茶叶中的咖啡因，可用适当的溶剂(如乙醇、氯仿等)在脂肪提取器中连续萃取，然后蒸去溶剂，即得粗咖啡因；用适当的溶剂在脂肪提取器中连续抽提，然后蒸除大量溶剂，即得粗品；粗品中含有其他杂质和生物碱，可利用升华进一步提纯，提取流程如下：

茶叶末置于脂肪提取器中 $\xrightarrow[\text{提取}]{\text{乙醇}}$ 乙醇液 $\xrightarrow[\text{乙醇}]{\text{蒸去}}$ 残留液 $\xrightarrow[\text{中和}]{\text{生石灰}}$ $\xrightarrow{\text{焙炒}}$ $\xrightarrow{\text{升华}}$ 无色针状晶体

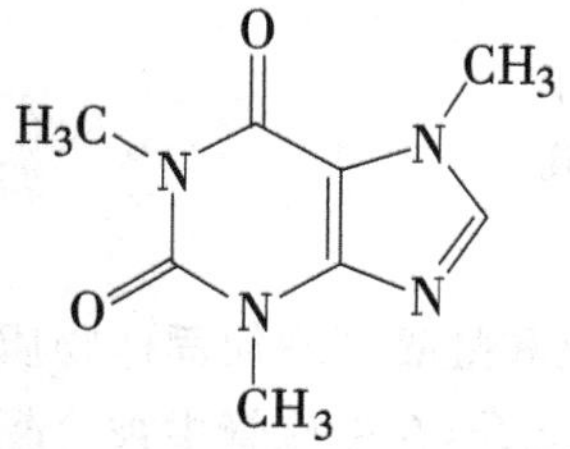

咖啡因

1,3,7-三甲基-2,6-二氧嘌呤

【工作过程】

1. 粗提

1.1　安装仪器：采用脂肪提取器，如图4-1所示。

1.2　连续萃取：称取10 g茶叶，研细，用滤纸包好，放入脂肪提取器的套筒中，用75 mL 95%的乙醇水浴加热连续萃取2～3 h。

1.3　蒸馏浓缩：待刚好发生虹吸时把装置改为蒸馏装置，蒸出大部分乙醇。

1.4　加碱中和：趁热将残余物倾入蒸发皿中，拌入3～4 g生石灰，使其成糊状，采用蒸气浴加热，在不断搅拌下蒸干。

1.5 焙炒除水：将蒸发皿放在石棉网上，压碎块状物，小火焙炒，除尽水分。

2.纯化

2.1 安装仪器：安装升华装置，如图4-2所示。将滤纸罩在蒸发皿上，并在滤纸上扎一些小孔，再罩上口径合适的玻璃漏斗。

2.2 初次升华：在220 ℃的砂浴中升华。刮下咖啡因。

2.3 再次升华：残渣经拌和后升高砂浴的温度升华。合并咖啡因。

3.检验

称重后测定熔点。纯净的咖啡因熔点为234.5 ℃。

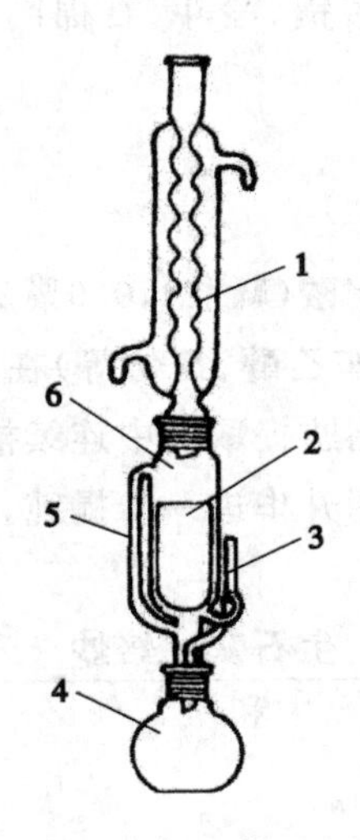

图4-1 脂肪提取器

1—冷凝管；2—装样品滤纸袋；3—虹吸管；4—烧瓶；5—溶剂蒸气上升装置；6—提取管

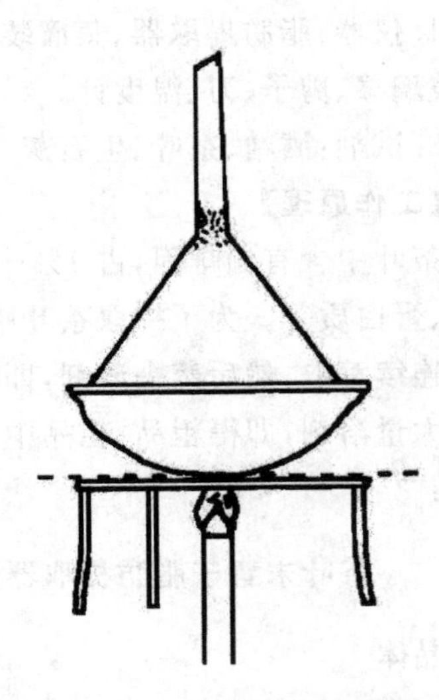

图4-2 升华少量物质的装置

【注意事项】

1.脂肪提取器是利用溶剂回流和虹吸原理使固体物质连续不断地为纯溶剂所萃取的仪器。溶剂沸腾时，其蒸气通过侧管上升，在冷凝管中被冷凝成液体，滴入套筒中，浸润固体物质，使之溶于溶剂中。当套筒内溶剂液面超过虹吸管的最高处时，即发生虹吸，流入烧瓶中。通过反复回流和虹吸，可将固体物质富集在烧瓶中。脂肪提取器为配套仪器，其任一部件损坏都会导致整套仪器报废，特别是虹吸管极易折断，所以在安装仪器和实验的过程中须特别小心。

2.用滤纸包茶叶末时要包严，防止茶叶末漏出堵塞虹吸管；滤纸包大小要合适，既紧贴套筒内壁，又方便取放，且高度不能超过虹吸管的高度。

3.套筒内的萃取液颜色变浅即可停止萃取。

4.浓缩萃取液时不可蒸得太干，否则会因残液很黏而难以转移，造成损失。

5.拌入生石灰要均匀，生石灰除可吸水外，还可中和除去部分酸性杂质（如鞣酸）。

6.在升华过程中要控制好温度。若温度太低，升华速度较慢；若温度太高，会使产物发黄（分解）。

7. 刮下咖啡因时要小心操作，防止混入杂质。

【体验测试】

1. 本实验中使用生石灰的作用有哪些？

2. 除可用乙醇萃取咖啡因外，还可采用哪些溶剂萃取？

3. 索式提取器的工作原理？

4. 索式提取器的优点是什么？

5. 为什么要将固体物质（茶叶）研细成粉末？

6. 升华装置为什么要在蒸发皿上覆盖刺有小孔的滤纸？漏斗颈为什么塞棉花？

【知识链接】

有机物概述

1. 有机化合物的结构

有机化合物的结构是分子中各原子相互连接的顺序和方式。有机物分子中原子的种类、数目，连接的顺序或排列的方式不同，分子的结构就不同，性质也不同。

1.1　结构式

表示有机物分子结构的化学式叫作结构式。用短线表示有机物分子中的共价键。结构式中的单键简化后称为结构简式。结构简式比其他表示方法更为常用。例如：

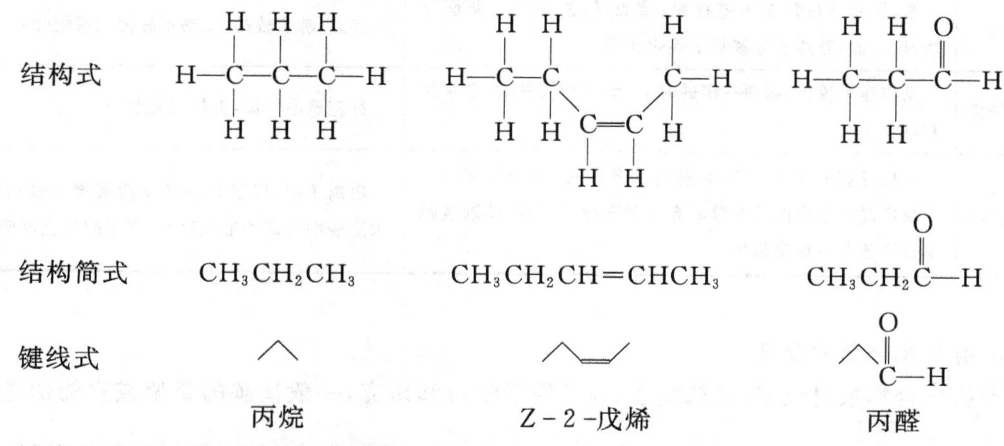

键线式是只标明特征价键或官能团构造特点的结构式。

1.2　同分异构现象

分子组成相同而结构不同的化合物互为同分异构体，简称异构体，这种现象称为同分异构现象。例如乙醇和甲醚，分子式都是 C_2H_6O，但是分子内原子的排列不同，性质也完全不同，它们互为同分异构体。

```
     H  H                    H       H
     |  |                    |       |
  H—C—C—O—H              H—C—O—C—H
     |  |                    |       |
     H  H                    H       H
```

乙醇 甲醚

液体，沸点78.4 ℃，与Na反应放出H_2 气体，沸点－24.5 ℃，不与Na反应

在有机物中同分异构现象非常普遍。因此，有机物一般不能用分子式表示，而必须用结构式表示。

2. 有机化合物的特性

有机物分子中的化学键主要为共价键，因而决定了有机物在结构和性质上有不同于无机物的特性。有机化合物与无机化合物的特性见表4－1。

表4－1 有机化合物与无机化合物的特性

性质	有机化合物	无机化合物
溶解性	难溶于水，易溶于苯、酒精、乙醚等有机溶剂	食盐易溶于水，难溶于植物油等有机溶剂
导电性	电的不良导体	金属及电解质的水溶液是导体
可燃性	汽车轮胎、塑料、化纤衣物等都易燃烧（燃烧时碳生成CO_2，氢生成H_2O）	铁、食盐、砂石等不燃烧
耐热性	苯、甲醛等在常温下就挥发，沸点低；夏季沥清路面变软，熔点低；受热易分解甚至碳化变黑	熔点、沸点较高，受热不易挥发或熔化
反应特征	反应速率较慢，需要一定的时间；反应产物复杂，常常伴有副反应	反应速率很快，进行得完全
反应机理	非极性或弱极性分子，只有弱的分子间力存在，发生化学反应时分子中的某个键断裂才能进行，分子与试剂接触不局限于某一特定部位	以离子键、极性共价键或金属键结合；在水溶液中以离子形式存在，离子间发生反应

3. 有机化合物的分类

有机化合物数目众多，结构复杂，为了便于学习和研究，一般按碳的骨架或官能团进行分类。

3.1 按碳骨架分类

碳骨架即碳原子的连接方式，依其可将有机物分成三类。

3.1.1 开链化合物 这类化合物中的碳原子相互结合成链状，由于开链化合物最初是在油脂中发现的，所以又称为脂肪族化合物。例如：

```
                         CH3
                        /
CH3CH=CH2    CH3CH2CH          CH3CHO
                        \
                         CH3
```

丙烯 异戊烷 乙醛

3.1.2　碳环化合物　成环的原子全部是碳原子的化合物称为碳环化合物。碳环化合物又分为脂环族化合物和芳香族化合物两类。

(1)脂环族化合物　这类化合物中的碳原子互相连接成环状结构，化学键类型与脂肪族化合物相似。例如：

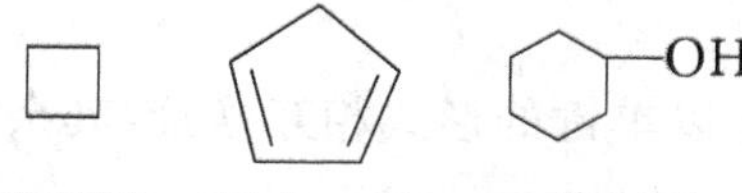

环丁烷　环戊二烯　环己醇

(2)芳香族化合物。这类化合物分子中大都含有一个苯环，它们在性质上与脂肪族化合物有较大的区别。例如：

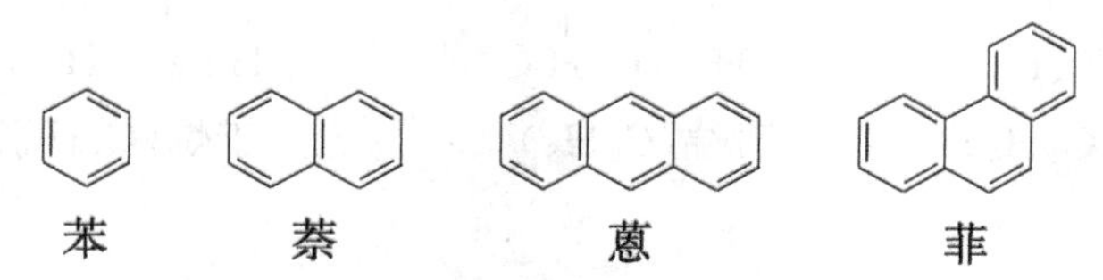

苯　萘　蒽　菲

3.1.3　杂环化合物　所谓“杂环”是由碳原子和其他原子(如 N、O、S 等)所组成的环。通常称碳原子以外的其他原子为“杂原子”。例如：

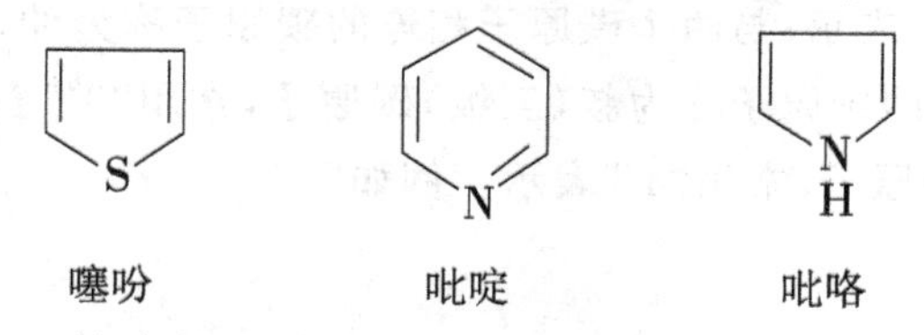

噻吩　吡啶　吡咯

3.2　按官能团分类

官能团是决定一类有机物的主要化学性质的原子或原子团，有机化学反应一般发生在官能团上。

按官能团分类是将含有相同官能团的化合物归为一类，它们的性质基本相似。官能团的特征结构，即有机物分子结构中的特殊化学键，不仅能帮助识别有机物所属的类别，而且反映了典型反应发生位置。有机物中的主要官能团及其结构见表 4－2。

表 4－2　有机物中的主要官能团及其结构

官能团	官能团名称	有机物类别	官能团	官能团名称	有机物类别
$>C=C<$	双键	烯烃	$-\overset{\vert}{\underset{\vert}{C}}-O-\overset{\vert}{\underset{\vert}{C}}-$	醚键	醚
$-C\equiv C-$	三键	炔烃	$-\overset{O}{\overset{\Vert}{C}}-OH$	羧基	羧酸
—X(F,Cl,Br,I)	卤原子	卤代烃	$-NH_2(-NHR,-NR_2)$	氨基	胺
—OH	羟基	醇或酚	—SH	巯基	硫醇
$-\overset{O}{\overset{\Vert}{C}}-H$	醛基	醛	$-C\equiv N$	氰基	腈
$-\overset{O}{\overset{\Vert}{C}}-$	酮基	酮	$-SO_3H$	磺酸基	磺酸
$-NO_2$	硝基	硝基化合物	$-N=N-$	偶氮基	偶氮化合物

烃

只由碳和氢两种元素组成的化合物称为碳氢化合物，简称烃。

根据烃分子中碳原子之间化学键的不同，可以将烃分为饱和烃、不饱和烃。饱和烃又称烷烃，常见的不饱和烃除烯烃、炔烃和二烯烃以外，还有芳香烃。

1. 烷烃

开链的饱和烃叫作烷烃。烷烃分子中的碳原子以单键的形式相互连接，其余的共价健与氢结合，其分子通式为 C_nH_{2n+2}（n 为碳原子数目）。例如：

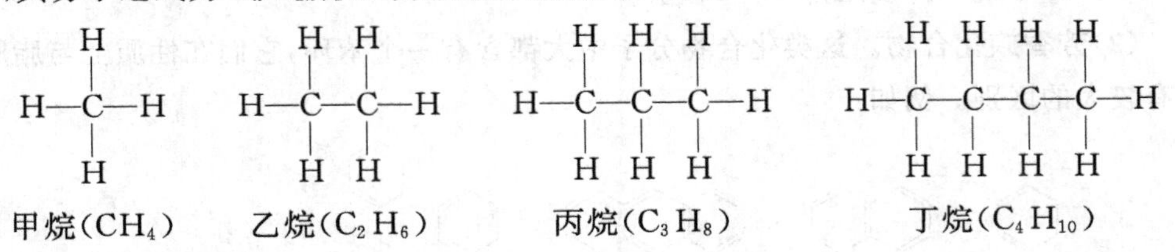

甲烷（CH_4）　　乙烷（C_2H_6）　　丙烷（C_3H_8）　　丁烷（C_4H_{10}）

1.1　烷烃的命名

1.1.1　碳原子的类别

烷烃分子中的碳原子按照它们所连的碳原子数目的不同分为四类：只与一个碳原子相连的碳原子称为伯（一级）碳原子，常用“1°”表示；与两个碳原子相连的碳原子称为仲（二级）碳原子，常用“2°”表示；与三个碳原子相连的碳原子称为叔（三级）碳原子，常用“3°”表示；与四个碳原子相连的碳原子称为季（四级）碳原子，常用“4°”表示。例如：

```
                1°          1°
                CH3         CH3
  1°   2°       | 3°   2°   | 4° 1°
H3C—CH2—CH—CH2—C—CH3
                            | 1°
                            CH3
```

与伯、仲、叔碳原子相连的氢原子分别称为伯（1°）、仲（2°）、叔（3°）氢原子。

1.1.2　烃基

烃分子去掉一个氢原子留下的部分叫烃基，其通式为 C_nH_{2n+1}，通常用“R—”表示（一般用 R 代表烷烃）。常见的烃基：

CH_4	甲烷	$CH_3—$	甲基
CH_3CH_3	乙烷	$CH_3CH_2—$ 或 $C_2H_5—$	乙基
$CH_3CH_2CH_3$	丙烷	$CH_3CH_2CH_2—$ 或 $C_3H_7—$	丙基（正丙基）
		$CH_3CH(CH_3)—$ 或 $(CH_3)_2CH—$	异丙基

丁烷对应的烃基：

丁烷（正丁烷）	丁基（正丁基）	仲丁基
$CH_3CH_2CH_2CH_3$	$CH_3CH_2CH_2CH_2—$	$CH_3CH_2CH(—)CH_3$

$$\begin{array}{ccc} CH_3CHCH_3 & CH_3CHCH_2— & CH_3 \\ | & | & | \\ CH_3 & CH_3 & CH_3C— \text{ 或 } (CH_3)_3C— \\ & & | \\ & & CH_3 \end{array}$$

异丁烷　　异丁基　　叔丁基

1.1.3　烷烃的命名

(1)普通命名法。普通命名法适于命名结构比较简单的烷烃,其基本原则如下。

①根据烷烃分子中碳原子的数目称为"某烷",十一个碳原子以下用甲、乙、丙、丁、戊、己、庚、辛、壬、癸十大天干表示,十一个碳原子以上用中文小写数字十一、十二……表示。

② 以"正""异""新"等前缀区别不同的异构体。直链烷烃在名称前加"正"字;链端第二个碳原子有一个甲基支链的,在名称前冠以"异"字;链端第二个碳原子有两个甲基支链的,在名称前冠以"新"字。例如:

$$CH_3CH_2CH_2CH_3 \qquad \begin{array}{c} CH_3 \\ | \\ CH_3CHCH_3 \end{array}$$

正丁烷　　异丁烷

$$CH_3CH_2CH_2CH_2CH_3 \qquad \begin{array}{c} CH_3 \\ | \\ CH_3CH_2CHCH_3 \end{array} \qquad \begin{array}{c} CH_3 \\ | \\ H_3C—C—CH_3 \\ | \\ CH_3 \end{array}$$

正戊烷　　异戊烷　　新戊烷

(2)系统命名法。系统命名法是根据国际纯粹和应用化学联合会(International Union of Pure and Applied Chemistry,简写为 IUPAC)制定的命名原则,结合我国文字特点对有机物进行命名的方法。它是普遍适用的命名法。

在系统命名法中,直链烷烃依据碳原子数称为"某烷"。带有支链的烷烃命名步骤如下。

①选主链。选择最长的碳链作为主链,根据主链所含碳原子数称为"某烷"。主链以外的支链作为取代基。

$$\begin{array}{l} \qquad\qquad\quad \overset{5}{H_2C}—\overset{6}{CH_2}—\overset{7}{CH_3} \\ \qquad\qquad\quad\ \ |\,4 \qquad\quad 3 \qquad\quad 2 \qquad\ 1 \\ H_3C—CH_2—CH—CH_2—CH—CH_3 \\ \qquad\qquad\qquad\qquad\qquad\quad | \\ \qquad\qquad\qquad\qquad\qquad CH_3 \end{array}$$

2-甲基-4-乙基庚烷

当有几个等长的碳链可供选择时,应选择支链较多的碳链作为主链。

$$\begin{array}{l} \qquad\qquad\qquad\qquad\qquad CH_3 \\ \qquad\qquad\qquad\qquad\qquad\ | \\ \qquad\quad CH_3 \qquad\qquad\quad CH_2 \\ \ \ 6 \quad\ |\,5 \qquad\ 4 \qquad\quad |\,3 \qquad 2 \qquad 1 \\ H_3C—CH—CH_2—CH—CH—CH_3 \\ \qquad\qquad\qquad\qquad\qquad\qquad\ | \\ \qquad\qquad\qquad\qquad\qquad\quad CH_3 \end{array}$$

2,5-二甲基-3-乙基己烷

②编号。从离支链最近的一端开始给主链碳原子依次用阿拉伯数字1,2,3,…编号,取代基的位次用与之相连的主链碳原子的编号表示;然后将取代基的位次和名称依次写在主链名称之前,两者之间用半字线"-"相连。

```
 5      4      3     2      1              6     5      4      3      2    1
CH3—CH2—CH—CH2—CH3          H3C—CH2—CH2—CH2—CH—CH3
             |                                                  |
           CH2CH3                                              CH3
```

3-乙基戊烷　　　　2-甲基己烷

当支链距主链两端距离相等时,把两种编号逐项比较,最先遇到位次最小者为"最低系列",即应选取的正确编号。

```
       CH3                               CH3
 1   2|    3      4      5     6|    7
CH3—CH—CH—CH2—CH2—CH—CH3
            |
          CH2CH3
```

2,6-二甲基-3-乙基庚烷

③命名。命名按取代基的位置、短横线、取代基的数目、取代基的名称、主链的名称的顺序书写;主链上连有几个相同的取代基时,相同的基团合并,用二、三、四等表示其数目,并逐个标明所在位次,位次号之间用逗号","分开;主链上连有几个不同的取代基时,按由小至大的顺序排列,两种取代基之间用半字线"-"相连。例如:

```
                      CH3  CH3
              4     3|    2|    1          1      2      3
CH3—CH2—CH—CH—CH—CH3        CH3—CH2—CH—CH3
             5|                                  4|    5      6
              CH—CH3                            CH—CH2—CH3
             6|                                   |
              CH3                                CH3
```

2,3,5-三甲基-4-乙基己烷　　　　3,4-二甲基己烷

根据"次序规则"较优基团的排列方法如下。

①将各取代基中与主链相连的原子按原子序数大小排列,一般原子序数大的为较优基团,如F>O>C>H。

②如各取代基中与主链相连的第一个原子相同,则比较与第一个原子相连的第二个原子,仍按原子序数排列,若第二个原子也相同,则比较第三个原子,依次类推。如甲基和乙基,与主链相连的第一个原子都是碳,则比较与第一个碳原子相连的其他原子的原子序数,在甲基中与碳相连的分别是H、H、H,而在乙基中与碳相连的分别是C、H、H,碳的原子序数大于氢,所以与甲基相比,乙基为较优基团。

1.2　烷烃的物理性质

有机化合物的物理性质通常指物态、熔点、沸点、溶解度、折射率和相对密度等。纯净物的物理性质在一定条件下都有固定的数值,通常把这些相对固定的物理数值称为物理常数。通过测定这些物理常数,可以鉴定有机物的种类或检验已知有机物的纯度。从表4-3中列出的直链烷烃甲烷到二十烷的物理常数,可以观察出烷烃的物理性质随着相对分子质量的

增大而呈现出一定的递变规律。

表 4-3　直链烷烃的物理常数

名称	分子式	熔点/℃	沸点/℃	相对密度(20 ℃)	折射率
甲烷	CH_4	−182	−162	0.424(−164 ℃)	—
乙烷	C_2H_6	−172	−88.5	0.546(−100 ℃)	—
丙烷	C_3H_8	−187	−42	0.582(−45 ℃)	—
丁烷	C_4H_{10}	−138	0	0.579	—
戊烷	C_5H_{12}	−130	36	0.626	1.357 5
己烷	C_6H_{14}	−95	69	0.659	1.375 1
庚烷	C_7H_{16}	−90.5	98	0.684	1.387 8
辛烷	C_8H_{18}	−57	126	0.703	1.397 4
壬烷	C_9H_{20}	−54	151	0.718	1.405 4
癸烷	$C_{10}H_{22}$	−30	174	0.730	1.410 2
十一烷	$C_{11}H_{24}$	−26	196	0.740	1.417 2
十二烷	$C_{12}H_{26}$	−10	216	0.749	1.421 6
十三烷	$C_{13}H_{28}$	−6	234	0.757	1.425 6
十四烷	$C_{14}H_{30}$	5.5	252	0.764	1.429 0
十五烷	$C_{15}H_{32}$	10	266	0.769	1.431 5
十六烷	$C_{16}H_{34}$	18	280	0.775	1.434 5
十七烷	$C_{17}H_{36}$	22	292	0.777	—
十八烷	$C_{18}H_{38}$	28	308	0.777	—
十九烷	$C_{19}H_{40}$	32	320	—	—
二十烷	$C_{20}H_{42}$	36	—	—	—

在常温常压(25 ℃,101 325 Pa)下,含 1～4 个碳原子的直链烷烃为气体,含 5～17 个碳原子的直链烷烃为液体,含 17 个以上碳原子的直链烷烃为固体。

直链烷烃的沸点随着相对分子质量的增大而逐渐升高。从丁烷开始,直链烷烃的熔点也随相对分子质量的增大而升高,但偶数碳原子烷烃的熔点比奇数碳原子烷烃升高得多。

直链烷烃的相对密度随相对分子质量的增高而逐渐增大,但都不超过 1。烷烃不溶于水,易溶于氯仿、乙醚、苯等有机溶剂中。

1.3　烷烃的化学性质

烷烃的化学性质相对比较稳定,一般情况下,不与强氧化剂、强酸、强碱等发生反应。但在特定的条件下,例如在高温下或有催化剂存在时,烷烃也可以和一些试剂作用。

1.3.1　取代反应

烷烃分子中的氢原子被其他原子或基团取代的反应称为取代反应。若被卤原子(X:F、Cl、Br、I)取代称为卤代反应。

烷烃和氯气的混合物在室温下和黑暗中不起反应，在光照、紫外线、加热或催化剂作用下，可剧烈反应，甚至发生爆炸。烷烃分子中的氢原子被卤原子取代，生成烃的衍生物和卤化氢，同时放出热。例如：

$$CH_4+Cl_2 \xrightarrow{加热} CH_3Cl+HCl$$

一氯甲烷

在反应中甲烷分子中的氢原子逐步被取代，直至生成 CCl_4。反应很难控制停留在某一步，反应产物是一氯甲烷、二氯甲烷、三氯甲烷、四氯化碳的混合物，在工业上常用作溶剂。

卤素与烷烃反应的速率为：$F_2>Cl_2>Br_2>I_2$，氟代反应太激烈，碘代反应难以进行所以，卤代反应通常指氯代反应和溴代反应。

1.3.2　氧化反应

有机化合物加氧或去氢的反应称为氧化反应。烷烃在常温下一般不与氧化剂反应，也不与空气中的氧反应，但在高温或催化剂存在下，也可发生氧化反应。

(1)燃烧。烷烃可以在空气中燃烧，生成二氧化碳和水，并放出大量的热量。

$$CH_4+2O_2 \xrightarrow{燃烧} CO_2+2H_2O+881\ kJ/mol$$

(2)催化氧化。若控制反应条件，烷烃可以被氧化成醇、醛、羧酸等含氧有机物。由高级烷烃用空气或氧气氧化制备的高级脂肪酸中含 $C_{12}\sim C_{18}$ 的羧酸，可代替天然脂肪制造肥皂。

$$R—CH_2—CH_2—R'+O_2 \xrightarrow{MnO_2} R—COOH+HOOC—R'+其他羧酸$$

1.4　自然界中的烷烃

甲烷在自然界中广泛存在，为天然气和沼气的主要成分。天然气是蕴藏在地层内的可燃气体，世界上不同产地的天然气组分不同，但甲烷的浓度几乎都为75%，我国四川的天然气中甲烷的含量高达95%以上。

甲烷是无色无味的气体，易溶于酒精、乙醚等有机溶剂，微溶于水(20 ℃时20体积水可溶解1体积甲烷)。甲烷容易燃烧，富含甲烷的天然气和沼气是优良的气体燃料。甲烷燃烧不充分会产生浓厚的烟炱。烟炱是炭的微细颗粒，俗称炭黑。炭黑可做黑色颜料、墨汁以及橡胶的填料。

煤层空隙中存有甲烷，当矿井内的甲烷含量在5.3%～14%(体积分数)时，遇火就会发生爆炸。因此，煤矿坑道必须有良好的通风，家用煤气或沼气点火时应该小心，防止发生爆炸事故。除用作燃料外，甲烷也是一种有用的化工原料，局部氧化可制备甲醇、甲醛，与水蒸气反应可制备合成气($CO+H_2$)，合成气是合成氨和尿素的原料。

在农村用秸秆、杂草、树叶和人畜粪便等，在适当的湿度、酸度、温度下隔绝空气，经微生物发酵制沼气，用以烧水、做饭、照明和发动机器等，而且发酵后剩下的渣液是很好的有机肥料。因此，沼气在解决农村能源问题，改善环境卫生，提高肥料质量等方面都有重要的意义。

许多植物的茎、叶或果实表皮的蜡质内也混有高级烷烃，如甘蓝叶中含有二十九烷，烟叶里含有二十七烷和三十一烷，苹果皮里含有二十七烷和二十九烷等。它们的蜡质具有防止水分内浸和减少水分蒸发的作用，可防止病虫侵害，在植物生理和植物保护方面都有重要的意义。

2. 烯烃

不饱和烃分子中含有碳碳双键(C═C)或碳碳三键(C≡C),烯烃、炔烃、二烯烃及芳香烃都属于不饱和烃。所谓不饱和烃,意味着烃分子能够与其他原子结合生成饱和的化合物。

$CH_2{=}CH_2$ 乙烯　$CH_3{-}CH{=}CH_2$ 丙烯　$CH_3{-}CH_2{-}CH{=}CH_2$ 1-丁烯

$CH_3{-}CH_2{-}C(CH_3){=}CH_2$ 2-甲基-1-丁烯　$CH_3{-}CH{=}C(CH_3){-}CH_3$ 2-甲基-2-丁烯

碳碳双键(C═C)是烯烃的官能团。

2.1 单烯烃的命名和同分异构

2.1.1 单烯烃的命名

烯烃的命名原则和烷烃基本相同,但是烯烃分子中有官能团(C═C),因此命名与烷烃又有所不同。烯烃系统命名法的原则如下。

(1)选主链。将包含双键的最长碳链作为主链,根据主链所含碳原子数称为“某烯”。当然,包含双键的最长碳链可能不是该化合物分子中最长的碳链。

(2)编号。从距离碳碳双键最近的一端开始为主链上的碳原子编号,给予双键碳原子以最小的编号。含有4个以上碳原子的烯烃有官能团位置异构,命名时必须注明双键的位置(以双键所连碳原子的号数较小的一个表示,写在“某烯”之前,并用半字线相连)。

(3)取代基的位次、数目、名称写在烯烃名称之前,原则和书写格式与烷烃相同。例如:

$\overset{5}{C}H_3{-}\overset{4}{C}H(CH_3){-}\overset{3}{C}H_2{-}\overset{2}{C}(CH_2{-}CH_3){=}\overset{1}{C}H_2$　4-甲基-2-乙基-1-戊烯

$\overset{1}{C}H_3{-}\overset{2}{C}(CH_3){=}\overset{3}{C}H{-}\overset{4}{C}H(CH_3){-}\overset{5}{C}H(CH_3){-}\overset{6}{C}H_3$　2,4,5-三甲基-2-己烯

当烯烃主碳链的碳原子数多于10个时,命名时在烯字之前加“碳”字,即“某碳烯”,例如:

$CH_3(CH_2)_7{-}CH{=}CH{-}(CH_2)_7CH_3$

9-十八碳烯

2.1.2 单烯烃的同分异构

单烯烃除碳链异构外,还有因双键在主链上位置不同所产生的官能团位置异构和双键碳原子上的基团在空间的排列方式不同而产生的顺反异构。2-丁烯就有顺、反两个异构体。

$(H_3C)(H)C{=}C(CH_3)(H)$，两个 CH_3 在同侧：顺-2-丁烯

$(H)(H_3C)C{=}C(CH_3)(H)$，两个 CH_3 在异侧：反-2-丁烯

顺-2-丁烯中相同的基团——两个甲基(或两个氢原子)在双键的同侧;而反-2-丁烯

中两个甲基(或两个氢原子)在双键的异侧。顺反异构属于立体异构的一种。烯烃具有顺反异构的条件是双键的两个碳原子上连有两个不同的原子或基团。

分子产生顺反异构现象,在结构上应具备两个条件:一是分子中必须有限制旋转的因素,如C═C、C═N、N═N、环等;二是以双键相连的两个碳原子必须和两个不同的原子或基团相连。例如,1-丁烯就没有顺反异构现象。

2.2 单烯烃的物理性质

烯烃的物理性质和烷烃相似,难溶于水,而易溶于非极性或弱极性的有机溶剂,如苯、乙醚和氯仿等。常见烯烃的物理性质如表4-4所示。

表4-4 常见烯烃的物理性质

名称	结构式	沸点/℃	熔点/℃	相对密度
乙烯	$CH_2{=}CH_2$	−103.7	−169.5	0.566 0(−102℃)
丙烯	$CH_3CH{=}CH_2$	−47.7	−185.2	0.519 3
1-丁烯	$CH_3CH_2CH{=}CH_2$	−6.3	−130	0.595 1
(Z)-2-丁烯	H_3C 与 CH_3 同侧,H 与 H 同侧 ($H_3C(H)C{=}C(H)CH_3$)	3.5	−139.3	0.621 3
(E)-2-丁烯	H、CH_3 在上,H_3C、H 在下 ($H(H_3C)C{=}C(CH_3)H$)	0.9	−105.5	0.604 2
甲基丙烯	$(CH_3)_2C{=}CH_2$	−6.9	−140.8	0.631 0
1-戊烯	$CH_3(CH_2)_2CH{=}CH_2$	30.1	−166.2	0.640 5
1-己烯	$CH_3(CH_2)_3CH{=}CH_2$	63.5	−139	0.673 1
1-庚烯	$CH_3(CH_2)_4CH{=}CH_2$	93.6	−119	0.697 0
1-十八碳烯	$CH_3(CH_2)_{15}CH{=}CH_2$	179	17.5	0.791 0

2.3 单烯烃的化学性质

2.3.1 加成反应

在反应过程中,双键中的一个键断裂,试剂的两部分分别加到原来以双键相连的两个碳原子上而生成新的化合物,这样的反应叫作加成反应。在有机化学反应里,加成反应是一种主要的反应类型。

(1)与氢加成。在镍、钯、铂等催化剂的作用下,烯烃与氢发生加成反应,生成相应的烷烃。

$$\underset{\text{烯烃}}{R{-}CH{=}CH_2} + H_2 \xrightarrow{Pt} \underset{\text{烷烃}}{R{-}CH_2{-}CH_3}$$

碳碳双键的位置异构体或烯烃的顺、反异构体加氢后都得到相同的产物。例如,1-丁烯、2-丁烯的顺式及反式异构体加氢后都生成丁烷。

上述加氢反应是定量完成的,所以可以通过反应消耗氢的量来确定分子中含有碳碳双键的数目。

有机化合物加氢或去氧的反应又称为还原反应。

(2)与卤素加成。烯烃与氯、溴等在室温条件下就很容易发生加成反应。例如，将乙烯或丙烯通入溴的四氯化碳溶液中，生成无色的二溴代烷，溴的红棕色褪去。因此，溴水和溴的四氯化碳溶液都是鉴别不饱和键常用的试剂。

$$CH_2{=}CH_2 + Br_2 \longrightarrow \underset{Br}{\underset{|}{CH_2}}-\underset{Br}{\underset{|}{CH_2}}$$

1,2-二溴乙烷

(3)与水加成。在酸的催化下，烯烃与水加成生成醇，这个反应为烯烃的水合。

$$CH_3-CH{=}CH_2 + H_2O \xrightarrow{H^+} CH_3-\underset{OH}{\underset{|}{CH}}-CH_3$$

2-丙醇

不对称烯烃与水加成遵循马尔科夫尼科夫(Markovnikov)规律，即氢原子主要加到含氢较多的双键碳原子上。

2.3.2　氧化反应

烯烃很容易被氧化，如与酸性的高锰酸钾溶液反应时，C═C 断裂，生成羧酸或酮。当双键碳原子上连有两个氢原子时，则被氧化成二氧化碳和水。

$$CH_3CH_2CH_2\overset{CH_3}{\overset{|}{C}}{=}CHCH_3 \xrightarrow{KMnO_4+H^+} CH_3CH_2CH_2-\overset{O}{\overset{\|}{C}}-CH_3 + CH_3-\overset{O}{\overset{\|}{C}}-OH$$

2-戊酮　　乙酸

碳碳双键在碳链端位时，亚甲基被氧化成 CO_2 和 H_2O。例如：

$$CH_3CH_2CH{=}CH_2 \xrightarrow{KMnO_4+H^+} CH_3CH_2-\overset{O}{\overset{\|}{C}}-OH + CO_2 + H_2O$$

丙酸

除不饱和烃外，醇、醛等有机化合物也能被高锰酸钾氧化，因此不能认为能使高锰酸钾溶液褪色的就一定是不饱和烃。另外，根据烯烃的氧化产物可以推断出烯烃的结构。

2.3.3　聚合反应

在一定条件下，多个烯烃通过互相加成的方式相结合，生成高分子化合物，这种反应叫作聚合反应。如乙烯在一定条件下可生成聚乙烯。

$$nCH_2{=}CH_2 \xrightarrow[60\sim70\ ^\circ C]{TiCl_4-Al(C_2H_5)_3} {+}CH_2-CH_2{+}_n$$

聚乙烯

$$nCH_3CH{=}CH_2 \xrightarrow[50\ ^\circ C,2\ MPa]{TiCl_4-Al(C_2H_5)_3} {+}\underset{CH_3}{\underset{|}{CH}}-CH_2{+}_n$$

聚丙烯

在上述反应中，乙烯称为单体，生成物称为聚合物，n 为聚合度。聚乙烯无毒，用途很广，可用以制作食品袋、塑料杯等日常用品，在工业上可制作电工部件的绝缘材料等。

2.3.4 取代反应

在烯烃分子中，与双键碳直接相连的碳上的氢(也称 α 氢)因受双键的影响，易与卤素发生取代反应。例如，在高温下丙烯可与氯作用生成3-氯丙烯。

$$CH_3—CH═CH_2 \xrightarrow[500\sim600\ ℃]{Cl_2} Cl—CH_2—CH═CH_2$$

烯烃与卤素在常温下发生的是加成反应，而在高温或光照条件下发生的是取代反应。在不同的反应条件下发生的反应机理不一样，由此可见有机反应的复杂性及严格控制反应条件的重要性。

3.二烯烃

3.1 二烯烃的分类和命名

根据分子中两个碳碳双键在烃分子中的相对位置，可以把二烯烃分为以下三类：

(1)累积二烯烃，两个双键连在同一个碳原子上的二烯烃，如丙二烯；

(2)共轭二烯烃，两个双键被一个单键隔开的二烯烃，如1,3-丁二烯；

(3)孤立二烯烃，两个双键被一个以上单键隔开的二烯烃，如1,4-戊二烯。

二烯烃的命名与烯烃相同，只是在“烯”字前加一个“二”字，并注明两个双键的位置。

$CH_2═C═CH_2$ 丙二烯

$CH_2═CH—CH═CH_2$ 1,3-丁二烯

$CH_2═CH—CH_2—C(CH_3)═CH_2$ 2-甲基-1,4-戊二烯

3.2 共轭二烯烃的化学性质

共轭二烯烃具有烯烃的一般性质，如能被氧化，能与氢、卤素等试剂加成，能聚合等，但共轭二烯烃还具有特殊的反应性能。

(1)1,4加成作用。1,3-丁二烯与一分子试剂加成得到1,2加成产物，同时还有1,4加成产物。例如其与溴加成时，试剂的两部分分别加到分子两端的碳原子上，而在 C_2 和 C_3 之间形成一个新的双键，就得到1,4加成产物，这种加成作用叫作1,4加成作用。1,4加成作用是二烯烃的特殊反应性能。

$$CH_2═CH—CH═CH_2 \xrightarrow{Br_2} \begin{cases} \xrightarrow{-80\ ℃} CH_2═CH—CHBr—CH_2Br & 1，2\text{-加成} \\ \xrightarrow{40\ ℃} CH_2Br—CH═CH—CH_2Br & 1，4\text{-加成} \end{cases}$$

(3，4-二溴丁烯)

(1，4-二溴-2-丁烯)

(2)双烯合成反应。共轭二烯烃和某些含有碳碳双键的化合物发生1,4加成作用，生成环状化合物的反应叫作环化加成反应，也叫 Diels-Alder 反应或双烯合成反应。其共轭二烯烃叫作双烯体，乙烯或取代乙烯等含有碳碳双键的化合物叫作亲双烯体。双烯合成反应在

合成中是很重要的。

3.3　自然界中的烯烃

烯烃在生物中有很重要的作用。例如乙烯为植物的内源激素，许多植物中含有微量的乙烯，可以加速树叶死亡与脱落，使新叶得以生长。乙烯还可以使摘下来的未成熟的果实加速成熟。又如顺-9-二十三碳烯是雌性家蝇性的信息素。

农药乙烯利(2-氯乙基磷酸)为无色酸性液体，可溶于水，在常温下 $pH<3$，比较稳定。当 $pH>4$ 时开始逐渐分解，并释放出乙烯。

$$ClCH_2CH_2-P(=O)(OH)_2 \xrightarrow[H_2O]{pH>4} CH_2{=}CH_2 + HCl + H_3PO_4$$

4. 环烃

环烃包括脂环烃和芳香烃两类。脂环烃可以看作链状脂肪烃首尾相连、分子中带有碳环的烃类，其结构与性质和链状脂肪烃类似。石油、天然的挥发性油、萜类和甾体等天然化合物都是脂环烃的衍生物。芳香烃是一类具有特定结构和特殊性质的环烃。

4.1　脂环烃

4.1.1　分类和命名

脂环烃是性质与脂肪烃相似的环烃，根据环上碳原子的饱和程度可分为环烷烃、环烯烃等；根据碳环的数目可分为单环、二环和多环脂环烃。例如：

环丁烷　　环己烯　　环辛炔　　环戊二烯

上面的结构式常用如下对应的键线式表示：

单环脂环烃的命名与脂肪烃相似。环烷烃根据成环碳原子数称为“环某烷”，环上的支链作为取代基。当环上连有多个取代基时，按照表示取代基位置的数字尽可能小的原则，将环上的碳原子编号，并给予较优基团给较大的编号。环烯烃根据成环碳原子数称为“环某烯”，编号从不饱和碳原子开始，并通过不饱和键编号。例如：

乙基环己烷　　1-甲基-3-乙基环戊烯　　3-乙基环己烯

在单环脂环烃中，常见的是五元环和六元环。

4.1.2　化学性质

环烯烃中的不饱和键通常具有一般的不饱和键的通性。五、六元环烷或高级环烷的性质与烷烃相似，在光照或高温条件下能够与卤素发生取代反应；三元和四元环烷化学性质比较活泼，较易与某些试剂加成开环生成链状化合物。

(1)催化氢化。在催化剂作用下，环丙烷、环丁烷可以与氢发生加成反应，生成丙烷、丁烷。

$$\text{环丙烷} + H_2 \xrightarrow[80\ ℃]{Ni} CH_3CH_2CH_3$$

$$\text{环丁烷} + H_2 \xrightarrow[200\ ℃]{Ni} CH_3CH_2CH_2CH_3$$

$$\text{环戊烷} + H_2 \xrightarrow[300\ ℃]{Ni} CH_3CH_2CH_2CH_2CH_3$$

由反应条件可以看出，四元环比三元环稳定。五元以上的环烷烃则难以开环。

(2)与溴作用。环丙烷与溴在室温下及暗处就能发生加成反应，生成 1,3-二溴丙烷，而环丁烷与溴必须加热才能作用。

$$\text{环丙烷} + Br_2 \xrightarrow{CCl_4} BrCH_2CH_2CH_2Br$$

1，3-二溴丙烷

$$\text{环丁烷} + Br_2 \xrightarrow[\triangle]{CCl_4} BrCH_2CH_2CH_2CH_2Br$$

1，4-二溴丁烷

环丙烷及环丁烷都能与溴加成，表现出与烯烃相似的化学性质，但它们不像烯烃那样容易被高锰酸钾氧化。

4.2　芳香烃

芳香烃简称芳烃，是众多芳香族化合物的母体。大多数芳香烃具有苯环结构，少数不含苯环。从组成上看，芳香烃具有高度的不饱和性，但性质却与饱和烷烃类似，不易发生加成和氧化反应，较易发生取代反应。这个特性被称为芳香性。

4.2.1　分类和命名

根据分子中所含苯环的数目可将芳香烃分为单环和多环两大类。

(1)单环芳香烃。单环芳香烃包括苯、苯的同系物及由苯基取代的不饱和烃。

命名苯的同系物时，一般以苯作母体，烷基作取代基。苯环上连有两个或三个取代基时，需要注明取代基的位置。取代基的位置可以用邻、间、对或连、偏、均表示，也可以用数字表示。

上面的结构简式也可表示为

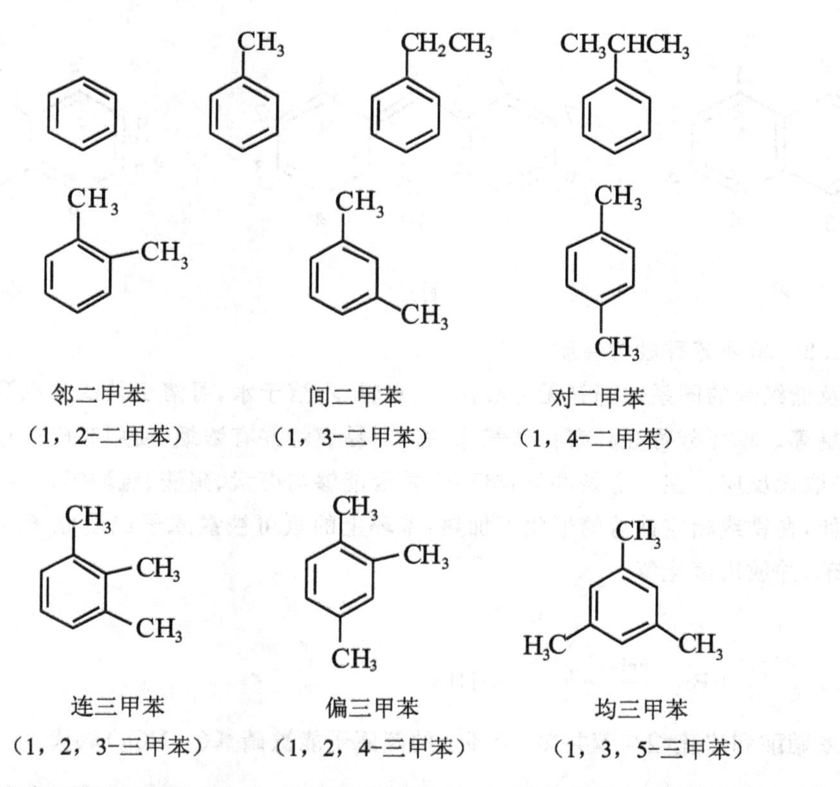

当苯环上连有不饱和基团或含多个碳原子的烷基时，通常将苯环作为取代基，如苯乙烯及 2-苯基庚烷。

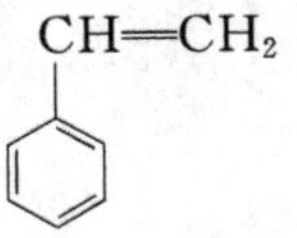

苯乙烯

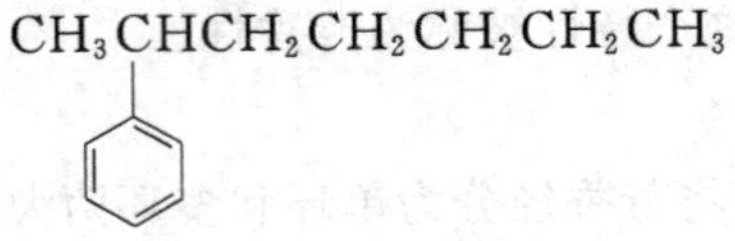

2-苯基庚烷

(2)多环芳香烃。多环芳香烃可根据苯环的连接方式分为联苯、多苯代脂肪烃和稠环芳香烃三类,其中比较重要的是稠环芳香烃。稠环芳香烃是两个或两个以上苯环共用两个相邻的碳原子形成的,这类化合物有特定的名称和编号。萘及蒽常用 α 代表 1、4、5、8 位,以 β 代表 2、3、6、7 位;蒽的 9、10 位以 γ 表示。

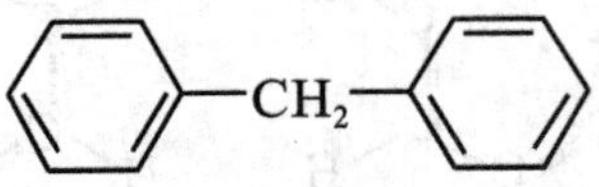

二苯甲烷

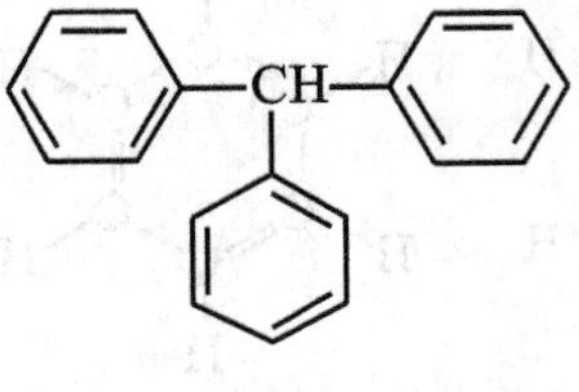

三苯甲烷

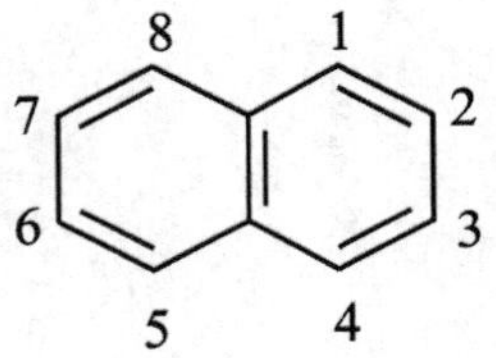

萘

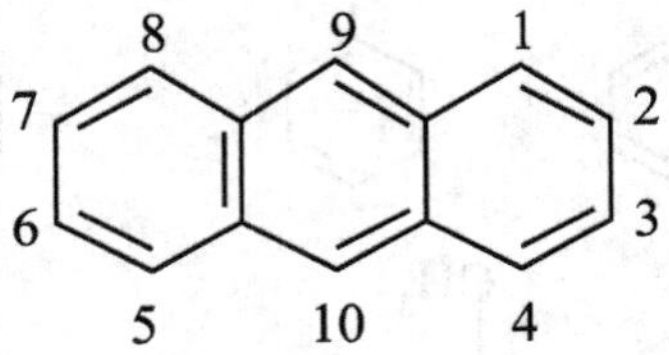

蒽

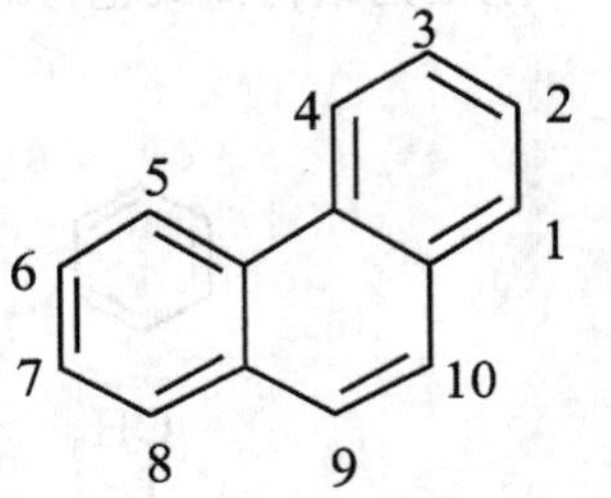

菲

4.2.2 单环芳香烃的性质

苯及低级苯的同系物都是无色液体,比水轻,不溶于水,可溶于某些有机溶剂,如四氯化碳、醇、醚等。单环芳香烃具有特殊气味,有毒,易燃烧并有浓烟,使用时应注意通风。

(1)取代反应。在一定条件下,单环芳香烃能够与卤素、硝酸、硫酸等发生一系列取代反应。例如,在铁或相应铁盐的催化下加热,苯环上的氢可被氯原子或溴原子取代,生成相应的卤代苯,并放出卤化氢。

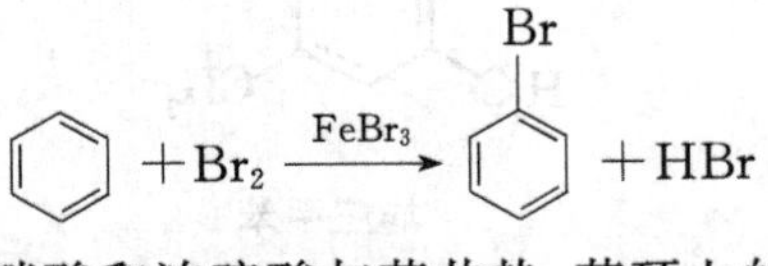

$$C_6H_6 + Br_2 \xrightarrow{FeBr_3} C_6H_5Br + HBr$$

以浓硝酸和浓硫酸与苯共热,苯环上的氢原子能被硝基(—NO_2)取代,生成硝基苯。

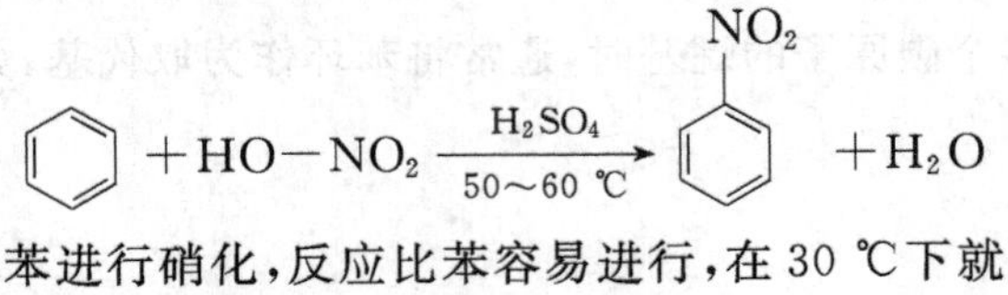

$$C_6H_6 + HO-NO_2 \xrightarrow[50\sim60\ ^\circ C]{H_2SO_4} C_6H_5NO_2 + H_2O$$

对甲苯进行硝化,反应比苯容易进行,在 30 ℃下就可反应,主要得到两种产物——邻硝基甲苯和对硝基甲苯。

$$2\,C_6H_5CH_3 + 2HNO_3 \xrightarrow{30\ ℃} o\text{-}CH_3C_6H_4NO_2 + p\text{-}CH_3C_6H_4NO_2 + H_2O$$

(2)氧化反应。苯不能被高锰酸钾、重铬酸钾等强氧化剂氧化，但当苯环上有侧链时，只要与苯环相连的碳原子上有氢原子，侧链就会被氧化成相应的羧基，生成苯甲酸。例如：

$$C_6H_5CH_3 \xrightarrow{KMnO_4/H^+} C_6H_5COOH$$

苯甲酸

醇、酚、醚

1. 醇

1.1　醇的分类

根据醇分子中烃基种类的不同，醇可分为饱和脂肪醇和不饱和脂肪醇、脂环醇等。例如：

CH_3CH_2OH　乙醇（饱和脂肪醇）

$CH_2{=}CH{-}CH_2OH$　烯丙醇（不饱和脂肪醇）

环戊基—OH　环戊醇（脂环醇）

$C_6H_5{-}CH_2OH$　苯甲醇（苄醇）（芳香醇）

根据醇分子含有的羟基数目，醇可分为一元醇、二元醇及多元醇。例如：

$CH_3{-}CH(CH_3){-}CH_2{-}CH_2{-}OH$　3-甲基-1-丁醇（一元醇）

$CH_2(OH){-}CH(OH){-}CH_2(OH)$　丙三醇（多元醇）

$CH_2(OH){-}CH_2(OH)$　乙二醇（二元醇）

根据与羟基相连的碳原子级数的不同，醇可分为一级(伯)醇、二级(仲)醇、三级(叔)醇。例如：

$CH_3{-}CH_2{-}CH_2{-}CH_2{-}OH$　1-丁醇［伯醇(正丁醇)］

$CH_3{-}CH(OH){-}CH_2{-}CH_3$　2-丁醇［仲醇(仲丁醇)］

$CH_3{-}C(CH_3)(OH){-}CH_3$　2-甲基-2-丙醇［叔醇(叔丁醇)］

1.2　醇的命名

醇的命名方法常用的有普通命名法和系统命名法两种。

(1)普通命名法。结构比较简单的醇一般用普通命名法，其原则是：先写出与羟基相连的烃基的名称，然后加上一个“醇”字。例如：

CH_3OH　CH_3CH_2OH　$CH_3CH(OH)CH_3$　环己醇(C₆H₁₁—OH)　$CH_2{=}CH{-}CH_2OH$

甲醇　乙醇　异丙醇　环己醇　烯丙醇

(2)系统命名法。结构比较复杂的醇则用系统命名法命名,其原则是:选择包括羟基所连的碳原子的最长碳链作为主链,从靠近羟基的一端开始给主链编号,按主链的碳原子数目称作某醇,并在"醇"字前边依次标出取代基的位次、名称及羟基的位次。如果是不饱和醇,主链应包括不饱和键,主链碳原子编号仍需使羟基所连碳原子的位次尽可能小。例如:

$CH_3CH_2CH(CH_3)C(CH_3)(OH)CH_3$　　$CH_3CH(OH)CH(CH_2CH_2CH_3)CH_2CH_2CH_3$　　$HOCH_2CH(CH_3)CH_2OH$

2,3-二甲基-2-戊醇　　3-丙基-2-己醇　　2-甲基-1,3-丙二醇

$C_6H_5CH_2CH_2OH$　　$CH_3CH_2C(=CH_2)C(CH_3)(OH)CH_3$　　$CH_3CH(C_6H_5)C(CH_3)(OH)CH_2CH_3$

2-苯基乙醇　　2-甲基-3-乙基-3-丁烯-2-醇　　3-甲基-2-苯基-3-戊醇

1.3　醇的物理性质

某些一元醇的物理常数见表4-5。醇的物理性质有两个突出的特点:沸点较高,水溶性较大。

表4-5　某些一元醇的物理常数

化合物	熔点/℃	沸点/℃	密度/(10^3kg/m)(20 ℃)	水溶性/(g/100 g H_2O)
甲醇	—97.9	65	0.791 4	∞
乙醇	—114.8	78.5	0.789 3	∞
正丙醇	—126.5	97.4	0.803 5	∞
异丙醇	—89.5	82.4	0.785 5	∞
正丁醇	—89.5	117.3	0.809 8	8.0
异丁醇	—108	108	0.802 1	10.0
仲丁醇	—114.7	99.5	0.806 3	12.5
叔丁醇	—25.5	82.2	0.788 7	∞
正戊醇	—79	138	0.814 4	2.2
正己醇	—46.7	158	0.813 6	0.7
环己醇	—25.2	161.1	0.968 4	3.8

一元醇的沸点比相应的烷烃高得多。例如,甲醇的沸点比甲烷高227 ℃,乙醇的沸点比

乙烷高 267℃。

含有 4 个以下碳原子的醇及叔丁醇与水可以任意比例混溶，随着相对分子质量增大，醇在水中的溶解度显著下降，高级醇是不溶于水的。含有 4 个以下碳原子的醇与水混溶有两个原因：一是结构与水相似，二是能与水分子形成氢键。

某些低级醇如甲醇、乙醇等能与 $CaCl_2$、$MgCl_2$ 等无机盐结合形成结晶状的醇合物，如 $CaCl_2 \cdot 4CH_3OH$、$CaCl_2 \cdot 6C_2H_5OH$、$MgCl_2 \cdot 6CH_3OH$ 等，因此甲醇、乙醇不能用氯化钙干燥。醇合物不溶于有机溶剂，工业上常利用这个性质除去乙醚中含有的少量乙醇。

1.4　醇的化学性质

1.4.1　酯化反应

醇能发生酯化反应，即与酸作用生成酯和水的反应，酯化反应是可逆反应。反应的酸分为有机酸和无机含氧酸。

用无机酸作催化剂，醇与有机酸作用发生分子间的脱水反应生成有机酸酯。反应可用下式表示：

$$\underset{\text{羧酸}}{R'\text{—}COOH} + HO\text{—}R \xrightleftharpoons{\text{浓 } H_2SO_4} \underset{\text{羧酸酯}}{R'\text{—}COOR} + H_2O$$

用含有同位素 ^{18}O 的乙醇与醋酸进行酯化，发现 ^{18}O 含于生成的酯分子中，而不是在水分子中。这就说明酯化反应生成的水是由羧酸的羟基与醇羟基上的氢形成的，也就是醇发生了氢氧键断裂，羧酸发生了酰氧键断裂。醇还可与无机含氧酸如硝酸、磷酸等反应生成无机酸酯。

$$ROH + HONO_2 \longrightarrow \underset{\text{硝酸酯}}{RONO_2} + H_2O$$

$$\begin{array}{l} CH_2OH \\ | \\ CHOH \\ | \\ CH_2OH \end{array} + \underset{(HNO_3)}{3HONO_2} \longrightarrow \begin{array}{l} CH_2ONO_2 \\ | \\ CHONO_2 \\ | \\ CH_2ONO_2 \end{array} + 3H_2O$$

三硝酸甘油酯

甘油与硝酸反应生成的三硝酸甘油酯，在临床上用作扩张血管与缓解心绞痛的药物（即硝酸甘油）。同时其具有多硝基结构，受热或剧烈冲击时会猛烈分解而爆炸，是诺贝尔发明的一种炸药。

磷酸可与醇生成 3 种类型的磷酸酯。

$$ROH + \underset{(H_3PO_4)}{HO\text{—}\overset{\overset{\large O}{\|}}{\underset{\underset{\large OH}{|}}{P}}\text{—}OH} \xrightarrow{-H_2O} \underset{\text{磷酸烷基酯}}{RO\text{—}\overset{\overset{\large O}{\|}}{\underset{\underset{\large OH}{|}}{P}}\text{—}OH} \xrightarrow[-H_2O]{ROH} \underset{\text{磷酸二烷基酯}}{RO\text{—}\overset{\overset{\large O}{\|}}{\underset{\underset{\large OH}{|}}{P}}\text{—}OR} \xrightarrow[-H_2O]{ROH} \underset{\text{磷酸三烷基酯}}{RO\text{—}\overset{\overset{\large O}{\|}}{\underset{\underset{\large OR}{|}}{P}}\text{—}OR}$$

目前使用的有机磷杀虫剂含有某些磷酸酯，如常见的敌敌畏、敌百虫、乐果等。磷酸酯广泛存在于生物体中。某些磷酸酯在生物体内代谢过程中有重要作用。

葡萄糖、果糖的磷酸酯是植物体内糖代谢的重要中间产物。农作物施磷肥的原因之一就是为作物提供合成磷酸酯所需要的磷。如果缺磷，作物就难以合成磷酸酯，光合作用和呼吸作用都不能正常进行。

1.4.2 脱水反应

醇与催化剂（硫酸、磷酸、三氧化二铝等）共热，可发生分子间和分子内脱水，生成醚或烯。按哪一种脱水方式进行取决于醇的结构和反应条件。

（1）分子间脱水。过量的醇与浓硫酸在不太高的温度下发生醇分子间脱水反应，生成醚。如乙醇脱水如下：

$$CH_3CH_2—OH + HO—CH_2CH_3 \xrightarrow[140\ ℃]{浓\ H_2SO_4} \underset{乙醚}{CH_3CH_2—O—CH_2CH_3} + H_2O$$

在此反应中，一个醇分子碳氧键断裂，另一个醇分子氢氧键断裂。

（2）分子内脱水。醇与浓硫酸在较高的温度下发生分子内脱水反应，生成烯烃。

一个分子脱去一些小分子，如 H_2O、HX 等，同时生成不饱和键的反应，叫作消除反应。醇分子内脱水反应就属于消除反应。仲醇和叔醇的脱水反应遵循查依采夫（Saytzeff）规律，即脱水主要生成碳碳双键上连有较多烃基的烯烃。

$$CH_3CH_2\underset{|\atop OH}{CH}CH_3 \xrightarrow[\triangle]{浓\ H_2SO_4} \underset{(65\%\sim80\%)}{CH_3CH{=}CHCH_3} + H_2O$$

生物体内也有类似于醇分子内脱水的反应。

1.5 醇的代表物的应用

1.5.1 甲醇

甲醇最早是从木材中干馏得到的，常称为木醇或木精。甲醇为无色液体，沸点 65 ℃。甲醇有毒性，口服 10 mL 能使人双目失明，服入 30 mL 可以导致死亡。工业酒精中大约含有 4％的甲醇，被不法分子当作食用酒精制作假酒而被人饮用后，就会发生甲醇中毒。甲醇是重要的化工原料及有机溶剂。甲醇是一种可再生能源，加入汽油中可提高汽油的辛烷值。

1.5.2 乙醇

乙醇俗称酒精，是各类酒的主要成分。乙醇是无色液体，有特殊香味，密度 0.789 3 g/cm^3，沸点78.4 ℃，易挥发，可与水混溶。乙醇也有毒，服入较多或长期服用会使肝、心、脑等器官发生病变。

乙醇是重要的化工原料，可用作消毒剂、溶剂机燃料等。工业上主要采用发酵法和乙烯水化法制取乙醇。例如乙醇汽油中的乙醇主要以含淀粉的谷物、马铃薯或甘薯为原料发酵制得。

近年来，我国实行了一项绿色能源工程，将 10％的乙醇添加到汽油中供汽车使用，既可利用大量陈化粮，又可节约大量石油。

1.5.3 丙三醇

丙三醇俗称甘油，为无色、无臭、带有甜味的黏稠液体，沸点 290 ℃（分解），密度

1.261 3 g/cm，熔点 20 ℃，可与水以任意比例混溶，其水溶液的凝固点很低。无水甘油具有强烈的吸湿性。甘油常用于制造化妆品、软化剂、抗生素、发酵用营养剂、干燥剂等。

甘油是食品加工业中通常使用的甜味剂和保湿剂，大多出现在运动食品和代乳品中。食品中加入的甘油通常作为甜味剂和保湿物质，使食品爽滑可口。

在碱性溶液中，甘油能与 Cu^{2+} 作用而得到深蓝色的甘油铜溶液，实验室中常利用此反应鉴别甘油和具有邻二醇结构的化合物。

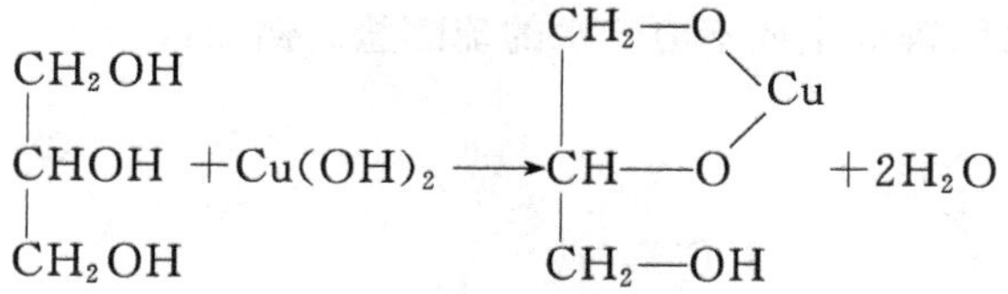

$$\begin{matrix} CH_2OH \\ | \\ CHOH \\ | \\ CH_2OH \end{matrix} + Cu(OH)_2 \longrightarrow \begin{matrix} CH_2—O \\ | \\ CH—O \\ | \\ CH_2—OH \end{matrix} \!\!> Cu + 2H_2O$$

甘油铜(深蓝色)

1.5.4　三十烷醇

三十烷醇又称蜂花醇，是从蜜蜂蜡中纯化和提取的天然生物产品。它能促进植物发芽、生根、茎叶生长及开花，增强光合作用，促使农作物早熟，提高结实率，增强抗寒、抗旱能力，增加产量，提高农作物的品质。它是植物生长调节剂，而且对人畜无害，对环境无污染，因此是一种绿色农药。

近几年三十烷醇在我国的研制和应用均取得了较大的进展，在 27 个省，近 1 000 个市、县的几千万亩地推广应用，涉及的农作物达 50 多种，已取得一定的增产效果。

1.5.5　环已六醇

环已六醇[$C_6H_6(OH)_6$]俗称肌醇。在 80 ℃以上，从水或乙酸中得到的肌醇为白色晶体，熔点 253 ℃，密度 1.752 g/cm^3(15 ℃)，味甜，溶于水和乙酸，无旋光性，可从玉米浸泡液中提取。它主要用于治疗肝硬化、肝炎、脂肪肝、血中胆固醇过高等症。

肌醇的六磷酸酯(肌醇六磷酸)又称植酸，以钙、镁盐的形式广泛存在于植物体内，在种子、谷类种皮、胚等处含量较多。种子发芽时，它在酶的作用下水解，供给幼芽生长所需要的磷酸。

1.5.6　苯甲醇

苯甲醇又称苄醇，无色液体，沸点 205 ℃，有微弱的香气，微溶于水，能与乙醇、乙醚等混溶，大量用于香料及医药工业。苯甲醇以酯的形式存在于许多植物精油中。

1.5.7　硫醇

醇分子中的氧原子被硫原子代替所形成的化合物叫作硫醇。其通式为 R—SH，官能团是—SH，称为巯基。硫醇的命名与醇很相似，只是在“醇”字前面加一个“硫”字。例如：

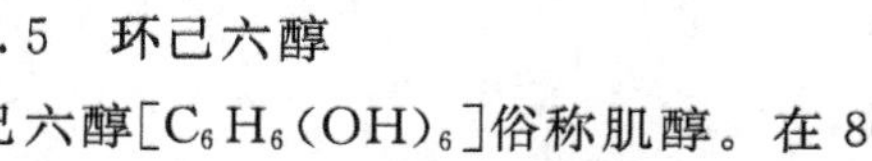

$$CH_3CH_2—SH \qquad \begin{matrix} CH_2—CH—CH_2 \\ |\qquad\ |\qquad\ | \\ OH\quad SH\quad SH \end{matrix}$$

乙硫醇　　　2,3-二巯基丙醇

硫醇在自然界中分布较广，多存在于生物组织和动物的排泄物中。例如，洋葱中含有正丙硫醇，动物大肠内的某些蛋白质被细菌分解可产生甲硫醇，黄鼠狼防御攻击时分泌出 3-

甲基-1-丁硫醇。低级硫醇有毒,并有极其难闻的臭味,是大气污染物;低级硫醇难溶于水,易溶于乙醇等有机溶剂。向煤气或天然气中加少量低级硫醇,便于发现漏气。

硫醇极易被氧化。空气中的氧就能将硫醇氧化,因此硫醇类试剂和硫醇类药物应避光密闭保存。硫醇在稀过氧化氢或碘的作用下可被氧化成二硫化物,二硫化物在一定条件下又可被还原成硫醇。二硫化物分子中的"—S—S—"键称为二硫键。二硫键对于保持蛋白质分子的特殊构型具有重要作用。

硫醇、硫酚能与重金属铅、汞、铜、砷等生成不溶于水的硫醇盐。例如:

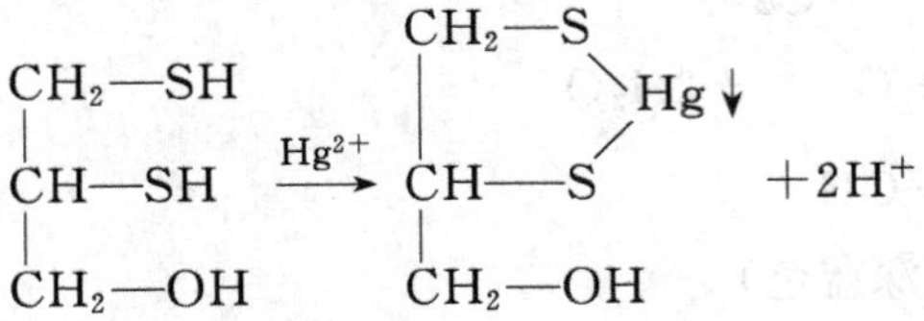

$$\begin{array}{l} CH_2—SH \\ | \\ CH—SH \\ | \\ CH_2—OH \end{array} \xrightarrow{Hg^{2+}} \begin{array}{l} CH_2—S \\ | \quad\quad \backslash \\ CH—S—Hg\downarrow \\ | \\ CH_2—OH \end{array} + 2H^+$$

二巯基丙醇

二巯基丙醇又叫巴尔(BAL),它能夺取已与机体内的酶结合的金属离子,形成稳定的配合物而从尿中排出。

2.酚

苯环上的氢原子被羟基取代的衍生物叫作酚(Ar—OH)。例如:

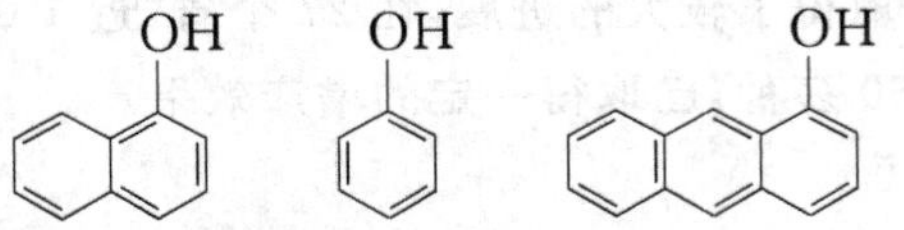

(1-萘酚、苯酚、1-蒽酚结构式)

2.1 酚的分类和命名

酚为羟基直接与芳环相连的有机物,根据羟基所连芳环的种类不同,酚可分为苯酚、萘酚、蒽酚等;根据芳环所连羟基的数目,酚可分为一元酚、二元酚、三元酚等,其中二元酚以上统称多元酚。

酚的命名一般是在"酚"字前面加上芳环的名称作为母体,再加上其他取代基的位次、数目和名称,但有时也将羟基当作取代基。例如:

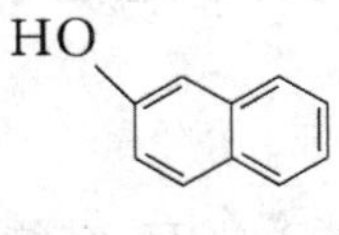

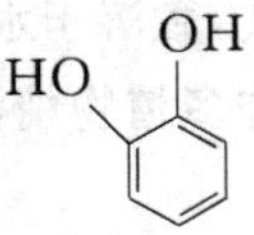

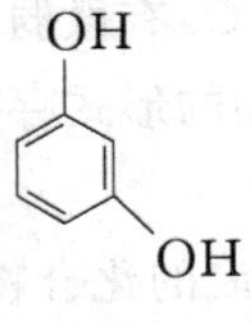

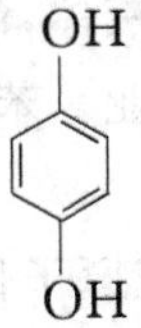

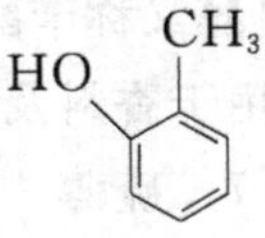

β-萘酚	邻苯二酚	间苯二酚	对苯二酚	邻甲苯酚
(2-萘酚)	(1,2-苯二酚)	(1,3-苯二酚)	(1,4-苯二酚)	(2-甲苯酚)

2.2 酚的性质

在常温下,少数烷基酚(如甲苯酚)是液体,多数酚是固体。由于酚分子间能形成氢键,所以酚的沸点都较高。酚在水中有一定的溶解度,分子中羟基数目越多,溶解度越大。纯净的酚是无色的,但因易被氧化而显不同程度的红色或黄色。

2.2.1　酚的酸性

苯酚能与氢氧化钠等强碱作用，生成苯酚钠而溶于水中。

$$C_6H_5OH + NaOH \longrightarrow C_6H_5ONa + H_2O$$

苯酚钠

向苯酚钠的水溶液中通入CO_2，可使苯酚重新游离出来。这说明苯酚的酸性比碳酸的酸性弱。

$$C_6H_5ONa + CO_2 + H_2O \longrightarrow C_6H_5OH + NaHCO_3$$

利用此性质可将酚从有机物中分离出来。

酚的酸性因芳环上所连的取代基不同而不同。芳环上连有硝基等钝化苯环的取代基时，酚的酸性增强；芳环上连有烃基等活化苯环的取代基时，酚的酸性减弱。

2.2.2　与氯化铁的显色反应

大多数酚及具有烯醇式结构$\left[\text{—}\overset{|}{C}\text{=}\overset{|}{C}\text{—OH}\right]$的有机物可与$FeCl_3$溶液作用，生成有颜色的物质。例如：

$$6C_6H_5OH + FeCl_3 \longrightarrow H_3[Fe(OC_6H_5)_6] + 3HCl$$

紫色

多数酚能与三氯化铁溶液反应生成紫、蓝、绿、棕等颜色的化合物。例如，苯酚与三氯化铁溶液作用显紫色，邻苯二酚和对苯二酚与$Fecl_3$溶液作用显绿色，甲苯酚遇三氯化铁呈蓝色等。这种显色反应主要用来鉴别酚或烯醇式结构$\left[\text{—}\overset{|}{C}\text{=}\overset{|}{C}\text{—OH}\right]$。

但有些酚不与$FeCl_3$显色，所以得到负结果时，不能说明不存在酚，需用其他方法验证。

2.2.3　氧化反应

酚比醇更易被氧化，暴露在空气中就能被氧化。例如苯酚和对苯二酚氧化都生成对苯醌。

$$C_6H_5OH \xrightarrow{O} O\text{=}C_6H_4\text{=}O \xleftarrow{-2H} HO\text{—}C_6H_4\text{—}OH$$

对苯醌（黄色）　对苯二酚

邻苯二酚被氧化为邻苯醌。

$$C_6H_4(OH)_2 \xrightarrow{-2H} C_6H_4O_2$$

邻苯二酚　邻苯醌（红色）

醌酚氧化还原在生理生化过程中有重要意义。

多元酚也极易被氧化，其产物为酮类化合物。具有醌式结构的物质都是有颜色的，所以酚类有机物常带有颜色。

2.2.4 芳环上的取代反应

羟基对芳香环上的氢有活化作用，因此酚的芳香环上的氢容易发生各类取代反应。例如：酚与溴水在常温下作用立即生成2,4,6-三溴苯酚白色沉淀。该反应极为灵敏，向极稀的苯酚溶液(1∶100 000)中加一些溴水便可观察到混浊现象，故此反应可以用于苯酚的定性、定量测定。

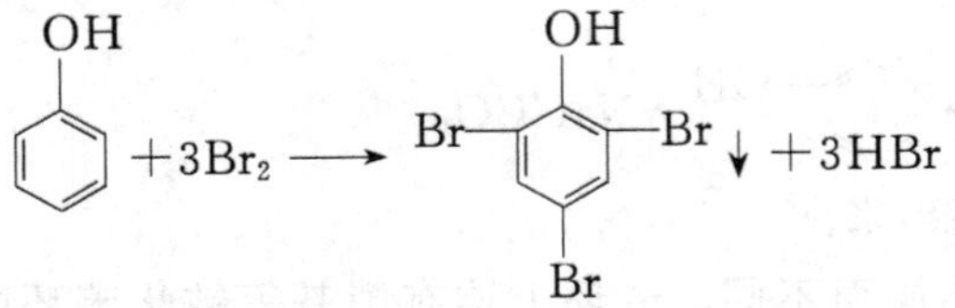

$$C_6H_5OH + 3Br_2 \longrightarrow C_6H_2Br_3OH\downarrow + 3HBr$$

2,4,6-三溴苯酚

2.3 酚的代表物的应用

酚及其衍生物在自然界中分布极广，例如存在于麝香草中的麝香草酚(或称百里酚)有杀菌力，可用于生产药物及配制香精；广泛存在于植物油中的维生素E、芝麻中的芝麻酚都是天然抗氧化剂，可以抑制自由基对机体细胞的伤害。

2.3.1 苯酚

苯酚俗名石炭酸，从煤焦油中分馏得到。纯苯酚是无色针状晶体，暴露在空气中或日光下被氧化，逐渐变成粉红色至红色，故应置于棕色瓶中密闭保存。它在室温下稍溶于水，在65 ℃以上可与水混溶，易溶于乙醇、苯、乙醚、氯仿、甘油等有机溶剂，难溶于石油醚。它酸性极弱(弱于H_2CO_3)，特臭，有毒，有强腐蚀性。

苯酚能使蛋白质凝固，因而有杀菌效力。苯酚的稀溶液或与熟石灰混合可用作厕所、马厩、阴沟等的消毒剂。苯酚有毒，口服致死量为1～15 g，可通过皮肤吸收进入体内而引起中毒，使用时要小心。

在有机合成工业中，苯酚是多种塑料、药物、炸药、染料和农药的重要原料。

2.3.2 甲苯酚

甲苯酚有邻甲苯酚、间甲苯酚、对甲苯酚3种异构体，都存在于煤焦油中。

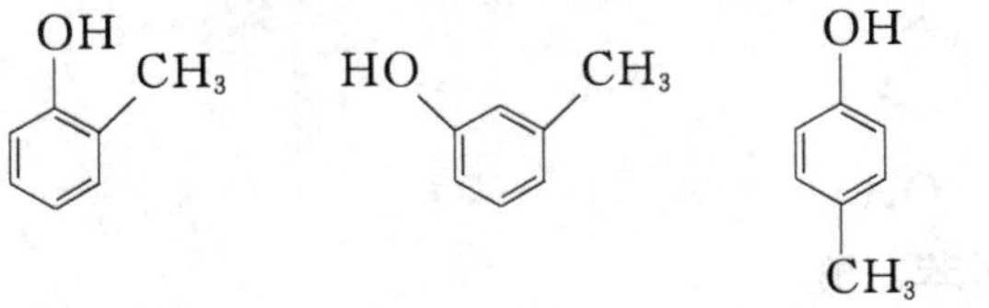

邻甲苯酚 间甲苯酚 对甲苯酚

三者沸点相近，难以分离。它们的杀菌能力比苯酚强，医药上常用的消毒药水"煤酚皂溶液"就是47%～53%的3种甲苯酚的肥皂水溶液，俗称来苏尔(Lysol)。它对人有一定的毒性，一般家庭消毒、畜舍消毒时可稀释至3%～5%使用。对甲苯酚主要应用于农药、香料、感光材料和染料等领域。

2.3.3 苯二酚

苯二酚有邻苯二酚、间苯二酚、对苯二酚3种异构体，它们都是晶体，能溶于水、乙醇和乙醚，除间苯二酚外，都容易被氧化成醌。

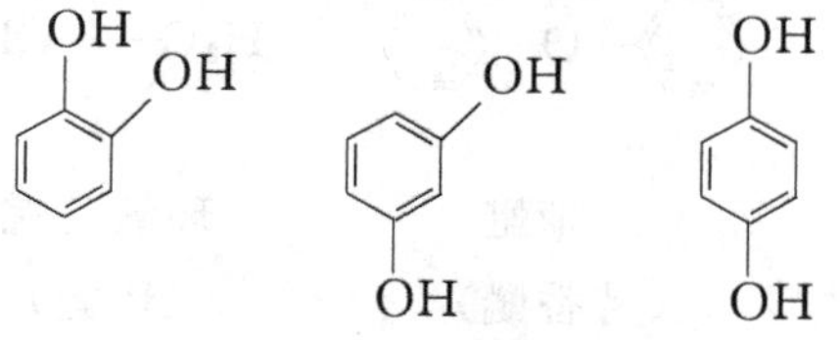

OH OH　　OH　　OH

OH　　OH

邻苯二酚　间苯二酚　对苯二酚

邻苯二酚又名儿茶酚，具有强还原性，可用作显影剂。

对苯二酚又称氢醌，可干扰黑色素形成，在临床上对雀斑、老人斑、口服避孕药诱发之肝斑症有消褪淡化作用；同时也具有刺激性，局部使用会造成皮肤炎、红斑、灼伤及不规则皮肤去色素化等副作用。其被列为药品管理，化妆品中不准使用。

间苯二酚用于合成染料、树脂黏合剂等。

邻苯二酚常以游离态或化合态存在于动植物体中。例如，肾上腺素中含有邻苯二酚结构。

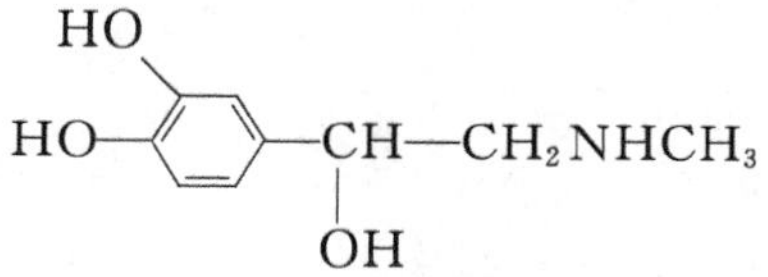

HO

HO—⟨苯环⟩—CH—CH_2NHCH_3

OH

肾上腺素是肾上腺髓质分泌的激素。肾上腺素对交感神经有兴奋作用，有加速心脏跳动、收缩血管、升高血压、放大瞳孔等功能，也有使肝糖分解增加血糖含量以及使支气管平滑肌松弛的作用，一般用于支气管哮喘、过敏性休克及其他过敏性反应的急救。

2.3.4　维生素 E

维生素 E 又名生育酚，广泛存在于植物油中。维生素 E 有多种异构体（α、β、γ、δ 等），其中 α-生育酚活性最高，结构式为

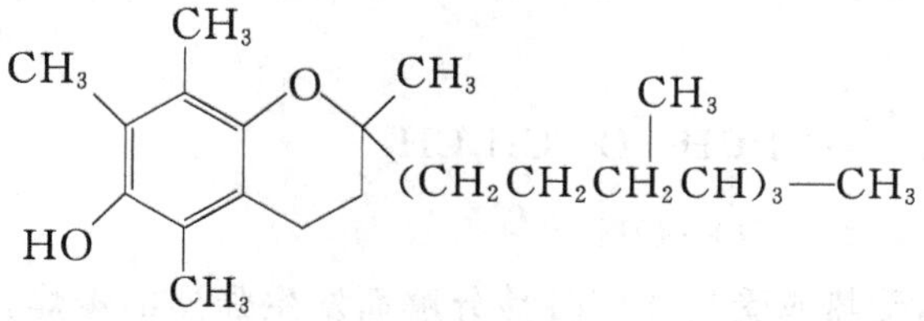

CH_3　CH_3　O　CH_3　CH_3

$(CH_2CH_2CH_2CH)_3—CH_3$

HO　CH_3

α-生育酚

维生素 E 在临床上用于治疗先兆性流产、习惯性流产，不育症，肌营养不良，胃、十二指肠溃疡等；在油脂和食品工业中用作抗氧化剂。维生素 E 也是人体内的自由基的清除剂，具有抗衰保健的作用。

3. 醚

3.1　醚的分类和命名

氧连接的两个烃基相同的醚叫简单醚，两个烃基不同的醚叫混合醚。氧与烃基两头相连接成环的醚叫环醚。脂肪醚与含相同数量碳原子的醇互为同分异构体。

结构比较简单的醚按它的烃基命名，在烃基之后加一个“醚”字。两个烃基不同时，将较

小的烃基放在前面；烃基中有一个是芳香烃基时，将芳香烃基放在前面。

$CH_3—O—CH_3$　　$CH_3—O—CH_2CH_3$　　$C_6H_5—O—C_6H_5$　　$H_2C—CH_2$（—O— 成环）

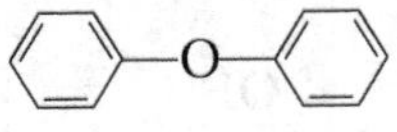

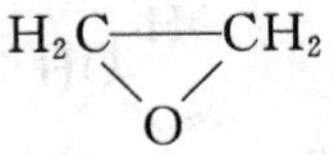

（二）甲醚（单醚）　　甲乙醚（混合醚）　　二苯醚（芳香醚）　　环氧乙烷（环醚）

结构比较复杂的醚采用系统命名法，将较大的烃基当作母体，将剩下的烃氧基（—OR）看作取代基。

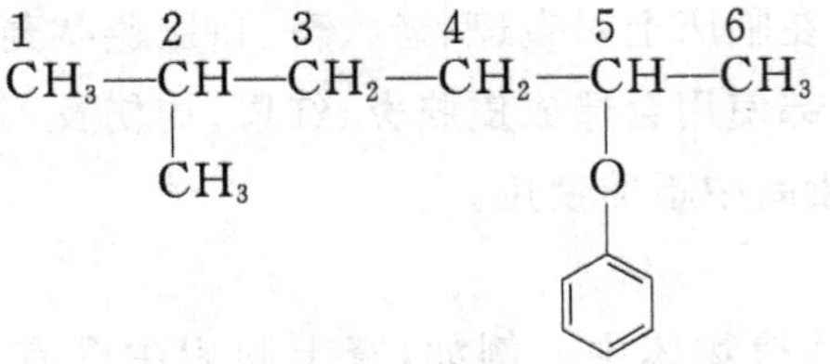

$\overset{1}{C}H_3—\overset{2}{C}H(CH_3)—\overset{3}{C}H_2—\overset{4}{C}H_2—\overset{5}{C}H(OC_6H_5)—\overset{6}{C}H_3$　　$CH_3OCH_2CH═CH_2$

2-甲基-5-苯氧基己烷　　3-甲氧基-1-丙烯

环醚以烃基为母体，叫环氧某烷。

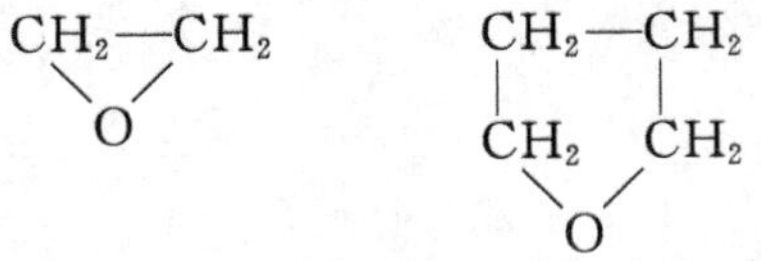

$CH_2—CH_2$（—O— 成环）　　$CH_2—CH_2$，CH_2　CH_2（—O— 成五元环）

环氧乙烷　　环氧丁烷（四氢呋喃）

3.2　醚的代表物的应用

乙醚是最常用的一种醚，无色液体，极易挥发，沸点 34.5 ℃，微溶于水，是常用的有机溶剂，能溶解许多有机物。乙醚极易燃烧，乙醚蒸气与空气混合达到一定比例时，遇明火会发生爆炸，因此制备和使用乙醚时应远离火源。

与氧原子相连的碳原子上连有氢的醚可被空气中的氧氧化而生成与过氧化氢相似的过氧化物。例如：

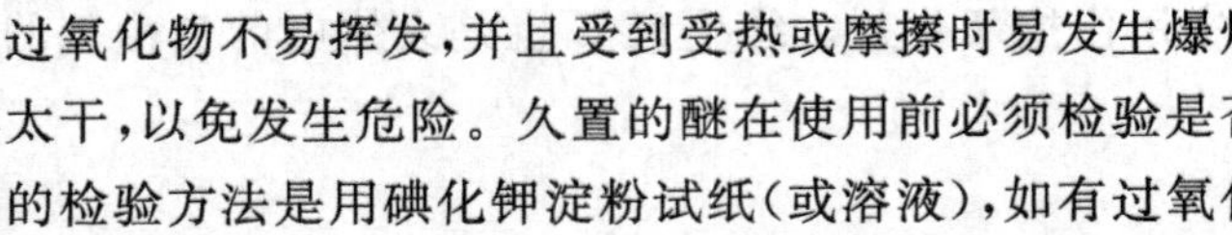

$$CH_3CH_2—O—CH_2CH_3 \xrightarrow{O_2} CH_3CH(O—OH)—O—CH_2CH_3$$

过氧化物的挥发性差，不稳定，受热或受到摩擦时易分解而发生强烈的爆炸。因此，醚类应尽量避免暴露在空气中，一般应放在棕色瓶中避光保存，还可加入微量抗氧化剂（如对苯二酚）以防止过氧化物的生成。

醚的过氧化物不易挥发，并且受到受热或摩擦时易发生爆炸，所以蒸馏醚类溶剂时不要把醚蒸得太干，以免发生危险。久置的醚在使用前必须检验是否含有过氧化物，并应设法除去。常用的检验方法是用碘化钾淀粉试纸（或溶液），如有过氧化物，则试纸（或溶液）呈深蓝色。要除去这些过氧化物，可用还原剂硫酸亚铁或亚硫酸氢钠溶液与醚混合，充分振荡和洗涤，破坏过氧化物。

乙醚有麻醉作用，因而曾被用作外科手术的麻醉剂。兽医可用乙醚作大牲畜外科手术的麻醉剂。

醛和酮

碳原子以双键和氧原子相连接的基团称为羰基，即>C═O。它是醛、酮的官能团，因此醛和酮都是含羰基的化合物。除甲醛外(在甲醛中羰基碳与两个氢相连)，羰基分别与烃基和氢原子相连的化合物称为醛。羰基与两个烃基相连的化合物称为酮。它们的结构通式分别为

醛 $(Ar)R-\overset{\overset{\displaystyle O}{\|}}{C}-H$　　酮 $(Ar)R-\overset{\overset{\displaystyle O}{\|}}{C}-R'(Ar')$

醛基　　酮基

醛的官能团是醛基—CHO；酮分子中的羰基也可称为酮基>C═O，它是酮的官能团。醌是一类不饱和的环状共轭二酮，也属于羰基化合物。含有羰基结构的化合物广泛存在于自然界中，有些在生物体的代谢过程中起着重要的作用。

1.醛、酮的分类和命名

1.1　分类

根据与羰基相连的烃基不同，醛、酮可分为脂肪族醛、酮和芳香族醛、酮；根据烃基是否饱和，醛、酮可分为饱和醛、酮和不饱和醛、酮。

1.2　命名

(1)普通命名法。结构简单的醛、酮常用普通命名法。醛的普通命名法与伯醇相似。酮的普通命名法与醚相似。例如：

HCHO　甲醛

CH_3CHO　乙醛

$CH_3-\underset{\underset{\displaystyle CH_3}{|}}{CH}-CHO$　异丁醛

(环己烷环)═O　环己酮

$CH_3CH_2-\overset{\overset{\displaystyle O}{\|}}{C}-CH_3$ 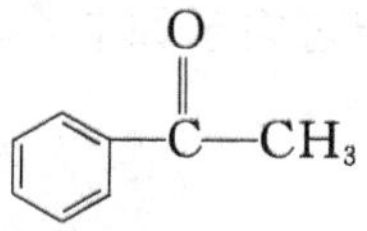　甲(基)乙(基)酮

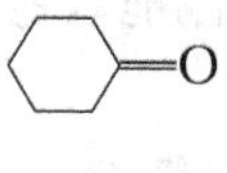

$C_6H_5-\overset{\overset{\displaystyle O}{\|}}{C}-CH_3$　苯(基)甲(基)酮

(2)系统命名法。选择含有羰基的最长碳链(若有不饱和键，应包括不饱和键在内)作为主链，按照主链的碳原子数目称为某醛或某酮。主链碳原子的编号从靠近羰基的一端开始编，醛基始终在第一位，不必用数字标明其位次，酮应标明羰基的位次。芳香族醛、酮常将芳香基作为取代基来命名。(括号内为俗名)

$CH_3\underset{\underset{\displaystyle CH_3}{|}}{CH}-\underset{\underset{\displaystyle CH_3}{|}}{CH}CH_2CHO$　3,4-二甲基戊醛

$CH_3CH═CHCHO$　2-丁烯醛(巴豆醛)

$C_6H_5-CH═CHCHO$　3-苯基丙烯醛(肉桂醛)

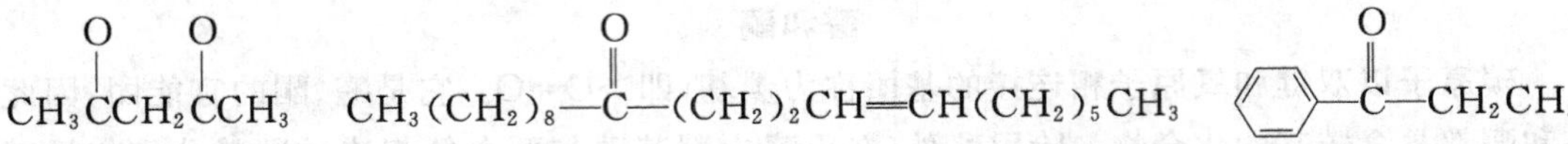

$$CH_3\overset{O}{\overset{\|}{C}}CH_2\overset{O}{\overset{\|}{C}}CH_3$$
2,4-戊二酮

$$CH_3(CH_2)_8-\overset{O}{\overset{\|}{C}}-(CH_2)_2CH=CH(CH_2)_5CH_3$$
13-二十碳烯-10-酮
（桃小食心虫性信息素）

$$C_6H_5-\overset{O}{\overset{\|}{C}}-CH_2CH_3$$
1-苯基-1-丙酮

2. 醛、酮的化学性质

2.1 加成反应

(1)与醇加成。在干燥的 HCl 催化下，醛与醇发生加成反应，生成不稳定的半缩醛。

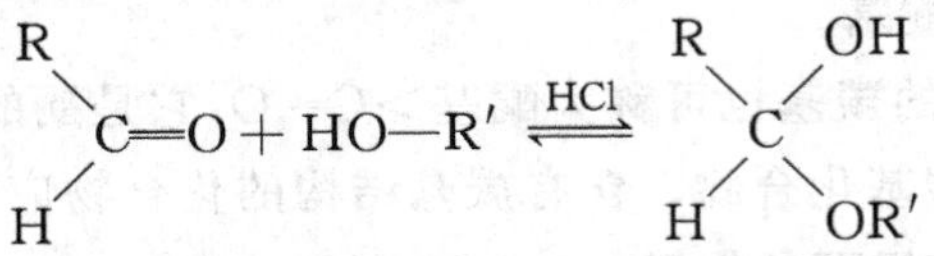

$$\begin{matrix} R \\ \end{matrix}\!\!>\!C=O + HO-R' \xrightleftharpoons{HCl} \begin{matrix} R & & OH \\ & C & \\ H & & OR' \end{matrix}$$

半缩醛分子中的羟基被称为半缩醛羟基。半缩醛羟基化学性质很活泼，能够继续与醇反应，脱去一分子水生成稳定的缩醛。

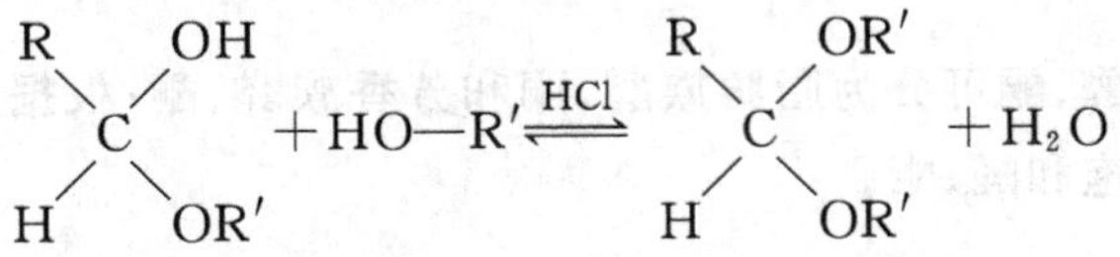

$$\begin{matrix} R & & OH \\ & C & \\ H & & OR' \end{matrix} + HO-R' \xrightleftharpoons{HCl} \begin{matrix} R & & OR' \\ & C & \\ H & & OR' \end{matrix} + H_2O$$

缩醛在碱性溶液中比较稳定，但在酸性溶液中又易水解变成原来的醛和醇，所以生成缩醛的反应一定要在无水条件下进行。一般情况下，酮和醇难以加成形成缩酮。

某些多羟基醛和多羟基酮能以稳定的环状半缩醛和半缩酮的形式存在于自然界中，如葡萄糖、果糖等。

(2)与氨的衍生物加成缩合。醛、酮与氨的某些衍生物，如羟胺（$HO-NH_2$）、肼（H_2N-NH_2）、苯肼（$C_6H_5-NHNH_2$）、伯胺（$R-NH_2$）等，发生加成反应。以 G 表示上述试剂中除氨基以外的其他基团，则反应过程可表示如下：

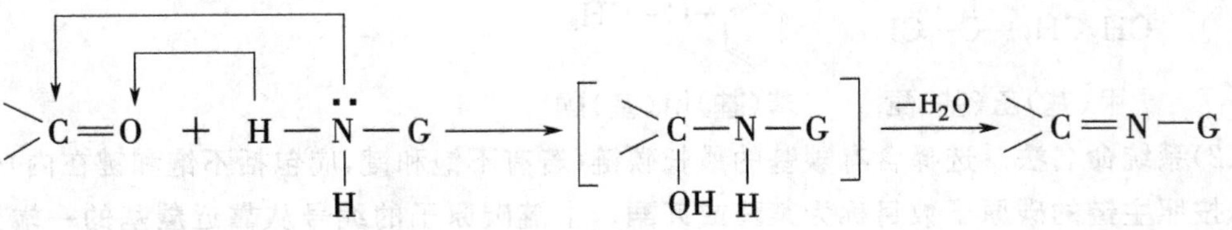

$$>C=O + H-\underset{H}{\ddot{N}}-G \longrightarrow \left[>\underset{OH}{C}-\underset{H}{N}-G\right] \xrightarrow{-H_2O} >C=N-G$$

氨的衍生物与醛和酮的反应产物大多是晶体，具有固定的熔点，测定其熔点就可以初步推断它是由哪一种醛或酮所生成的。特别是 2,4-二硝基苯肼，它几乎能与所有的醛、酮迅速发生反应，生成橙黄或橙红色的 2,4-二硝基苯腙晶体，因此常用于鉴别醛、酮。肟、腙等在稀酸作用下能够水解为原来的醛或酮，所以可利用这一性质分离和提纯醛、酮。

在有机物分析中，常用这些氨的衍生物作鉴定具有羰基结构的有机物的试剂，所以把这些氨的衍生物称作羰基试剂。

2.2 氧化反应

醛的羰基上连有的氢原子可被氧化，所以醛很容易被空气中的氧气及一些弱氧化剂氧化成具有相同数量碳原子的羧酸，酮在同样的条件下是不会被氧化的，由此可区别醛和酮。

常用的弱氧化剂有多伦(Tollen)试剂、斐林(Fehling)试剂和班乃狄(Benedict)试剂。

多伦试剂：硝酸银的氨溶液。

斐林试剂：由Ⅰ、Ⅱ两种溶液组成，Ⅰ是硫酸铜溶液，Ⅱ是氢氧化钠和酒石酸钾钠的混合液，使用时将两者等体积混合。

班乃狄试剂：硫酸铜、柠檬酸钠和碳酸钠的混合液。

上述试剂中起氧化作用的分别是银离子或铜离子，它们将醛氧化成羧酸，本身被还原为金属 Ag 或 Cu_2O 沉淀。

$$\text{(Ar)R—CHO} + [Ag(NH_3)_2]^+ \xrightarrow[\triangle]{OH^-} \text{(Ar)R—COONH}_4 + Ag\downarrow + H_2O$$

$$RCHO + Cu^{2+}(\text{配离子}) \xrightarrow[\triangle]{OH^-} RCOO^- + Cu_2O\downarrow + H_2O$$

甲醛因还原性强，可进一步把氧化亚铜还原为铜，在洁净的试管壁形成铜镜。其反应式可表示为

$$HCHO + Cu^{2+}(\text{配离子}) \xrightarrow[\triangle]{OH^-} HCOO^- + Cu\downarrow + H_2O$$

当试管很干净时，还原出来的银附着在试管壁上能形成光亮的银镜，因此多伦试剂与醛的反应又称为银镜反应。氧化亚铜为红色沉淀，现象非常明显。利用这些试剂可鉴别醛和酮。甲醛不能还原班尼狄试剂。只有脂肪醛能被斐林试剂氧化，芳香醛只能起银镜反应，而不能还原斐林试剂和班尼狄试剂。所以，可用斐林试剂区分脂肪醛与芳香醛。

酮虽然不能被多伦试剂和斐林试剂氧化，但能被一些强氧化剂(如高锰酸钾、硝酸等)氧化，碳碳键断裂，生成多种相对分子质量较小的羧酸混合物。

2.3　还原反应

在铂、钯、镍等催化剂作用下加氢，醛被还原成伯醇，酮被还原成仲醇。

$$R—CHO + H_2 \xrightarrow{Pt、Pd、Ni} R—CH_2—OH$$

$$R_2C{=}O + H_2 \xrightarrow{Pt、Pd、Ni} R_2CH—OH$$

在生物体内，羰基被还原成羟基的反应是在酶的催化作用下进行的。

2.4　歧化反应

不含 α-H 的醛，如 HCHO、R_3CCHO、C_6H_5—CHO等在浓碱作用下，能发生自身的氧化还原反应，即一分子醛氧化成酸，另一分子醛还原成醇，这种反应叫歧化反应。

$$HCHO + HCHO \xrightarrow{\text{浓 NaOH}} HCOOH + CH_3OH$$

$$C_6H_5—CHO + C_6H_5—CHO \xrightarrow{\text{浓 NaOH}} C_6H_5—COOH + C_6H_5—OH$$

这个反应是坎尼扎罗(Cannizzaro)于 1853 年发现的，故叫坎尼扎罗反应。生物体内也有类似的氧化还原过程。

2.5 α-H的反应

由于受羰基的影响，醛、酮分子中的α-H原子比较活泼。因此，具有α-H的醛、酮可以发生羟醛缩合反应或卤代反应。

(1)羟醛缩合反应。在稀碱催化下，含有α-H的醛可以发生自身加成反应，即一分子醛的α-碳与另一分子醛的羰基加成，生成β-羟基醛，此反应称为羟醛缩合反应。例如：

$$CH_3-\overset{\overset{H}{|}}{C}=O + H-CH_2CHO \xrightarrow{OH^-} CH_3-\underset{\underset{OH}{|}}{CH}-CH_2CHO$$

β-羟基丁醛(3-羟基丁醛)

β-羟基醛中的α-H更活泼，在稍受热的情况下能与羟基脱水生成α,β-不饱和醛。

$$CH_3-\underset{\underset{OH}{|}}{CH}-\underset{\underset{H}{|}}{CH}-CHO \xrightarrow{\triangle} CH_3CH=CHCHO$$

2-丁烯醛

含有α-H的醛可以与另一种不含α-H的醛发生加成反应，即一分子醛以其α-碳与另一分子不含α-氢的醛的羰基加成，产物是β-羟基醛，此反应称为交叉羟醛缩合反应。例如：

$$C_6H_5-CHO + \underset{\underset{H}{|}}{CH_2}CHO \xrightarrow{OH^-} C_6H_5-\underset{\underset{OH}{|}}{CH}CH_2CHO \xrightarrow{-H_2O} C_6H_5-CH=CHCHO$$

羟醛缩合反应是增长碳链的方法之一。生物体内也有类似的反应。

(2)卤代反应。在碱性溶液中，醛、酮分子中的α-氢原子很容易被卤素取代，生成卤代醛或卤代酮，当一个卤素原子引入α-碳原子以后，α-碳原子上的其余氢原子更容易被卤素所取代。若羰基所连的是甲基，可生成三卤代衍生物，三卤代衍生物在碱性条件下容易分解，生成三卤甲烷(俗称卤仿)和羧酸盐，故该反应称为卤仿反应。若所用的卤素是碘，则生成黄色的碘仿晶体，现象很明显，称为碘仿反应。例如：

$$CH_3-\overset{\overset{O}{\|}}{C}-H(R) + I_2 + NaOH \longrightarrow CHI_3\downarrow + (R)H-\overset{\overset{O}{\|}}{C}-ONa + NaI + H_2O$$

碘仿反应可以用来鉴别乙醛和甲基酮。

因为I_2与NaOH歧化生成的NaIO具有氧化性，能将乙醇和具有$CH_3-CH(OH)-$结构的醇氧化成乙醛和甲基酮，所以它们也可以发生碘仿反应。

$$CH_3-CH_2-OH \xrightarrow{NaIO} CH_3-CHO \xrightarrow{NaIO} HCOONa + CHI_3\downarrow$$

$$R-\overset{\overset{OH}{|}}{CH}-CH_3 \xrightarrow{NaIO} R-\overset{\overset{O}{\|}}{C}-CH_3 \xrightarrow{NaIO} RCOONa + CHI_3\downarrow$$

因此，碘仿反应可作为乙醇和具有$CH_3-CH(OH)-$结构的醇的鉴别反应。

3.醛、酮的代表物的应用

3.1　甲醛

甲醛又称蚁醛，沸点－21 ℃，是无色、对黏膜有刺激性的气体。甲醛有使蛋白质凝固的作用，因而有杀菌和防腐能力。市售的福尔马林便是37%～40%的甲醛水溶液。在工业中，甲醛大量用于制造脲醛树脂、酚醛树脂、合成纤维等。在农业中，甲醛常用作厩舍、谷仓、接种室等场所的杀菌消毒剂；还用于棉花、小麦等种子的浸种杀菌等。

甲醛与氨作用生成六亚甲基四胺[$(CH_2)_6N_4$]，商品名为乌洛托品(urotropine)。六亚甲基四胺在医药上用于抗风湿、抗流感，利尿剂及尿道消毒剂中；在工业上可用作纺织品的防缩剂、橡胶硫化促进剂。

研究表明，甲醛对人体健康有负面影响。当室内甲醛含量为0.1 mg/m^3时，有异味和不适感；为0.5 mg/m^3时会刺激眼睛引起流泪；为0.6 mg/m^3时会引起咽喉不适或疼痛；浓度再高会引起咳嗽、恶心、胸闷、呕吐、气喘甚至肺气肿；达到230 mg/m^3时可立即致人死亡。

长期接触低剂量甲醛会引起慢性呼吸道疾病、女性月经紊乱、妊娠综合征、染色体异常、新生儿体质降低等。高浓度的甲醛对神经系统、免疫系统、肝脏等都有毒害作用。据流行病学调查，长期接触甲醛会引发口腔、咽喉、鼻腔、皮肤和消化道的癌症。甲醛已经被世界卫生组织确定为致癌和致畸形物质。

甲醛是室内环境的污染源之一。目前各种人造装饰板中使用的以脲醛树脂为主的胶黏剂中未参与反应的残留甲醛是室内空气中甲醛的主要来源。中华人民共和国国家标准《居室空气中甲醛的卫生标准》规定：居室空气中甲醛的最高容许浓度为0.08 mg/m^3。通过对大量数据进行分析发现，在正常情况下，室内装饰装修7个月后，甲醛浓度可降至0.08 mg/m^3以下。

采用低甲醛含量和不含甲醛的装饰、装修材料是降低室内空气中甲醛含量的根本措施，保持室内空气流通是清除室内甲醛的有效办法。

3.2　乙醛及三氯乙醛

乙醛是无色、有刺激气味、易挥发的能溶于水的液体，沸点20.3 ℃，还可溶于乙醇、乙醚等溶剂中。乙醛具有醛类的典型性质，能聚合成三聚乙醛，三聚乙醛在稀硫酸中加热可解聚而放出乙醛。工业上常利用形成三聚乙醛来保存易挥发的乙醛。乙醛是有机合成的重要原料。

三氯乙醛(Cl_3CCHO)为无色液体，沸点98 ℃，与水生成稳定的水合三氯乙醛。水合氯醛是无色透明棱柱形晶体，有刺激性气味，味微苦，在空气中渐渐挥发，易溶于水、乙醇、三氯甲烷和乙醚。其10%的水溶液在临床上作为长时间作用的催眠药，用于治疗失眠、烦躁不安及惊厥，它使用安全，不易引起蓄积中毒，但对胃有一定的刺激性。在工业上，三氯乙醛是制备药物和农药的原料。

3.3　苯甲醛

苯甲醛又叫苦杏仁油，是无色、有苦杏仁味的液体，沸点179 ℃，稍溶于水，易溶于乙醇、乙醚。苯甲醛和糖、氢氰酸等结合而存在于桃、杏、李等果实的种子中。苯甲醛在空气中放置能够被氧化为苯甲酸。苯甲醛在工业上是一种重要的化工原料，用于制备药物、染料、香料等产品。

3.4 丙酮

丙酮是具有愉快香味、无色、易挥发的易燃液体，沸点 56.2 ℃，能与水、乙醇、乙醚、氯仿等混溶。丙酮能溶解树脂、油脂等多种有机物，是常用的有机溶剂，广泛用于油漆和人造纤维工业。丙酮是重要的化工原料，可用来制造有机玻璃、树脂等。在生物体内的物质代谢中，丙酮是油脂在肝脏中分解的产物。

4. 醌

醌是一类环状的不饱和二元酮，分子中含有以下醌型结构：

对醌　　邻醌

醌一般看作芳烃的衍生物来命名，在“醌”字前加上芳基的名称，再用邻、对或阿拉伯数字标明羰基碳的位置，放在名称之前。例如：

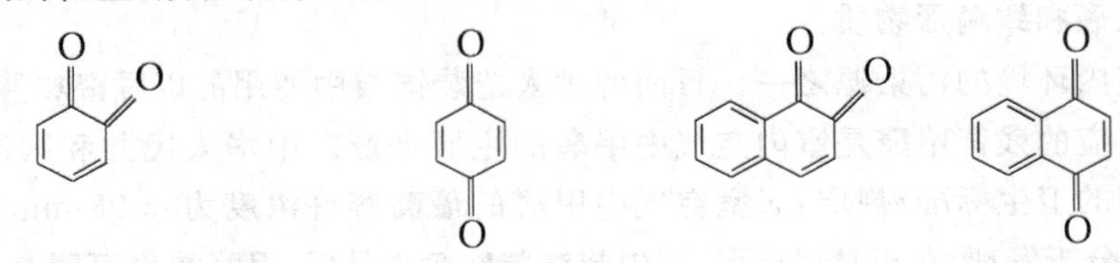

1,2-苯醌(邻苯醌)　1,4-苯醌(对苯醌)　1,2-萘醌　1,4-萘醌

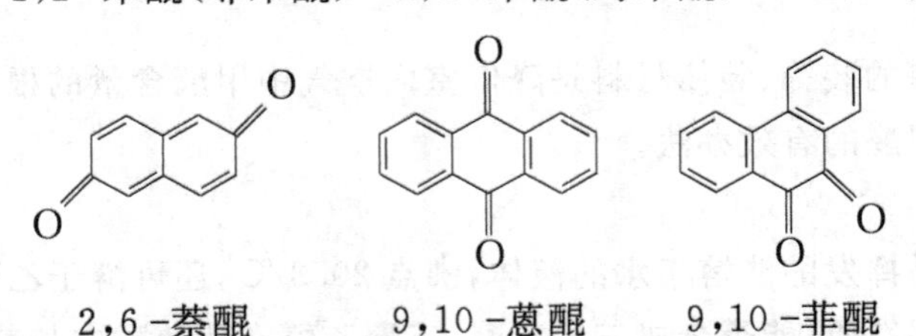

2,6-萘醌　9,10-蒽醌　9,10-菲醌

羧酸及其衍生物和取代羧酸

羧基与烃基或氢原子连接而成的化合物叫作羧酸。羧酸分子中羧基上的羟基被其他原子或原子团取代的产物叫作羧酸衍生物。羧酸分子中烃基上的氢原子被其他原子团取代的产物叫作取代羧酸。羧酸、羧酸衍生物及取代羧酸广泛存在于自然界中，是生物体的重要代谢物质，在农业、工业和人们的日常生活中有着广泛的应用。

1. 羧酸

1.1 羧酸的结构和命名

根据分子中烃基的结构，羧酸可分为脂肪酸、环烷酸和芳香酸；根据羧基的数目，羧酸可分为一元酸、二元酸及多元酸。饱和一元脂肪羧酸的通式为 $C_nH_{2n+1}COOH$。许多羧酸都有俗名，这些俗名大多是根据其提取来源或生理功能而定的，如甲酸最初是从蚂蚁中提取得到的，故俗名为蚁酸。

羧酸的系统命名与醛的命名相似，选择包括羧基碳原子的最长碳链作为主链，根据主链的碳原子数目称为某酸，从羧基碳原子开始用阿拉伯数字给主链编号，或用希腊字母 α、β 等从与羧基相邻的碳原子开始编号。二元脂肪羧酸的命名，主链两端必须是羧基所在的长链。

HCOOH 甲酸（蚁酸）

$CH_3CH(CH_3)CH_2COOH$ 3-甲基丁酸 或 β-甲基丁酸

$CH_3(H)C{=}C(H)COOH$ 反-2-丁烯酸

C_6H_5COOH 苯甲酸（安息香酸）

$HOOCCH_2CH_2COOH$ 丁二酸（琥珀酸）

$C_6H_5CH{=}CHCOOH$ β-苯基丙烯酸（肉桂酸）

$C_6H_4(COOH)_2$ 邻苯二甲酸

$C_{10}H_7CH_2COOH$ α-萘乙酸

羧酸分子去掉羟基剩下的部分称为酰基，去掉氢剩下的部分称为酰氧基，电离出氢离子剩下的部分称为羧酸根。

$R-\overset{O}{\overset{\|}{C}}-OH$ 羧酸　$R-\overset{O}{\overset{\|}{C}}-$ 酰基　$R-\overset{O}{\overset{\|}{C}}-O-$ 酰氧基　$R-\overset{O}{\overset{\|}{C}}-O^-$ 羧酸根

对于多官能团的化合物，命名时究竟以哪个官能团为主体决定母体的名称呢？通常按表 4-6 所列举的官能团优先次序确定母体和取代基，最优基团作为母体，其他官能团作为取代基。

表 4-6 一些重要官能团的优先次序

官能团名称	官能团结构	官能团名称	官能团结构	官能团名称	官能团结构
羧基	—COOH	醛基	—CH=O	三键	—C≡C—
磺基	$—SO_3H$	酮基	>C=O	双键	—C=C—
酯基	—COOR	醇羟基	—OH	烷氧基	—O—R
酰卤基	—COCl	酚羟基	—OH	烷基	—R
酰胺基	$—CONH_2$	巯基	—SH	卤原子	—X
氰基	—C≡N	氨基	$—NH_2$	硝基	$—NO_2$

1.2 羧酸的物理性质

羧酸是极性化合物，低级羧酸易溶于水，溶解度随分子量增大而降低。高级一元酸不溶于水，多元酸的水溶性大于含有相同数量碳原子的一元酸。

羧酸的沸点比分子量相近的醇高，主要原因是羧酸分子间可以形成氢键，缔合成较稳定的二聚体和多聚体。

```
                  O
      O---H   /     \   H            O---H—O
     //                              //        \
R—C                   H        R—C              C—R
     \                |              \        //
      O—H---O                        O—H---O
             \
              H
```

饱和一元羧酸和二元羧酸的熔点随着分子中碳原子数目的增加呈锯齿状变化，即含偶数碳原子的羧酸比相邻的两个含奇数碳原子的羧酸熔点高。如乙酸的熔点为16.6 ℃，而相邻的甲酸熔点为8.4 ℃，丙酸的熔点为－22 ℃。

1.3　羧酸的化学性质

1.3.1　酸性

羧酸具有弱酸性，在水溶液中存在着如下平衡：

$$RCOOH \rightleftharpoons RCOO^- + H^+$$

羧酸的电离常数一般都很小，大多数是弱酸，但比碳酸和苯酚的酸性要强。羧酸具有酸的通性，能使石蕊变红，能与碱性氧化物、碱和某些盐发生反应。

$$RCOOH + NaOH \longrightarrow RCOONa + H_2O$$

$$RCOOH + \frac{Na_2CO_3}{NaHCO_3} \longrightarrow RCOONa + CO_2\uparrow + H_2O$$
$$RCOONa \xrightarrow{H^+} RCOOH$$

大多数羧酸的 pK_a 在4～5之间，而生物细胞的pH值一般在5～9之间，所以在有机体中羧酸往往以盐(多为与有机碱形成的盐)的形式存在。由于羧基具有极性，羧酸在水中有一定的溶解度，羧酸盐在水中的溶解度更大。因此在许多天然有机物中，由于羧基的存在而增加了分子的水溶性。

土壤腐殖质的主要成分是腐殖酸，在土壤肥料学中常用 $R(COOH)_2$ 简单表示。腐殖质对土壤肥力有重要影响。

1.3.2　羧酸衍生物的生成

(1)酯的生成。在强酸(如浓硫酸)的催化下，羧酸与醇作用生成酯。有机酸和醇的酯化反应是可逆的。

$$RCOOH + R'OH \overset{H^+}{\rightleftharpoons} RCOOR' + H_2O$$

(2)酰胺的生成。羧酸与氨作用得到羧酸的铵盐，铵盐受热脱水生成酰胺。

$$RCOOH + NH_3 \longrightarrow RCOONH_4 \xrightarrow{\triangle} RCONH_2 + H_2O$$

1.3.3　脱羧反应

羧酸分子脱去一分子二氧化碳而生成少一个碳原子的化合物的反应叫作脱羧反应。饱和一元脂肪羧酸盐与碱石灰共热，可脱羧生成比原来的羧酸少一个碳原子的烃。

$$CH_3COONa + NaOH(CaO) \xrightarrow{\triangle} CH_4 + Na_2CO_3$$

α-碳原子上连有强吸电子基团的一元羧酸更容易发生脱羧反应。

$$Cl_3CCOOH \xrightarrow{\triangle} CHCl_3 + CO_2\uparrow$$

低级的二元羧酸受热比较容易脱羧。

$$\begin{array}{l}COOH\\ |\\ COOH\end{array} \xrightarrow{\triangle} HCOOH + CO_2\uparrow$$

$$\begin{array}{l}COOH\\ |\\ CH_2\\ |\\ COOH\end{array} \xrightarrow{\triangle} CH_3COOH + CO_2\uparrow$$

脱羧反应也可在酶的催化下进行，这类反应在动植物的生理生化过程中是很常见的。

1.3.4　α-氢的取代反应

脂肪羧酸中的 α-氢可被卤素取代生成卤代酸，但较醛、酮的卤代反应困难，如乙酸在日光或红磷的催化下，α一氢可逐渐被氯取代，生成一氯乙酸、二氯乙酸或三氯乙酸。

$$CH_3COOH \xrightarrow[P]{Cl_2} CH_2ClCOOH \xrightarrow[P]{Cl_2} CHCl_2COOH \xrightarrow[P]{Cl_2} Cl-\overset{Cl}{\underset{Cl}{C}}-COOH$$

用氯乙酸和 2,4-二氯苯酚作原料，可制得 2,4-D(2,4-二氯苯氧乙酸钠)。

$$\text{2,4-}Cl_2C_6H_3-OH + ClCH_2COOH + 2NaOH \longrightarrow \text{2,4-}Cl_2C_6H_3-OCH_2COONa + 2H_2O + NaCl$$

2,4-D 是一种植物生长调节剂，随浓度和用量不同，可对植物产生多种不同的效应：在较低浓度（0.5～1.0 mg/L）下是植物组织培养的培养基成分之一；在中等浓度（1～25 mg/L）下可防止落花落果、诱导无籽果实和为果实保鲜等；在更高浓度（1 000 mg/L）下可作为除草剂杀死多种阔叶杂草。

1.4　重要的羧酸

1.4.1　甲酸

甲酸俗称蚁酸，存在于蜂类的螯针、某些蚁类以及毛虫的分泌物中，也广泛存在于植物界，如荨麻、松叶及某些果实中。它是无色、有刺激性臭味的液体，沸点 100.7 ℃，溶于水，有很强的腐蚀性，能刺激皮肤起泡。

甲酸具有酸的通性，酸性比乙酸强。其分子内还含有醛基，具有还原性，能使 $KMnO_4$ 褪色，能发生银镜反应。

$$H-\overset{O}{\overset{\|}{C}}-OH \xrightarrow{[O]} [HO-\overset{O}{\overset{\|}{C}}-OH] \xrightarrow{[O]} CO_2 + H_2O$$

甲酸有杀菌力，可作消毒剂或防腐剂，还可作橡胶的凝聚剂。

1.4.2　乙酸

乙酸是食醋的主要成分，因此叫作醋酸。乙酸广泛存在于自然界中，常以盐、酯的形式或游离态存在于动植物体内。

纯乙酸是无色、有刺激性气味的液体，沸点 117.9 ℃，熔点 16.6 ℃。由于纯乙酸在 16 ℃以下能结成似冰状的固体，因此无水乙酸又叫冰醋酸。乙酸能与水以任意比例混溶，也可溶于乙醇、乙醚和其他有机溶剂。

乙酸是人类最早使用的食品调料，也是重要的工业原料，可以用来合成乙酸酐、乙酸酯等，也可用于生产醋酸纤维、胶卷、喷漆溶剂、香料等。

1.4.3　乙二酸

乙二酸常以盐的形式存在于许多植物的细胞壁中，如在菠菜、草莓、大黄、酸模草中含量很多，俗称草酸。草酸通常含两分子结晶水，是无色晶体，易溶于水，而不溶于乙醚等有机溶剂。草酸容易精制，在空气中稳定，在分析化学中常用作基准物质。

草酸的酸性比乙酸强。向草酸或草酸盐溶液中加入可溶性钙盐，则生成白色的草酸钙沉淀。这个反应很灵敏，在分析中常用来检验钙离子和草酸根离子。

$$C_2O_4^{2-} + Ca^{2+} \longrightarrow CaC_2O_4 \downarrow$$

草酸加热至 150 ℃以上即分解脱羧生成二氧化碳和甲酸。

$$HOOC—COOH \xrightarrow[\triangle]{150\ ℃} HCOOH + CO_2 \uparrow$$

草酸除具有一般羧酸的性质外，还有还原性，易被氧化。例如能与高锰酸钾反应，在分析中常用草酸钠来标定高锰酸钾溶液的浓度。

$$5HOOC—COOH + 2KMnO_4 + 3H_2SO_4 = K_2SO_4 + 2MnSO_4 + 10CO_2 \uparrow + 8H_2O$$

草酸能把高价铁还原成易溶于水的低价铁盐，因而可用来洗涤铁锈或蓝墨水的污渍。此外，工业上也常用草酸作漂白剂，用以漂白麦草、硬脂酸等。

1.4.4　丁烯二酸

丁烯二酸有顺式及反式两种异构体。

顺一丁烯二酸　　　反一丁烯二酸

顺一丁烯二酸俗称马来酸或失水苹果酸，是无色晶体，易溶于水，熔点低，受热易脱水形成酸酐。反一丁烯二酸俗称延胡索酸或富马酸，是无色晶体，难溶于水，难脱水形成酸酐。反一丁烯二酸广泛存在于动植物体内，是生物体内物质代谢的重要中间产物之一。

1.4.5　苯甲酸

苯甲酸常以酯的形式存在于一些树脂和安息香胶中，所以俗名叫作安息香酸。苯甲酸是无色晶体，熔点 122.4 ℃，微溶于水，易升华。苯甲酸是重要的有机合成原料，可用于制备染料、香料、药物等。苯甲酸及其钠盐具有抑菌防腐能力，常用作食品和药物的防腐剂。

苯甲酸　　苯甲酸钠　　α一萘乙酸

1.4.6　α-萘乙酸

α-萘乙酸简称 NAA，是白色晶状固体，熔点 133 ℃，难溶于水，但其钠盐和钾盐易溶于水。α-萘乙酸是一种常用的植物生长调节剂，浓度低时可以刺激植物生长，防止落花落果，浓度高时能抑制植物生长，可作除草剂，能防止马铃薯在贮存时发芽。

2. 羧酸衍生物

羧酸分子中的羧基被其他原子或原子团取代所生成的化合物统称羧酸衍生物。重要的羧酸衍生物有酯和酰胺，它们在化学性质上有许多相似之处。

2.1　羧酸衍生物的结构和命名

酯根据形成它的羧酸和醇(或酚)的名称命名，叫作“某酸某酯”。

$CH_3\overset{\overset{O}{\|}}{C}OCH_2CH_3$　　乙酸乙酯

$CH_3\overset{\overset{O}{\|}}{C}OCH_2CH_2\underset{}{\overset{\overset{CH_3}{|}}{C}}HCH_3$　　乙酸异戊酯

$H\overset{\overset{O}{\|}}{C}OCH_2CH_2CH_3$　　甲酸丙酯

$C_6H_5—\underset{\underset{O}{\|}}{C}—OCH_3$　　苯甲酸甲酯

$C_6H_5—O—\underset{\underset{O}{\|}}{C}H$　　甲酸苯酯

$CH_3—\underset{\underset{O}{\|}}{C}—OCH_2—C_6H_5$　　乙酸苯甲酯

酰胺根据酰基和氨(或胺)基的名称而称为“某酰胺”，并在酰胺的名称前指明氮上所连的烃基。

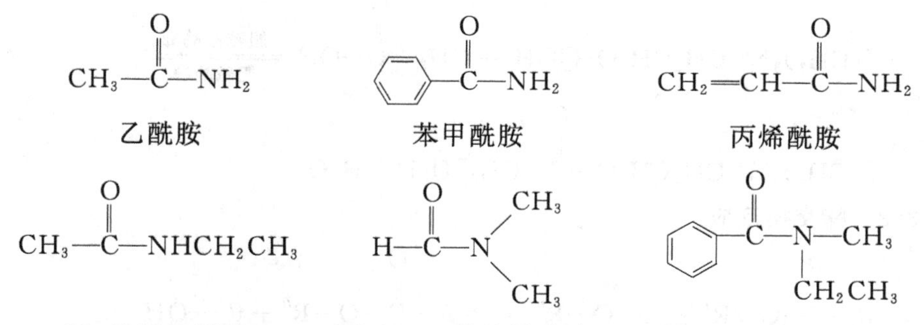

乙酰胺　　苯甲酰胺　　丙烯酰胺

N-乙基乙酰胺　　N,N-二甲基甲酰胺　　N-甲基-N-乙基苯甲酰胺

2.2　羧酸衍生物的物理性质

在室温下酰氯、酸酐和酯大多是液体。低级酰氯有强烈的刺激性气味，低级酸酐有不愉快的气味，低级酯常有果香味。如乙酸异戊酯有浓烈的香蕉味，俗称香蕉水。酰氯、酸酐、酯分子间不能通过氢键缔合，它们的沸点比相应的羧酸低。

酰氯和酸酐遇水分解为酸；酯由于没有缔合性，在水中溶解度比相应的酸低；酰胺易溶于水。

2.3　羧酸衍生物的化学性质

2.3.1　水解反应

酯和酰胺都能发生水解反应，反应需要在酸或碱的催化下进行，并且需要加热。

酯在酸催化下的水解反应是酯化反应的逆反应，水解不完全。酯在碱作用下的水解产物是羧酸盐和醇，酯在碱性条件下的水解反应又称为皂化反应。

$$R-\overset{O}{\overset{\|}{C}}-O-R' + H_2O \xrightleftharpoons{浓 H_2SO_4} R-\overset{O}{\overset{\|}{C}}-OH + R'OH$$

$$R-\overset{O}{\overset{\|}{C}}-O-R' + H_2O \xrightleftharpoons{NaOH} R-\overset{O}{\overset{\|}{C}}-ONa + R'OH$$

酰胺在酸性溶液中水解得到羧酸和铵盐，在碱作用下水解得到羧酸盐并放出氨。

$$R-\overset{O}{\overset{\|}{C}}-NH_2 + H_2O \xrightarrow{HCl} R-\overset{O}{\overset{\|}{C}}-OH + NH_4Cl$$

$$R-\overset{O}{\overset{\|}{C}}-NH_2 + H_2O \xrightarrow{H^+} R-\overset{O}{\overset{\|}{C}}-OH + NH_3 \uparrow$$

在生物体内，胆碱在胆碱乙酰酶的作用下可与乙酸发生酯化反应生成乙酰胆碱；乙酰胆碱在胆碱酯酶的作用下又可水解生成胆碱和乙酸。乙酰胆碱是生物体内传导神经冲动的重要物质，它在体内正常合成与分解能保证生理代谢正常进行。有机磷农药对昆虫有毒杀作用，这类农药对有机体内的胆碱酯酶有强烈的抑制作用，会使其失去活性，结果只有乙酰胆碱的合成而无乙酰胆碱的水解，乙酰胆碱过多堆积，造成神经过度兴奋直到神经错乱，无休止抽搐窒息而亡。人畜有机磷中毒的机理和上述情况，因此，使用这类农药时必须注意人畜的安全防护。

$$[(CH_3)_3N^+ CH_2CH_2OH]OH^- + CH_3-\overset{O}{\overset{\|}{C}}-OH \underset{胆碱酯酶}{\overset{胆碱乙酰酶}{\rightleftharpoons}}$$

$$[(CH_3)_3N^+ CH_2CH_2O-\overset{O}{\overset{\|}{C}}-CH_3]OH^- + H_2O$$

2.3.2 酯交换反应

$$R-\overset{O}{\overset{\|}{C}}-O-R' + H-O-R'' \rightleftharpoons R-\overset{O}{\overset{\|}{C}}-O-R'' + R'-OH$$

酯交换反应通常“以大换小”，生成较高级醇的酯。

生物体内也存在类似的酯交换反应。例如乙酰辅酶 A 与胆碱生成乙酰胆碱：

$$\underset{乙酰辅酶 A}{CH_3\overset{O}{\overset{\|}{C}}-S-CoA} + \underset{胆碱}{HOCH_2CH_2\overset{+}{N}(CH_3)_3OH^-} \longrightarrow \underset{乙酰胆碱}{CH_3\overset{O}{\overset{\|}{C}}-OCH_2CH_2\overset{+}{N}(CH_3)_3OH^-} + \underset{辅酶 A}{HSCoA}$$

2.3.3 酯缩合反应

酯中的 α-H 是比较活泼的，在醇钠的作用下，能与另一分子酯缩去一分子醇，生成 β-酮酸酯，这个反应叫酯缩合，或叫克莱森(Claisen)酯缩合。

$$CH_3-\overset{O}{\overset{\|}{C}}-OC_2H_5 \xrightarrow{NaOCH_2CH_3} \underset{乙酰乙酸乙酯}{CH_3-\overset{O}{\overset{\|}{C}}-CH_2-\overset{O}{\overset{\|}{C}}-OC_2H_5} + C_2H_5OH$$

酯缩合反应是生物体内的一个重要反应。生物体内的长链脂肪酸以及一些其他化合物就是由乙酰辅酶A经过一系列复杂的生化过程生成的。

2.4　自然界中的羧酸衍生物

酯广泛分布于自然界中。低级酯常有果香味，广泛存在于水果和花草中。例如，由菠萝提取的香精油中含有乙酸乙酯、戊酸甲酯、异戊酸甲酯、异己酸甲酯和辛酸甲酯等；动物脂肪和植物油是由高级脂肪酸和甘油形成的酯；蜡是由高级脂肪酸和高级醇形成的酯。

自然界中分布最广的酰胺就是蛋白质。此外，某些抗菌素，如青霉素、头孢菌素、四环系抗生素等都属于酰胺类化合物。

3. 取代羧酸

羧酸分子中烃基上的氢原子被其他原子或原子团取代形成的化合物称为取代羧酸。取代羧酸有卤代酸、羟基酸、氨基酸、羰基酸等，这里只讨论羟基酸和羰基酸。

3.1　羟基酸

3.1.1　羟基酸的分类和命名

分子中含有羧基和羟基的化合物称为羟基酸。羟基酸包括醇酸和酚酸两类，前者是脂肪羧酸中烃基上的氢原子被羟基取代的衍生物，后者是芳香羧酸中芳香环上的氢原子被羟基取代的衍生物。它们都广泛存在于动植物界中。

醇酸是以羧酸为母体、羟基为取代基来命名的。母体主链碳原子的编号可用阿拉伯数字或希腊字母表示。前者应从羧基碳原子开始，后者应从与羧酸相邻的碳原子开始。酚酸是以芳香酸为母体、羟基为取代基来命名的。自然界中存在的羟基酸常按来源而采用俗名。

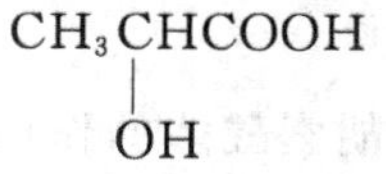

$$\underset{\displaystyle\underset{OH}{|}}{CH_3CHCOOH}$$

α-羟基丙酸

2-羟基丙酸(乳酸)

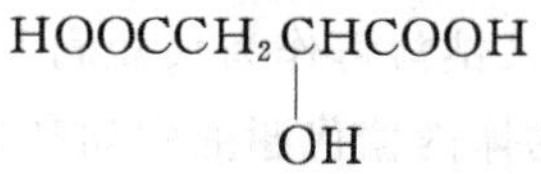

$$HOOCCH_2\underset{\displaystyle\underset{OH}{|}}{CH}COOH$$

α-丁二酸

2-羟基丁二酸(苹果酸)

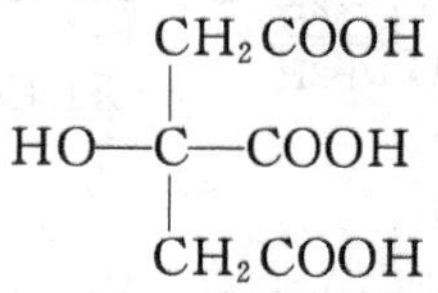

$$\begin{array}{c} CH_2COOH \\ | \\ HO—C—COOH \\ | \\ CH_2COOH \end{array}$$

3-羟基-3-羧基戊二酸(柠檬酸)

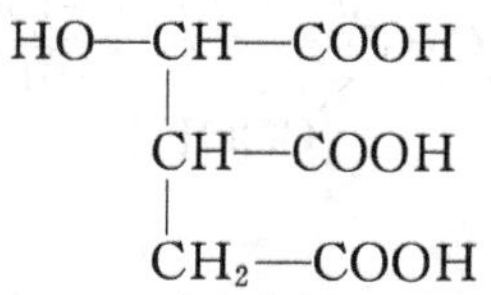

$$\begin{array}{l} HO—CH—COOH \\ \quad\quad\ | \\ \quad\quad CH—COOH \\ \quad\quad\ | \\ \quad\quad CH_2—COOH \end{array}$$

2-羟基-3-羧基戊二酸(异柠檬酸)

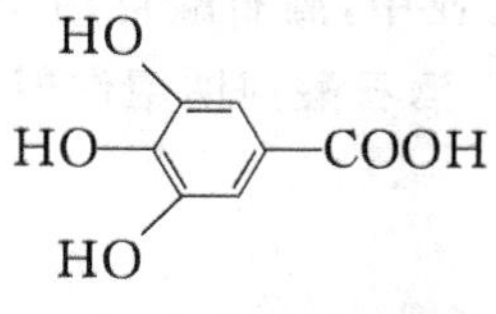

(3,4,5-三羟基苯基)—COOH

3,4,5-三羟基苯甲酸(没食子酸)

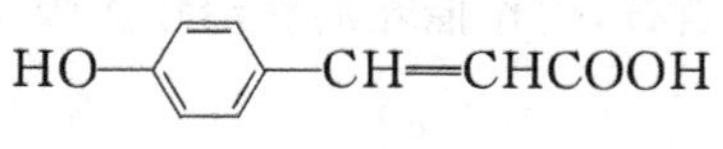

HO—(对亚苯基)—CH═CHCOOH

对羟基苯丙烯酸(香豆酸)

3.1.2　重要的羟基酸

(1)乳酸

乳酸($CH_3CHOHCOOH$)化学名为2-羟基丙酸(或α-羟基丙酸)，最初发现于酸牛奶中，纯品为无色黏性液体，溶于水、乙醇、丙酮、乙醚等，不溶于氯仿、油脂和石油醚。乳酸具有消毒防腐作用。临床上用乳酸钙治疗佝偻病等缺钙症，乳酸钠可用作酸中毒的解毒剂。乳酸在工业上用作除钙剂，在印染上用作媒染剂，在医药上可作为消毒剂和外用防腐剂。此外，食品及饮料工业中也大量使用乳酸。

乳酸是糖元的代谢产物。人在剧烈运动时，糖元分解产生乳酸，当肌肉中乳酸含量增大时会感到酸胀，恢复一段时间后一部分乳酸转变成糖元，另一部分被氧化成丙酮酸，酸胀感消失。

乳酸能够被多伦试剂氧化。在生物体内，乳酸在酶的作用下可脱氢生成丙酮酸，这个反应是可逆的。

$$CH_3\underset{\displaystyle OH}{CH}COOH \underset{+2H}{\overset{-2H}{\rightleftharpoons}} CH_3\overset{\displaystyle O}{\overset{\|}{C}}COOH$$

(2)β-羟基丁酸。

β-羟基丁酸($CH_3CHOHCH_2COOH$)是吸湿性很强的无色晶体，一般为糖浆状液体，易溶于水。它是人体内脂肪酸代谢的中间产物，在酶的催化下脱氢生成β-丁酮酸。

$$CH_3\underset{\displaystyle OH}{CH}CH_2COOH \underset{+2H}{\overset{-2H}{\rightleftharpoons}} CH_3\overset{\displaystyle O}{\overset{\|}{C}}CH_2COOH$$

(3)苹果酸。

苹果酸($HOOCCHOHCH_2COOH$)即 α-羟基丁二酸，最初从苹果中取得，因而得名。它广泛存在于未成熟的果实中，如山楂、杨梅、葡萄、番茄中都含有苹果酸。苹果酸在食品工业中用作酸味剂，其钠盐可作为禁盐病人的食盐代用品。

苹果酸是生物体内糖代谢的中间产物，在生物体内延胡索酸酶的作用下，反-丁烯二酸(延胡索酸)可与水加成生成苹果酸，苹果酸在苹果酸脱氢酶的作用下又可氧化成草酰乙酸。

$$\begin{matrix} HOOC & & H \\ & C{=}C & \\ H & & COOH \end{matrix} \underset{-H_2O}{\overset{+H_2O}{\rightleftharpoons}} \begin{matrix} HOCHCOOH \\ | \\ CH_2COOH \\ \text{苹果酸} \end{matrix} \underset{+2H}{\overset{-2H}{\rightleftharpoons}} \begin{matrix} O{=}CCOOH \\ | \\ CH_2COOH \end{matrix}$$

(4)酒石酸。

酒石酸($HOOCCHOHCHOHCOOH$)即 α,β-羟基丁二酸或2,3-二羟基丁二酸。酒石酸以游离状态或盐的形式存在于多种水果中。在食品工业中，酒石酸可用作酸味剂。酒石酸锑钾俗称吐酒石，用作催吐剂和治疗血吸虫病的药物。酒石酸钾钠用作泻药，也用来配制斐林试剂。

(5)柠檬酸。

柠檬酸又名枸橼酸，最初来自柠檬，广泛存在于多种植物的果实中，尤以柠檬中含量最高。柠檬酸是无色晶体，易溶于水和乙醇，有酸味。其在食品工业中常用作糖果及清凉饮料的调味剂；也用于制药，如柠檬酸铁铵可作补血剂。

将柠檬酸加热到150 ℃，可发生分子内脱水生成顺乌头酸，顺乌头酸加水又可生成柠檬酸和异柠檬酸两种异构体。

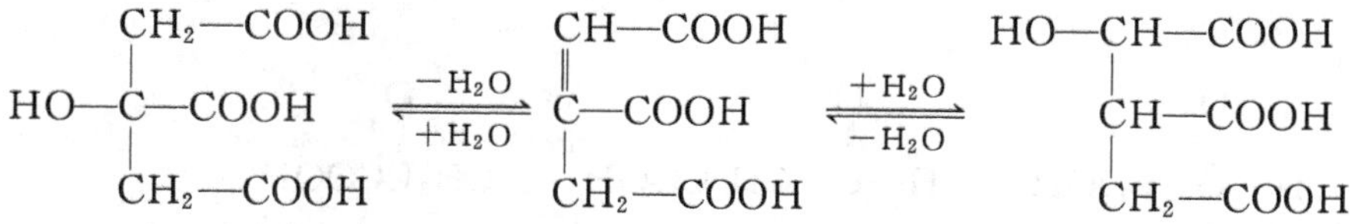

$$\begin{array}{c} CH_2—COOH \\ | \\ HO—C—COOH \\ | \\ CH_2—COOH \end{array} \underset{+H_2O}{\overset{-H_2O}{\rightleftharpoons}} \begin{array}{c} CH—COOH \\ \| \\ C—COOH \\ | \\ CH_2—COOH \end{array} \underset{-H_2O}{\overset{+H_2O}{\rightleftharpoons}} \begin{array}{c} HO—CH—COOH \\ | \\ CH—COOH \\ | \\ CH_2—COOH \end{array}$$

柠檬酸　　　　顺乌头酸　　　　异柠檬酸

生物体中的糖、脂肪和蛋白质代谢过程中都有柠檬酸经顺乌头酸转化为异柠檬酸的过程，这种化学变化是在酶的催化作用下进行的。

(6)水杨酸。

水杨酸又叫柳酸，存在于柳树及水杨树等的树皮中。其微溶于冷水，易溶于乙醇、乙醚和沸水，遇三氯化铁水溶液显紫红色。

乙酰水杨酸(即阿司匹林)有解热、镇痛的作用，近年研究发现阿司匹林还有抗血小板聚集的作用，可防止血栓形成。

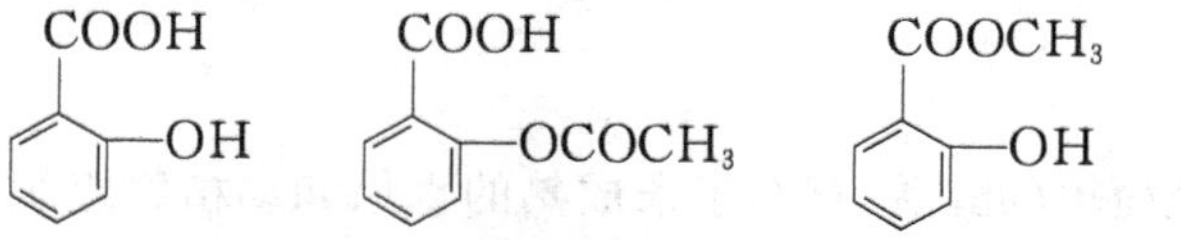

COOH, —OH（邻位，苯环）　　COOH, —$OCOCH_3$（邻位，苯环）　　$COOCH_3$, —OH（邻位，苯环）

水杨酸　　乙酰水杨酸　　水杨酸甲酯

水杨酸甲酯是从冬青树叶中取得的冬青油的主要成分，因此常将水杨酸甲酯叫作冬青油。水杨酸甲酯可作扭伤时的外擦药，此外因有特殊的香气，也用作配制牙膏、糖果的香精。

(7)没食子酸。

没食子酸是3,4,5-三羟基苯甲酸，又叫五倍子酸或棓酸，以单宁的形式存在于五倍子、槲树皮和茶叶等中。将没食子酸加热到210 ℃以上，可脱羧生成没食子酚。

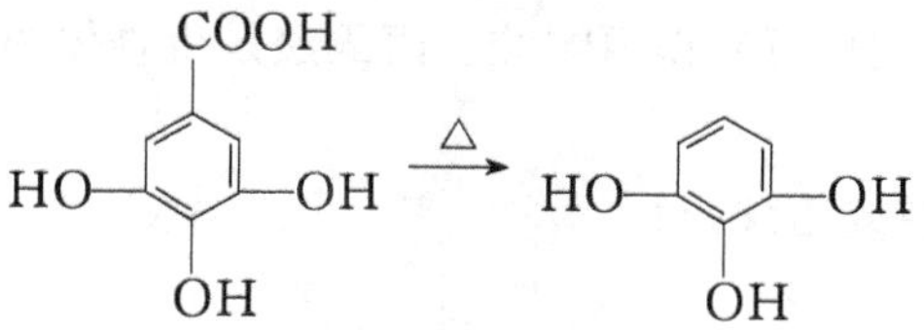

COOH；HO—（苯环）—OH；OH　$\xrightarrow{\triangle}$　HO—（苯环）—OH；OH

没食子酸　　没食子酚

单宁是没食子酸的衍生物，存在于许多植物如石榴、咖啡、茶叶、柿子等中，因其有鞣皮的作用，所以又叫鞣质或鞣酸。由不同植物提取的单宁结构不同，但它们有相似的性质：都是无定形粉末，有涩味，易被氧化变成褐色；能与蛋白质、多种生物碱形成沉淀；有杀菌、防腐和使蛋白质凝固的作用，所以在医学上可用作止血剂及收敛剂；能与铁盐生成蓝黑色沉淀。去了皮的土豆及苹果易变褐，柿子及某些未成熟的水果比较涩，就是因为里面含有鞣酸。

3.2　羰基酸

3.2.1　羰基酸的分类和命名

羰基酸是分子中含有羰基的羧酸，羰基在碳链一端的是醛酸，居于碳链中间的是酮酸。系统命名时选择含羰基和羧基的最长碳链作为主链，称为某酮酸或某醛酸。命名酮酸时常根据羰基和羧基的距离称为α-酮酸、β-酮酸等。

羰基酸的命名与醇酸相似，也是以羧酸为母体，羰基的位次用阿拉伯数字或希腊字母表示。

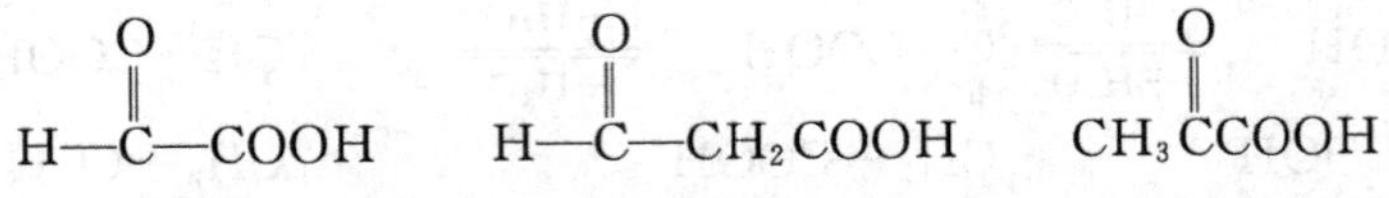

$$\underset{\text{乙醛酸}}{H-\overset{\overset{O}{\|}}{C}-COOH} \qquad \underset{\text{丙醛酸}}{H-\overset{\overset{O}{\|}}{C}-CH_2COOH} \qquad \underset{\text{丙酮酸}}{CH_3\overset{\overset{O}{\|}}{C}COOH}$$

$$CH_3\overset{\overset{O}{\|}}{C}CH_2COOH \qquad CH_3\overset{\overset{O}{\|}}{C}CH_2\overset{\overset{CH_3}{|}}{C}HCH_2COOH$$

3-丁酮酸(β-丁酮酸) 3-甲基-5-己酮酸(β-甲基-δ-己酮酸)

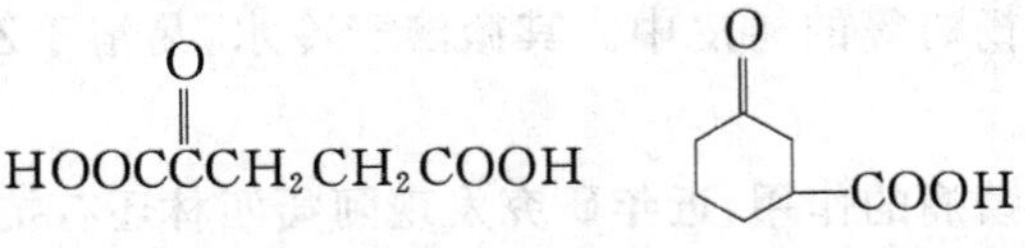

$$HOOC\overset{\overset{O}{\|}}{C}CH_2CH_2COOH$$

2-戊酮二酸(α-戊酮二酸) 3-环己酮酸

3.2.2 重要的羰基酸

(1)乙醛酸。

乙醛酸(OHC—COOH)是最简单的醛酸,存在于未成熟的水果和动植物组织中。乙醛酸是糖浆状液体,易溶于水形成水合物,兼具醛和酸的性质,例如它能还原多伦试剂、生成苯腙和发生康尼札罗反应。

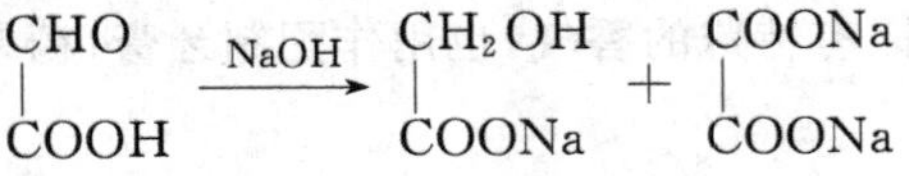

$$\begin{matrix}CHO\\|\\COOH\end{matrix} \xrightarrow{NaOH} \begin{matrix}CH_2OH\\|\\COONa\end{matrix} + \begin{matrix}COONa\\|\\COONa\end{matrix}$$

(2)丙酮酸。

丙酮酸($CH_3COCOOH$)是最简单的酮酸,易溶于水。

乳酸氧化可得丙酮酸,酒石酸失水、失羧也可制得丙酮酸。丙酮酸是生物体内糖、脂肪、蛋白质代谢的中间产物。

丙酮酸可以脱羧或脱羰,分别生成乙醛或乙酸。

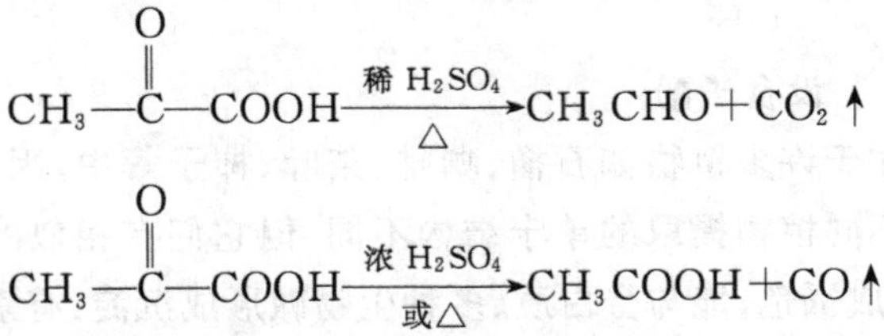

$$CH_3-\overset{\overset{O}{\|}}{C}-COOH \xrightarrow[\triangle]{\text{稀 } H_2SO_4} CH_3CHO + CO_2\uparrow$$

$$CH_3-\overset{\overset{O}{\|}}{C}-COOH \xrightarrow[\text{或}\triangle]{\text{浓 } H_2SO_4} CH_3COOH + CO\uparrow$$

在二价铁离子存在的条件下,丙酮酸能被过氧化氢氧化生成乙酸,并放出二氧化碳。

杂环化合物

由碳原子和其他原子共同成环的环状化合物称为杂环化合物。一般把除碳原子以外的其他参与成环的原子称为杂原子,最常见的杂原子是氧、氮和硫等。杂环化合物的环可以含有一个、两个或多个相同的或不同的杂原子,环可以是三元环、四元环、五元环或更大的环。杂环化合物可分为脂杂环、芳杂环两大类。杂环化合物在自然界中种类繁多,分布很广。

1. 杂环化合物的分类

杂环化合物种类很多,一般根据杂环母体所含环的数目分为单杂环和稠杂环两大类。

在单杂环中，最普遍存在的是五元杂环和六元杂环。在稠杂环中，最普遍存在的是苯环并杂环和杂环并杂环。每一类杂环化合物又可以按照杂环所含杂原子的种类和数目分类，见表4－7。

表4－7 常见杂环化合物的结构、名称及标位

分类	母体碳环	含一个杂原子			含两个以上杂原子			
五元杂环	茂(环戊二烯) cyclopentadiene	呋喃 furan 氧(杂)茂	噻吩 thiophene 硫(杂)茂	吡咯 pyrrole 氮(杂)茂	吡唑 pyrazol 1,2-二氮(杂)茂	咪唑 imidazole 1,3-二氮(杂)茂	噻唑 thiazole 1,3-硫氮(杂)茂	噁唑 oxazole 1,3-氧氮(杂)茂
六元杂环	苯 benzene	吡啶 pyridine 氮(杂)苯	α-吡喃 α-pyran	γ-吡喃 γ-pyran	哒嗪 pyridazine	嘧啶 pyrimidine	吡嗪 pyrazine	
稠杂环	茚 indene	吲哚 indole			嘌呤 purine			
	萘 naphthalene	喹啉 quinoline	异喹啉 isoquinoline		喋啶 pteridine			

2. 杂环化合物的命名

2.1 杂环的命名常用音译法，即把不含取代基的杂环母体按照英文名称的音译选用同音汉字，再加上“口”字旁。

2.2 在命名杂环化合物的衍生物时，首先对杂环上的原子进行编号。编号的原则是：单杂环从杂原子开始，依次为1,2,3,…，或以杂原子为官能团，用α、β、γ对环上的碳原子进行编号，取代基的名称及在环上的位次写在杂环母体的名称前。例如：

2-甲基呋喃　　4-乙基吡啶　　3-硝基吡咯

α-甲基呋喃　　γ-乙基吡啶　　β-硝基吡咯

当环上有两个相同的杂原子时，这使杂原子编号最小，并从连有氢（或取代基）的杂原子开始，如果环上有两个及以上不同的杂原子，则按 O、S、N 的顺序依次编号。

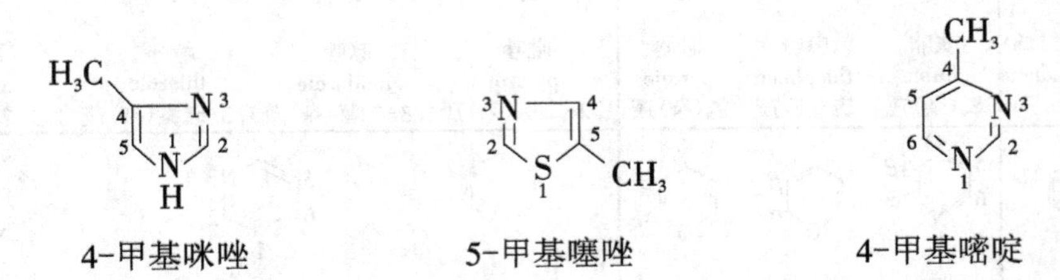

4-甲基咪唑　　5-甲基噻唑　　4-甲基嘧啶

2.3　对于杂环上连有—CHO、—COOH、—SO_3H 等基团的化合物，命名时应将杂环作为取代基，名称列于这些基团的名称之前，如：

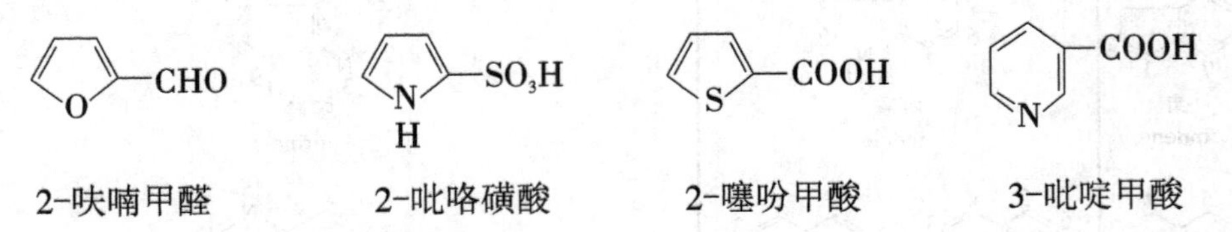

2-呋喃甲醛　　2-吡咯磺酸　　2-噻吩甲酸　　3-吡啶甲酸

2.4 某些杂环可能有互变异构现象，为了区别各异构体，需在其名称前加上阿拉伯数字及大写的斜体 H，以标示氢原子所在的位置。

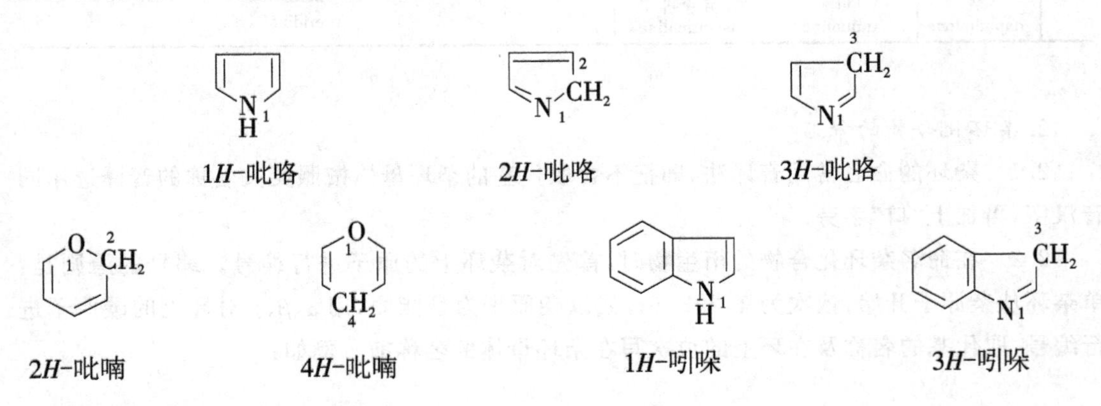

1*H*-吡咯　　2*H*-吡咯　　3*H*-吡咯

2*H*-吡喃　　4*H*-吡喃　　1*H*-吲哚　　3*H*-吲哚

3. 重要的杂环化合物及其衍生物

3.1　吡咯及其衍生物

吡咯存在于煤焦油中，是无色液体，沸点 131 ℃，在空气中因氧化而迅速变黑，在微量无机酸存在下易聚合生成暗红色树脂状物质。

吡咯的许多衍生物广泛分布于自然界中，例如叶绿素、血红素等，它们都是有重要生理作用的细胞色素，叫作卟啉类化合物。最重要的吡咯衍生物是由4个吡咯环和4个次甲基（—CH═）交替相连组成的大环化合物，其基本骨架是卟吩环，在4个吡咯环中间的空隙里4个氮原子可以分别以共价键及配位键与不同的金属离子结合，在叶绿素中与镁结合，在血红素中与铁结合；同时4个吡咯环的β位置还各有不同的取代基。

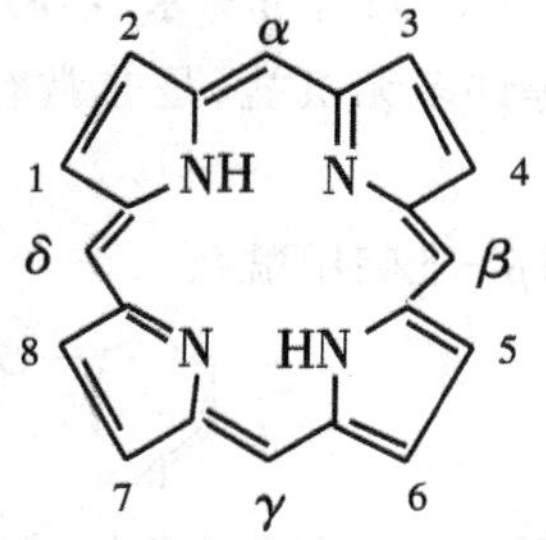

叶绿素与蛋白质结合存在于植物的叶和绿色的茎中。植物进行光合作用时，必须在叶绿素的催化下才能将吸收的太阳能转化为化学能。

叶绿素有叶绿素a和叶绿素b两种，二者的区别在于吡咯环Ⅱ的R不同。R是甲基的为叶绿素a，R是醛基的为叶绿素b。

叶绿素在碱性条件下稳定，在酸性条件下不稳定。用硫酸铜酸性溶液小心处理叶绿素，铜取代镁进入卟啉环的中心，而其他部分的结构没有改变，仍呈绿色，而且比原来的绿色更稳定。浸制植物标本时，常用此法保持植物的绿色。叶绿素可作食品、化妆品及药物的无毒着色剂。

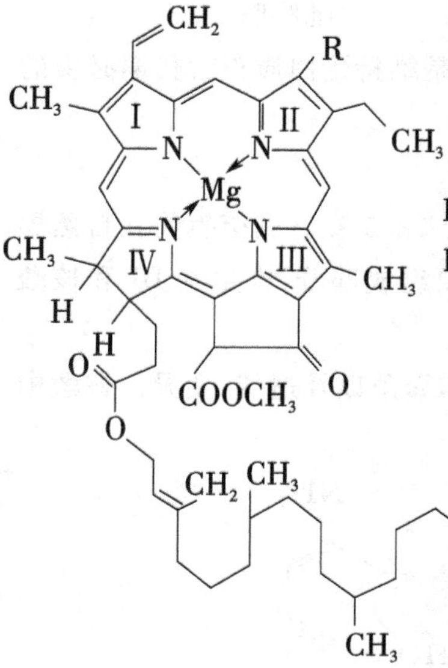

$R=CH_3$为叶绿素a
$R=CHO$为叶绿素b

叶绿素

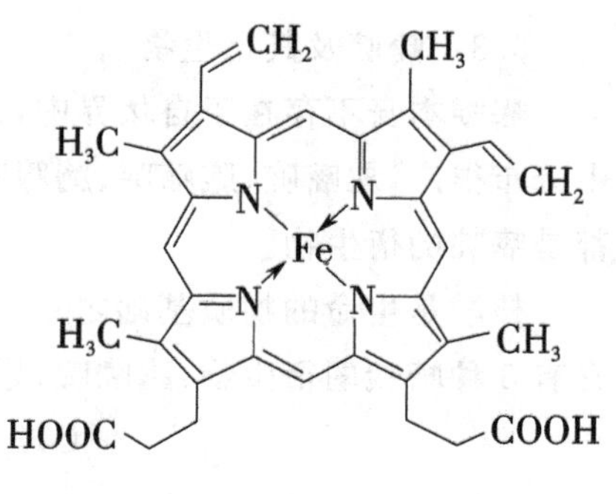

血红素

血红素与蛋白质结合形成血红蛋白而存在于高等动物的血红细胞中，它的功能是运输氧气。

3.2 吡啶及其衍生物

吡啶存在于煤焦油、页岩油和骨焦油中，吡啶的衍生物广泛存在于自然界中，例如，植物所含的生物碱不少都具有吡啶环结构，维生素 PP、维生素 B6、辅酶Ⅰ及辅酶Ⅱ也含有吡啶环。吡啶是重要的有机合成原料、良好的有机溶剂和有机合成催化剂。吡啶为有特殊臭味的无色液体，沸点 117.5 ℃，相对密度 0.982，可与水、乙醇、乙醚等以任意比例混合，并能溶解氯化锌、氯化铜、氯化汞、硝酸银等许多无机盐，是非常有用的溶剂。同时，吡啶也是合成某些杂环化合物的原料。

维生素 PP 包括 β-吡啶甲酸和 β-吡啶甲酰胺。

COOH　　CONH$_2$

N　　N

β-吡啶甲酸（烟酸或尼可酸）　β-吡啶甲酰胺（烟酰或尼可酸胺）

维生素 PP 是 B 族维生素之一，存在于米糠、酵母、牛乳、花生、肉类、肝、肾等中。它参与机体的氧化还原过程，能促进细胞新陈代谢，并有扩张血管的作用。其在临床上主要用于防治癞皮病及类似的维生素缺乏症。

维生素 B6 包括吡哆醇、吡哆醛、吡哆胺。

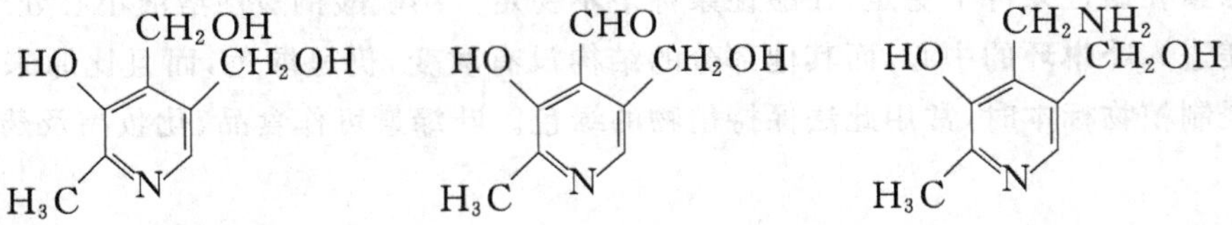

CH$_2$OH　　CHO　　CH$_2$NH$_2$

HO　CH$_2$OH　　HO　CH$_2$OH　　HO　CH$_2$OH

H$_3$C　N　　H$_3$C　N　　H$_3$C　N

吡哆醇　　吡哆醛　　吡哆胺

它们存在于蔬菜、鱼、肉等中，参与生物体中的转氨作用，是维持蛋白质正常代谢必要的维生素。

3.3 嘧啶及其衍生物

嘧啶本身不存在于自然界中，为无色结晶，易溶于水，熔点 22.5 ℃。其衍生物在自然界中分布很广，尿嘧啶、胞嘧啶、胸腺嘧啶是遗传物质核酸的重要组成部分，维生素 B1 和核酸都是嘧啶的衍生物。

核酸是生命的物质基础之一，它控制着生物的生长、发育、繁殖以及遗传、变异。核酸中含有 3 种嘧啶的衍生物：胞嘧啶、尿嘧啶和胸腺嘧啶。

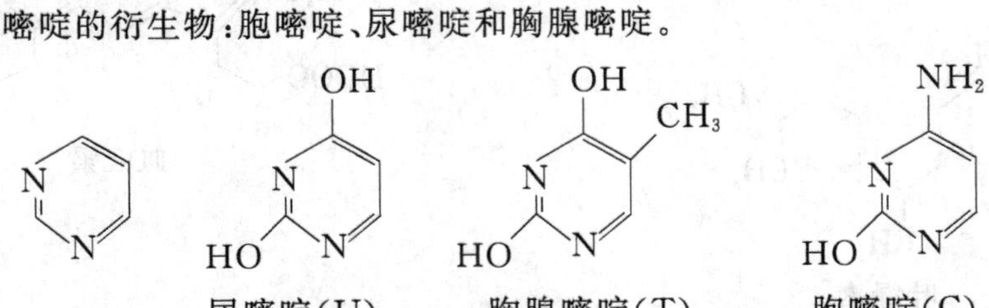

OH　　OH　　NH$_2$

CH$_3$

N　　N　　N　　N

N　　HO　N　　HO　N　　HO　N

尿嘧啶(U)　　胸腺嘧啶(T)　　胞嘧啶(C)

嘧啶　　uracil　　thymine　　cytosine

维生素 B1 是嘧啶的重要衍生物之一。它存在于麦麸、米糠、瘦肉、绿叶、豆类、花生、酵母等中，是维持碳水化合物正常代谢必需的物质。体内缺乏维生素 B1 会引起多发性神经炎、食欲不振及脚气病等。

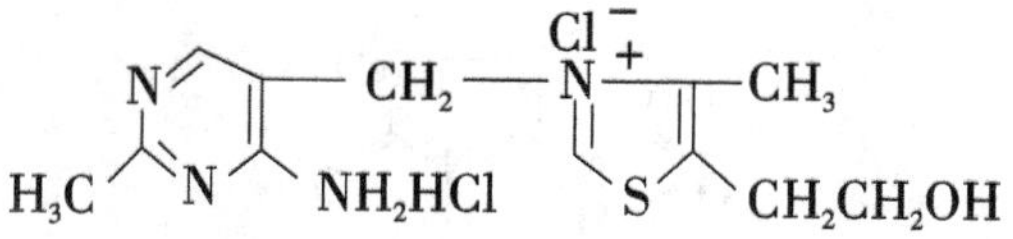

维生素B_1

3.4　吲哚及其衍生物

吲哚是白色结晶，熔点 52.5 ℃。极稀的吲哚溶液有香味，可用作香料，浓的吲哚溶液有粪臭味。素馨花、柑橘花中含有吲哚。吲哚的衍生物广泛存在于动植物体内，与人类的生命、生活有密切的关系。吲哚能使浸有盐酸的松木片显红色。

β-吲哚乙酸是吲哚的重要衍生物，它存在于植物的生长点、酵母以及人畜的尿中。β-吲哚乙酸是一种重要的植物生长调节剂，低浓度时能促进植物生长，主要作用是加速插枝作物生根及无籽果实形成，但高浓度时会抑制植物生长。

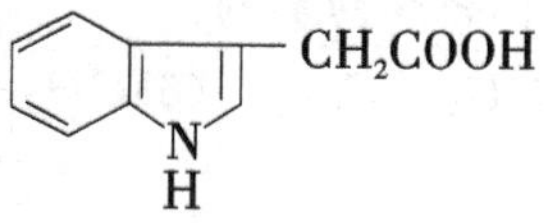

β-吲哚乙酸

3.5　嘌呤及其衍生物

嘌呤为无色晶体，熔点 216～217 ℃，易溶于水，既有弱碱性又有弱酸性，能与酸或碱成盐。纯嘌呤在自然界中不存在，嘌呤的衍生物广泛存在于动植物体内。

如核酸中含有两种嘌呤的衍生物：腺嘌呤和鸟嘌呤。

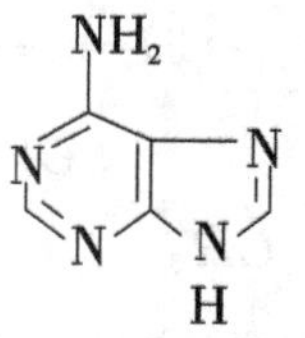

腺嘌呤 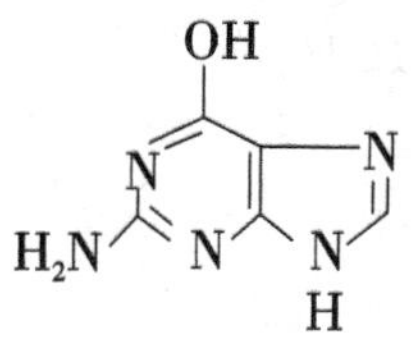　　鸟嘌呤

尿酸也是嘌呤的衍生物，它是爬虫类动物和鸟类蛋白质代谢的最终产物，正常人的尿中只含有少量尿酸。当人体内的嘌呤代谢发生障碍时，血和尿中尿酸量增加，严重时形成尿结石。血中尿酸含量过多会沉积在关节处，严重者甚至导致痛风病。

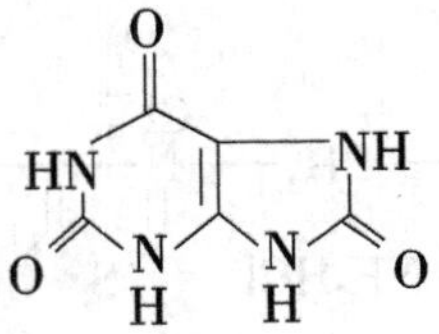

$$\begin{array}{c} \text{(uric acid structure: purine-2,6,8-trione)} \end{array}$$

尿酸

【项目测试】

1. 下列化合物中属于有机化合物的有哪些？

(1)CH_3COOH (2)$NaHCO_3$ (3)$C_4H_{10}O$ (4)CCl_4

(5)CaC_2 (6)HCl (7)H_2O (8)$CO(NH_2)_2$

(9)C_2H_6 (10)KCN

2. 依据官能团的特征说出下列化合物的类别。

(1)$C_4H_9—OH$ (2)$CH_3CH_2—Cl$ (3)$CH_3—O—CH_3$ (4)CH_3CHO

(5)CH_3NH_2 (6)$CH_3—OH$ (7)$CH_3—\overset{\overset{O}{\|}}{C}—CH_3$ (8)（环己烯结构式）

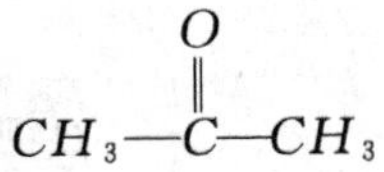

3. 用系统命名法命名下列化合物：

(1) 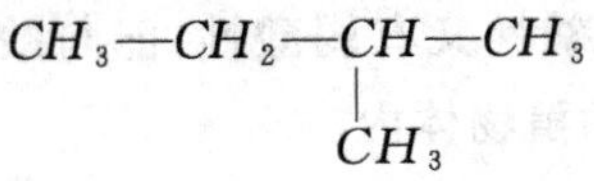 $CH_3—CH_2—\underset{\underset{CH_3}{|}}{CH}—CH_3$ (2) $CH_3—\underset{\underset{C_2H_5}{|}}{CH}—CH═CH_2$

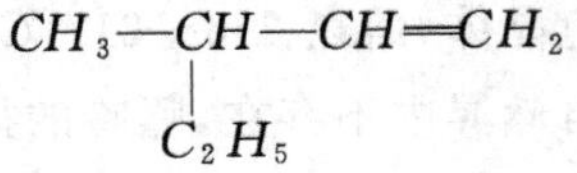

(3) 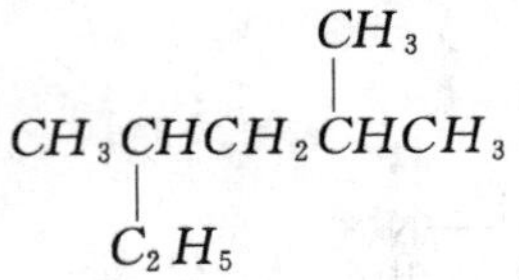 $CH_3\underset{\underset{C_2H_5}{|}}{CH}CH_2\overset{\overset{CH_3}{|}}{CH}CH_3$ (4) 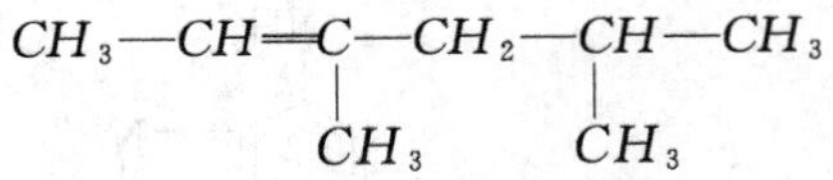 $CH_3—CH═\underset{\underset{CH_3}{|}}{C}—CH_2—\underset{\underset{CH_3}{|}}{CH}—CH_3$

(5)CH_3CH_2COOH (6) 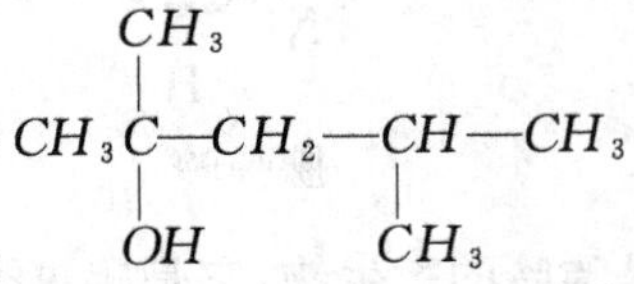 $CH_3\overset{\overset{CH_3}{|}}{\underset{\underset{OH}{|}}{C}}—CH_2—\underset{\underset{CH_3}{|}}{CH}—CH_3$

4. 写出下列化合物的结构式：

(1)2-甲基-1,3-丁二醇 (2)乙醚

(3)3-苯基丙醇 (4)间甲苯酚

(5)吡啶 (6)α-呋喃甲醛

5. 完成下列化学方程式：

(1)$CH_3—CH═CH_2+HCl \longrightarrow$

(2) 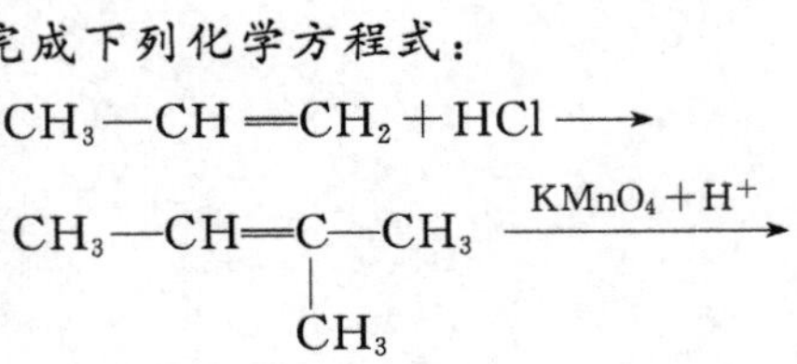 $CH_3—CH═\underset{\underset{CH_3}{|}}{C}—CH_3 \xrightarrow{KMnO_4+H^+}$

(3) $C_6H_6 + C_2H_5Cl \xrightarrow{AlCl_3}$

(4) $CH_3\text{-}C_6H_4\text{-}CH_3 + KMnO_4 \xrightarrow{\triangle}$（对二甲苯）

(5) $C_2H_5OH \xrightarrow[140\ ^\circ C]{浓\ H_2SO_4}$

(6) $CH_3CH(OH)CH_2CH_3 + HBr \xrightarrow{\triangle}$

(7) $CH_3CH(OH)CH_3 \xrightarrow{KMnO_4}$

(8) $CH_3COOH + CH_3CH_2CH_2CH_2OH \xrightarrow[浓\ H_2SO_4]{\triangle}$

(9) $2CH_3CH_2COOH \xrightarrow[\triangle]{P_2O_5}$

(10) $CH_3CH_2CHO + CH_3OH \xrightarrow{干燥\ HCl} \xrightarrow[H_2O]{H^+}$

项目五　生物大分子化合物

生物大分子是生物体内分子量较大的有机物，包括糖、脂、蛋白质和核酸四大类。本项目重点介绍糖、脂和蛋白质。生物大分子是细胞生命活动的物质基础，广泛存在于自然界中。糖是自然界中分布最广的有机化合物，是植物通过光合作用形成的主要贮能物质，也是人和动物的主要能源。脂和蛋白质主要存在于动植物体中，脂类是动物体中的重要贮能物质，蛋白质与生命息息相关，没有蛋白质就没有生命。

任务一　糖类

学习目标

1. 知道糖的基本定义、性质及应用。

2. 学会用3,5－二硝基水杨酸比色法测定植物中可溶性还原糖的含量及蔗糖转化度。

3. 学会T6型紫外可见分光光度计和旋光仪的使用。

技能目标

学会T6型紫外可见分光光度计和旋光仪的使用及维护。

糖是人体热能的主要来源，是人类赖以生存的重要物质之一。糖供给人体的热能占人体所需总热能的60%～70%，除纤维素以外，一切糖类物质都是热能的来源。糖类主要以各种淀粉、糖、纤维素的形式存在于粮、谷、薯类、豆类、米面制品和蔬菜水果中。糖在植物中约占其干物质的80%；在动物中糖很少，约占其干物质的2%。

【工作任务一】

植物中可溶性还原糖的测定。

【工作目标】

1. 学会用3,5－二硝基水杨酸比色法测定可溶性还原糖的含量。

2. 学会T6型紫外可见分光光度计的使用。

【工作情境】

本任务可在化验室或实验室中进行。

1. 仪器：电子天平、T6(新世纪)紫外可见分光光度计、比色皿、大试管、水浴锅、纱布或滤纸、容量瓶(100 mL)、小烧杯、剪刀或研钵、比色管、移液管(1 mL、2 mL)、量筒(25 mL)、坐标纸。

2. 试剂：3,5－二硝基水杨酸（DNS 试剂）、葡萄糖（在 105 ℃下干燥至恒重，分析纯）、辣椒或黄瓜。

【工作原理】

3,5－二硝基水杨酸与还原糖共热后，被还原成红色的氨基化合物，在一定的范围内，还原糖的量与棕红色的深浅成正比，可用比色法测定糖的含量。

本法操作简便，快速，杂质干扰较小。

【工作过程】

1. 葡萄糖标准溶液的配制

准确称取在 105 ℃下干燥至恒重的葡萄糖 0.100 0 g，溶于水后定容至 100 mL，摇匀，备用。

2. 样品中可溶性还原糖的提取

准确称取 1.900 0～2.000 0 g 新鲜辣椒（或 4.900 0～5.000 0 g 黄瓜）1 份，剪碎或研碎，放入大试管中，加水 20 mL，在沸水中加热，提取 20 min，冷却后过滤（用纱布过滤）入 100 mL 的容量瓶中（若浸提液颜色深需过滤到小烧杯中，再用快速滤纸过滤一遍），用水洗残渣 2～3 次，定容至刻度备用。

3. 标准曲线的绘制

（1）取 7 支比色管，编号后按下表添加试剂，由浓到稀配制标准系列溶液，将各管混匀。

（2）以第一管为空白，在 520 nm 的波长下测定吸光度。

（3）以葡萄糖的含量为横坐标，吸光度 A 为纵坐标，绘制标准曲线，查得样品液中含还原糖量的数值。

【数据处理】

1. 数据记录

项目	标准管					项目	样品管	
	1	2	3	4	5		1	2
葡萄糖液/mL	0	0.2	0.4	0.6	0.8	样品液（mL）	1.0	1.0
蒸馏水/mL	2.0	1.8	1.6	1.4	1.2		1.0	1.0
DNS 试剂/mL	1.0	1.0	1.0	1.0	1.0		1.0	1.0
葡萄糖的含量/mg	0	0.2	0.4	0.6	0.8			
加热 5 min 后定容到 25 mL								
A(520 nm)								

以葡萄糖的含量 0、0.2、0.4、0.6、0.8 为横坐标，以所测得的吸光度为纵坐标作标准曲线。

2. 结果计算

$$还原糖\% = \frac{从曲线中查得的糖的毫克数 \times 样品的稀释倍数}{样品重 \times 1\ 000} \times 100\%$$

【注意事项】

1. 比色皿洗净后用所盛溶液润洗 3 次。

2. 用擦镜纸轻轻擦干净比色皿的外表面。

3. 测吸光度时按由稀溶液到浓溶液的顺序测定。

4. 读出三位有效数字。

5. 测量完毕须及时切断电源，将比色皿用蒸馏水洗干净，登记使用情况，盖好防护罩。

【体验测试】

3,5 -二硝基水杨酸比色法测定可溶性还原糖的原理是什么？

【工作任务二】

蔗糖转化度的测定。

【工作目标】

1. 了解旋光仪的基本原理，学会其使用方法。

2. 学会物质旋光性、比旋光度及旋光度的定义及测定方法。

3. 能使用旋光仪进行蔗糖转化度的测定。

【工作情境】

本任务可在化验室或实验室中进行。

1. 仪器：旋光仪、旋光管、电子天平、量杯（50 mL）、烧杯、移液管、容量瓶、三角瓶、温度计、计时器。

2. 试剂：蔗糖、盐酸溶液（4 mol/L）、新鲜配制的蔗糖（如有混浊应过滤）。

【工作原理】

蔗糖水溶液在有 H^+ 存在时会水解生成葡萄糖与果糖，反应式为

$$C_{12}H_{22}O_{11}(\text{蔗糖}) + H_2O \longrightarrow C_6H_{12}O_6(\text{葡萄糖}) + C_6H_{12}O_6(\text{果糖})$$

蔗糖是右旋的，水解的混合物有左旋的，所以偏振光面将由右边旋向左边。偏振光面旋转的角度称为旋光度，用 α 表示。溶液的旋光度与溶液所含物质的旋光能力、溶剂性质、溶液浓度、样品管长度及温度等均有关系。当其他条件固定时，旋光度 α 与溶液浓度 c 呈线性关系，即

$$\alpha = Kc$$

式中，K 为比例系数，与物质的旋光能力、溶剂性质、溶液浓度、光源、温度等因素有关，溶液的旋光度是各组分的旋光度之和。

为了比较各种物质的旋光能力，引入比旋光度这一概念，比旋光度可表示为：

$$[\alpha]_D^t = \frac{10\alpha}{lc_A}$$

式中 t——实验温度，℃；

D——钠灯光源 D 线的波长（即 589 nm）；

α——仪器测得的旋光度，°；

l——样品管的长度，cm；

c_A——溶液浓度，g/mL。

反应物蔗糖是右旋物质，其比旋光度$[\alpha]_D^{20}=52.5°$，果糖是左旋物质，其比旋光度$[\alpha]_D^{20}=-91.9°$。由于生成物中果糖的左旋性比葡萄糖的右旋性大，所以生成物呈现左旋性质。因此，随着反应的不断进行，体系的右旋角不断减小，在反应进行到某一瞬间时，体系的旋光度恰好等于零，随后左旋角逐渐增大，直到蔗糖完全反转化，体系的左旋角达到最大值α_ω。这种变化称为转化，蔗糖水解液被称为转化糖浆。

蔗糖转化度指的是蔗糖水解产生的葡萄糖的质量与蔗糖最初的质量的比值的百分数。通过测定酸性条件下蔗糖水解液的旋光度，就可以计算蔗糖转化度。

【工作过程】

1. 仪器装置：旋光仪。

2. 旋光仪的校正。蒸馏水为非旋光性物质，可用来校正旋光仪。首先将旋光管洗净，用蒸馏水润洗两次，由加液口加蒸馏水至满，若旋光管中有气泡，应让气泡浮在凸颈处。旋紧螺丝帽盖时不宜用力过猛，以免将玻璃片压碎，旋光管的螺丝帽不宜旋得过紧，以防产生应力而影响读数的正确性。随后用滤纸将旋光管外的水吸干，将旋光管两端的玻璃片用擦镜纸擦干净，然后将旋光管放入旋光仪的样品室中，盖上箱盖。打开示数开关，调节零位手轮，使旋光管示数为零，按下“复测”键，旋光示数为零，重复上述操作3次，待示数稳定即校正完毕。注意，每次测定时旋光管安放的位置和方向都应保持一致。

3. 溶液的配制。取浓度为0.2 g/mL的蔗糖溶液25 mL与25 mL浓度为4 mol/L的盐酸溶液混合，并迅速以此混合液润洗旋光管两次，然后装满旋光管，旋紧螺丝帽盖。拭去旋光管外的溶液，然后将旋光管放入旋光仪的样品室中，盖上箱盖。打开示数开关，开始测定旋光度。以开始时刻为t_0，每隔5 min读数一次，测定30 min 。

取浓度为0.2 g/mL的蔗糖溶液25 mL与25 mL浓度为4 mol/L的盐酸溶液混合在烧杯中，用水浴加热，水浴温度为50 ℃ ，保温30 min 。冷却至室温，测得旋光度α_ω。

【数据处理】

实验温度：________　　　　盐酸浓度：________

大气压：________　　　　$\alpha_\omega=$________

时间/min	0	5	10	15	20	25	30
旋光度							
蔗糖转化度/%							

【注意事项】

1. 本实验中旋光度的测定应当使用同一台仪器和同一个旋光管，并且在旋光仪中所放的位置和方向都必须保持一致。

2. 实验中所用的盐酸对旋光仪、旋光管和金属部件有腐蚀性，实验结束必须将其彻底洗净，并用滤纸吸干水分，以保持仪器和旋光管的洁净和干燥。

3.本实验除了用氢离子作催化剂外，也可用蔗糖酶催化，后者的催化效率更高，并且用量大大减少。如用蔗糖酶液（3～5 U/mL，U（活力单位）为在室温、pH＝4.5 的条件下，每 min 水解产生 1 μmol 葡萄糖所需的酶量），用量仅为 2 mol/L 的盐酸溶液用量的 1/50。

4.本实验用盐酸作催化剂（浓度保持不变）。如改变盐酸浓度，蔗糖转化率也随着改变。

5.温度对本实验的影响很大，所以应严格控制反应温度，在反应过程中应记录实验室内的气温变化，计算平均实验温度。

【体验测试】

1.如何判断某一旋光物质是左旋还是右旋？

2.在实验中为什么用蒸馏水来校正旋光仪的零点？

3.蔗糖溶液为什么可粗略配制？

【知识链接】

光学异构

同分异构现象在有机化学中极为普遍，这是有机化合物种类繁多、数目庞大的一个重要因素。有机化合物的异构现象可分为两大类：构造异构和立体异构。构造异构是分子中的原子相互连接的顺序和方式不同引起的异构，它包括四种类型：碳链异构、官能团位置异构、官能团异构和互变异构。立体异构是分子的构造相同，但分子中的原子或基团在空间的排列方式不同引起的异构，它包括顺反异构（几何异构）、对映异构（光学异构）和构象异构三种。见表 5-1。

表 5-1 同分异构的分类

<table>
<tr><td rowspan="7">同分异构</td><td rowspan="4">构造异构</td><td colspan="2">碳链异构（如正丁烷和异丁烷）</td></tr>
<tr><td colspan="2">官能团位置异构（如 1-丁烯和 2-丁烯）</td></tr>
<tr><td colspan="2">官能团异构（如丁醇和乙醚）</td></tr>
<tr><td colspan="2">互变异构（如烯醇式结构与酮式结构）</td></tr>
<tr><td rowspan="3">立体异构</td><td rowspan="2">构型异构</td><td>顺反异构（几何异构）</td></tr>
<tr><td>对映异构（光学异构）</td></tr>
<tr><td colspan="2">构象异构</td></tr>
</table>

1.物质的光学活性

1.1 偏振光

光是一种电磁波，其振动方向与前进方向互相垂直。普通光的光波在垂直于其前进方向所有可能的平面上振动，如图 5-1 所示。

当普通光通过一个由方解石制成的尼克尔（Nicol）棱镜（其作用像一个栅栏）时，只有在与棱镜的晶轴平行的平面上振动的光能够通过，而在其他平面内振动的光被阻挡，于是透过棱镜后射出的光就只在一个平面内振动了，如图 5-2 所示。这种透过尼克尔棱镜后只在一

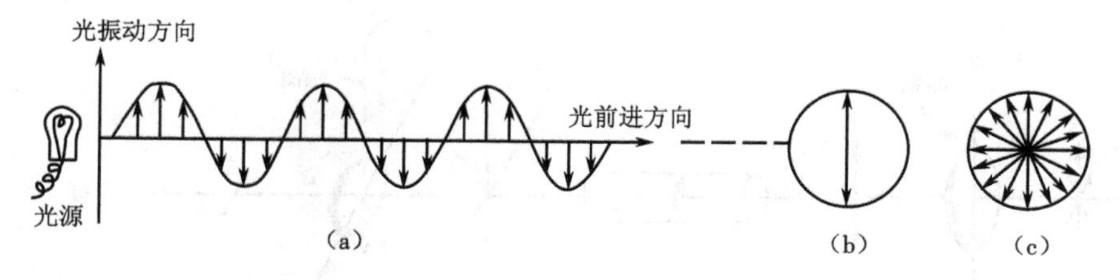

图 5-1　普通光的振动情况

(a)光在纸面内振动振幅的周期性变化　(b)光在纸面内振动的振幅　(3)光在所有平面内振动的振幅

个平面内振动的光称为平面偏振光，简称偏振光。

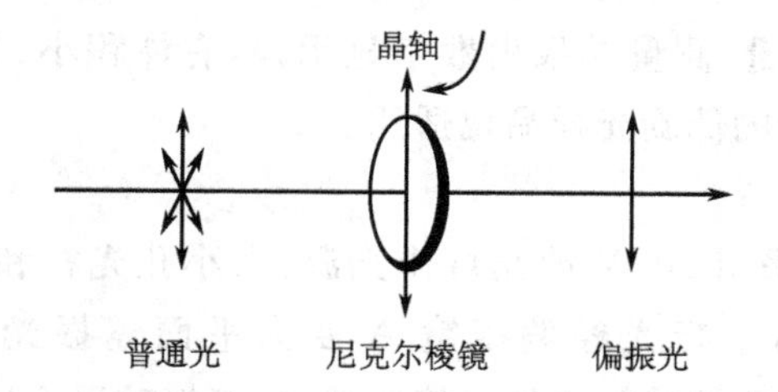

图 5-2　偏振光的产生

1.2　物质的旋光性

实验发现，偏振光通过水、乙醇、丙酮、乙酸等物质后，其振动平面不发生改变，这些物质对偏振光的振动平面没有影响(此类物质称为非旋光性物质或非光学活性物质)。而偏振光通过葡萄糖、乳酸、氯霉素、酒石酸等物质(液态或溶液)后，其振动平面会发生一定角度的旋转。物质的这种使偏振光的振动平面发生旋转的性质叫作旋光性；具有旋光性的物质叫作旋光性物质或光学活性物质。

能使偏振光的振动平面向右(顺时针方向)旋转的物质叫作右旋物质(简称右旋体)，用(+)表示；能使偏振光的振动平面向左(逆时针方向)旋转的物质叫左旋物质(简称左旋体)，用(−)表示。如从肌肉中提取的乳酸是(+)乳酸，而由葡萄糖发酵得到的乳酸是(−)乳酸。由等量的左旋体和右旋体组成的混合体系失去旋光性，称为外消旋体，用(±)表示。如酸牛奶中的乳酸就是(±)乳酸，外消旋体没有光学活性，但可以拆分为左旋体和右旋体两个有旋光活性的异构体。外消旋体的化学性质与对映体基本相同，在生物体内左、右旋体各自保持并发挥自己的功效。

1.3　旋光度与比旋光度

旋光物质的旋光方向和旋转角度可用旋光仪测定。旋光仪主要由光源、起偏镜、盛液管、检偏镜和目镜等几部分组成。光源发出的光通过起偏镜产生偏振光，偏振光通过盛液管，如果盛液管中装的是乳酸等旋光物质，会使偏振光的振动平面发生旋转，检偏镜需要向左或向右旋转一定角度才能看到光透过；如果盛液管中装的是水等非旋光物质，检偏镜不需要旋转，只需与起偏镜保持平行就可以看到光透过，如图 5-3 所示。

1.3.1　自动旋光仪的使用方法

旋光仪是测定物质的旋光度的仪器。通过测定样品的旋光度，可以分析确定物质的浓

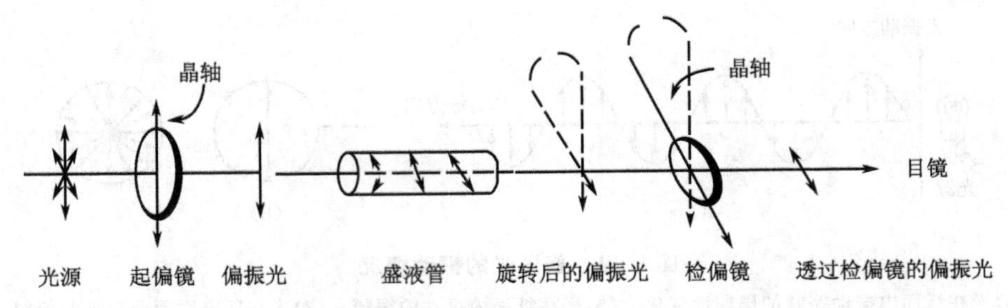

图 5-3 旋光仪的工作原理

度、含量及纯度等。目前使用较普遍的是国产 WZZ-2 自动旋光仪,该仪器采用光电检测自动平衡原理进行自动测量,测量结果由数字显示,具有体积小、灵敏度高、读数方便等特点,对目视旋光仪难以分析的低旋光样品也适用。

(1)构造原理。

WZZ-2 自动旋光仪采用 20 W 钠光灯作光源,由小孔光栏和物镜组成一个简单的点光源平行光管(图 5-4),平行光经偏振镜 A 变为平面偏振光,其振动平面为 OO(图 5-5(a)),当偏振光经过有法拉第效应的磁旋线圈时,其振动平面以 50 Hz 的 β 角往复摆动(图 5-5(b)),光线经过偏振镜 B 投射到光电倍增管上,产生交变的电信号。

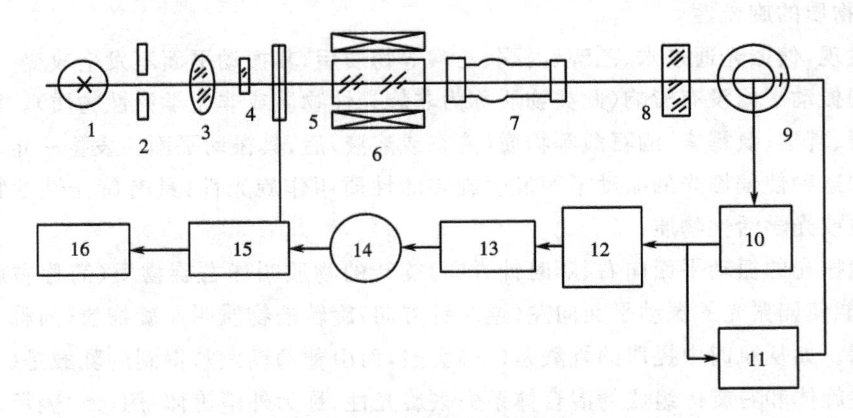

图 5-4 自动旋光仪的构造

1—光源;2—小孔光栏;3—物镜;4—滤光片;5—偏振镜;6—磁旋线圈;7—样品室;8—偏振镜;9—光电倍增管;10—前置放大器;11—自动高压;12—选频放大器;13—功率放大器;14—伺服电机;15—蜗轮、蜗杆;16—计数器

仪器以两偏振镜的光轴正交(即 $OO \perp PP$)为光学零点(OO 为偏振镜 A 的偏振轴,PP 为偏振镜 B 的偏振轴),此时 $\alpha=0°$。磁旋线圈产生的 β 角摆动在光学零点得到 100 Hz 的光电信号;在有 α_1° 或 α_2° 的试样中得到 50 Hz 的信号,它们的相位正好相反,因此,能使工作频率为 50 Hz 的伺服电机转动。伺服电机通过蜗轮、蜗杆使偏振镜旋转 α°($\alpha=\alpha_1$ 或 $\alpha=\alpha_2$),仪器回到光学零点,伺服电机在 100 Hz 信号的控制下重新出现平衡指示。

(2)操作步骤。

①将仪器电源插头插入 220 V 的交流电源,并将接地脚可靠接地。

②打开电源开关,这时钠光灯应启亮,需经 5 min 预热,使之发光稳定。

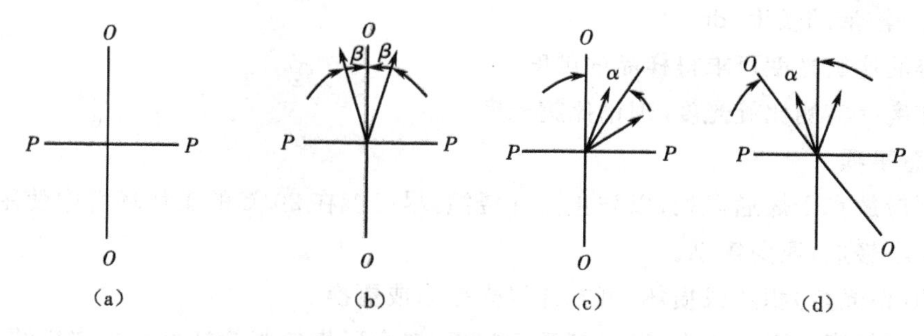

图 5－5　旋光仪的工作原理

(a)偏振镜 A 产生的偏振光在 OO 平面内振动　(b)通过磁旋线圈后的偏振光振动面以 β 角摆动
c.通过样品后的偏振光振动面旋转 α_1°　(d)仪器示数平衡后偏振镜 A 反向旋转 α_1°，补偿了样品的旋光度

③打开光源开关(若光源开关打开后钠光灯熄灭，则再将光源开关重复打开 1 到 2 次，使钠光灯在直流下点亮，即为正常)。

④打开测量开关，这时数码管应有数字显示。

⑤将装有蒸馏水或其他空白溶剂的试管放入样品室中，盖上箱盖，待示数稳定后按清零按钮。若试管中有气泡，应让气泡浮在凸颈处。通光面两端的雾状水滴应用软布揩干。试管螺帽不宜旋得过紧，以免产生应力，影响读数。安放试管时应注意标记的位置和方向。

⑥取出试管，将待测样品注入试管，按相同的位置和方向放入样品室内，盖好箱盖。仪器数显窗将显示出该样品的旋光度。

⑦逐次按下复测按钮，重复读几次数，取平均值作为样品的测定结果。

⑧如样品超出测量范围，仪器在±45 范围内来回振荡。此时取出试管，打开箱盖按箱内的回零按钮，仪器即自动转回零位。

⑨仪器使用完毕后应依次关闭测量、光源、电源开关。

⑩在钠灯直流供电系统出现故障不能使用时，仪器也可在钠灯交流供电的情况下测试，但仪器的性能可能略有降低；当放入小角度(小于 0.5°)样品时，示数可能变化，这时只要按复测按钮，就会出现新的数字。

(3)浓度或含量测定。

先将已知纯度的标准品或参考样品按一定比例稀释成若干份不同浓度的试样，分别测出其旋光度，然后以浓度为横坐标、旋光度为纵坐标，绘制旋光曲线。一般旋光曲线均采用算术插值法制成查对表形式。测定时先测出样品的旋光度，然后根据旋光度从旋光曲线上查出该样品的浓度和含量。旋光曲线测定应用同一台仪器、同一支试管来做。

(4)比旋光度、纯度测定。

先按标准规定的浓度配制溶液，依法测出旋光度，然后按下列公式计算出比旋光度 $[\alpha]_D^t$：

$$[\alpha]_D^t=\frac{\alpha}{Lc}$$

式中　α——测得的旋光度，°；

c——被测样品的浓度，g/mL；

L——溶液的长度,dm。

由测得的比旋光度可求得样品的纯度：

纯度＝实测比旋光度/理论比旋光度

(5)注意事项。

①仪器应放在干燥通风处,以防止潮气侵蚀,尽可能在20 ℃的工作环境中使用仪器,搬动仪器应小心轻放,避免震动。

②光源(钠光灯)积灰或损坏,可打开机壳擦净或更换。

③机械部件摩擦阻力增大,可以打开后门板,在伞形齿轮蜗轮杆处加少许机油。

④如果仪器发生停转或元件损坏的故障,应由维修人员进行检修

1.3.2 比旋光度

偏振光通过旋光性物质时,其振动平面旋转的角度叫旋光度,用α表示。由旋光仪测得的旋光度与盛液管的长度、被测样品的浓度、所用溶剂、测定时的温度和光源的波长都有关。为了比较不同物质的旋光性,消除被测样品浓度和盛液管长度对旋光度的影响,通常在光源波长和测定温度一定的条件下,把被测样品的浓度规定为1 g/mL,盛液管的长度规定为1 dm,这时测得的旋光度叫比旋光度(也叫比旋度),用$[\alpha]$表示,比旋光度$[\alpha]$与旋光度α的关系为

$$[\alpha]_{\lambda}^{t}=\frac{\alpha}{c\times l}(\text{溶剂})$$

式中 α——用旋光仪测得的旋光度,°;

c——旋光物质的浓度,单位为g/mL,如果是纯液体,c改为密度ρ,单位为g/cm^3;

l——盛液管的长度,dm;

λ——测定时光源的波长(通常用钠光作光源,波长为589 nm,用D表示);

t——测定时的温度,℃。

比旋光度是旋光性物质的一个物理常数。在农产品的检验中,就是根据测定结果与检验标准中旋光物质的比旋光度是否一致来区别或检查某些原料的纯杂程度,也可用以测定含量。测定时要注意与检验标准规定的条件(温度、浓度、溶剂、波长等)一致。

2.含有一个手性碳原子的化合物

2.1 物质的旋光性与分子结构的关系

为什么有些物质具有旋光性,而有些物质没有旋光性?大量事实表明,这与物质的分子结构是否具有手性有关。

把左手放在一面镜子前,可以观察到镜子里的镜像与右手完全一样(图5-6)。所以,左手和右手具有互为实物与镜像的关系,两者不能重合(图5-7)。因此,把这种物体与其镜像不能完全重合的性质称为手性。

手性不是某些宏观物质的特性,有些微观分子也具有手性,这种互为实物与镜像、不能重合的分子称为手性分子。凡是手性分子,必有互为镜像关系的两种构型,如左旋乳酸和右旋乳酸(图5-8和图5-9)。这种构造相同、构型不同、互为实物与镜像关系而不重合的立体异构体叫作对映异构体,简称对映体。对映体是成对存在的,它们的旋光角度相同,但旋

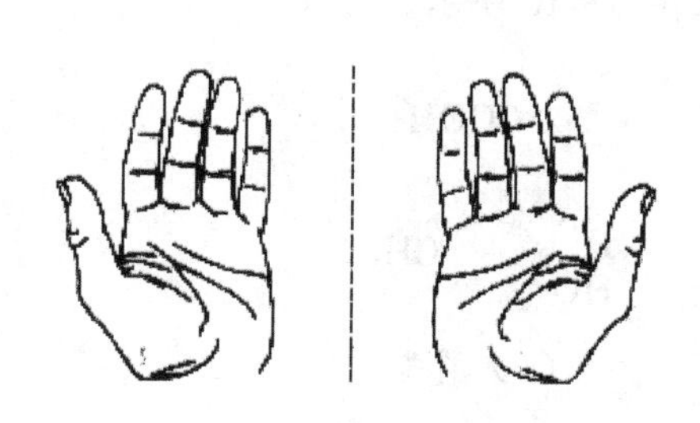

图 5-6　左手的镜像是右手

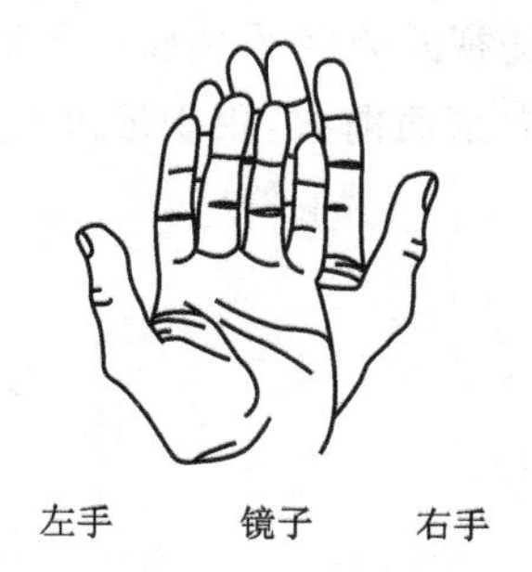

图 5-7　左手和右手不能重合

光方向相反，如(＋)乳酸的$[\alpha]_D^{20}=+3.28°$(水)，(－)乳酸的$[\alpha]_D^{20}=-3.28°$(水)。

手性分子必然存在着对映异构现象，或者说分子的手性是产生对映异构的充分必要条件。

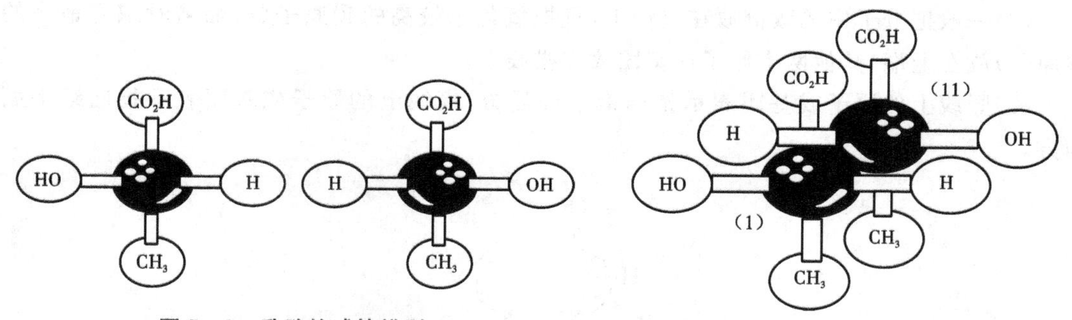

图 5-8　乳酸的球棒模型

图 5-9　重合操作

凡具有手性的分子都具有旋光性。分子的手性产生于分子的内部结构，与分子的对称性有关。判断一个分子是否具有手性，可分析分子中有无对称因素。手性分子必然具有旋光性，具有旋光性的分子都是手性分子。分子的对称因素包括对称轴、对称面和对称中心。一般来讲，不存在对称面和对称中心的分子是手性分子，即具有旋光性。

2.2　手性碳原子

在有机分子中，sp^3杂化的碳原子具有四面体结构。如果碳原子与四个不同的原子或基团相连接，这样的饱和碳原子叫手性碳原子，简称手性碳，一般用 * 标记。

$$CH_3—\overset{\overset{Cl}{|}}{C}{*}H—COOH \qquad CH_3—\overset{\overset{OH}{|}}{C}{*}H—CHO \qquad CH_3—CH_2—\overset{\overset{Br}{|}}{C}{*}H—CH_3$$

只含有一个手性碳原子的分子没有任何对称因素，所以是手性分子。

2.3　手性分子构型的表示方法

对映体在结构上的区别在于原子或基团在空间的相对位置不同，所以平面表达式无法表示立体的分子构型，一般常用透视式和投影式表示。

2.3.1　透视式

透视式是将手性碳原子和两个基团放在纸面上，用细实线表示处于纸面，用楔形实线表示伸向纸面前方，用楔形虚线表示伸向纸面后方，如图 5－10 所示。

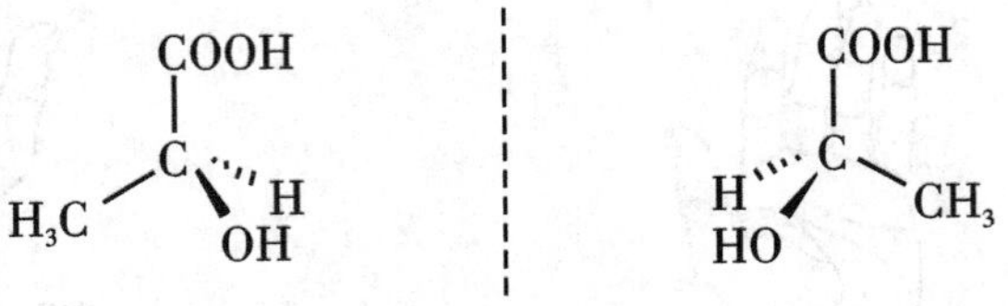

（+）乳酸　　（-）乳酸

图 5－10　乳酸两种构型的透视式

用透视式表示手性分子的构型清晰直观，但书写麻烦。

2.3.2　费歇尔（E. Fischer）投影式

费歇尔投影式是采用投影的方法将手性分子的构型表示在纸面上。投影的规则是：

(1)以手性碳原子为投影中心，画十字线，十字线的交叉点代表手性碳原子；

(2)一般把分子中的碳链放在竖线上，且把氧化态较高的碳原子（或命名时编号最小的碳原子）放在上端，其他两个原子或基团放在横线上；

(3)竖线上的原子或基团表示指向纸平面后方，横线上的原子或基团表示指向纸平面前方。

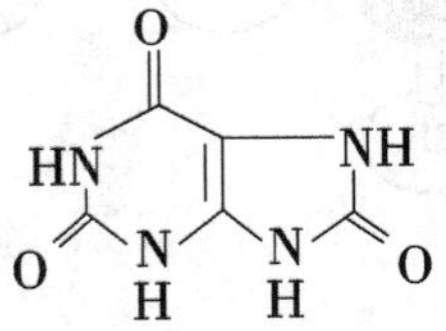

尿酸

使用费歇尔投影式应注意以下几点：

①由于费歇尔投影式是用平面结构表示分子的立体构型，所以在书写费歇尔投影式时必须将模型按规定的方式投影，不能随意改变投影规则（横前竖后，交叉点为手性碳原子）；

②费歇尔投影式不能离开纸面翻转，否则构型改变；

③费歇尔投影式可在纸面内旋转 180°或其整数倍，构型不变；若旋转 90°或其奇数倍，构型改变；

④如果固定手性碳原子的一个基团位置不动，其余三个顺时针或逆时针旋转，不会改变原化合物的构型。

2.4　构型的标记法

2.4.1　*D*、*L* 标记法

在 1951 年前还没有实验方法（X－射线衍射法尚未问世）来测定分子的构型时，费歇尔选择甘油醛作为标准，按投影规则写出甘油醛的费歇尔投影式，并人为规定其构型如下：

$$\begin{array}{c} CHO \\ H-\!\!\!+\!\!\!-OH \\ CH_2OH \end{array} \qquad \begin{array}{c} CHO \\ HO-\!\!\!+\!\!\!-H \\ CH_2OH \end{array}$$

D-(+)-甘油醛　*L*-(—)-甘油醛

将其他分子的对映体构型与标准甘油醛通过各种直接或间接的方式相联系，来确定其构型。*D*、*L* 标记法有一定的局限性，只能标记含一个手性碳原子的构型。但由于长期习惯，糖类和氨基酸化合物仍沿用 *D*、*L* 标记法。

D、*L* 标记法是早期人们无法实际测出旋光物质的绝对构型而与人为规定的标准物相联系得出相对构型，它只表示构型，不表示旋光方向，旋光方向只能测定。

2.4.2　*R*、*S* 标记法

为了表示旋光异构体的不同构型，需要对手性分子进行标记，*R*、*S* 标记法是普遍使用的一种构型标记方法。该法是根据与手性碳原子所连的 4 个原子或基团在空间的排列来标记的，具体方法如下：

(1)根据次序规则，将手性碳原子上所连的 4 个原子或基团(a、b、c、d)按优先次序排列，并设 a>b>c>d；

(2)将次序最小的原子或基团(d)放在距离观察者视线最远处，并令其和手性碳原子、眼睛三者成一条直线，这时其他 3 个原子或基团分布在距离观察者视线最近的同一平面上；

(3)按优先次序观察其他 3 个原子或基团的排列顺序，如果 a、b、c 顺时针排列，该化合物的构型为 *R* 型；如果 a、b、c 逆时针排列，则为 *S* 型，如图 5－11 所示。

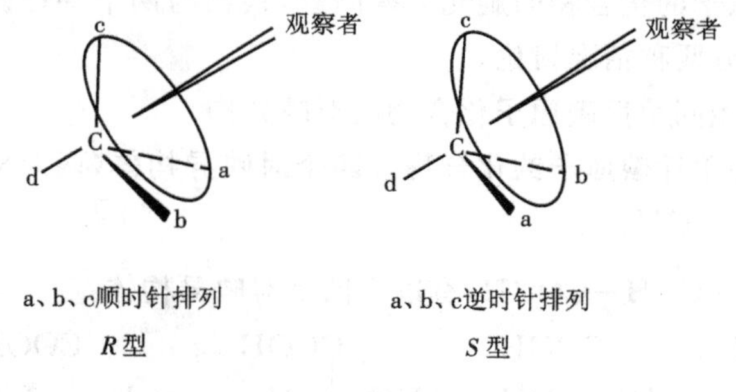

图 5－11　*R*、*S* 标记法

对于一个给定的费歇尔投影式，可以按下述方法标记其构型。

当按次序规则排列次序最小的原子或基团 d 处于投影式的竖线上时，如果其他 3 个原子或基团 a、b、c 顺时针排列，此投影式代表的构型为 *R* 型；反之，a、b、c 逆时针排列，则为 *S* 型，如图 5－12 所示。例如

$$\begin{array}{c} H \\ CH_3CH_2-\!\!\!+\!\!\!-CH_3 \\ OH \end{array} \qquad \begin{array}{c} OH \\ CH_3CH_2-\!\!\!+\!\!\!-CH_3 \\ H \end{array}$$

R－2－丁醇　*S*－2－丁醇

当按次序规则排列次序最小的原子或基团 d 处于投影式的横线上时，如果其他 3 个原

子或基团 a、b、c 顺时针排列，此投影式代表的构型为 *S* 型；反之，a、b、c 逆时针排列，则为 *R* 型。例如：

$$\begin{array}{c} CHO \\ H-\!\!\!+\!\!\!-OH \\ CH_2OH \end{array} \qquad \begin{array}{c} CHO \\ HO-\!\!\!+\!\!\!-H \\ CH_2OH \end{array}$$

R-甘油醇　　*S*-甘油醇

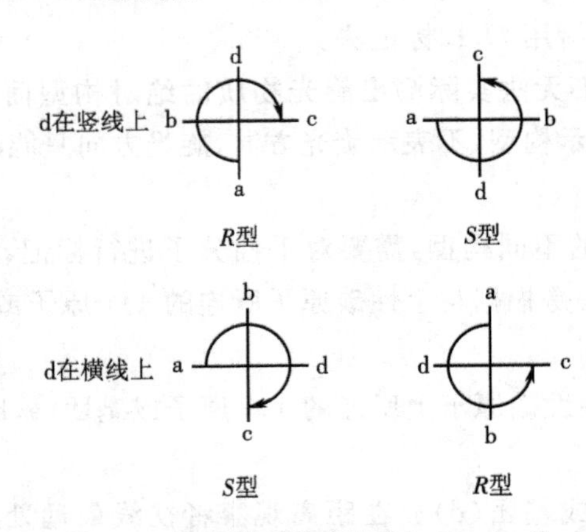

图 5-12　投影式的标记(a>b>c>d)

需要说明的是，*R*、*S* 标记法只表示光学异构体的不同构型，与旋光方向无必然联系。

3. 含有两个手性碳原子的化合物的对映异构

含有两个手性碳原子的化合物的旋光异构问题，根据与两个手性碳所连的 4 个原子或基团是否对应相同，可分两种情况讨论。

3.1　含有两个不相同手性碳原子化合物的对映异构

含有两个不相同的手性碳原子的化合物有四个对映异构体（两对对映体）。如 2,3-二羟基丁酸（$CH_3-\overset{OH}{\overset{|}{C^*}}H-\overset{OH}{\overset{|}{C^*}}H-COOH$）有以下四个对映异构体：

$$\begin{array}{c} COOH \\ HO-\!\!\!+\!\!\!-H \\ HO-\!\!\!+\!\!\!-H \\ CH_3 \end{array} \qquad \begin{array}{c} COOH \\ H-\!\!\!+\!\!\!-OH \\ H-\!\!\!+\!\!\!-OH \\ CH_3 \end{array} \qquad \begin{array}{c} COOH \\ HO-\!\!\!+\!\!\!-H \\ H-\!\!\!+\!\!\!-OH \\ CH_3 \end{array} \qquad \begin{array}{c} COOH \\ H-\!\!\!+\!\!\!-OH \\ HO-\!\!\!+\!\!\!-H \\ CH_3 \end{array}$$

(2*S*,3*S*)　(2*R*,3*R*)　(2*S*,3*R*)　(2*R*,3*S*)

①　②　③　④

在上述四个异构体中，①和②、③和④分别是一对对映异构体；①与③或④、②与③或④既不是同一化合物，也不互为实物与镜像的关系，这样的构型异构体叫非对映异构体。

3.2　含有两个相同手性碳原子化合物的对映异构

2,3-二羟基丁二酸（$HOOC-\overset{OH}{\overset{|}{C^*}}H-\overset{OH}{\overset{|}{C^*}}H-COOH$）即酒石酸，是含两个相同的手性碳原子（即两个手性碳原子上连有同样的四个不同原子或基团）的化合物，有四个分子构

型,即

$$
\begin{array}{cccc}
\mathrm{COOH} & \mathrm{COOH} & \mathrm{COOH} & \mathrm{COOH} \\
\mathrm{H}\!-\!\!\!+\!\!\!-\!\mathrm{OH} & \mathrm{HO}\!-\!\!\!+\!\!\!-\!\mathrm{H} & \mathrm{HO}\!-\!\!\!+\!\!\!-\!\mathrm{H} & \mathrm{H}\!-\!\!\!+\!\!\!-\!\mathrm{OH} \\
\mathrm{HO}\!-\!\!\!+\!\!\!-\!\mathrm{H} & \mathrm{H}\!-\!\!\!+\!\!\!-\!\mathrm{OH} & \mathrm{HO}\!-\!\!\!+\!\!\!-\!\mathrm{H} & \mathrm{H}\!-\!\!\!+\!\!\!-\!\mathrm{OH} \\
\mathrm{COOH} & \mathrm{COOH} & \mathrm{COOH} & \mathrm{COOH} \\
(2R,3R) & (2S,3S) & (2S,3R) & (2R,3S) \\
① & ② & ③ & ④
\end{array}
$$

①与②互为实物与镜像的关系;将③在纸面内旋转 180°后与④重合,因此③与④是同一种化合物。虽然③和④都含手性碳原子,但由于分子中存在一个对称面(C_2和 C_3之间,垂直于纸面),所以整个分子不具有手性,也没有旋光性。这种由于分子中存在对称面而使分子内部的旋光性相互抵消的化合物称为内消旋体,用 meso 表示。因此,酒石酸分子有三个旋光异构体,即左旋体、右旋体和内消旋体,且左旋体或右旋体与内消旋体是非对映异构体。

在旋光异构体中,外消旋体与内消旋体都没有旋光性,但两者有本质上的区别。外消旋体是混合物,它由等量的左旋体和右旋体组成;而内消旋体是纯净物,它没有旋光性是由于分子内存在对称因素。

手性碳原子是使分子具有手性的普通因素,但含有手性碳原子并不是分子具有手性的充分和必要条件。事实表明,如果分子中含有 n 个不相同的手性碳原子,理论上必然存在 2^n个旋光异构。其中有 2^{n-1}对对映体,组成 2^{n-1}个外消旋体。若分子中有相同的手性碳原子,因为存在内消旋体,构型异构体的数目少于 2^n个。

糖类

糖类是自然界中分布广泛、数量最多的有机化合物,是人类必需的三大营养物质之一。糖类也叫碳水化合物,在自然界中分布极为广泛,例如葡萄糖、淀粉、纤维素、糖原等都属于糖类。糖类是动植物体的重要组成成分,是一切生物体维持生命活动所需能量的主要来源。从化学结构上看,它们是多羟基醛、酮或多羟基醛、酮的缩合物。

1. *糖的概念及分类*

根据糖类化合物的结构特征,糖类的定义是多羟基醛、酮及其缩合物、衍生物。

糖类化合物的分子组成可用通式 $C_n(H_2O)_m$ 表示,统称为碳水化合物。但把糖类称为碳水化合物不是很确切,如鼠李糖($C_6H_{12}O_5$)和脱氧核糖($C_5H_{10}O_4$)并不符合上述通式,而且有些糖还含有氮、硫、磷等成分,但这个名词沿用已久,至今还在使用。

根据能否水解及水解的产物,糖主要分为以下三类。

(1)单糖:不能再水解为更小单位的糖。如:属于醛糖的核糖、阿拉伯糖、木糖、半乳糖、葡萄糖、甘露糖等;属于酮糖的果糖。

(2)低聚糖:又叫寡糖,是由 2～10 个单糖分子失水缩合而成的,根据水解后生成的单糖分子的数目,可分为二糖、三糖、四糖等。如蔗糖、麦芽糖水解后可以得到二分子单糖,称为二糖或双糖,多存在于糖蛋白和脂多糖中。

(3)多糖:也叫高聚糖,是由很多个单糖分子失水缩合而成的高分子化合物,水解后可以得到许多个单糖分子。如淀粉、纤维素、果胶等。

2. 单糖

从分子结构看,单糖是含有一个自由醛基或酮基的多羟基醛类或多羟基酮类化合物,具有开链式和环式结构(五碳以上的糖),是碳水化合物的最小组成单位。根据分子中碳原子数目的多少,可将单糖分为丙糖、丁糖、戊糖、己糖等;根据分子中所含羰基的特点,可将单糖分为醛糖和酮糖。自然界中最简单的单糖是丙醛糖(甘油醛)和丙酮糖,葡萄糖和果糖是最重要的单糖。

实验证明,葡萄糖的分子式为 $C_6H_{12}O_6$,为 2,3,4,5,6 -五羟基己醛,果糖为 1,3,4,5,6 -五羟基己酮,构造式如下:

$$\underset{\text{OH}}{\underset{|}{CH_2}}-\underset{\text{OH}}{\underset{|}{\overset{*}{CH}}}-\underset{\text{OH}}{\underset{|}{\overset{*}{CH}}}-\underset{\text{OH}}{\underset{|}{\overset{*}{CH}}}-\underset{\text{OH}}{\underset{|}{\overset{*}{CH}}}-CHO \qquad \underset{\text{OH}}{\underset{|}{CH_2}}-\underset{\text{OH}}{\underset{|}{\overset{*}{CH}}}-\underset{\text{OH}}{\underset{|}{\overset{*}{CH}}}-\underset{\text{OH}}{\underset{|}{\overset{*}{CH}}}-\underset{O}{\underset{\|}{C}}-\underset{\text{OH}}{\underset{|}{CH_2}}$$

葡萄糖 果糖

2.1 单糖的直链结构

1900 年德国化学家费歇尔(Fischer)确定了葡萄糖的化学结构,单糖的直链结构如图 5-13所示。

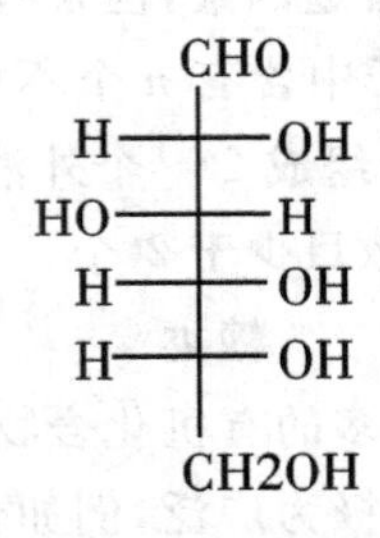

图 5-13 单糖的直链结构

由上面的结构式可以看出,葡萄糖分子中含有 4 个不对称碳原子,有 24 个异构体(16 个醛糖异构体,8 个酮糖异构体),即分子中含有 n 个手性碳,会有 2^n 个异构体。阿拉伯糖、木糖、核糖、脱氧核糖、甘露糖、半乳糖、果糖、山梨糖等重要单糖分子的直链结构如图 5-14 所示。

2.2 单糖的环状结构

链状结构不是单糖的唯一结构。科学工作者在研究葡萄糖的性质时发现葡萄糖的有些性质不能用其链状结构来解释。例如葡萄糖不能发生醛的 $NaHSO_3$加成反应;葡萄糖不能和醛一样与两分子醇形成缩醛,只能和一分子醇形成半缩醛;此外,葡萄糖溶液有变旋现象。实验证明葡萄糖溶液的变旋现象是由于糖在水溶液中结构发生了变化而引起的,即葡萄糖分子的醛基与 C_5上的羟基缩合形成了两种六元环。糖分子中的醛基与羟基作用形成半缩醛时,由于 $>C=O$为平面结构,羟基可从平面的两边进攻 $>C=O$,所以得到两种异构体,α 构型和 β 构型,两种构型可通过开链式相互转化而达到平衡。在溶液中有 α-D-葡萄糖、β-D-葡萄糖和直链式 D-葡萄糖三种结构存在,它们在溶液中互相转化,最后达到动态平

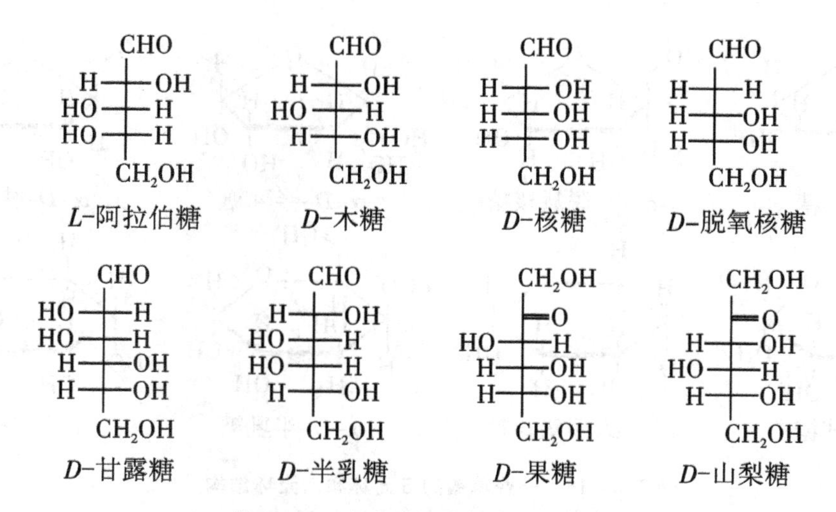

图 5－14　几种常见单糖的分子结构

衡，如图 5－15 所示。

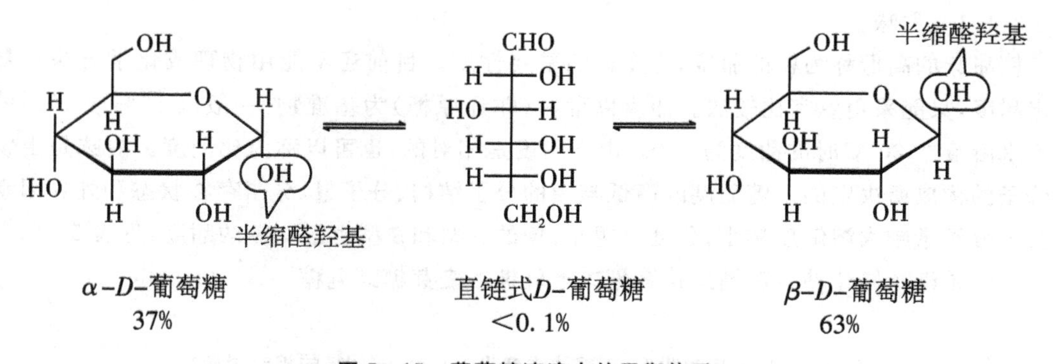

图 5－15　葡萄糖溶液中的平衡体系

这就是糖产生变旋现象的原因：

α 构型——生成的半缩醛羟基与决定单糖构型的羟基在同一侧；

β 构型——生成的半缩醛羟基与决定单糖构型的羟基在两侧。

α－型糖与 β－型糖是一对非对映体，它们的不同在 C_1 的构型上，故又称为端基异构体和异头物。

核糖、脱氧核糖、半乳糖、果糖等单糖分子也具有环状结构，且有呋喃环式（五元环）与吡喃环式（六元环）之分，见图 5－16。

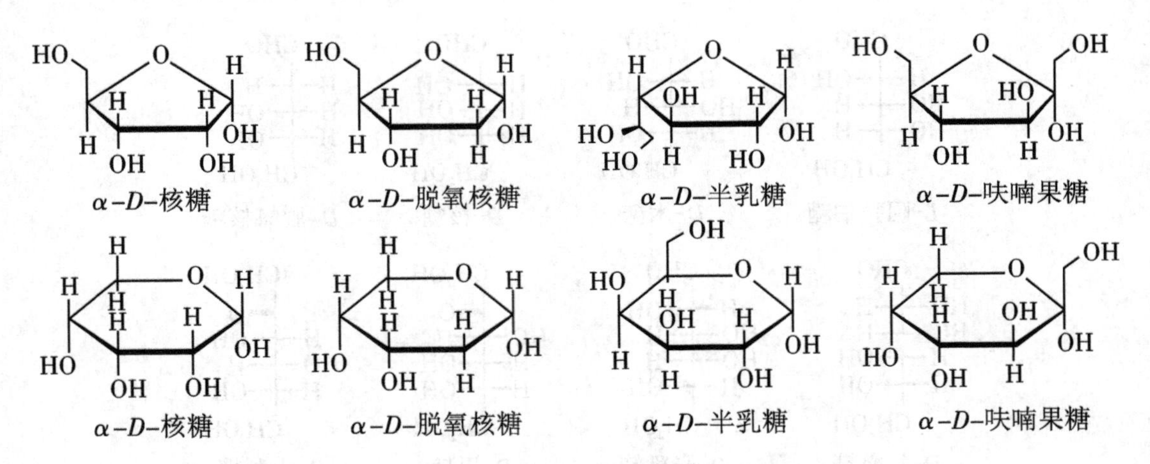

图 5-16 一些单糖的五元环和六元环结构

3. 单糖和低聚糖的性质

3.1 物理性质

3.1.1 甜味

糖甜味的高低称为糖的甜度，它是糖的重要性质。目前还不能用物理或化学方法定量测定甜度，只能采用感官比较法。甜度以蔗糖（非还原糖）为基准物，一般以10%或15%的蔗糖水溶液在20 ℃时的甜度为1.0。由于甜度是相对的，也可以称为比甜度。甜味是由物质分子的构成所决定的。糖甜度的高低与糖的分子结构、分子量、分子存在状态和外界因素有关。分子量越大溶解度越小，甜度也越小；糖的α型和β型也影响糖的甜度，见表5-2。

果糖＞转化糖＞蔗糖＞葡萄糖＞半乳糖＞麦芽糖＞乳糖

表 5-2 糖的相对甜度（蔗糖的甜度为1.0时，一些糖的相对甜度）

糖类名称	相对甜度	糖类名称	相对甜度
蔗糖	1.0	麦芽糖醇	0.9
果糖	1.5	山梨醇	0.5
葡萄糖	0.7	木糖醇	1.0
半乳糖	0.6	果葡糖浆（转化率16%）	0.8
麦芽糖	0.5	淀粉糖浆（葡萄糖值42）	0.5
乳糖	0.3	淀粉糖浆（葡萄糖值20）	0.8

3.1.2 溶解度

糖都能溶于水中，但溶解度不同。其中果糖溶解度最大，其次是蔗糖、葡萄糖、乳糖等。糖的溶解度随温度升高而增大，见表5-3。

表 5-3 糖的溶解度

糖类名称	20 ℃		30 ℃		40 ℃		50 ℃	
	浓度/%	溶解度/(g/100 g)	浓度/%	溶解度/(g/100 g)	浓度/%	溶解度/(g/100 g)	浓度/%	溶解度/(g/100 g)
果糖	78.94	374.78	81.54	441.70	84.34	538.63	89.64	665.58
蔗糖	66.60	199.40	68.18	214.30	70.01	233.40	72.04	257.60
葡萄糖	46.71	87.67	54.64	120.46	61.89	162.38	70.91	243.76

3.1.3 变旋作用

单糖中除丙酮糖外都有旋光异构体。结晶的还原糖溶解于水时，发生分子结构重排并达到平衡状态，原旋光值发生变化，最后达到一个常数，这个现象称为变旋作用。如采用不同的方式对 *D*-(+)-葡萄糖进行重结晶，可以获得两种晶体。在乙醇溶液中结晶，可以得到 α-*D*-(+)-葡萄糖，其比旋光度为+112°；用吡啶溶剂结晶，可得 β-*D*-(+)-葡萄糖，其比旋光度为+18.7°。把其中任何一种晶体溶于水中，其比旋光度都逐渐变化，最后恒定在+52.7°。这种新配制的单糖溶液比旋光度随时间变化逐渐增大或减小，最后达到一个稳定的平均值的现象叫变旋现象。还原糖都有变旋作用。*D*-葡萄糖溶解于水中处于平衡状态时有5种结构(图 5-17)。利用蜂蜜、葡萄糖、蔗糖、淀粉的旋光性，可用旋光仪测定蜂蜜、葡萄糖的纯度，食品中蔗糖、淀粉的含量。

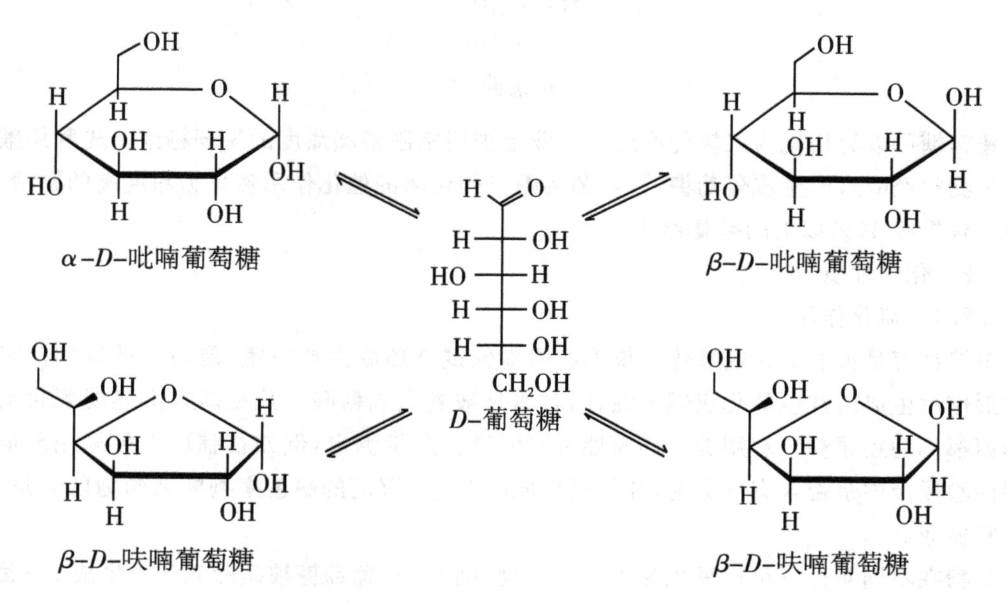

图 5-17 葡萄糖溶液中的5种异构体

3.1.4 差向异构化

在单糖的同分异构体中，若只有一个手性碳原子的构型不同，其他手性碳原子的构型全相同，这样的异构现象称为差向异构，对应的异构体互为差向异构体。如 *D*-葡萄糖、*D*-甘露糖，两者的差异仅是第二个碳原子的构型相反，称为 C_2-差向异构体。当碱的浓度超过还原糖变旋作用所要求的浓度时，糖便发生差向异构化(烯醇化)。这是由于碱的催化作用使糖的环状结构变为链式结构，生成 *D*-葡萄糖-1,2-烯二醇，此烯醇式中间体可向 a、b 两个方向变化，分别生成 *D*-葡萄糖及 C_2-差向异构体 *D*-甘露糖，也可沿 c 方向生成 *D*-果糖。

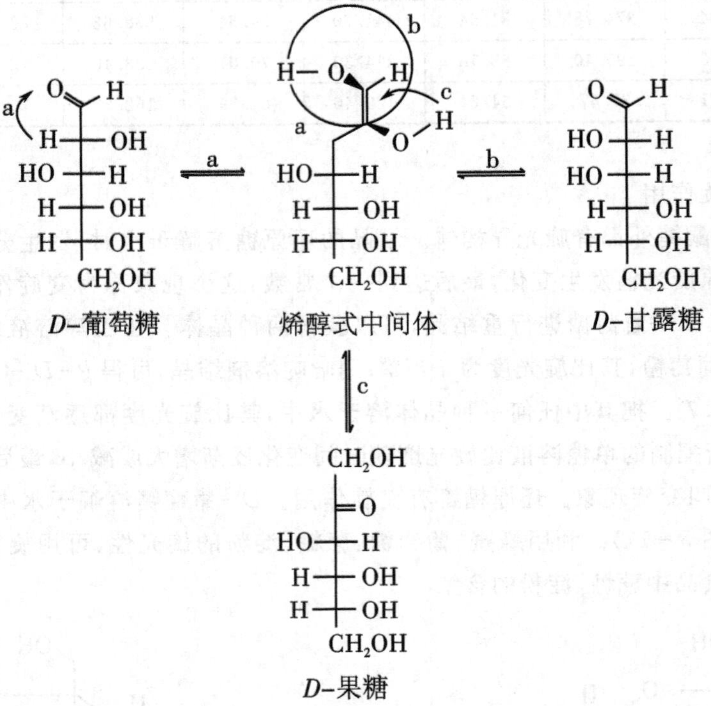

D-葡萄糖 ⇌(a) 烯醇式中间体 ⇌(b) *D*-甘露糖

烯醇式中间体 ⇌(c) *D*-果糖

葡萄糖可以异构化为果糖的原理在工业上被用来制备高甜度的果葡糖浆。先利用廉价的谷物淀粉经酶水解生成葡萄糖，再经葡萄糖异构化酶的催化作用转化为甜度高的果糖，从而制得含果糖 40% 以上的果葡糖浆。

3.2 化学性质

3.2.1 氧化作用

单糖都容易被弱氧化剂氧化。单糖能将多伦试剂还原生成银镜，能与斐林试剂及班尼狄试剂作用生成砖红色氧化亚铜沉淀，同时本身被氧化成糖酸。凡是能被上述弱氧化剂氧化的糖都称为还原糖。利用糖的还原性可对糖进行定量测定，例如在临床上可采用班尼狄试剂检验尿液中是否含有葡萄糖，并根据生成的 Cu_2O 沉淀的颜色来判断葡萄糖的含量，用以诊断糖尿病。

单糖在不同条件下可被氧化为不同的产物，例如 *D*-葡萄糖被硝酸氧化可生成 *D*-葡萄糖二酸，而被溴水氧化则生成葡萄糖酸。

$$\begin{array}{c} CHO \\ H-\!\!-\!\!OH \\ HO-\!\!-\!\!H \\ H-\!\!-\!\!OH \\ H-\!\!-\!\!OH \\ CH_2OH \end{array} \xrightarrow{B_{r2}-H_2O} \begin{array}{c} COOH \\ H-\!\!-\!\!OH \\ HO-\!\!-\!\!H \\ H-\!\!-\!\!OH \\ H-\!\!-\!\!OH \\ CH_2OH \end{array}$$

D-葡萄糖　　D-葡萄糖酸

$$\begin{array}{c} CHO \\ H-\!\!-\!\!OH \\ HO-\!\!-\!\!H \\ H-\!\!-\!\!OH \\ H-\!\!-\!\!OH \\ CH_2OH \end{array} \xrightarrow{HNO_3} \begin{array}{c} COOH \\ H-\!\!-\!\!OH \\ HO-\!\!-\!\!H \\ H-\!\!-\!\!OH \\ H-\!\!-\!\!OH \\ CH_2OH \end{array}$$

D-葡萄糖　　D-葡萄糖二酸

酮糖与硝酸作用生成小分子的醇酸，而酮糖与溴水不发生反应，因此可用溴水来鉴别醛糖和酮糖。

3.2.2　成酯反应

单糖分子中都含有若干个羟基，这些羟基都可以与酸作用生成相应的酯，与磷酸作用则生成磷酸酯。生物体内常见的糖的磷酸酯有1-磷酸葡萄糖、6-磷酸葡萄糖、6-磷酸果糖和1,6-二磷酸果糖，结构式如下：

（1-磷酸葡萄糖环状结构：CH_2OH，H，O，H，H，OH，H，HO，OPO_3H_2，H，OH）

1-磷酸葡萄糖

（6-磷酸葡萄糖环状结构：$CH_2OPO_3H_2$，H，O，H，H，OH，H，HO，OH，H，OH）

6-磷酸葡萄糖

（6-磷酸果糖环状结构：$H_2O_3POH_2C$，O，CH_2OH，H，HO，H，OH，OH，H）

6-磷酸果糖

（1,6-二磷酸果糖环状结构：$H_2O_3POH_2C$，O，$CH_2OPO_3H_2$，H，HO，H，OH，OH，H）

1,6-二磷酸果糖

3.2.3　还原性

与醛、酮分子中的羰基一样，单糖分子中的羰基可被许多还原剂还原生成相应的糖醇（多元醇）。在生物体内，这一还原反应是在酶的作用下完成的。

$$\begin{array}{l} CHO \\ | \\ (CHOH)_4 \\ | \\ CH_2OH \end{array} \xrightarrow{H_2/P_1} \begin{array}{l} CH_2OH \\ | \\ (CHOH)_4 \\ | \\ CH_2OH \end{array}$$

糖醇

D-葡萄糖被还原生成山梨醇，*D*-甘露糖被还原生成甘露醇，*D*-果糖被还原生成甘露醇和山梨醇的混合物。山梨醇和甘露醇广泛存在于植物体内。药用甘露醇可以降低颅内压和眼内压，减轻脑水肿，防治肾功能衰竭等疾病。

3.2.4　成苷反应

糖的半缩醛羟基与其他含羟基的化合物如醇、酚等形成的缩醛(或缩酮)叫作糖苷。例如α-*D*-葡萄糖在无水氯化氢的催化下与甲醇反应生成甲基α-*D*-葡萄糖苷。

$$\alpha\text{-}D\text{-葡萄糖} \xrightarrow[\text{无水HCl}]{CH_3OH} \text{甲基-}\alpha\text{-}D\text{-葡萄糖苷}$$

糖苷中糖的部分叫糖基，非糖部分称为配基(配糖物)，连接糖基和配基的键叫苷键。由α-糖形成的苷键叫α-苷键，由β-糖形成的苷键叫β-苷键。

糖苷结构中没有半缩醛羟基，在溶液中不能够通过互变异构转化为链式，因而不能被弱氧化剂氧化，不具有还原性。糖苷在碱性条件下能够稳定存在，而在酸或酶的作用下会水解为糖和其他含羟基的化合物。酶对糖苷的水解有专一性，如麦芽糖酶只能水解α-葡萄糖苷而不能水解β-葡萄糖苷，苦杏仁酶只能水解β-葡萄糖苷而不能水解α-葡萄糖苷。

糖苷类物质广泛存在于自然界中，在植物中尤其多。自然界中的糖苷多是β-型。例如，杨树皮中的水杨苷是由β-*D*葡萄糖和水杨醇形成的苷；中药苦杏仁及桃仁中含有的苦杏仁苷是由龙胆二糖和苦杏仁腈形成的。

3.2.5　显色反应

(1)莫立施(Molisch)反应。向糖的水溶液中加入α-萘酚的酒精溶液，然后沿试管壁慢慢地注入浓硫酸，不可摇动试管，则在两层液面之间形成一个紫色的环。所有的单糖、低聚糖和多糖都有这种显色反应，这是鉴别糖类物质的常用方法。

(2)塞利凡诺夫(Seliwanoff)反应。向酮糖溶液中加入间苯二酚的盐酸溶液，随后加热，很快出现鲜红色。在相同的条件下对醛糖进行实验，2 min 内看不出有任何变化。故利用此反应鉴别酮糖和醛糖。

(3)蒽酮反应。单糖和其他糖类都能与蒽酮的浓硫酸溶液作用生成绿色物质。这个反应可用于糖类物质的定性及定量分析。

4. 单糖及其衍生物的应用

4.1　*D*-核糖及*D*-2-脱氧核糖

D-核糖及*D*-2-脱氧核糖是极为重要的戊糖，常与磷酸及嘌呤碱或嘧啶碱结合成核苷酸而存在于核蛋白中，是核糖核酸和脱氧核糖核酸的重要组成部分。

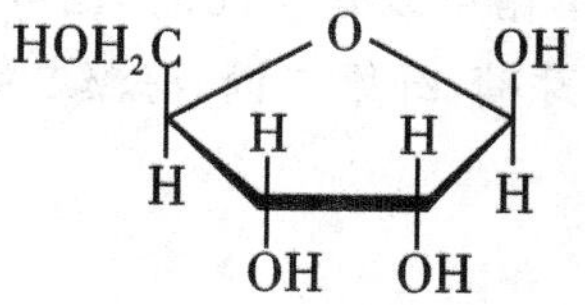

β-D-核糖 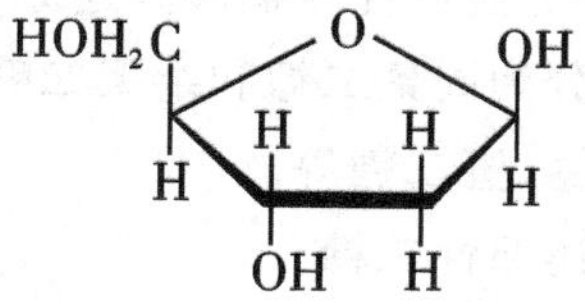　　　　β-D-2-脱氧核糖

4.2　D-葡萄糖

葡萄糖为无色或白色晶体，具有甜味，甜度约为蔗糖的70%，较易溶于水，稍溶于乙醇，不溶于乙醚和烃类。

D-葡萄糖是自然界中分布最广的己醛糖。葡萄糖以游离态的形式存在于葡萄等水果，动物的血液、淋巴液、脊髓液等中。结合态的葡萄糖是许多低聚糖、多糖和糖苷的重要组成部分，存在于许多植物的种子、根、叶或花中。

葡萄糖是植物光合作用的产物之一，在生物化学过程中起着重要的作用。D-葡萄糖不但是合成维生素C(抗坏血酸)等药物的重要原料，而且作为营养剂广泛应用在医药中，具有强心、利尿、解毒等功效，在血糖过低、心肌炎的治疗和补充体液等方面有很大作用。在食品工业中也有很多应用，如生产葡萄糖浆、糖果等。在印染工业中作还原剂。

4.3　D-半乳糖

D-半乳糖与葡萄糖结合成乳糖，存在于哺乳动物的乳汁中，脑髓中一些结构复杂的脑磷脂中也含有半乳糖。半乳糖为无色结晶，从水溶液中结晶时含有一分子结晶水，能溶于水及乙醇，具有还原性，可用于有机合成及医药。在植物中它是棉籽糖和阿拉伯胶等的组成成分，存在于棉籽、树胶、海藻及苔藓类植物中。

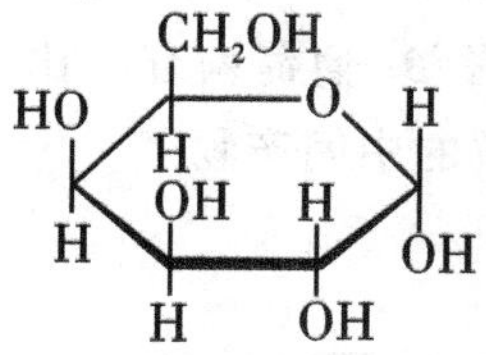

α-D-半乳糖 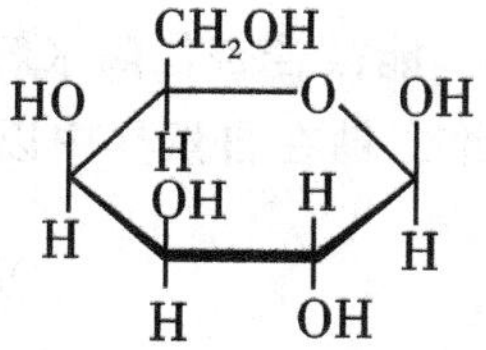　　　　β-D-半乳糖

4.4　D-果糖

果糖因最早是从水果中分离出来的而得名，是重要的己酮糖，白色晶体，易溶于水，熔点102～104 ℃，是最甜的糖。果糖存在于水果和蜂蜜中。果糖几乎总是和葡萄糖共存于植物中，尤其以菊科植物中含量多。果糖在己糖中具有特殊的地位，甜度高、风味好、吸湿性强，在食品工业中应用广泛。

果糖与葡萄糖在体内都能与磷酸作用生成磷酸酯，是体内代谢的重要中间产物。1,6-二磷酸果糖是高能营养性药物，具有增强细胞活力和保护细胞的作用，还可作为心肌梗死及各类休克急救的辅助药物。

5.二糖

二糖是最重要的低聚糖，可以看成由两分子相同或不同的单糖脱水缩合而成的糖苷。

二糖可以分为还原性二糖和非还原性二糖两类。两分子单糖可以是相同的，也可以是不相同的，故可分为同聚二糖和杂聚二糖，前者如麦芽糖、异麦芽糖、纤维二糖、海藻二糖等，后者如蔗糖、乳糖、蜜二糖等。

5.1　还原性二糖

还原性二糖是一分子单糖的半缩醛羟基与另一分子单糖的醇羟基失水缩合而成的产物。这类二糖分子中一分子单糖形成苷，另一分子单糖仍保留有半缩醛基，在水溶液中可以开环成链式结构。重要的还原性二糖有麦芽糖、纤维二糖和乳糖。

5.1.1　麦芽糖

麦芽糖是无色片状结晶，易溶于水，熔点 160～165 ℃。在无机酸或麦芽糖酶作用下水解产生 2 分子 D-葡萄糖，属 α-葡萄糖苷。通过 α-1,4-糖苷键结合而成，比旋光度 $[\alpha]_D^{20}=+136°$。

α-1,4-糖苷键　　半缩醛羟基

麦芽糖是饴糖的主要成分，甜度为蔗糖的 40%，通常用作甜味剂和培养基等。

5.1.2　纤维二糖

纤维二糖也是无色晶体，熔点 225 ℃，是右旋糖。由 2 分子 D-葡萄糖通过 β-1,4-糖苷键连接而成，能被苦杏仁酶水解而不能被麦芽糖酶水解，是 β-葡萄糖苷。比旋光度 $[\alpha]_D^{20}=+35°$。纤维二糖在自然界中以结合态存在，是纤维素水解的中间产物。

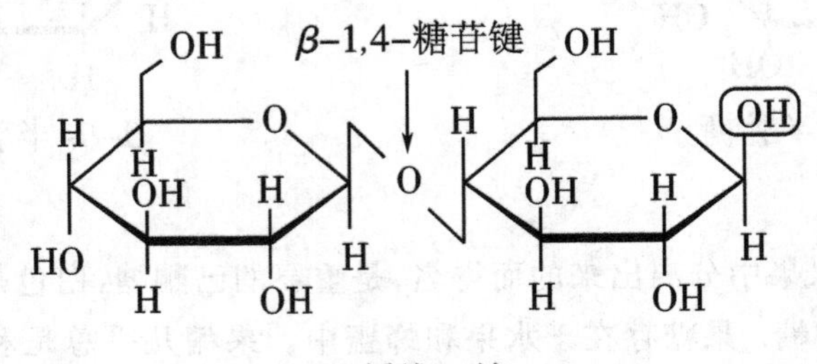

β-纤维二糖

5.1.3　乳糖

乳糖能溶于水，无吸湿性，是 1 分子 β-D-半乳糖与 1 分子 D-葡萄糖以 β-1,4-糖苷键连接而成的二糖。乳糖存在于哺乳动物的乳汁中，人乳中含量为 5%～8%，牛羊乳中含量为 4%～5%，比旋光度 $[\alpha]_D^{20}=+55.4°$。

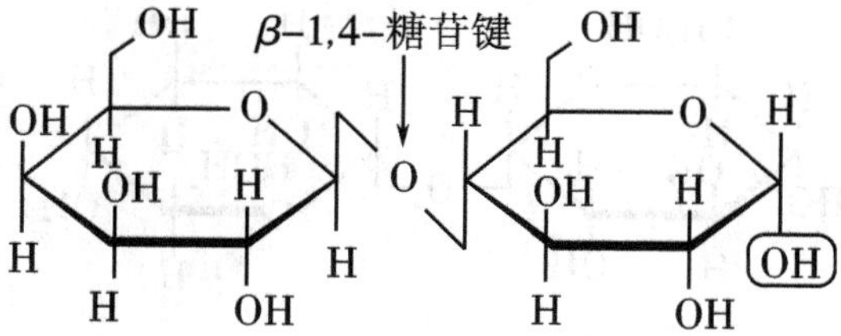

α-乳糖

5.2　非还原性二糖

非还原性二糖是两个单糖各自的半缩醛羟基失水缩合而成的，由于两个单糖都已成苷，不存在半缩醛羟基，所以无变旋现象和还原性，不能成脎。

5.2.1　蔗糖

蔗糖是无色结晶，易溶于水，经测定，蔗糖是由 1 分子 α-D-葡萄糖 C_1上的半缩醛羟基与份子 α-D-果糖 C_2上的半缩醛羟基失去 1 分子水，通过 α-D-糖苷键连接而成的二糖，既是葡萄糖苷也是果糖苷。

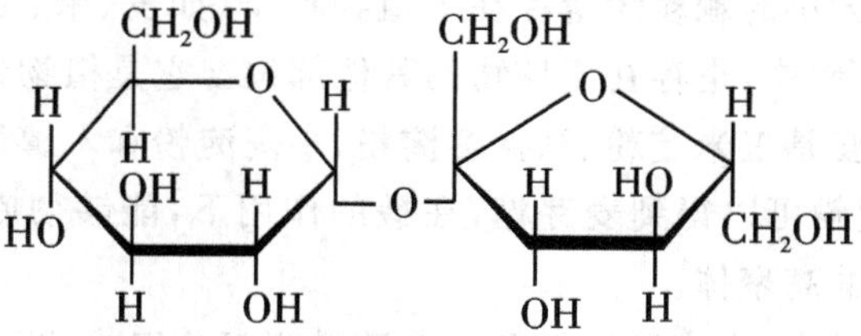

蔗糖在甜菜和甘蔗中含量最多，甜味仅次于果糖。蔗糖水解后可得到等量的葡萄糖和果糖的混合物，这种混合物称为转化糖。蜂蜜中含有转化糖，所以很甜。

日常生活中人们食用的红糖、白糖和冰糖的主要成分都是蔗糖。红糖是将甘蔗榨汁，再经浓缩等简单处理而成，由蔗糖和糖蜜组成。因为没有经过高度的精炼，红糖中除了含有主要成分蔗糖外，还含胡萝卜素、维生素 B1、维生素 B2、核黄素以及铁、锌、锰等。白糖是将红糖进一步精炼制成的蔗糖含量很高的晶体。冰糖是白糖过饱和溶液在温度极缓慢下降的过程中析出的大晶体。

在功效方面：适当食用白糖有助于提高机体对钙的吸收，但过多会妨碍钙的吸收；冰糖养阴生津，润肺止咳，对肺燥咳嗽、干咳无痰、咳痰带血都有很好的辅助治疗作用；红糖虽含杂质较多，但营养成分保留较好，具有益气补血、健脾舒肝、祛寒暖胃、缓中止痛、活血化瘀的作用。

5.2.2　海藻糖

海藻糖也是自然界中分布较广的非还原性二糖，它由 2 个 α-葡萄糖的 C_1通过氧原子连接而成，分子中没有半缩醛羟基，存在于藻类、细菌、酵母及某些昆虫的血液中。

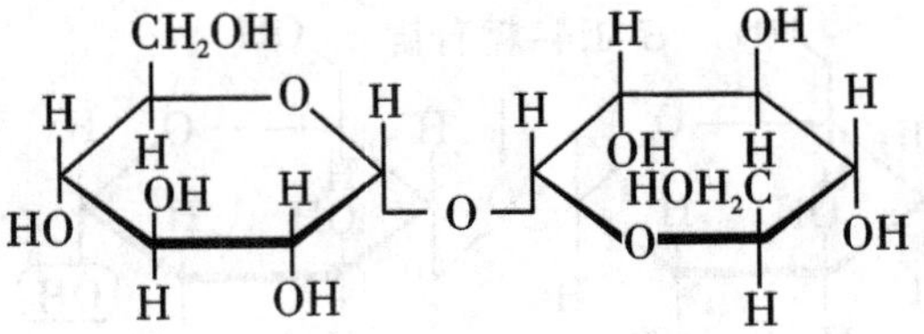

海藻糖的甜度相当于蔗糖的45%，作为食品添加剂、甜味剂。

6. 多糖

多糖是一类天然高分子化合物，由多个单糖分子缩合失水而成，大多是不溶于水的非晶形固体，无甜味。多糖没有还原性和变旋现象，都是非还原糖。它是自然界中分子结构复杂且庞大的糖类物质。其按水解产物可分为均多糖和杂多糖。水解只生成一种单糖的为均多糖，如淀粉和纤维素等；水解产物不止一种单糖的称为杂多糖，如半纤维素、黏多糖等。自然界中组成多糖的单糖有戊糖或己糖、醛糖或酮糖，或一些单糖的衍生物，如糖醛酸、氨基糖等。多糖不是一种单一的化学物质，而是聚合程度不同的物质的混合物。

6.1 淀粉

淀粉以显微镜可见大小的颗粒大量存在于植物种子（如麦、米、玉米等）、块茎（如薯类）以及干果（如栗子、白果等）中，也存在于植物的其他部位。它是植物营养物质的一种储存形式。我国的商品淀粉主要是玉米淀粉、马铃薯淀粉、小麦淀粉和木薯淀粉。

用β-淀粉酶水解淀粉可以得到麦芽糖，在酸的作用下，能够彻底水解为葡萄糖。所以可以将淀粉看作麦芽糖的高聚体。

淀粉是白色无定形粉末，由直链淀粉和支链淀粉两部分组成，两部分在淀粉中所占的比例随植物的品种而异。

直链淀粉在淀粉中的含量为10%～30%，相对分子质量比支链淀粉小，是由葡萄糖通过α-1,4-糖苷键连接而成的链状化合物，可被β-淀粉酶水解为麦芽糖。

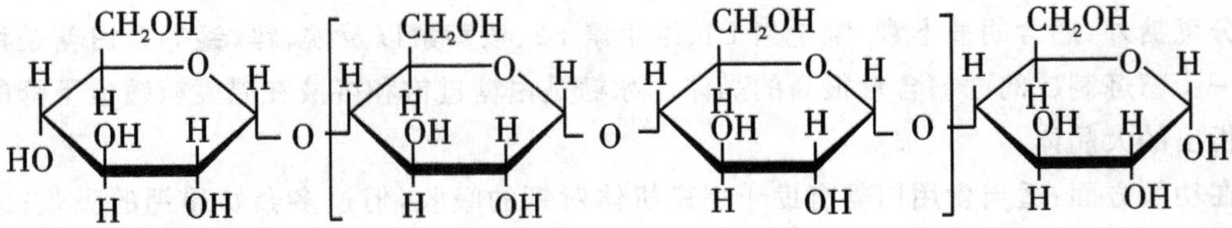

直链淀粉的结构式

直链淀粉并不是直线形分子，而是借助分子内的氢键卷曲成螺旋状。直链淀粉遇碘显蓝色，反应非常灵敏，常用于检验淀粉的存在。淀粉与碘的作用一般认为是碘分子进入螺旋结构的空间内，借助范德华力与淀粉联系在一起，形成一种深蓝色的包结化合物。

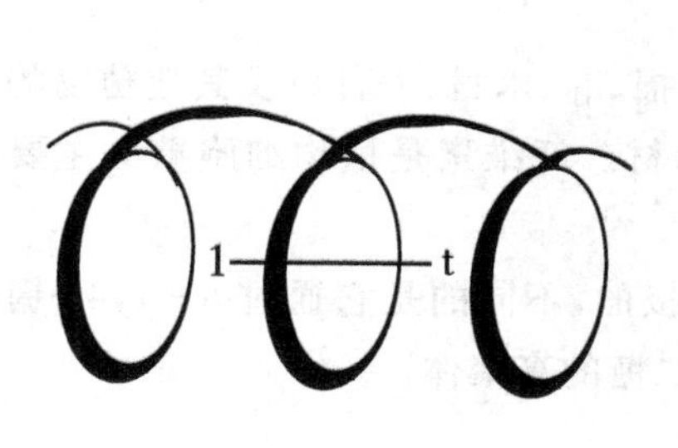

碘与淀粉的包结化合物

支链淀粉结构示意

支链淀粉在淀粉中的含量为70%～90%，是由葡萄糖通过α-1,4-糖苷键和α-1,6-苷键结合而成的化合物。

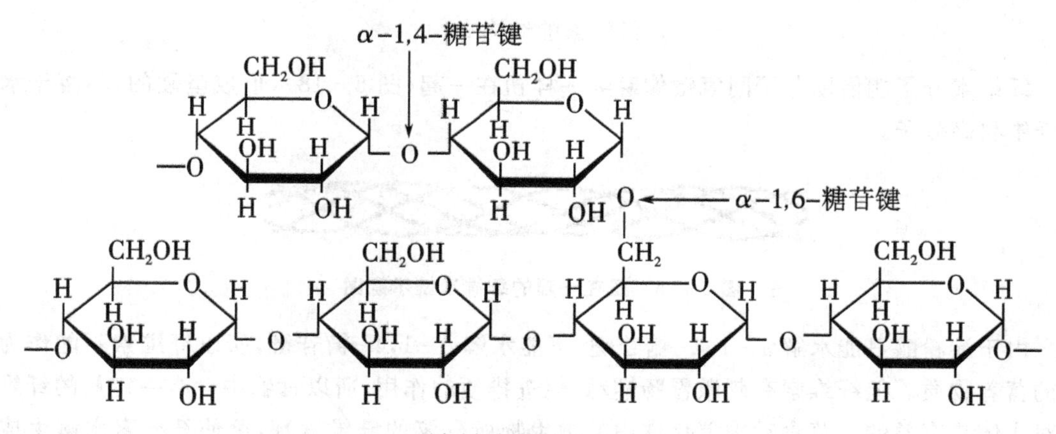

支链淀粉的结构式

支链淀粉带有分支，相隔20～25个葡萄糖单位有一个分支。支链淀粉至少含有300个由α-1,6-糖苷键连接在一起的链，分子呈簇，以双螺旋形式存在，与碘反应呈紫色或红紫色。用β-淀粉酶水解支链淀粉时，只有外围的支链可被水解为麦芽糖。

淀粉在酸或酶的作用下水解可得一系列产物，最后得到D-葡萄糖。

淀粉⟶蓝色糊精⟶红色糊精⟶无色糊精⟶麦芽糖⟶葡萄糖

糊精能溶于水，其水溶液有黏性，可用作黏合剂及纸张、布匹等的上胶剂。无色糊精有还原性。

6.2　糖原

糖原是动物体内储藏的糖类化合物，主要存在于肝脏和肌肉中，也叫动物淀粉。糖原也是由葡萄糖组成的，结构与支链淀粉相似，但分支程度比支链淀粉高。糖原是动物能量的主要来源，葡萄糖在血液中的含量较高时，就结合成糖原储存于肝脏中，当血液中含糖量降低时，糖原就分解为葡萄糖而供给机体能量。糖原是无色粉末，溶于水呈乳色，遇碘显棕至紫色，能溶于水和三氯乙酸，但不溶于乙醇和其他溶剂。因此可用冷的三氯乙酸提取动物肝脏中的糖原，然后用乙醇将其沉淀下来。糖原也可被淀粉酶水解成糊精和麦芽糖，完全水解得到葡萄糖。

6.3　纤维素

纤维素是自然界中最大量存在的多糖，广泛存在于棉、麻、木材、麦秆以及其他植物的茎杆中。棉花是纤维素含量最高的物质，其次是亚麻和木材。纤维素是植物细胞壁的主要组分，构成植物的支撑组织。

纤维素和直链淀粉一样，是 D-葡萄糖呈直链状连接的，不同的是它通过 β-1,4-糖苷键结合，其聚合度的大小取决于纤维素的来源，是纤维二糖的高聚体。

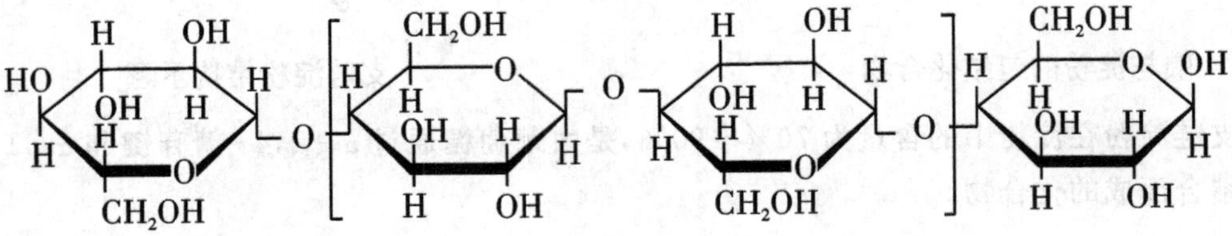

纤维素的结构式

纤维素分子能借助分子间氢键像麻绳一样扭在一起(图 5-18)，形成坚硬的、不溶于水的纤维状高分子。

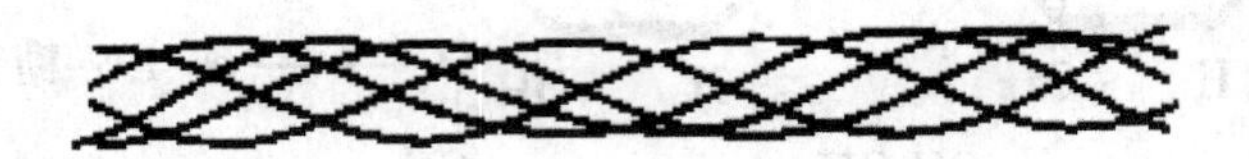

图 5-18　扭在一起的纤维素链示意图

由于淀粉酶只能水解 α-1,4-糖苷键，不能水解 β-1,4-糖苷键，所以纤维素不能作为人的营养物质。但纤维素有刺激胃肠蠕动、促进排便的作用，所以食物中含有一定量的纤维素对人体是有益的。草食动物消化道中的微生物所分泌的纤维素酶，可使纤维素水解生成葡萄糖，再经发酵转化为乙酸、丙酸、丁酸等低级脂肪酸，被肠道吸收利用，所以纤维素可作动物的饲料。

纤维素的化学性质稳定，在一般的食品加工条件下不被破坏，但在高温、高压的硫酸溶液中，纤维素可被水解为 β-葡萄糖。纤维素应用于造纸、纺织品、化学合成物、炸药、胶卷、医药和食品包装、发酵(酒精)、饲料生产(酵蛋白和脂肪)、吸附剂和澄清剂等中。

6.4　半纤维素

半纤维素是与纤维素、木质素共存于植物细胞壁中的一类多糖。半纤维素彻底水解可以得到多种戊糖和多种己糖，如木糖、阿拉伯糖、甘露糖和半乳糖等。

半纤维素在植物体内主要起支撑物质的作用，在适当的条件下，如种子发芽时，半纤维素在酶的作用下也可水解生成单糖起供给营养的作用。

【项目测试一】

1.填空题

(1)碳水化合物根据其组成中单糖的数量可分为__________、__________和______

________。

(2)单糖根据官能团的特点分为 ________ 和 ________，寡糖一般由 ________ 个单糖分子缩合而成，多糖的聚合度大于 ________。

(3)糖苷是单糖半缩醛上的 ________ 与 ________ 缩合而成的化合物。

(4)多糖可由一种或几种单糖组成，前者称为 ________，后者称为 ________。

(5)蔗糖水解称为 ________，生成的等物质的量的混合物称为 ________。

(6)淀粉与碘显 ________ 色；淀粉的最终水解产物是 ________，蔗糖的水解产物是 ________。

(7)请写出五种常见的单糖：________、________、________、________、________。

2. 选择题

(1)下列化合物不是糖的有(　　)。

A. 甘油醛　　B. 二羟丙酮

C. 葡萄糖　　D. $CH_3CH(OH)COOH$

(2)下列物质属于还原糖的有(　　)。

A. 葡萄糖　　B. 蔗糖　　C. 淀粉　　D. 纤维素

(3)淀粉水解的产物是(　　)。

A. 葡萄糖　　B. 葡萄糖和果糖　　C. 二氧化碳和水　　D. 麦芽糖和葡萄糖

(4)直链淀粉水解生成的二糖是(　　)。

A. 乳糖　　B. 麦芽糖　　C. 纤维二糖　　D. 蔗糖

(5)下列糖不能发生银镜反应的有(　　)。

A. 果糖　　B. 麦芽糖　　C. 蔗糖　　D. 葡萄糖

(6)对于淀粉下列叙述正确的是(　　)。

A. 淀粉是由葡萄糖组成的

B. 淀粉中的葡萄糖都以 α-1,4-糖苷键相结合

C. 淀粉中的葡萄糖都以 β-1,4-糖苷键相结合

D. 淀粉水解可以生成葡萄糖

(7)对于糖原下列叙述不正确的是(　　)。

A. 糖原由葡萄糖组成

B. 糖原存在于动植物体中

C. 糖原中的葡萄糖以 α-1,4-糖苷键形成直链，以 α-1,6-糖苷键形成分支

D. 糖原与支链淀粉的结构相似

任务二　脂类

学习目标

1. 知道油脂的通式，学会油脂的典型化学性质。

2. 知道酸价、皂化值、碘值、过氧化值等基本概念，并能进行油脂品质判断。

技能目标

1. 学会食用油脂酸价、过氧化值的测定技术。

2. 学会卵磷脂的提取和鉴定方法。

油脂和类脂化合物广泛存在于生物体中，是维持生命活动不可缺少的物质。油脂包括动物脂肪和植物油，例如牛油、猪油、豆油、花生油等。类脂化合物通常指磷脂、蜡和甾体化合物等，从化学组成上看，它们属于不同类的物质，但它们在物理性质方面都具有不溶于水而易溶于有机溶剂的特点，与油脂类似，因此叫作类脂化合物。

【工作任务一】

食用油脂酸价和过氧化值的测定。

【工作目标】

1. 学会用酸碱滴定法测定油脂的酸价。

2. 学会用氧化还原滴定法测定油脂的过氧化值。

【工作情境】

本任务可在化验室或实验室中进行。

1. 仪器

电子天平、滴定管、锥形瓶、碘量瓶。

2. 药品

2.1　测定酸价所需药品

(1)石油醚，沸程为 30～60 ℃。

(2)乙醚-乙醇混合液，按(2+1)混合，再用氢氧化钾溶液中和至酚酞指示剂呈中性(粉红色)。

(3)酚酞指示剂(10 g/L)，称取 1.0 g 酚酞，用乙醇溶解并定容至 100 mL。

(4)氢氧化钾溶液(3 g/L)，称取 0.30 g 氢氧化钾，用蒸馏水溶解并定容至 100 mL。

(5)氢氧化钾标准溶液，$c_{KOH}=0.05$ mol/L。

KOH 标准溶液(0.05 mol/L)的标定：精确称取在 105～110 ℃下干燥至恒重的基准物邻苯二甲酸氢钾 3 份，每份质量在 0.15～0.2 g 之间，分别盛放于 250 mL 的锥形瓶中，分别加新煮沸放冷的蒸馏水 50 mL，小心振摇使之完全溶解；加酚酞指示剂 2 滴，用待标定的 KOH 标准溶液滴定至溶液呈浅红色即为终点，记录消耗的 KOH 溶液的体积。

2.2 测定过氧化值所需药品

(1)硫代硫酸钠标准滴定溶液，$c_{Na_2S_2O_3}=0.002$ mol/L。

(2)饱和碘化钾溶液，称取 14 g 碘化钾，加 10 mL 水溶解，必要时微热使其溶解，冷却后储于棕色瓶中。

(3)三氯甲烷-冰乙酸混合液，量取 40 mL 三氯甲烷，加 60 mL 冰乙酸，混匀。

(4)淀粉指示剂(10 g/L)，称取可溶性淀粉 0.5 g，加少许水，调成糊状，倒入 50 mL 沸水中调匀，煮沸。临用时现配。

【工作原理】

植物油在阳光、氧气、水分、氧化剂主微生物的解脂酶的作用下分解成甘油二酯、甘油一酯及相关的脂肪酸，并进一步氧化形成过氧化合物、羰基化合物和低分子脂肪酸的过程称为油脂的酸败过程。植物油(椰子油除外)中大多含有不饱和脂肪酸，不饱和脂肪酸中的双键容易被氧化(双键越多表示不饱和度越高)，发生酸败。对植物油中游离的脂肪酸用氢氧化钾标准溶液滴定，每克植物油消耗的氢氧化钾的毫克数称为酸价。游离脂肪酸与氢氧化钾发生中和反应，由氢氧化钾的消耗量可以计算出游离脂肪酸的含量。

$$RCOOH + KOH = RCOOK + H_2O$$

油脂在氧化过程中产生过氧化物，与碘化钾作用生成游离碘，以硫代硫酸钠溶液滴定，计算样品的过氧化值。

【工作过程】

1. 酸价的测定

准确称取 3～5 g 混匀的油脂，置于锥形瓶中，加入 50 mL 中性乙醚-乙醇混合液，振摇使油脂溶解，必要时可置于热水中温热促进其溶解。冷却至室温，加入酚酞指示液 2～3 滴，以氢氧化钾溶液滴定，至呈现微红色并在 30 s 内不褪色为终点。

2. 过氧化值的测定

准确称取 2～3 g 混匀的油脂，置于 250 mL 的碘量瓶中，加 30 mL 三氯甲烷-冰乙酸混合液，使样品完全溶解。加入 1.00 mL 饱和碘化钾溶液，紧紧塞好瓶盖，并轻轻振摇 0.5 min，然后在暗处放置 3 min，取出，加 1 mL 水，摇匀，立即用硫代硫酸钠标准溶液(0.002 0 mol/L)滴定，至呈淡黄色时加 1 mL 淀粉指示液，继续滴定至蓝色消失为止。

取相同量的三氯甲烷-冰乙酸溶液、碘化钾溶液、水，按同样的方法做空白实验。

【数据记录】

1. 酸价

平行实验	1	2
样品质量 m/g		
标准溶液消耗量 V/mL		
样品测定值 X/(mg/g)		
平均值/(mg/g)		
两次测定之差/%		

$$X=\frac{c\times V\times 56.11}{m}$$（计算结果保留2位有效数字）

式中 X——样品的酸价（以氢氧化钾计），mg/g；

V——样品消耗的氢氧化钾标准溶液的体积，mL；

c——氢氧化钾标准溶液的实际浓度，mol/L；

m——样品的质量，g。

2. 过氧化值

平行实验	1	2
样品质量 m/g		
标准溶液消耗量 V/mL		
样品测定值 X/(g/100 g)		
平均值/(g/100 g)		
两次测定之差/%		

$$X=\frac{(V-V_0)\times c\times 0.1269\times 100\%}{m}$$（结果保留2位有效数字）

式中 X——样品的过氧化值，g/100 g；

V——样品消耗的硫代硫酸钠标准溶液的体积，mL；

V_0——空白实验消耗的硫代硫酸钠标准溶液的体积，mL；

c——硫代硫酸标准溶液的浓度，mol/L；

m——样品的质量，g。

式中0.126 9是与1.00 mL硫代硫酸钠标准溶液（$c_{Na_2S_2O_3}=1.000$ mol/L）相当的碘的质量。

【注意事项】

1. 乙醚-乙醇混合液必须调至中性。

2. 酸价较高的样品可以适当减少称样量，酸价较低的样品应适当增加称样量。

3. 如果油样颜色过深，终点判断困难，可减少试样用量或增加混合溶液用量，也可以将指示剂改为10 g/L的百里酚酞，到达终点时溶液由无色变为蓝色。

4. 可以使用氢氧化钠溶液代替氢氧化钾溶液，计算公式不变。

5. 淀粉指示剂现用现配。

6. 三氯甲烷有毒，混匀操作要在通风条件下进行。

7. 加入碘化钾后，静置时间的长短和加水量的多少对测定结果均有影响，应严格按条件操作。

8. 精密度。在重复性条件下两次独立测定结果的绝对差值不得超过算术平均值的10%。

【体验测试】

1. 脂肪酸酸败的原因是什么？

2. 什么是油脂的酸价？

3. 能否用 NaOH 溶液代替 KOH 溶液测定油脂的酸价？

4. 测定过氧化值采用的是什么方法？

【工作任务二】

卵磷脂的提取与鉴定。

【工作目标】

1. 了解卵磷脂的溶解性、乳化作用。

2. 掌握卵磷脂的提取、鉴定方法。

【工作情境】

本任务可在化验室或实验室中进行。

1. 仪器：刻度吸管、试管架、烧杯、量筒、磁搅拌器、离心机。

2. 试剂：乙醚、10%的 NaOH、鸡蛋、花生油。

【工作原理】

卵磷脂广泛分布于动植物中，在植物种子和动物的脑、神经组织、肝、肾上腺以及红细胞中含量较多，其中蛋黄中含量最丰富，高达 8%～10%，因而得名。卵磷脂在食品工业中广泛用作乳化剂、抗氧化剂和营养添加剂。它可溶于乙醚、乙醇等，因而可以用这些溶剂进行提取。

本实验以乙醚为溶剂提取生蛋黄中的卵磷脂，通常粗提取液中含有中性脂肪和卵磷脂，将两者浓缩后离心分离，下层为卵磷脂。卵磷脂的胆碱基在碱性溶液中可以分解为三甲胺，三甲胺有特异的鱼腥臭味，可以此鉴别。

【工作过程】

1. 卵磷脂的提取

取 15 g 生鸡蛋黄(通常含水 50%、脂类 32%、蛋白质 16%、灰分 2%)，于 150 mL 的三角锥瓶中加入 40 mL 乙醚，放入磁搅拌器，在室温下搅拌提取 15 min。然后静置 30 min，上层清液用带棉花塞的漏斗过滤。再往残渣中加入 15 mL 乙醚，搅拌提取 5 min。第二次提取液过滤后与第一次提取液合并，于 60 ℃的热水浴中蒸去乙醚，将残留物倒入烧杯中，放入真空干燥箱中减压干燥 30 min 以除尽乙醚，约可得 5 g 粗提取物。

粗提物离心(4 000 r/min)10 min，下层为卵磷脂，2.5～2.8 g。卵磷脂可以通过冷冻干燥得到无水的产物。

2. 卵磷脂的鉴定

取以上提取物约 0.1 g，于试管内加入 10%的氢氧化钠溶液 2 mL，水浴加热数分钟，嗅之是否有鱼腥味，以确定是否为卵磷脂。

3. 乳化作用

向两支试管中各加入 3～5 mL 水，一支加卵磷脂少许，溶解后滴加 5 滴花生油，另一支也滴入 5 滴花生油，加塞后用力振摇试管，使花生油分散。观察比较两支试管内的乳化状态。

【注意事项】

加热时温度不宜过高，卵磷脂与空气接触后，其不饱和脂肪酸链会被氧化而呈黄褐色。

【体验测试】

1.简述卵磷脂的生物学功能。

2.写出磷脂酰胆碱（卵磷脂）的结构式。

【知识链接】

脂类

脂类是生物体内一大类不溶于水而溶于大部分有机溶剂的疏水性物质。从化学的角度讲，95%左右的动物和植物脂类是脂肪酸甘油三酯，习惯上将在室温下呈固态的称为脂，呈液态的称为油。脂类的固态和液态是随温度变化而变化，因此脂和油这两个名词，通常是可以互换的，人们把它们统称为油脂。

1.油脂

1.1 分类

1.1.1 按化学结构分类

简单脂：脂肪酸与醇脱水形成的化合物。包括甘油酯和蜡，如蜂蜡。

复合脂：脂分子与磷脂、生物体分子等形成的物质。包括磷脂类、鞘脂类、糖脂类、脂蛋白。

衍生脂：脂的前体及衍生物。包括固醇类、类胡萝卜素类、脂溶性维生素。

1.1.2 按生理功能分类

脂肪：甘油三酯。

类脂：包括磷脂（含磷酸及有机碱的脂类）、糖脂（含糖及有机碱的脂类）、类固醇（胆固醇及酯、胆汁酸、类固醇激素）。

1.1.3 按来源分类

乳脂类、植物脂类、动物脂类、微生物脂类、海产动物脂类等。

1.2 组成元素

C、H、O三种，有些还有N、P及S等元素。

1.3 脂的结构

油脂是由甘油与脂肪酸结合而成的一酰基甘油（甘油一酯）、二酰基甘油（甘油二酯）以及三酰基甘油（甘油三酯）。天然的脂主要以三酰基甘油的形式存在。

$$\begin{array}{l} CH_2-OH \\ | \\ CH-OH \\ | \\ CH_2-O-\overset{}{\underset{\|}{C}}(=O)-R \end{array}$$

甘油一酯

$$\begin{array}{l} CH_2-O-C(=O)-R_1 \\ | \\ CH-OH \\ | \\ CH_2-O-C(=O)-R_2 \end{array} \qquad \begin{array}{l} CH_2-OH \\ | \\ CH-O-C(=O)-R_1 \\ | \\ CH_2-O-C(=O)-R_2 \end{array}$$

甘油二酯

$$\begin{array}{l} CH_2-O-C(=O)-R_1 \\ | \\ CH-O-C(=O)-R_2 \\ | \\ CH_2-O-C(=O)-R_3 \end{array}$$

甘油三酯

式中 R_1、R_2、R_3 代表不同的脂肪酸的烃基，它们可以相同也可以不同。

单纯甘油酯：如果 R_1、R_2、R_3 相同，这样的油脂称为单纯甘油酯，如三硬脂酸甘油酯、三油酸甘油酯等。

混合甘油酯：如果 R_1、R_2、R_3 不相同，叫混合甘油酯或甘油三杂酯，如一软脂酸二硬脂酸甘油酯等。

天然油脂多为混合甘油酯。甘油的碳原子编号自上而下为1～3，当 R_1 和 R_3 不同时，C_2 原子具有手性，天然油脂多为 *L* 型。

1.4　油脂中脂肪酸的种类

在油脂中脂肪酸的烃基占很大的比例，脂肪酸的种类、结构、性质直接决定着油脂的性能和营养价值。天然油脂中的脂肪酸已发现的有七八十种，它们大多数是具有不同数目偶数碳的直链一元脂肪酸。

1.4.1　饱和脂肪酸

饱和脂肪酸是分子中的碳原子以单键相连的一元羧酸。大多数饱和脂肪酸为偶碳数酸，最常见的是十六碳酸和十八碳酸，其次为十二碳酸、十四碳酸和二十碳酸，碳数少于十二的脂肪酸主要存在于牛脂和少数植物油中。

天然油脂中重要的饱和脂肪酸见表5-4。

表5-4　天然油脂中重要的饱和脂肪酸

脂肪酸	名称	存在于	熔点/℃
C_3H_7COOH	丁酸(酪酸)	奶油中	−7.9
$C_5H_{11}COOH$	己酸(低羊脂酸)	奶油、椰子中	−3.4
$C_7H_{15}COOH$	辛酸(亚低羊脂酸)	奶油、椰子中	16.7
$C_9H_{19}COOH$	癸酸(羊脂酸)	椰子、榆树子中	31.6
$C_{11}H_{23}COOH$	十二酸(月桂酸)	月桂、一般油脂中	44.2
$C_{13}H_{27}COOH$	十四酸(豆蔻酸)	花生、椰子油中	53.9
$C_{15}H_{31}COOH$	十六酸(软脂酸)	所有油脂中	63.1
$C_{17}H_{35}COOH$	十八酸(硬脂酸)	所有油脂中	69.6
$C_{19}H_{39}COOH$	二十酸(花生酸)	花生油中	75.3

(1)低级饱和脂肪酸。其分子中的碳原子数少于十个。油脂中含有的主要酸有丁酸[$CH_3(CH_2)_2COOH$]、己酸[$CH_3(CH_2)_4COOH$]、辛酸[$CH_3(CH_2)_6COOH$]、癸酸[$CH_3(CH_2)_8COOH$]等,它们在常温下是液体,并都具有令人不愉快的气味,沸点较低,容易挥发,所以常将它们称为挥发性脂肪酸。低级饱和脂肪酸在牛奶、羊奶及羊脂中含量较多,使牛奶特别是羊奶、羊脂具有膻味,椰子油中也有一定的含量。

(2)中、高级饱和脂肪酸。分子中的碳原子数在十个以上的脂肪酸叫作中、高级饱和脂肪酸。油脂中含的是有12～26个偶数碳原子的中、高级饱和脂肪酸,主要有软脂酸[十六酸$CH_3(CH_2)_{14}COOH$]、硬脂酸[十八酸$CH_3(CH_2)_{16}COOH$]、豆蔻酸[十四酸$CH_3(CH_2)_{12}COOH$],它们在常温下都是无臭的白色固体,不溶于水,主要存在于动物脂中,植物油中也有。

1.4.2 高级不饱和脂肪酸

凡是碳链中含有碳碳双键的脂肪酸称为不饱和脂肪酸。不饱和脂肪酸有一烯、二烯、三烯和多烯酸,极个别为炔酸。油脂中常见的不饱和脂肪酸是烯酸,分子中的双键数可以由1个到6个,以分子中含16、18、20个碳原子的烯酸分布最广。

不饱和脂肪酸的化学性质活泼,容易发生加成、氧化、聚合等反应,比饱和脂肪酸对脂肪性质的影响程度大。不饱和脂肪酸的含量是评价食用油营养水平的重要依据。豆油、玉米油、葵花子油中ω—6系列不饱和脂肪酸含量较高,而亚麻油、苏籽油中ω—3系列不饱和脂肪酸含量较高。由于不饱和脂肪酸极易被氧化,食用它们时应适量增加维生素E的摄入量。

植物油中不饱和脂肪酸的含量比饱和脂肪酸高,油酸是动植物油脂中分布最广泛的不饱和脂肪酸。亚油酸、亚麻酸、花生四烯酸在人体内起着重要的生理作用,必须由食物供给,称为必需脂肪酸。亚油酸在植物油内含量丰富,亚麻酸和花生四烯酸分布不太广,它们在体内可由亚油酸转化而满足人体的需求。

必需脂肪酸具有重要的生理意义:促进人体发育,维护皮肤和毛细血管的健康,保护其弹性,防止其脆性增大;增加乳汁的分泌;减轻放射线所造成的皮肤损伤;降低血液胆固醇,减小血小板的黏附性,有助于防止冠心病的发生。

缺乏必需脂肪酸时会发生皮肤病;引起生育异常、乳汁分泌减少;还会引起胆固醇在体内沉积,从而导致某些血脂症病。

1.5 脂肪酸的命名

许多脂肪酸最初是从某种天然产物中得到的,因此常根据其来源命名。例如棕榈酸(16:0)、花生酸(20:0)等。

一般可用顺式(cis)或反式(trans)表示双键的几何构型,烷基处于分子的同一侧为顺式,处于分子的两侧为反式。反式结构通常比顺式结构具有较高的熔点和较低的反应活性。

1.5.1 系统命名法

饱和脂肪酸以母体饱和烃来命名,从羧基端开始编号,如己酸、十二酸等。饱和脂肪酸除了按命名法命名外,还可用速记法表示,即在碳原子数后面加冒号,冒号后面为零,表示没有双键,如辛酸为$C_{8:0}$或8:0,硬脂酸为$C_{18:0}$或18:0。

1.5.2　数字命名法

不饱和脂肪酸也以母体不饱和烃来命名，但必须标明双键的位置，即选含羧基和双键的最长碳链为主链，从羧基端开始编号，并标出不饱和键的位置，例如：

$$CH_3(CH_2)_4CH{=}CHCH_2CH{=}CH(CH_2)_7COOH$$

9,12-十八碳二烯酸，俗称亚油酸。

(1)n:m(n为碳原子数，m为双键数)。如18:1、18:2、18:3。有时还需标出双键的顺反结构及位置，c表示顺式，t表示反式，位置可从羧基端开始编号，如5t、9c—18:2。

(2)ω法。根据双键的位置及功能将不饱和脂肪酸分为ω—6系列和ω—3系列。从分子的末端甲基即ω碳原子开始确定第一个双键的位置，亚油酸和花生四烯酸属ω—6系列，亚麻酸、DHA(二十二碳六烯酸)、EPA(二十碳五烯酸)属ω—3系列。如亚油酸也可表示为18:2ω6，又如18:10ω9、18:3ω3等。

(3)n法。从脂肪酸的甲基碳起计算其碳原子顺序。如亚油酸也可表示为18:2(n—6)，又如18:1(n—9)、18:3(n—3)等。

但这两种方法仅适用于顺式双键结构和五碳双烯结构，即非共轭双键结构，其他结构的脂肪酸不能用ω法或n法。

(4)△编码体系。从脂肪酸的羧基碳起计算碳原子的顺序。

$$CH_3—(CH_2)_5—CH{=}CH—(CH_2)_7—COOH$$

$\longrightarrow$　　　　　$\longleftarrow$

十六碳-ω^7-烯酸　十六碳-$\triangle^9$-烯酸

常见的不饱和脂肪酸的命名见表5-5。

表5-5　常见的不饱和脂肪酸的命名

结构式（习惯名）	结构式（系统名）	碳数及双键数	双键位置（△系）	双键位置（n系）	族	分布
$CH_3(CH_2)_5CH{=}CH(CH_2)_7COOH$		16:1	9	7	ω—7	广泛
软油酸	十六碳一烯酸					
$CH_3(CH_2)_7CH{=}CH(CH_2)_7COOH$		18:1	9	9	ω—9	动植物油
油酸	十八碳一烯酸					
$CH_3(CH_2)_4CH{=}CHCH_2CH{=}CH(CH_2)_7COOH$		18:2	9,12	6,9	ω—6	各种油脂
亚油酸	十八碳二烯酸					
$CH_3CH_2CH{=}CHCH_2CH{=}CHCH_2CH{=}CH(CH_2)_7COOH$		18:3	9,12,15	3,6,9	ω—3	植物油
α-亚麻酸	十八碳三烯酸					
$CH_3(CH_2)_4CH{=}CHCH_2CH{=}CHCH_2CH{=}CH(CH_2)_4COOH$		18:3	6,9,12	6,9,12	ω—6	植物油
γ-亚麻酸	十八碳三烯酸					

续表

结构式		碳数及双键数	双键位置		族	分布
习惯名	系统名		△系	n 系		
$CH_3(CH_2)_4CH=CHCH_2CH=CHCH_2CH=CHCH_2CH=CH(CH_2)_3COOH$		20:4	5,8,11,14	6,9,12,15	ω—6	植物油
花生四烯酸	二十碳四烯酸					
$CH_3CH_2CH=CHCH_2CH=CHCH_2CH=CHCH_2CH=CHCH_2CH=CH(CH_2)_3COOH$		20:5	5,8,11,14,17	3,6,9,12,15	ω—3	鱼油
timnodonic	二十碳五烯酸(EPA)					
$CH_3CH_2CH=CHCH_2CH=CHCH_2CH=CHCH_2CH=CHCH_2CH=CH(CH_2)_5COOH$		22:5	7,10,13,16,19	3,6,9,12,15	ω—3	鱼油、脑
clupanodonic	二十二碳五烯酸(DPA)					
$CH_3CH_2CH=CHCH_2CH=CHCH_2CH=CHCH_2CH=CHCH_2CH=CHCH_2CH=CH(CH_2)_2COOH$		22:6	4,7,10,13,16,19	3,6,9,12,15,18	ω—3	鱼油
cervonic	二十二碳六烯酸(DHA)					

1.6 食用油脂的物理性质

1.6.1 油脂的颜色

纯净的油脂是无色的。油脂的色泽来自脂溶性维生素。如果油脂中含有叶绿素，油脂就呈现绿色；如含有类胡萝卜素，油脂就呈现黄到红色。一般来讲，动物油脂中色素物质含量少，色泽较浅。如猪油为乳白色，鸡油为浅黄色等。

1.6.2 油脂的味——滋味

纯净的油脂是无味的。油脂的味来自两方面：一是天然油脂中由于含有各种微量成分，导致出现各种异味；二是贮存的油脂酸败后会出现苦味、涩味。

1.6.3 油脂的香——气味

烹饪用油脂都有其特有的气味。油脂的气味来源如下。

(1)天然油脂的气味。天然油脂本身的气味主要是油脂中的挥发性低级脂肪酸及非酯成分引起的。如乳制品——酪酸(丁酸)；芝麻油——乙酰吡嗪；菜籽油——含硫化合物(甲硫醇)；椰子油——壬基甲酮；奶油——丁二酮；菜油受热时产生的刺激性气味由其中所含的黑芥子苷分解所致。

(2)贮存中或使用后产生的气味。油脂在贮存中或高温加热时会氧化分解出许多小分子物质而发出各种臭味，可能影响烹饪菜肴的质量；油脂经过精制加工后往往无味，这是因为精炼加工除去了毛油中的挥发性小分子。

1.7 油脂的化学性质

1.7.1 水解作用

油脂在酸、碱的作用下可以发生水解反应。在酸性条件下油脂水解生成甘油和脂肪酸，该反应是可逆的。在过量碱(如 NaOH)的作用下油脂可完全水解生成甘油和高级脂肪酸盐。高级脂肪酸的钠盐俗称肥皂，因此，常把油脂在碱性条件下的水解反应叫作皂化反应。

$$\begin{array}{l} CH_2-O-\overset{O}{\overset{\|}{C}}-R_1 \\ | \\ CH-O-\overset{O}{\overset{\|}{C}}-R_2 \\ | \\ CH_2-O-\overset{O}{\overset{\|}{C}}-R_3 \end{array} + 3NaOH \longrightarrow \begin{array}{l} CH_2-OH \\ | \\ CH-OH \\ | \\ CH_2-OH \end{array} + \begin{array}{l} R_1COONa \\ R_2COONa \\ R_3COONa \end{array}$$

使1 g油脂完全皂化所需要的氢氧化钾的质量(单位为mg)叫作皂化值。每种油脂都有一定的皂化值,因而可根据皂化值的大小检验油脂的质量。不纯的油脂皂化值偏低,这是由于油脂中含有较多不能皂化的杂质。通过皂化值的大小可以推测油脂中所含脂肪酸的平均相对分子质量。皂化值越大,脂肪酸的平均相对分子质量越小。常见油脂的皂化值见表5-6。

表5-6　常见油脂中脂肪酸的含量(%)和皂化值、碘值

油脂名称	软脂酸	硬脂酸	油酸	亚油酸	皂化值/(mg/g)	碘值/(g/100 g)
牛油	24～32	14～32	35～48	2～4	190～200	30～48
猪油	28～30	12～18	41～48	3～8	195～208	46～70
花生油	6～9	2～6	50～57	13～26	185～195	83～105
大豆油	6～10	2～4	21～29	50～59	189～194	127～138
棉籽油	19～24	1～2	23～32	40～48	191～196	103～115

人体摄入的油脂主要在酶的催化下在小肠内水解,此过程即为消化。水解产物被小肠壁吸收,然后合成人体自身的脂肪酸。

1.7.2　加成反应

油脂中的不饱和高级脂肪酸甘油酯因含有碳碳双键,可以与氢、卤素等发生加成反应。

(1)氢化。含不饱和脂肪酸的油脂催化加氢后可以转化为半固态的脂肪,这个过程叫油脂的氢化或硬化。加氢后的油脂叫氢化油或硬化油。

$$\begin{array}{l} CH_2-O-\overset{O}{\overset{\|}{C}}-C_{17}H_{33} \\ | \\ CH-O-\overset{O}{\overset{\|}{C}}-C_{17}H_{33} \\ | \\ CH_2-O-\overset{O}{\overset{\|}{C}}-C_{17}H_{33} \end{array} + 3H_2 \xrightarrow[250\ ℃]{Ni} \begin{array}{l} CH_2-O-\overset{O}{\overset{\|}{C}}-C_{17}H_{35} \\ | \\ CH-O-\overset{O}{\overset{\|}{C}}-C_{17}H_{35} \\ | \\ CH_2-O-\overset{O}{\overset{\|}{C}}-C_{17}H_{35} \end{array}$$

人造奶油也称氢化油,是用植物油经过氢化反应制成的。液体植物油变成具有可塑性的半固体人造奶油,制作和储藏起来都很方便,在日常食品中得到了广泛的应用。

过去认为氢化油是由不饱和脂肪酸制成的,无危害健康的成分,可放心食用,但最近的研究表明,植物油的氢化实际上是把植物油的不饱和脂肪酸变成饱和或半饱和状态的过程,此过程会产生反式脂肪酸,它会使人体血液中的低密度脂蛋白增加,高密度脂蛋白减少,诱

发血管硬化，增加发生心脏病、脑血管意外的危险。所以，人造奶油并非完全无害，不宜多吃。

(2)加碘。油脂中的不饱和脂肪酸的碳碳双键可以和碘发生加成反应，根据油脂吸收碘的质量可以测定油脂的不饱和程度，一般将 100 g 油脂所能吸收的碘的质量(单位为 g)称为碘值，碘值越大，说明油脂的不饱和程度越高。碘值是油脂性质的重要参数，也是油脂分析的重要指标。

由于碘的加成反应非常缓慢，因此，在实际测定中常用氯化碘或溴化碘作试剂。研究表明，常期食用低碘值的油脂(主要是动物性脂肪)易导致动脉硬化等心脑血管疾病，对人体健康有害，所以人们应当多食用碘值高的油脂(如植物油、鱼油等)。

1.7.3 油脂的酸败

油脂在空气中放置过久会产生难闻的气味，这种变化叫酸败。受空气中的氧、水分或微生物的作用，一方面油脂中不饱和脂肪酸的碳碳双键被氧化生成过氧化物，这些过氧化物再经分解等作用生成有臭味的小分子醛、酮和羧酸等化合物；另一方面油脂被水解成游离的高级脂肪酸，后者在微生物的作用下可进一步发生 β 氧化、分解等过程生成小分子化合物。光、热或潮湿可加速油脂的酸败过程。

油脂酸败产生的低级醛、酮、羧酸等化合物不但气味难闻，而且氧化过程产生的过氧化物能使一些脂溶性维生素被破坏。种子如果贮存不当，其中的油脂酸败后，种子就会失去发芽能力。

油脂酸败后游离脂肪酸增加，因此油脂的品质与油脂中游离脂肪酸的含量有关，油脂中游离脂肪酸的含量常用酸价表示，又称酸值。酸值是中和 1 克油脂中的游离脂肪酸所需氢氧化钾的毫克数。油脂酸败后酸值增大，一般酸值大于 6 mg/g 的油脂就不宜食用。为了防止油脂酸败，可将油脂置于密闭容器中，并放于阴凉、干燥避光的地方，也可以添加少量适当的抗氧化剂(如维生素 E 等)。

1.8 油脂品质的表示方法

各种来源的油脂组成、特征值及稳定性均有差异。在加工和储藏过程中，油脂的品质会因各种化学变化而逐渐降低。通常通过测定油脂的特征值即能鉴定油脂的种类和品质。特征值包括油脂的熔点、凝固点、黏度、比重、酸值、皂化值、碘值、过氧化值等。

1.8.1 酸值

酸值是中和 1 g 油脂中的游离脂肪酸所需氢氧化钾的质量(mg)。酸值是衡量油脂中游离脂肪酸数量的指标，新鲜油脂的酸值很小，但随着储藏期的延长和油脂的酸败，酸值逐渐增大。酸值的大小可直接说明油脂的新鲜度和质量的好坏，所以酸值是检验油脂质量的重要指标。

根据《食用植物油卫生标准》(GB 2716—2010)，食用植物油的酸价不应超过 3 mg/g。

1.8.2 皂化值

皂化值是完全皂化 1 克油脂所需要的氢氧化钾的毫克数。

$$\text{皂化值}=\frac{3\times 56\times 1\,000}{\text{脂肪酸的平均相对分子质量}}$$

式中 3 代表 1 分子脂肪的脂肪酸数目，56 是氢氧化钾的摩尔质量。

皂化值的大小与油脂的平均分子量成反比，组成油脂的脂肪酸的平均分子量越小，油脂的皂化值越大。肥皂工业根据油脂的皂化值大小确定合理的用碱量和配方。皂化值较大的食用油脂熔点较低，消化率较高。每一种油脂都有相应的皂化值，如果实测值与标准值不符，说明掺有杂质。对大多数食用油脂来说，脂肪酸的平均相对分子质量为 200 左右。乳脂中含有较多低级脂肪酸，所以，乳脂的皂化值较大。

1.8.3 碘值

碘值是加成 100 克油脂所需碘的克数。

$$碘值=\frac{2\times 126.9\times 双键数目}{脂肪酸的平均相对分子质量}\times 100$$

通过油脂碘值的大小可判断油脂中脂肪酸的不饱和程度。碘值大的油脂不饱和脂肪酸的含量高或不饱和程度高；反之，不饱和脂肪酸的含量低或不饱和程度低。碘值下降，说明双键减少，油脂发生了氧化。所以有时用这种方法监测油脂自动氧化过程中二烯酸含量下降的趋势。

1.8.4 过氧化值

过氧化值(POV)是 1 千克油脂中所含氢过氧化物的毫摩尔数。

氢过氧化物是油脂氧化的主要初级产物，过氧化值在油脂氧化初期随氧化程度增加而增大。当油脂深度氧化时，氢过氧化物的分解速度超过了氢过氧化物的生成速度，这时过氧化值会降低，所以过氧化值宜用于衡量油脂氧化初期的氧化程度。新鲜油脂的过氧化值应该为零。储存期延长，过氧化值增大，过氧化值在 10 mmol 以下可认为是能够食用的新鲜油脂。根据《食用植物油卫生标准》(GB 2716—2010)，食用植物油过氧化值不应超过 0.25 g/100 g，过氧化值常用碘量法测定(参见 GB/T 5009.37—2003)。

2. 类脂

油脂中常常含有少量类脂，类脂的某些物理性质和化学性质和脂肪相似。也是食物中比较重要的成分。其主要分为磷脂和固醇两大类，是构成人体细胞膜的主要成分。磷脂对人体的生长发育非常重要。固醇是体内合成固醇类激素的重要物质。

磷脂是一类含磷的脂类化合物，是动植物细胞的一种重要成分，动物的脑、神经组织、骨髓、心、肝、肾以及蛋黄、植物的种子及胚芽、大豆中都含有丰富的磷脂。磷脂中比较重要的是卵磷脂、脑磷脂和鞘磷脂。

2.1 卵磷脂

卵磷脂是吸水性很强的白色蜡状固体，难溶于水和丙酮，易溶于乙醚、乙醇和氯仿，在空气中久置逐渐变成黄色或棕色。

卵磷脂是一种甘油酯，它与油脂的不同在于甘油的三个羟基中只有两个与高级脂肪酸结合，另一个与磷酸成酯，磷酸又以酯键与含氮碱(胆碱)结合，所以卵磷脂又称为磷脂酰胆碱或胆碱磷酸甘油酯。其结构式如下：

$$
\begin{array}{l}
\qquad\qquad\qquad\quad CH_2O-\overset{\displaystyle O}{\overset{\|}{C}}-R' \\
R-\overset{\displaystyle O}{\overset{\|}{C}}-O-\overset{|}{C}H \\
\qquad\qquad\qquad\quad \overset{|}{C}H_2O-\underset{\displaystyle O^-}{\underset{|}{\overset{\displaystyle O}{\overset{\|}{P}}}}-OCH_2CH_2\overset{+}{N}(CH_3)_3
\end{array}
$$

卵磷脂在动物的脑、神经、肾上腺、红细胞中含量很高，在蛋黄中含量更高，可达8%～10%，天然卵磷脂是几种胆碱磷酸甘油酯的混合物，组成卵磷脂的高级脂肪酸有软脂酸、硬质酸、油酸、亚油酸、亚麻酸和花生四烯酸等。胆碱在人体内有促进油脂迅速生成磷脂的作用，可防止脂肪在肝内大量聚积，医学研究证明，卵磷脂可以防止肝硬化、动脉粥样硬化、大脑功能缺陷和记忆障碍等多种疾病。

2.2　脑磷脂

脑磷脂与卵磷脂共存于动植物的各种组织与器官中，以动物的脑中含量最多，故名脑磷脂。它也是吸水性很强的白色蜡状固体，在空气中易被氧化而变为棕色，能溶于乙醚而不溶于乙醇和丙酮。

脑磷脂的结构与卵磷脂很相似，它们的区别在于含有不同的含氮碱，卵磷脂含的是胆碱，脑磷脂含的是胆胺，脑磷脂的结构为

$$
\begin{array}{l}
\qquad\qquad\qquad\quad CH_2O-\overset{\displaystyle O}{\overset{\|}{C}}-R' \\
R-\overset{\displaystyle O}{\overset{\|}{C}}-O-\overset{|}{C}H \\
\qquad\qquad\qquad\quad \overset{|}{C}H_2O-\underset{\displaystyle O^-}{\underset{|}{\overset{\displaystyle O}{\overset{\|}{P}}}}-OCH_2CH_2\overset{+}{N}H_3
\end{array}
$$

脑磷脂水解得到的高级脂肪酸有软脂酸、硬脂酸、油酸和花生四烯酸等。脑磷脂与血液凝固有关，它与蛋白质可以组成凝血激酶。

2.3　鞘磷脂

鞘磷脂是白色晶体，比较稳定，在空气中不易被氧化，难溶于丙酮和乙醚，易溶于热乙醇。鞘磷脂是鞘脂的一种，它不是甘油酯，是由一个长链不饱和醇——鞘氨醇(神经醇)与高级脂肪酸、磷酸、胆碱各一分子结合而成的化合物。鞘磷脂又名神经磷脂，其结构如下：

$$
CH_3(CH_2)_{12}\underset{\displaystyle H}{\underset{|}{C}}=\overset{\displaystyle H}{\overset{|}{C}}-\overset{\displaystyle OH}{\overset{|}{C}H}-\overset{\displaystyle NH-\overset{\displaystyle O}{\overset{\|}{C}}-R}{\overset{|}{C}H}-CH_2-O-\underset{\displaystyle O^-}{\underset{|}{\overset{\displaystyle O}{\overset{\|}{P}}}}-OCH_2CH_2\overset{+}{N}(CH_3)_3
$$

鞘磷脂是组成细胞膜的重要物质，大量存在于脑和神经组织中。在不同的组织中，组成鞘磷脂的脂肪酸不相同，通常有软脂酸、硬脂酸、二十四酸或二十四碳烯酸等。

卵磷脂、脑磷脂和鞘磷脂分子中既有疏水基长链烃基，又有亲水基偶极离子，所以磷脂

是一类有生理活性的表面活性剂，在生物体内能使油脂乳化，有助于油脂的运输、消化和吸收。磷脂在生物的细胞膜中有着重要的生理作用，能有选择地从环境中吸收养分，阻止外界有害物质侵入，排出代谢产物等。在一些酶的催化下，磷脂可以水解生成一系列化学信息分子，如花生四烯酸、前列腺素等。

2.4　甾体化合物

甾体化合物也称类固醇化合物，是广泛存在于动植物界的一类天然物质，在动植物的生命活动中起着重要的作用。

甾体化合物的特点是分子中都含有一个由环戊烷和氢化菲并合的基本骨架，命名为环戊烷并氢化菲，四个环分别用 A、B、C、D 表示，环上的碳原子有固定的编号。C_{10} 和 C_{13} 上常连有甲基，用 R_1、R_2 表示，称为角甲基，C_{17} 上连有其他取代基，用 R_3 表示。甾体化合物中的“甾”字形象地表示了这类化合物的基本骨架，“田”字表示四个环，“巛”表示三个取代基 R_1、R_2、R_3。

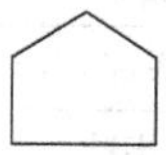

环戊烷 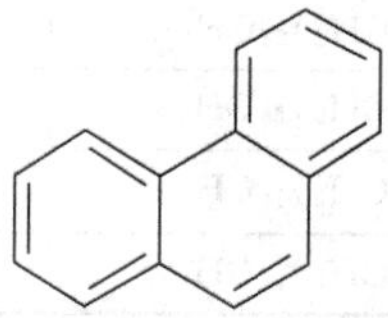　菲 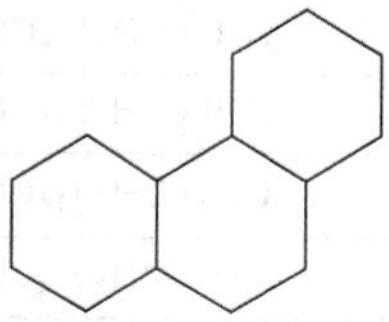　氢化菲 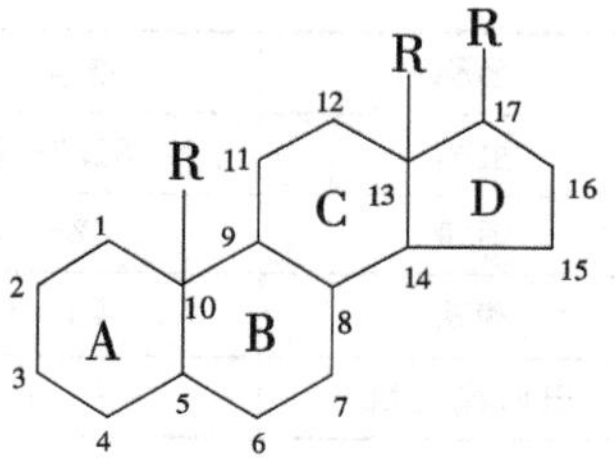　环戊烷并氢化菲（甾环）

甾体化合物的结构比较复杂，有多个顺反异构体和旋光异构体。甾体化合物主要有甾醇、胆甾酸和甾体激素等。

甾醇广泛存在于动植物组织中，是饱和的或不饱和的仲醇。根据来源不同，甾醇可分为动物甾醇和植物甾醇两类，它们的代表分别是胆甾醇和麦角甾醇。

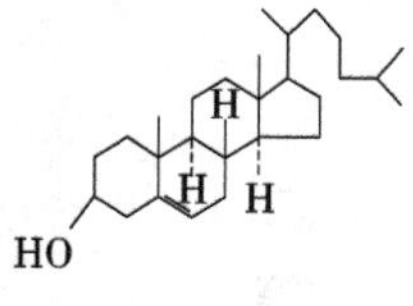

胆甾醇 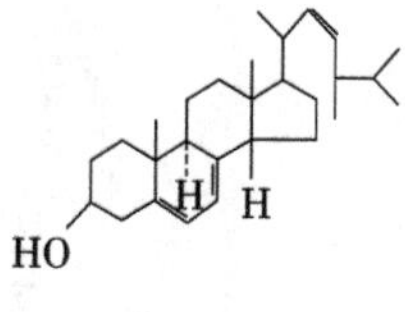　麦角甾醇 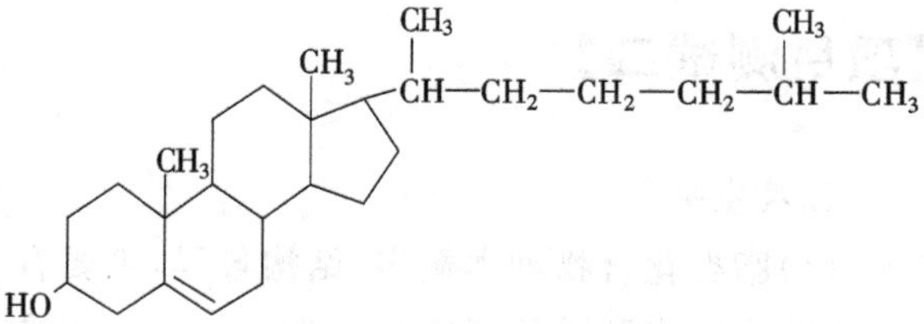　胆固醇

甾固醇又名胆固醇，是最早发现的一个甾体化合物，存在于动物的血液、脂肪、脑髓以及神经组织中。胆固醇是不饱和仲醇，为无色或略带黄色的结晶，熔点 148 ℃，在高真空下可升华，微溶于水，易溶于热乙醇、乙醚、氯仿等有机溶剂。胆结石几乎完全是由胆固醇组成的，胆固醇的名称也由此而得来。正常人的血清中每 100 mL 约含 200 mg 胆固醇，人体胆固醇总含量约为 140 g。胆固醇是人体的主要的固醇物质，是细胞膜的重要成分，也是合成固醇激素、维生素 D 等生物活性物质的重要原料。人体内的胆固醇一是从食物中摄取，大

约占30%;二是人体组织细胞自己合成,这部分约占总胆固醇的70%。人体积累太多胆固醇会形成胆结石或沉积在血管壁上引起动脉硬化。

胆固醇主要存在于动物性食物中,尤其是动物的内脏和脑中含量最高,鱼类和奶类中含量较低,比如每100 g猪脑、羊脑、鸡蛋黄和鸡蛋(含蛋清)分别含胆固醇2 571、2 004、2 850、585 mg。如果食物中胆固醇长期摄入不足,体内便会加紧合成,以满足人体的需求。

3.蜡

蜡在常温下是固体,不溶于水,能溶于乙醚、苯、氯仿和四氯化碳等有机溶剂。

蜡是由长链脂肪酸与长链醇形成的酯,广泛存在于动植物中。蜡按其来源可分为动物蜡和植物蜡两类。植物蜡存在于植物的叶、茎和果实的表面,可防止水分过度蒸发和细菌侵害。动物蜡存在于动物的分泌腺、皮肤、羽毛和昆虫外骨骼的表面,也具有保护作用。

常见的蜡的来源及成分列于表5-7中。

表5-7 几种重要的蜡

名称	熔点/℃	主要成分	来源
虫蜡	81.3~84	$CH_3(CH_2)_{24}COOCH_2(CH_2)_{24}CH_3$	白蜡虫
蜂蜡	62~65	$CH_3(CH_2)_{14}COOCH_2(CH_2)_{28}CH_3$	蜜蜂腹部
鲸蜡	42~45	$CH_3(CH_2)_{14}COOCH_2(CH_2)_{14}CH_3$	鲸鱼头部
巴西棕榈蜡	83~86	$CH_3(CH_2)_{24}COOCH_2(CH_2)_{28}CH_3$	巴西棕榈叶

昆虫的表皮上也覆盖着一层蜡,具有防止体内水分蒸发和外界水分侵入的作用。由于植物和昆虫的体表有蜡层,因此喷洒农药时必须加入一些表面活性剂,才能使药液润湿植物及昆虫的体表,充分发挥药效。

蜡的应用比较广泛,一般用作上光剂、鞋油、地板蜡、蜡纸和药膏的基质。羊毛脂也属于蜡,多用于化妆品中。

【项目测试二】

1.填空题

(1)脂类化合物种类繁多、结构各异,主要有______、______、______、______等。

(2)饱和脂肪酸的烃链完全为________所饱和,如________;不饱和脂肪酸的烃链含有________,如花生四烯酸含________个双键。

(3)脂类化合物是能溶于________,不溶或微溶于________的有机化合物。

(4)油脂的碘值越大,说明油脂的不饱和程度____________。

2.选择题

(1)天然油脂水解后的共同产物是( )。

A.硬脂酸 B.软脂酸 C.油酸 D.甘油

(2)下列有关油脂的叙述中,不正确的是( )。

A. 油脂没有固定的熔点和沸点，所以油脂是混合物

B. 油脂是由甘油和高级脂肪酸生成的酯

C. 油脂属于酯类

D. 油脂都不能使溴水褪色

(3)动物脂肪含有相当多的( )的三酰甘油，所以熔点较高。

A. 一元饱和 B. 二元饱和 C. 全饱和 D. 全不饱和

任务三 蛋白质

学习目标

1. 学会氨基酸和蛋白质的结构、特点、理化性质。

2. 知道蛋白质的功能性质产生的机理及影响因素。

技能目标

学会氨基酸的纸层析法分离。

蛋白质是α-氨基酸按一定顺序结合形成一条多肽链，再由一条或一条以上多肽链按照特定方式结合而成的高分子化合物。蛋白质是构成人体组织器官的支架和主要物质，在人体生命活动中起着重要作用，可以说没有蛋白质就没有生命活动的存在。

【工作任务一】

氨基酸的纸层析法分离。

【工作目标】

学会氨基酸的纸层析法分离。

【工作情境】

本任务可在化验室或实验室中进行。

1. 仪器：滤纸、烧杯(10 mL)、剪刀、层析缸(2个)、微量注射器(10 μL)或毛细管、电吹风、分光光度计。

2. 药品。

混合氨基酸溶液：称取谷氨酸、脯氨酸、甘氨酸和味精各 50 mg，分别用 25 mL 0.01 mol/L 的 HCl 溶液溶解于四个小烧杯中，放在冰箱中保存。

碱相展层剂：$V_{正丁醇(A.R.)}:V_{12\%氨水}:V_{95\%乙醇}=13:3:3$。

酸相溶剂：$V_{正丁醇(A.R.)}:V_{80\%甲酸}:V_{水}=15:3:2$。

显色贮备液：$V_{0.4\ mol/L茚三酮-异丙醇}:V_{甲酸}:V_{水}=20:1:5$。

【工作原理】

用层析滤纸对支持物进行层析的方法称为纸层析法，是以滤纸为惰性支持物的分配层

析法，滤纸纤维上的羟基具有亲水性，吸附一层水作为固定相，有机溶剂为流动相，有机相流经固定相时，物质在两相间不断分配而得到分离，溶质在滤纸上的移动速度用 R_f 表示：

R_f＝原点到纸层析斑点中心的距离/原点到溶剂前沿的距离

在一定的条件下某种物质的 R_f 是常数。R_f 的大小与物质的结构、性质，溶剂系统，层析滤纸的质量和层析温度等因素有关。本实验利用纸层析法分离氨基酸，将样品点在滤纸上（称为原点）进行展层，样品中的各种氨基酸在两相溶剂中不断进行分配。由于它们的分配系数不同，氨基酸随流动相移动的速率也不同，使不同的氨基酸分离开来，形成距原点距离不等的层析点（用茚三酮溶液显色）。氨基酸在滤纸上的移动速率用 R_f 表示，如图 5－19 所示。

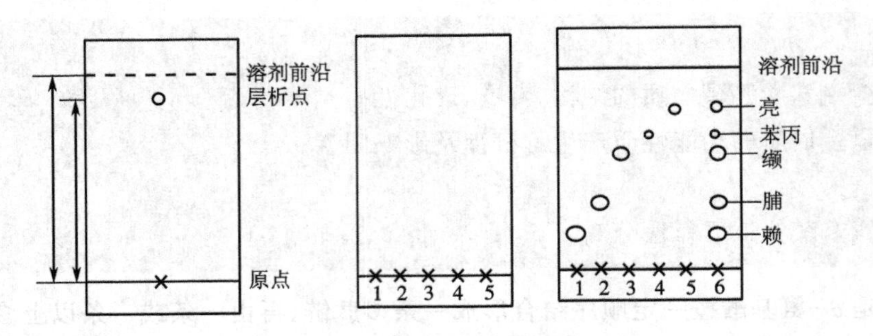

图 5－19　上行色谱示意

在固定相、移动相、温度等条件相同的情况下，被分离的物质有特定的 R_f，因此，可以根据 R_f 进行定性鉴定。在氨基酸的分离鉴定中，一般将已知的标准氨基酸样品与未知的氨基酸样品在同一层析滤纸上点样，在相同的条件下进行层析，通过与已知样品的 R_f 进行对比，即可确定未知氨基酸的种类。

如果样品中有多种氨基酸，其中某些氨基酸的 R_f 相同或相近，只用一种溶剂展层就不能将它们分开。因此，用一种溶剂展层后，将滤纸转动 90°，再用另一种溶剂展层，从而达到分离的目的，这种方法称为双向纸层析法。

【工作过程】

1. 标准氨基酸单向上行纸层析法

1.1　滤纸准备　选用新华 1 号滤纸，裁成 10 cm×10 cm 的长方形，在距纸一端 2 cm 处画一基线，在线上每隔 2～3 cm 画一小点作点样的原点。

1.2　点样　氨基酸点样量以每种氨基酸 5～20 μg 为宜，用微量注射器或微量吸管吸取氨基酸样品 10 μL 点于原点（分批点完），样点直径不能超过 0.5 cm，边点样边用吹风机吹干。

1.3　展层和显色　将点好样的滤纸用白线缝好，制成圆筒，原点在下端，浸立在培养皿内，不需平衡，立即展层（展层剂为酸性溶剂系统，把展层剂混匀，倒入培养皿内，展层剂的高度为 1 cm）；同时加入显色贮备液（每 10 mL 展层剂加 0.1～0.5 mL 显色贮备液）进行展层，当溶剂展层至距滤纸上沿 1～2 cm 时，取出滤纸，吹干，层析斑点即显蓝紫色。用铅笔画下层析斑点，用尺量出原点到层析斑点的距离，计算每种氨基酸的 R_f。

2. 混合氨基酸双向上行纸层析法

2.1　滤纸准备　将滤纸裁成 10 cm×10 cm 的正方形，在距滤纸相邻两边各 2 cm 处的交点上用铅笔轻画一点，供点样用。

2.2　点样　取混合氨基酸溶液(5 mg/mL)10～15 μL，分次点于原点。

2.3　展层和显色　将点好的滤纸卷成半圆筒状，用线缝好，竖立在培养皿中，原点应在下端。置少量 12%的氨水于小烧杯中，盖好层析缸，平衡过夜。次日，取出氨水，加适量碱相(第Ⅰ向)溶剂于培养皿中，盖好层析缸，上行展层，当溶剂前沿距滤纸上端 1～2 cm 时，取出滤纸，用冷风吹干。将滤纸转 90°，再卷成半圆筒状，竖立于干净的培养皿中，并于小烧杯中置少量酸相溶剂，盖好层析缸，平衡过夜。次日，将加有显色贮备液的酸相溶剂(每 10 mL 展层剂加 0.1～0.5 cm 显色贮备液)倾入培养皿，进行第Ⅱ向展层。展层毕，取出滤纸，用热风吹干，蓝紫色斑点即显现。

2.4　定性鉴定与定量测定　双向层析的 R_f 由两个数值组成，第Ⅰ向计量一次，第Ⅱ向计量一次，分别与已知的氨基酸在酸碱系统中的 R_f 进行对比，即可初步确定为何种氨基酸的斑点。

【体验测试】

1. 可否用层析法分离混合氨基酸溶液？
2. 何为纸层析法？
3. R_f 是什么？影响 R_f 的主要因素是什么？
4. 层析缸中的平衡溶剂的作用是什么？

【工作任务二】

大米中蛋白质的测定。

【工作目标】

用凯氏定氮法测定食品中蛋白质的含量。

【工作情境】

本任务可在化验室或实验室中进行。

1. 仪器：电子天平(万分之一)、凯氏烧瓶(500 mL，3 个)、定氮蒸馏装置、容量瓶(100 mL，3 个)、接收瓶(250 mL，3 个)、移液管(10 mL，5 个)、酸式滴定管(50 mL)、不锈钢角匙、调温电炉。

2. 药品：硫酸铜、硫酸钾、硫酸、硼酸溶液(20 g/L)、盐酸标准滴定溶液 c_{HCl} = 0.050 0 mol/L。

混合指示剂：1 份甲基红乙醇溶液(1 g/L)与 5 份溴甲酚绿乙醇溶液(1 g/L)，临用时混合；也可用 2 份甲基红乙醇溶液(1 g/L)与 1 份甲基蓝乙醇溶液(1 g/L)，临用时混合。

【工作原理】

蛋白质是含氮的有机化合物，取含蛋白质的试样与硫酸、催化剂一同加热消化，使蛋白质分解。分解出来的氨态氮与过量的硫酸结合生成硫酸铵，然后碱化蒸馏使氨游离，用硼酸吸收后再以硫酸或盐酸标准溶液滴定，酸溶液的消耗量乘以换算系数，即为蛋白质含量。

【工作过程】

1. 样品处理

精确称取样品 2 g，移入干燥的 500 mL 凯氏烧瓶中，加入 0.2 g 硫酸铜、6 g 硫酸钾及 20 mL 硫酸。

2. 样品消化

将烧瓶置于电炉上小心加热，待内容物全部碳化、泡沫完全消失后，加大火力，并保持瓶内液体微沸，至液体呈绿色澄清透明后，继续加热 0.5 h，取下冷却，小心加 20 mL 水，放冷后移入 100 mL 的容量瓶中，并用少量水冲洗烧瓶，将洗液移入容量瓶中，加水定容至刻度，摇匀备用。

3. 蒸馏

按图 5－20 搭好装置，在水蒸气发生器内装 2/3 的水，加入数粒玻璃珠、数滴甲基红指示剂及数毫升硫酸，以保持水呈酸性，加热煮沸水蒸气发生器内的水。向接收瓶内加入 10 mL 硼酸溶液及 1～2 滴混合指示剂，并使冷凝管下端插入液面下，准确吸取 10 mL 试样，由小漏斗加入反应室，并用 10 mL 水洗涤小漏斗，使其流入反应室。将 10 mL 氢氧化钠溶液倒入小漏斗，提起玻璃塞使其缓慢流入反应室后，立即将玻璃塞盖紧，并加水于小漏斗内以防漏气。开始蒸馏，蒸馏 5 min 后，移动接收瓶使冷凝管下端离开液面，再蒸馏 1 min，停止蒸馏，用少量水冲洗冷凝管下端外部。

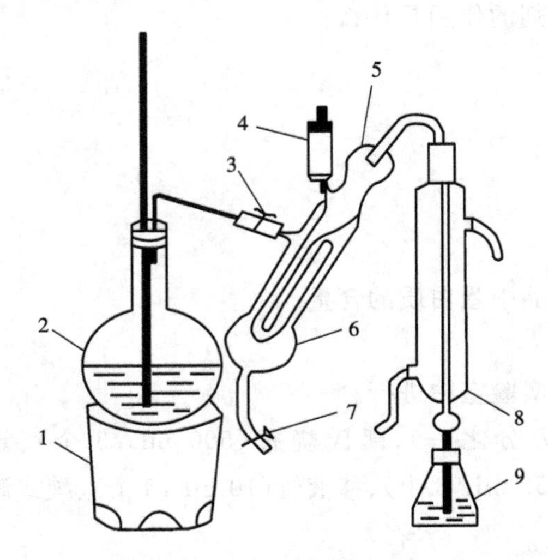

图 5－20 定氮蒸馏装置

1—电炉；2—水蒸气发生器（2 L 平底烧瓶）；3—螺旋夹；
4—小漏斗及棒状玻璃塞；5—反应室；6—反应室外层；
7—橡皮管及螺旋夹；8—冷凝管；9—蒸馏液接收瓶

4. 滴定

取下接收瓶，用盐酸标准溶液滴定至呈蓝紫色即为终点。同时做空白实验。

【数据处理】

1. 数据记录

平行实验	1	2	空白
取样质量 m/g			
标准溶液耗量 V/mL			
测定值 w/%			
平均值/%			
两次测定之差/%			
蒸馏时间：		蒸馏体积/mL：	
HCl 标准溶液浓度 c/(mol/L)：		蛋白质换算系数 F：	

2. 结果计算

$$w=\frac{(V_1-V_0)\times c\times 0.014}{m\times\frac{10}{100}}\times F\times 100$$

式中　w——样品中蛋白质的质量分数或质量浓度，%或 g/100 mL；

V_1——试样消耗的盐酸标准溶液的体积，mL；

V_0——空白试验消耗的盐酸标准溶液的体积，mL；

c——盐酸标准溶液的浓度，mol/L；

m——试样的质量，g；

F——氮换算为蛋白质的系数。一般情况下，食物为 6.25，乳制品为 6.38，面粉为 5.70，玉米、高粱为 6.24，花生为 5.46，大米为 5.95，大豆及其制品为 5.71，肉与肉制品为 6.25，芝麻、向日葵为 5.30。

式中 0.014 是与 1.0 mL 盐酸（$c_{HCl}=1.000$ mol/L 标准溶液相当的氮的质量，单位为 g。

【注意事项】

1. 所用试剂溶液应用无氨蒸馏水配制。

2. 硫酸钾不宜加得过多，过多的硫酸钾会使沸点变高，使生成的硫酸氢铵分解，放出氨而造成损失。

3. 消化时先低温加热（约 20 min），待泡沫减少、烟雾变白后升高温度到最高温度的一半（约 15 min），再升至最高温度，消化至液体呈蓝绿色澄清透明后，继续加热 5 h，取下，冷却至室温。

4. 蒸馏时要注意蒸馏情况，避免瓶中的液体发泡冲出，进入接收瓶。另外，其火力太弱，蒸馏瓶中压力降低，则接收瓶内的液体会倒流，造成实验失败。

5. 硼酸吸收液的温度不应超过 40 ℃，否则对氨的吸收作用会减弱而造成损失。

6. 所用盐酸可以用高浓度的盐酸稀释来减小系统误差。浓度最好为（0.1±0.000 5）mol/L，浓度高会减小每种样品的总滴定体积，滴定管读数的可读性及不确定性将变大，重复性变差。

7.精密度。在重复性条件下两次独立测定结果的绝对差值不得超过算术平均值的10%。

【体验测试】

1.凯氏定氮的原理是什么?

2.凯氏定氮的系数如何确定?

【知识链接】

蛋白质

1.氨基酸

氨基酸是含有氨基和羧基的一类有机化合物的通称。它是构成生物体蛋白质并同生命活动有关的最基本的物质,在生物体内是构成蛋白质分子的基本单位,与生物的生命活动有着密切的关系。

1.1　结构

组成蛋白质的氨基酸分子内有羧基和 α-氨基(表示相对于羧基的 α 位碳原子连接着氨基 $-NH_2$),故称为 α-氨基酸。α-氨基酸的结构通式可表示为以下两种形式:

$R-C(H)(NH_2)-COOH$　　　R—CH(NH_2)—C(=O)—OH

式中 R 为氨基酸的各种不同结构的侧链。每一种氨基酸都有各自的侧链,这些侧链基团影响着氨基酸的物理性质、化学性质以及蛋白质的生物活性。

α-氨基酸的构型通过同甘油醛对比来确定,通常以 *D*、*L* 来标记。天然氨基酸除个别例外,都是 *L* 构型。

CHO H—┼—OH CH_2OH	CHO HO—┼—CH_2OH H	COOH H—┼—NH_2 R	COOH H_2N—┼—H R
D-甘油醛	*L*-甘油醛	*D*-氨基酸	*L*-氨基酸

1.2　分类

1.2.1　根据氨基与羧基的相对位置分类

$R-C(H)(NH_2)-COOH$	$R-CH(NH_2)-CH_2-COOH$	$R-CH(NH_2)-CH_2-CH_2-COOH$
α-氨基酸	β-氨基酸	γ-氨基酸

1.2.2　根据氨基与羧基的相对数目分类

碱性氨基酸:二氨基一羧基氨基酸。

酸性氨基酸：二羧基一氨基氨基酸。

中性氨基酸：一氨基一羧基氨基酸。因羧基的解离程度大于氨基的解离程度，其水溶液实际上偏酸性，不过这样的氨基酸仍称为中性氨基酸。

1.2.3　根据氨基酸侧链基团的极性分类

非极性或疏水性氨基酸：它们的侧链为疏水性的，如脂肪族侧链、芳香族侧链。这类氨基酸的疏水性随脂肪族侧链长度的增加而增强。

不带电荷的极性氨基酸：它们带有有极性的 R 基团，可参与氢键的形成。这些 R 基团包括羟基、巯基、酰氨基。甘氨酸无 R 基团，但 H 有一定的极性，所以甘氨酸也属不带电荷的极性氨基酸。

在 pH 值接近 7 时带正电荷的极性氨基酸：它们是赖氨酸、精氨酸、组氨酸。

蛋白质的组成成分中约有 20 种重要氨基酸，在组成蛋白质的 20 种氨基酸中，有一些是人体不能合成的，或者合成速度很慢而不能满足需要，必须由食物中的蛋白质供给，因而称它们为必需氨基酸。必需氨基酸共有八种：色氨酸、苯丙氨酸、亮氨酸、异亮氨酸、赖氨酸、蛋氨酸、苏氨酸、缬氨酸。对儿童来讲组氨酸也是一种必需氨基酸，见表 5-8。

1.3　物理性质

氨基酸一般都溶于水，不溶或微溶于醇，不溶于乙醚。但酪氨酸微溶于凉水、在热水中溶解度大，胱氨酸难溶于凉水和热水，脯氨酸和羟氨酸溶于乙醇和乙醚。所有的氨基酸都能溶于强酸和强碱溶液。在有机化合物中，氨基酸属于高熔点化合物，许多氨基酸在达到或接近熔点时或多或少地会发生分解，故熔点不明显，氨基酸的熔点一般超过 200 ℃，个别可达 300 ℃以上。除甘氨酸外，其他氨基酸均具有旋光性，可用旋光法测定氨基酸的纯度。

氨基酸多具有不同的味感，*D* 型氨基酸多有甜味，最强者为 *D*-色氨酸，甜度可达蔗糖的 40 倍。*L* 型氨基酸有甜、苦、鲜、酸 4 种味感，甘、丙、丝、苏、脯氨酸甜味均较强，具有苦味的 *L* 型氨基酸较多，如缬、亮、异亮、蛋、苯丙、色、精、组氨酸等。有些氨基酸盐则显示出鲜味及酸味，如谷氨酸钠（味精）具有很强的鲜味。

1.4　化学性质

1.4.1　氨基酸的酸碱性及等电点

氨基酸分子中含有的羧基可发生酸式解离：

$$—COOH \rightleftharpoons —COO^- + H^+$$

氨基酸分子中含有的氨基（或亚氨基—NH—）可发生碱式解离：

$$—NH_2 + H^+ \rightleftharpoons —NH_3^+$$

氨基酸分子中既有氨基又有羧基，氨基可以接受质子呈碱性，而羧基可以给出质子呈酸性，所以氨基酸既有酸性又有碱性，这一性质称为氨基酸的两性性质。氨基酸依所处溶液的 pH 值不同而发生酸式或碱式解离，形成不同的带电状态，在电场中移向不同的电极：

$$H_2N—\underset{\displaystyle R}{\underset{|}{CH}}—COOH \longrightarrow H_3N^+—\underset{\displaystyle R}{\underset{|}{CH}}—COO^-$$

偶极离子

表 5－8　组成蛋白质的主要氨基酸

分类	名称	常用缩写符号			氨基酸结构	残基(R)结构	等电点 pI
		简称	英文符号	单字符号			
非极性	丙氨酸	丙	Ala	A	H_3C, O, OH, NH_2	$—CH_3$	6.00
	缬氨酸	缬	Val	V	CH_3, O, H_3C, OH, NH_2	CH_3 $H_3C—CH—$	5.96
	亮氨酸	亮	Leu	L	O, H_3C, OH, CH_3 NH_2	CH_3 $H_3C—CH—CH_2—$	5.98
	异亮氨酸	异亮	Ile	I	CH_3 O, H_3C, OH, NH_2	$H_3C—CH_2—CH—$ CH_3	6.20
	蛋氨酸	蛋	Met	M	O, S, H_3C, OH, NH_2	$H_3C—S—CH_2—CH_2—$	5.74
	脯氨酸	脯	Pro	P	H, N, O, OH	H_2, N⁺, O, O^-	6.30
	苯丙氨酸	苯丙	Phe	F	O, OH, NH_2	$C_6H_5—CH_2—$	5.46
	色氨酸	色	Trp	W	O, OH, NH_2, N, H	N, H	5.89

续表

分类	名称	常用缩写符号			氨基酸结构	残基(R)结构	等电点 pI
		简称	英文符号	单字符号			
不带电荷具极性	甘氨酸	甘	Gly	G	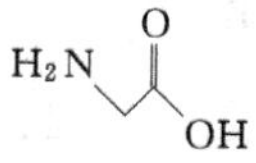 H_2N, O, OH	—H	5.97
	丝氨酸	丝	Ser	S	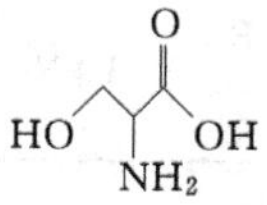 O, HO, OH, NH_2	HO—CH_2—	5.68
	苏氨酸	苏	Thr	T	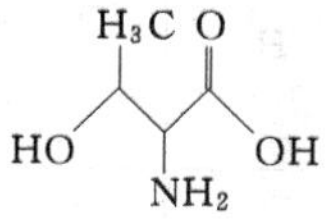 H_3C, O, HO, OH, NH_2	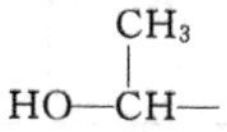 CH_3 HO—CH—	6.16
	半胱氨酸	半胱	Cys	C	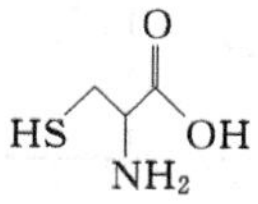 O, HS, OH, NH_2	HS—CH_2—	5.07
	酪氨酸	酪	Try	Y	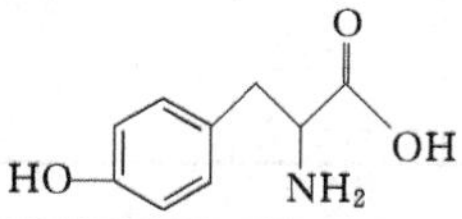 O, OH, HO, NH_2	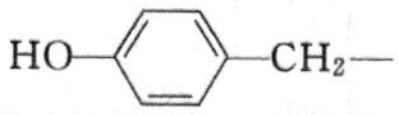 HO—⟨苯环⟩—CH_2—	5.66
	天冬酰胺	天酰	Asn	N	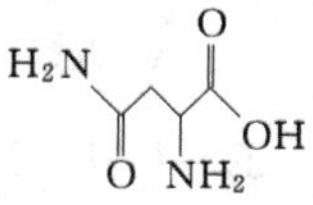 H_2N, O, OH, O, NH_2	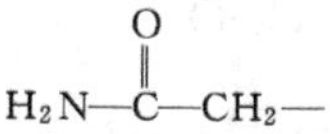 O ‖ H_2N—C—CH_2—	5.41
	谷氨酰胺	谷酰	Gln	Q	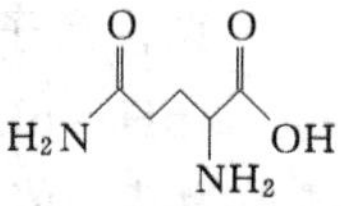 O, O, H_2N, OH, NH_2	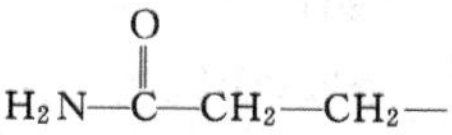 O ‖ H_2N—C—CH_2—CH_2—	5.65

分类	名称	常用缩写符号			氨基酸结构	残基(R)结构	等电点 pI
		简称	英文符号	单字符号			
介质近中性时*R*带电荷	赖氨酸	赖	Lys	K	H_2N O OH NH_2	$H_3N^+—CH_2—CH_2—CH_2—CH_2—$	9.74
	精氨酸	精	Arg	R	NH H_2N NH O OH NH_2	NH_2^+ H_2N NH	10.76
	组氨酸	组	His	H	N N H	N N H	7.59
	天冬氨酸	天冬	Asp	D	HO O O OH NH_2	$—CH_2—COO^-$	2.77
	谷氨酸	谷	Glu	E	O O HO OH NH_2	$—CH_2—CH_2—COO^-$	3.22

$$\underset{\substack{\text{阴离子}\\ pH>pI}}{R—\overset{\displaystyle COO^-}{\overset{|}{C}H}—NH_2} \underset{OH^-}{\overset{H^+}{\rightleftharpoons}} \underset{\substack{\text{两性离子}\\ pH=pI}}{R—\overset{\displaystyle COO^-}{\overset{|}{C}H}—\overset{+}{N}H_3} \underset{OH^-}{\overset{H^+}{\rightleftharpoons}} \underset{\substack{\text{阳离子}\\ pH<pI}}{R—\overset{\displaystyle COOH}{\overset{|}{C}H}—\overset{+}{N}H_3}$$

氨基酸的等电点：当溶液的 pH 值为某一值时，氨基酸酸式解离的程度与碱式解离的程度相等，即氨基酸此时以偶极离子的状态存在，在电场中偶极离子既不向负极移动，也不向正极移动。此时溶液的 pH 值就称为该种氨基酸的等电点，以 pI 值表示。此时，氨基酸分子所带正负电荷相等。

中性氨基酸的等电点：pH＝6.2～6.8。

酸性氨基酸的等电点：pH＝2.8～3.2。

碱性氨基酸的等电点：pH＝7.6～10.8。

不同的氨基酸由于结构不同，等电点也不同，因此等电点 pI 值是氨基酸的特征常数。在等电点由于氨基酸分子显电中性，所以其亲水性减弱，溶解度减小，易沉淀。利用氨基酸等电点的特性可分离提取氨基酸制品。如在味精生产中，经过氨基酸发酵的发酵液中混有多种氨基酸与其他物质，可以调整发酵液的 pH 值至谷氨酸的等电点(3.22)附近，此时谷氨酸结晶析出，从而达到分离出谷氨酸制备味精的目的。

1.4.2 与甲醛作用

氨基酸与甲醛相遇后，甲醛很快与氨基结合，碱性消失，破坏了内盐的存在，促使 NH_3^+ 中的 H^+ 释放出来，可以用酚酞作指示剂，用碱滴定，测定出溶液中氨基酸的总量，这就是甲醛滴定法的原理。

$$\underset{\displaystyle NH_2}{\underset{|}{R-CH}}-COOH+2HCHO \longrightarrow \underset{\displaystyle H_2COH-N-CH_2OH}{\underset{|}{R-CH}}-COOH$$

氨基作为亲核试剂与甲醛中的羰基加成，生成N,N-二羟甲基氨基酸。由于羟基是吸电子基团，氮原子上的电子云密度减小，接受质子的被能力削弱，氨基的碱性消失，这样就可以用碱来滴定氨基酸的羧基，从而测定氨基酸的含量，这称为氨基酸的甲醛滴定法。

1.4.3　与水合茚三酮作用

水合茚三酮与氨基酸溶液共热生成蓝紫色物质，同时有CO_2放出。此反应非常灵敏，常用于定性测定氨基酸的存在。但因不同氨基酸的水合茚三酮反应产物颜色深浅不同，所以不能定量测定氨基酸的混合物。

1.4.4　与HNO_2反应

在室温下氨基酸可定量地与HNO_2反应生成羟基酸和氮气，生成的氮气可用气体分析仪测定，这是VanSlyke法测氨基氮的基础，该法在氨基酸定量及测蛋白质的水解程度上均有用处。

$$\underset{\displaystyle NH_2}{\underset{|}{R-CH}}-COOH+HNO_2 \longrightarrow \underset{\displaystyle OH}{\underset{|}{R-CH}}-COOH+H_2O+N_2\uparrow$$

1.4.5　与金属离子作用

氨基酸可以和重金属离子Cu^{2+}、Fe^{2+}、Co^{2+}、Mn^{2+}等作用生成螯合物。羧基、氨基、巯基都参与此作用。

2. 蛋白质

蛋白质是以氨基酸为基本结构单位的生物大分子，是构成生物体的最基本的物质之一，是生命存在的形式。如具有生物催化作用的酶，具有免疫功能的抗体，起着输送作用的血液，有着运动功能的肌肉，调节生理功能的激素，保护生物体的表皮、毛发等都是蛋白质。一切基本的生命活动，如消化和吸收、生长和繁殖、感觉与运动、记忆与识别等都与蛋白质有关。所以说没有蛋白质就没有生命。

食品中蛋白质的来源有植物蛋白、动物蛋白、微生物蛋白。食物中蛋白质的质和量、各种氨基酸的比例都关系到人体蛋白质合成的量，尤其是青少年的生长发育、孕产妇的优生优育、老年人的健康长寿，都与膳食中蛋白质的量有着密切的关系，见表5-9。

表5-9　常见食物的蛋白质含量　　单位：%（质量分数）

食物	蛋白质	食物	蛋白质	食物	蛋白质
猪肉	13.3 ～ 18.5	牛乳	3.5	玉米	8.6
牛肉	15.8 ～ 21.5	鸡蛋	13.4	花生	25.8
羊肉	14.3 ～ 18.7	大米	8.5	大豆	39.0
鸡肉	21.5	小麦	12.4	大白菜	1.1

续表

食物	蛋白质	食物	蛋白质	食物	蛋白质
肝	18.0～19.0	小米	9.4	苹果	0.2

蛋白质的种类繁多，每种生物体都有一套自身的蛋白质，少至几千，多至几万或十几万。蛋白质之所以具有多种功能，与蛋白质的化学组成和结构有关。各种蛋白质的基本元素组成都很相似，主要含有C、H、O、N等元素，有些蛋白质还含有P、S等，少数蛋白质还含有Fe、Zn、Mg、Mn、Co、Cu等。

多数蛋白质的元素组成如下：C为50%～56%；H为6%～7%；O为20%～30%；N为14%～19%，平均含量为16%；S为0.2%～3%；P为0～3%。

各种蛋白质的含氮量很接近，平均为16%，即每克氮相当于6.25 g蛋白质。由于蛋白质是体内的主要含氮物，因此，可粗算生物样品中蛋白质的含量：

1 g样品中蛋白质的含量＝1 g样品中的含氮量(g)×6.25

大多数蛋白质是由20种不同的氨基酸组成的生物大分子。蛋白质分子中的氨基酸残基靠酰胺键连接，形成含多达几百个氨基酸残基的多肽链。酰胺键的C—N键具有部分双键的性质，不同于多糖和核酸中的醚键与磷酸二酯键，因此蛋白质的结构非常复杂，这些特定的空间构象赋予了蛋白质特殊的生物功能和特性。

蛋白质可在酸、碱、酶的作用下水解，得到的最终水解产物都是氨基酸。

$$\text{蛋白质}\xrightarrow[\text{水解}]{\text{酸、碱、酶}}\text{脲}\longrightarrow\text{胨}\longrightarrow\text{肽}\longrightarrow\text{氨基酸}$$

2.1 蛋白质的结构

蛋白质分子是具有一定生理功能的蛋白质最小单位。蛋白质分子的结构非常复杂。通常，蛋白质按照不同的结构水平分为一级结构、二级结构、三级结构及四级结构。

2.1.1 一级结构

蛋白质的一级结构又称为化学结构，指氨基酸在肽链中的排列顺序及二硫键的位置，是多肽链的主链结构。蛋白质由氨基酸通过肽链组合而成，分子量达几千到数十万之大。形成蛋白质的肽键时，氨基酸的排列顺序是由生物体遗传因子DNA内含有的遗传信息支配的。各种蛋白质都由其固有的氨基酸排列组成。图5-21表示了蛋白质的一级结构包含的氨基酸种类、连接方式和排列顺序，其中R_1、R_2、…、R_n是不同的侧链基团，一条多肽链至少有两个末端，有—NH_2的一端为氮末端，有—COOH的一端为碳末端。

蛋白质的种类和生物活性都与构成多肽链的氨基酸的种类及排列顺序有关，基于一级结构，定下蛋白质长链的折叠方式(二级结构)，再进一步在空间形成立体构象(三级结构)及亚基的聚合，从而形成蛋白质整体，即蛋白质的一级结构决定它的二级和三级结构。正因为蛋白质有各自独特的构造和氨基酸排列方式，所以显示出了特有的化学性质、物理性质、生物活性及功能。

2.1.2 二级结构

蛋白质的二级结构指多肽链中彼此靠近的氨基酸残基之间通过氢键相互作用而形成的

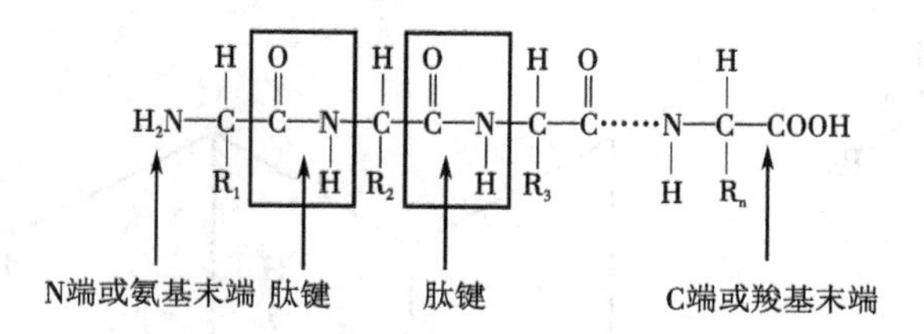

图 5-21　蛋白质的一级结构

空间关系，也指蛋白质分子中多肽链的折叠方式。二级结构主要是α-螺旋，其次是β-折叠和β-转角，如图5-22所示，维持二级结构的作用力是肽链中的氢键。

α-螺旋是蛋白质中最常见、含量最丰富的二级结构。每圈螺旋有3.6个氨基酸残基，沿螺旋轴方向上升0.54 nm，每个残基绕轴旋转100°，沿轴上升0.15 nm，如图5-22(a)所示。蛋白质中的螺旋几乎都是右旋的，因其空间位阻较小，比较符合立体化学的要求，易于形成，构象也稳定。

一条多肽链能否形成螺旋以及形成的螺旋是否稳定，与它的氨基酸组成和排列顺序有极大的关系。R基的大小及电荷性质对多肽链能否形成α-螺旋也有影响。如R基小并且不带电荷的多聚丙氨酸在pH值为7.0的水溶液中能自发地卷曲成α-螺旋；含有脯氨酸的多肽链不具亚氨基，不能形成链内氢键，因此，多肽链中只要存在脯氨酸(或羟脯氨酸)，α-螺旋即被中断，并产生一个"结节"。

β-折叠或β-折叠片是蛋白质中第二种最常见的二级结构，如图5-22(b)所示。两条或多条几乎完全伸展的多肽链侧向聚集在一起，相邻的多肽链主链上的—NH—和C═O之间形成有规则的氢键，这样的多肽构象就是折叠片。除作为某些纤维状蛋白质的基本构象之外，β-折叠也普遍存在于球状蛋白质中。

β-转角是在蛋白质分子中多肽链出现的180°回折部分。

2.1.3　三级结构

蛋白质的三级结构指多肽链中相距较远的氨基酸之间的相互作用使多肽链弯曲或折叠形成的紧密且具有一定刚性的结构，是二级结构的多肽链进一步折叠、卷曲形成的复杂球状分子结构，如图5-23所示。多肽链所发生的盘旋是由蛋白质分子中氨基酸残基侧链(R基团)的顺序决定的，产生与维持三级结构的作用力是肽链中R基团间的相互作用，即二硫键(共价键)、盐键(离子键)、氢键及疏水键的相互作用。

2.1.4　四级结构

有些球状蛋白质分子含有两条以上多肽链，每条多肽链都有自己的三级结构，称之为蛋白质的亚单位。从结构上看，亚单位是蛋白质分子的最小共价单位，一般由一条多肽链组成，也可由以二硫键(—S—S—)交联的几条多肽链组成。几个亚单位再按一定方式缔合，这种亚单位的空间排布和相互作用称为四级结构，如图5-24所示。维系四级结构的力主要是疏水键和范德华力。在四级结构中多肽链以特殊方式结合，形成了有生物活性的蛋白质。蛋白质分子的一、二、三、四级结构对比见表5-10。

续表

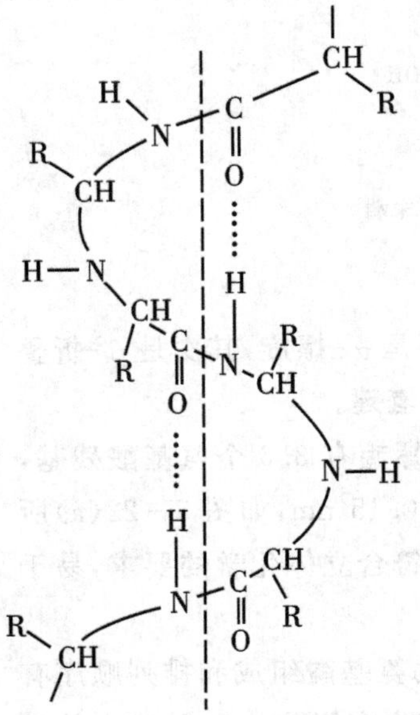

(a) 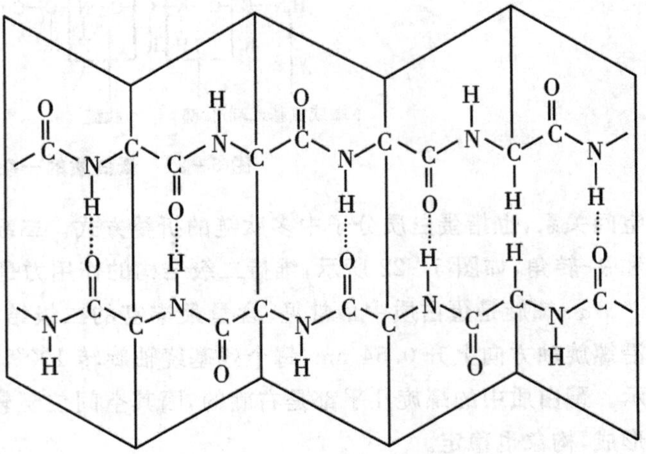 (b)

图 5-22 蛋白质的二级结构

(a)α-螺旋结构示意 (b)β-折叠结构示意

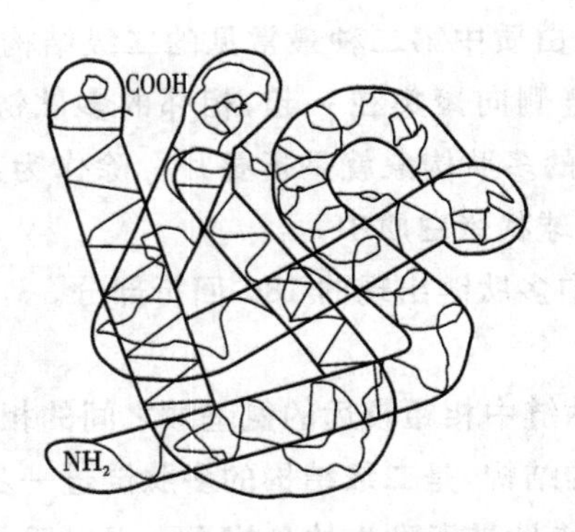

图 5-23 蛋白质的三级结构

表 5-10 蛋白质分子的一、二、三、四级结构对比

	概念	特点	结构中的键及力
一级结构	指蛋白质分子中多肽链的氨基酸排列顺序	是由基因上遗传密码的排列顺序决定的	肽键主要是共价键，还有二硫键
二级结构	指多肽链中主链原子在各局部空间的排列分布状况，不涉及各 R 侧链的空间排布	主要形式包括 α-螺旋、β-折叠和 β-转角等。基本单位是肽键平面或酰胺平面	稳定二级结构的主要因素是氢键，还有肽键

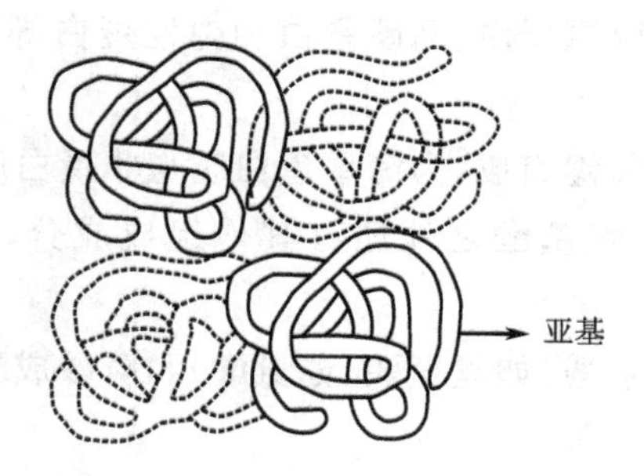

图 5-24　蛋白质的四级结构

	概念	特点	结构中的键及力
三级结构	指蛋白质的α-螺旋、β-折叠以及线状等二级结构受侧链和各主链构象单元间的相互作用，进一步卷曲、折叠形成的具有一定规律的三度空间结构	包括每一条多肽链内的全部二级结构、所有侧基原子的空间排布和它们的相互作用关系	除了主键肽键外，还有副键，如氢键、盐键、疏水键、二硫键等以及范德华力
四级结构	指由两条以上具有独立三级结构的多肽链通过非共价键结合而成的具有一定空间结构的聚合体	四级结构中每条具有独立三级结构的多肽链称为亚基	非共价键，亚基中有盐键、氢键、疏水键和范德华力，但以前两者为主

2.2　蛋白质的分类

天然蛋白质种类繁多、结构复杂，可根据蛋白质的化学组成、形状及功能进行分类。

2.2.1　按化学组成分类

单纯蛋白质：仅由肽键组成，水解时只产生氨基酸的蛋白质。其按照溶解性可分为如下几种。

(1)白蛋白。溶于水，溶液加热后凝固。如卵白蛋白、牛奶中的乳白蛋白等。

(2)球蛋白。不溶于水，溶于稀盐溶液，加热后和白蛋白一样凝固。如肌肉中的肌球蛋白、牛奶中的乳球蛋白、大豆中的大豆球蛋白、花生中的花生球蛋白等。

(3)谷蛋白。不溶于水及盐溶液，溶于酸、碱的稀溶液。谷物种子中含量较多，如小麦中的麦谷蛋白、米中的米谷蛋白等。

(4)醇溶谷蛋白。可溶于乙醇，浓度高达70%～80%，这种特殊的溶解性是因为存在高含量的脯氨酸。如小麦中的麦醇溶蛋白、玉米中的玉米醇溶蛋白等。

(5)组蛋白。由于组成成分中碱性氨基酸含量高，所以呈碱性。溶于水、酸，但不溶于氨水。如血红蛋白、肌红蛋白等蛋白质部分的组蛋白。

(6)鱼精蛋白。和组蛋白一样，因碱性氨基酸含量高而呈碱性，但溶于氨水。比如分子量较小、含于鱼精液中的蛋白质。

(7)硬蛋白。这类蛋白质在动物体中作为结缔组织或具有保护功能，不溶于水、盐溶液、稀碱和稀酸。主要有角蛋白、胶原蛋白、网硬蛋白和弹性蛋白等,如结缔组织的胶原,毛发、指甲中的角蛋白等。

结合蛋白质:由肽键和非肽键组成,为简单蛋白质与非蛋白质结合而成的化合物。与单纯蛋白质不同,结合蛋白质除氨基酸之外还有其他组成成分,根据这些组成成分有以下分类。

(1)磷蛋白。带羟基的氨基酸(如丝氨酸、苏氨酸)和磷酸成酯结合的蛋白质。如牛奶中的酪蛋白、蛋黄中的卵黄磷蛋白等。

(2)糖蛋白。蛋白质与糖以共价键结合而成。基于糖链的长短,把短链的叫作糖蛋白,把可溶于碱性溶液、具有数百个单位的长链叫作蛋白多糖。其广泛存在于生物体内,如各种黏液、血液、皮肤软骨等组织中。

(3)脂蛋白。脂蛋白是与脂质结合的蛋白质,脂质成分有磷脂、固醇和中性脂等。若脂类包于分子内呈水溶性,即为脂蛋白,如卵黄球蛋白。若脂类包于分子外呈水不溶性,就是蛋白质,如脑中小的蛋白质,其广泛存在于细脑膜内。

(4)色蛋白。为含有叶绿素、血红蛋白等具有金属卟啉的蛋白质。如肌肉中的肌红蛋白、过氧化氢酶、过氧化物酶等。

(5)核蛋白。由蛋白质与核酸通过离子键结合形成,存在于细胞核中。

2.2.2 按形状分类

(1)球蛋白:分子像球状的蛋白质,较易溶解,是蛋白质中最多的一种。

(2)纤维蛋白:分子像纤维状的蛋白质,不溶于水,如指甲、羽毛中的角蛋白,蚕丝中的丝蛋白等。

(3)膜蛋白:存在于质膜和细胞内膜中的蛋白质,有膜周边蛋白质和整合蛋白质两种类型。

2.2.3 按功能分类

(1)结构蛋白质:存在于所有的生物组织(如肌肉、骨、皮、内脏、细胞膜和细胞器)中,像角蛋白、胶原蛋白、弹性蛋白等,它们的主要功能是构成组织。

(2)生物活性蛋白质:在所有的生物过程中起着某种活性作用的蛋白质,包括生物催化剂酶和能调节代谢反应的激素等。

(3)食品蛋白质:可口的、易消化的、无毒的蛋白质。

2.3 蛋白质的两性电离

蛋白质分子中有自由氨基和自由羧基,故与氨基酸一样具有酸、碱两性性质。由于蛋白质的支链上往往有未结合为肽键的羧基和氨基,还有羟基、胍基、巯基等,因此其两性离解比氨基酸复杂得多,其离解方式可简单表示如图 5-25。

随着介质 pH 值的不同,蛋白质在溶液中可为正离子、负离子或两性离子。当 pH 值升高时,上述平衡向右移动,当 pH 值降低时,平衡向左移动,两者之间必有某一 pH 值,在此 pH 值下蛋白质分子在溶液中为两性离子,净电荷为零,这个 pH 值即为蛋白质的等电点(pI)。在等电点,蛋白质本身所带电荷在表面上相互抵消变成零,当 pH 值高于或低于等电点时,蛋白质作为一个整体是带电的。所以,在水溶液中稳定可溶的蛋白质到等电点时,会

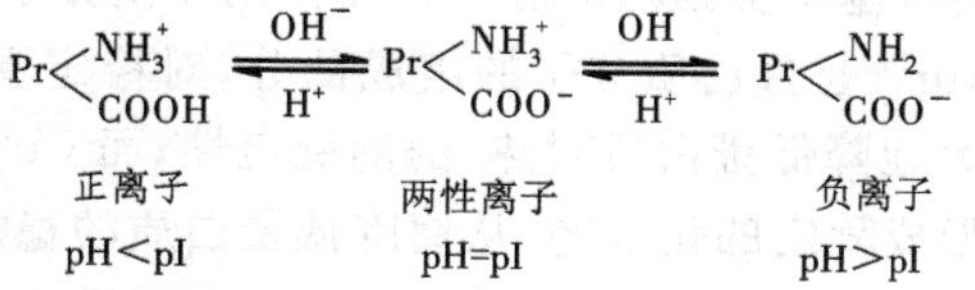

$$Pr\langle^{NH_3^+}_{COOH} \underset{H^+}{\overset{OH^-}{\rightleftharpoons}} Pr\langle^{NH_3^+}_{COO^-} \underset{H^+}{\overset{OH}{\rightleftharpoons}} Pr\langle^{NH_2}_{COO^-}$$

正离子 pH<pI　　两性离子 pH=pI　　负离子 pH>pI

图 5－25　蛋白质的两性电离

由于对可溶性起重要作用的电荷在蛋白质表面消失而使溶液的稳定性遭到破坏，开始出现沉淀，这就是等电沉淀。

在日常生活中，这种现象常发生在牛奶的酪蛋白和大豆的酪蛋白上。比如牛奶中的乳酸菌生长繁殖使 pH 值降低，当达到酪蛋白的等电点（pH＝4.6）时，酪蛋白就沉淀，这种现象被用来生产制造酸乳酪和干酪。蛋白质的两性电离性质使其成为人体及动物体中重要的缓冲溶液，并可利用此性质在某 pH 值条件下，对不同的蛋白质进行电泳，以达到分离纯化的目的。即在碱性介质（pH～pI）中，蛋白质发生酸式解离，分子带负电荷；而在酸性介质（pH<pI）中，发生碱式解离，分子带正电荷。因此，若以电流通过蛋白质溶液，则在碱性介质中，蛋白质分子移向阳极；而在酸性介质中，蛋白质分子移向阴极。蛋白质在电场中能够泳动的现象称为电泳。

2.4　蛋白质的变性

大多数蛋白质分子只有在一定的温度和 pH 值范围内才能保持其生物学活性。蛋白质的二、三、四级结构的构象不稳定，蛋白质分子在一些物理、化学因素，如加热、高压、冷冻、超声波、辐照等作用下性质会发生改变，这通常称为变性。

2.4.1　蛋白质变性的变化

变性后的蛋白质某些性质发生变化，主要包括：疏水性基团暴露，在水中溶解性降低；生物活性丧失；肽键暴露，易被酶攻击而水解；结合水的能力发生变化；黏度发生变化；结晶能力丧失。

因此，可以通过测定蛋白质的一些性质，如沉降性质、黏度、电泳性质、热力学性质等了解其变性程度。球蛋白变性最显著的反应是溶解度下降，大多数蛋白质加热到 50 ℃以上即发生变性。

2.4.2　引起蛋白质变性的因素

引起蛋白质变性的物理因素如下。

（1）加热：加热是引起蛋白质变性的最常见因素，蛋白质受热变性后结构伸展变形。

（2）低温：低温处理可导致某些蛋白质变性，例如 *L*－苏氨酸胱氨酸酶在室温下稳定，但在 0 ℃时不稳定。

（3）机械处理：有些机械处理如揉捏、搅打等，由于剪切力的作用使蛋白质分子伸展，破坏了其中的 α－螺旋，使蛋白质网络发生改变而导致变性。

（4）其他因素：如高压、辐射等处理，均能导致蛋白质变性。

引起蛋白质变性的化学因素如下。

（1）酸、碱性：大多数蛋白质在特定的 pH 值范围内是稳定的，但在极端的 pH 值条件下，蛋白质分子内部的可离解基团受强烈的静电排斥作用而使分子伸展、变性。

(2)金属离子：Ca^{2+}、Mg^{2+} 是蛋白质分子的组成部分，对稳定蛋白质的构象起着重要作用，除去 Ca^{2+}、Mg^{2+} 会大大地降低蛋白质对热、酶的稳定性；而 Cu^{2+}、Fe^{2+}、Hg^{2+}、Ag^{+} 等易与蛋白质分子中的—SH 形成稳定的化合物，从而降低蛋白质的稳定性。

(3)有机溶剂：有机溶剂可通过降低蛋白质溶液的介电常数减小蛋白质分子间的静电斥力，导致其变性；或进入蛋白质的疏水性区域，破坏蛋白质分子的疏水相互作用。这些作用力的改变均导致蛋白质的构象改变，从而发生变性。

(4)有机化合物：高浓度的尿素和胍盐（4～8 mol/L）会导致蛋白质分子中的氢键断裂，从而导致蛋白质变性；而表面活性剂如十二烷基磺酸钠（SDS）能在蛋白质的疏水区和亲水区间起作用，不仅会破坏疏水相互作用，还能促使天然蛋白质分子伸展，所以是一种很强的变性剂。

(5)还原剂：巯基乙醇、半胱氨酸、二硫苏糖醇等还原剂能将蛋白质分子中的二硫键还原，从而改变蛋白质的构象。

总的说来，蛋白质变性一般是有利的，但在某些情况下是必须避免的，如在酶的分离、牛乳的浓缩等过程中蛋白质变性会导致酶失活或沉淀生成。

例如，鸡蛋清受热形成不溶解的凝固体就是加热使蛋白质变性。变性导致蛋白质失去大部分或全部生物学活性。例如：将酶加热，它催化特异化学反应的能力就会丧失；应用高温高压使细菌的蛋白质变性，以达到杀菌的目的。变性时蛋白质肽链的主要共价键并未被打断，其变性是因为天然蛋白质分子多肽链的特有折叠结构任意卷曲或伸展。其应用如下：在临床上急救重金属盐中毒患者；配制和保存酶疫苗、激素和抗血清蛋白质制剂，选择适宜条件防止变性。

2.5 蛋白质的显色反应

由于蛋白质分子含有肽键和氨基酸的各种残余基团，因此它能与各种不同的试剂作用，生成有色物质，这些显色反应广泛用于定性和定量测定蛋白质。

2.5.1 黄色反应

向蛋白质溶液中加入浓硝酸，蛋白质先沉淀析出，加热沉淀溶解并呈现黄色，故称黄蛋白反应。这一反应为苯丙氨酸、酪氨酸、色氨酸等含苯环氨基酸所特有，硝酸与这些氨基酸中的苯环形成黄色硝基化合物。如皮肤、指甲、毛发等遇到浓硝酸会呈黄色。

2.5.2 缩二脲反应

将固体尿素小心加热，则两分子尿素脱去一分子氨，生成缩二脲（双缩脲），其与硫酸铜的碱溶液作用生成紫色物质。

$$H_2N-\overset{\overset{O}{\|}}{C}-NH_2 + H_2N-\overset{\overset{O}{\|}}{C}-NH_2 \xrightarrow{\triangle} H_2N-\overset{\overset{O}{\|}}{C}-HN-\overset{\overset{O}{\|}}{C}-NH_2 + NH_3$$

$$H_2N-\overset{\overset{O}{\|}}{C}-HN-\overset{\overset{O}{\|}}{C}-NH_2 + CuSO_4 \xrightarrow{NaOH} \text{紫色化合物}$$

此反应并非蛋白质所特有，只要化合物含有两个以上肽键，不论它们是直接相连还是通过一个碳原子或氮原子相连都会发生此反应，而二肽和游离氨基酸不发生该反应。分子中含肽键越多，紫色越深；分子中肽键数少，呈粉红色。双缩脲（蛋白质或肽分子）在碱性环境中与 $CuSO_4$ 形成紫色化合物，用此反应对蛋白质进行定量分析，常用于检查蛋白质的水解程度。

2.5.3　米伦（Millon）反应

向蛋白质溶液中加入米伦试剂（汞溶于浓硝酸制得的汞及亚汞硝酸盐的混合物），蛋白质首先沉淀析出，再加热变成砖红色，称为米伦反应。这一反应为酪氨酸中的酚基所特有，并非蛋白质的特征反应，但因多数蛋白质中均含酪氨酸残基，所以也可用于检验蛋白质。

2.5.4　茚三酮反应

蛋白质与茚三酮共热煮沸可生成蓝色化合物。在中性条件下蛋白质或多肽也能同茚三酮试剂发生显色反应，生成蓝色或紫红色化合物。茚三酮试剂与胺盐、氨基酸均能发生反应。

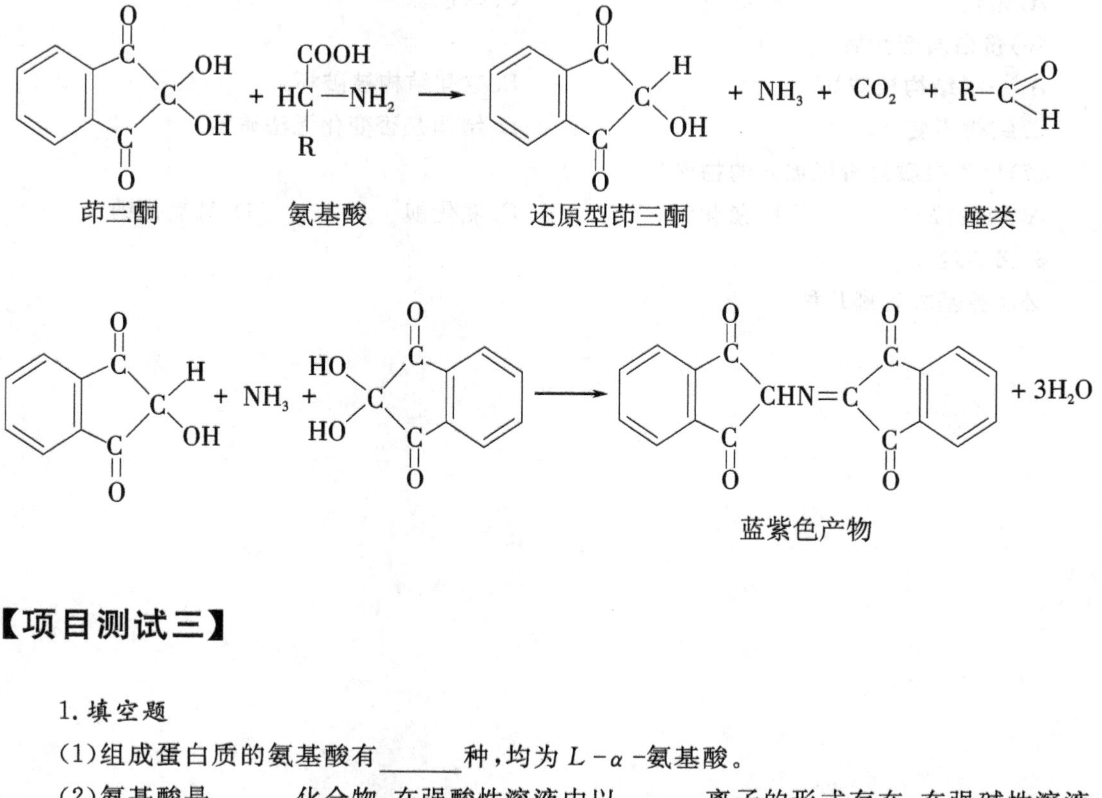

茚三酮 + 氨基酸（$HC(COOH)(NH_2)R$）→ 还原型茚三酮 + NH_3 + CO_2 + 醛类（$R-CHO$）

还原型茚三酮 + NH_3 + 茚三酮 → 蓝紫色产物（$C{-}HN{=}C$ 连接的两个茚二酮） + $3H_2O$

【项目测试三】

1. 填空题

（1）组成蛋白质的氨基酸有______种，均为 $L-\alpha-$氨基酸。

（2）氨基酸是______化合物，在强酸性溶液中以______离子的形式存在，在强碱性溶液中以______离子的形式存在。

（3）氨基酸是两性电解质，当氨基酸所处环境的 pH 大于 pI 时，氨基酸带______；当 pH 小于 pI 时，氨基酸带______；当 pH 等于 pI 时，氨基酸带______，此时溶解度______。

2. 选择题

(1)组成蛋白质的氨基酸是(　　)。

A. $L-\alpha$-氨基酸　B. $D-\alpha$-氨基酸　C. $L-\beta$-氨基酸　D. $D-\beta$-氨基酸

(2)合成蛋白质的氨基酸(　　)。

A. 有 20 种　B. 有 20 多种

C. 有 300 多种　D. 种类目前还无法确定

(3)丙氨酸的等电点为 6.02,在 pH 值为 7 的溶液中丙氨酸(　　)。

A. 带正电荷　B. 带负电荷

C. 不带电荷　D. 是否带电荷无法确定

(4)甘丙亮谷肽的 N 端和 C 端分别为(　　)。

A. 甘氨酸和丙氨酸　B. 甘氨酸和谷氨酸

C. 谷氨酸和甘氨酸　D. 亮氨酸和谷氨酸

(5)氨基酸与茚三酮在弱酸性溶液中共热溶液呈(　　)。

A. 紫色　B. 红色　C. 绿色　D. 黄色

(6)蛋白质变性后(　　)。

A. 一级结构被破坏　B. 空间结构被破坏

C. 结构不变　D. 结构是否变化无法确定

(7)使蛋白质盐析可加入的物质为(　　)。

A. 硫酸铵　B. 氯化钙　C. 氯化钡　D. 氢氧化钠

3. 问答题

必需氨基酸有哪几种?

附录一　常见元素的相对原子质量

（定量化学分析简明教程．彭崇慧，冯建章，张锡瑜．1985）

元素	符号	相对原子质量	元素	符号	相对原子质量
银	Ag	107.868	钼	Mo	54.938
铝	Al	26.981 54	锰	Mn	95.94
砷	As	74.921 6	氮	N	14.006 7
金	Au	196.966 5	钠	Na	22.989 77
硼	B	10.81	镍	Ni	58.69
钡	Ba	137.33	氧	O	15.999 4
铍	Be	9.012 18	锇	Os	190.2
铋	Bi	208.980 4	磷	P	30.973 76
溴	Br	79.904	铅	Pb	207.2
碳	C	12.011	钯	Pd	106.42
钙	Ca	40.08	铂	Pt	195.08
镉	Cd	112.41	铷	Rb	85.467 8
铈	Ce	140.12	硫	S	32.06
氯	Cl	35.453	锑	Sb	121.75
钴	Co	58.933 2	硒	Se	78.96
铬	Cr	51.996	硅	Si	28.085 5
铜	Cu	63.546	锡	Sn	118.69
氟	F	18.998 403	锶	Sr	87.62
铁	Fe	55.847	碲	Te	127.6
锗	Ge	72.59	钍	Th	232.038 1
氢	H	1.007 9	钛	Ti	47.88
汞	Hg	200.59	铀	U	238.028 9
碘	I	126.904 5	钒	V	50.941 5
钾	K	39.098 3	钨	W	183.85
锂	Li	6.941	锌	Zn	65.39
镁	Mg	24.305	锆	Zr	91.22

附录二 常见物质的相对分子质量

（分析化学．华中师范学院，东北师范大学，陕西师范大学．1981）

名称	相对分子质量	名称	相对分子质量	名称	相对分子质量
AgBr	187.77	CO_2	44.01	CuI	190.45
AgCN	133.89	$CO(NH_2)_2$	60.06	$Cu(NO_3)_2$	187.56
AgCl	143.32	$CaCO_3$	100.09	CuO	79.55
Ag_2CrO_4	331.73	CaC_2O_4	128.10	Cu_2O	143.09
$Ag_2Cr_2O_7$	431.72	$CaC_2O_4 \cdot H_2O$	146.11	$Cu(OH)_2$	97.56
AgF	126.87	$CaCl_2$	110.98	CuS	95.61
AgI	234.77	$CaCl_2 \cdot 6H_2O$	219.08	$CuSO_4$	159.60
$AgNO_3$	169.87	CaF_2	78.08	$CuSO_4 \cdot 5H_2O$	249.69
Ag_2O	231.75	$Ca(HCO_3)_2$	162.11	$FeCO_3$	115.86
Ag_3PO_4	418.58	$CaHPO_4$	136.06	$FeCl_2$	126.75
Ag_2S	247.80	$Ca(H_2PO_4)_2$	234.05	$FeCl_3$	162.21
AgCNS	165.95	$Ca_3(PO_4)_2$	310.18	$FeCl_3 \cdot 6H_2O$	270.30
Ag_2SO_4	311.80	$Ca(NO_3)_2 \cdot 4H_2O$	236.15	$Fe(NO_3)_3$	241.86
$AlBr_3$	266.69	CaO	56.08	FeO	71.85
$Al(CH_3COO)_3$	204.12	$Ca(OH)_2$	74.09	Fe_2O_3	159.69
$AlCl_3$	133.34	$CaSO_4$	136.14	Fe_3O_4	231.54
AlF_3	83.98	$CaSO_4 \cdot 2H_2O$	172.17	$Fe(OH)_3$	106.87
$Al(NO_3)_3$	213.00	$CaSiO_3$	116.16	$FePO_4$	150.82
Al_2O_3	101.96	$Cd(CH_3COO)_2$	230.50	$FeSO_4$	151.91
$Al(OH)_3$	78.00	$CdCl_2$	183.32	$FeSO_4 \cdot 7H_2O$	278.02
$AlPO_4$	121.95	$CdCO_3$	172.42	$NH_4Fe(SO_4)_2 \cdot 12H_2O$	482.20
$Al_2(SO_4)_3$	342.16	CdI_2	366.22	$FeSO_4 \cdot (NH_4)_2SO_4 \cdot 6H_2O$	392.14
As_2O_3	197.84	$Cd(NO_3)_2$	236.42	H_3AsO_3	125.94
As_2O_5	229.84	$Cd(OH)_2$	146.42	H_3AsO_4	141.94

续表

名称	相对分子质量	名称	相对分子质量	名称	相对分子质量
As_2S_3	246.04	CdS	144.48	H_3BO_3	61.83
$BaCO_3$	197.34	$CdSO_4$	208.47	HBr	80.91
BaC_2O_4	225.35	$Ce(SO_4)_2$	332.25	HCOOH	46.03
$BaCl_2$	208.24	$CoCl_2$	129.84	CH_3COOH	60.05
$BaCl_2 \cdot 2H_2O$	244.27	$CoCrO_4$	174.93	HCN	27.03
$BaCrO_4$	253.32	$Co(NO_3)_2$	182.94	H_2CO_3	62.03
$Ba(NO_3)_2$	261.34	$CoSO_4$	154.10	$H_2C_2O_4$	90.04
BaO	153.33	Cr_2O_3	151.99	$H_2C_2O_4 \cdot 2H_2O$	126.07
$Ba(OH)_2$	171.34	CuCl	99.00	HCl	36.46
$BaSO_4$	233.39	$CuCl_2$	134.45	HF	20.01

附录三　常用酸碱溶液的相对密度和浓度

（定量分析简明教程．赵士铎．2001）

（一）酸溶液的相对密度和浓度

相对密度（15 ℃）	HCl 的浓度		HNO_3 的浓度		H_2SO_4 的浓度	
	/(g/100 g)	/(mol/L)	/(g/100 g)	/(mol/L)	/(g/100 g)	/(mol/L)
1.10	20.0	6.0	17.1	3.0	14.4	1.6
1.12	23.8	7.3	20.2	3.6	17.0	2.0
1.14	27.7	8.7	23.3	4.2	19.9	2.3
1.15	29.6	9.3	24.8	4.5	20.9	2.5
1.19	37.2	12.2	30.9	5.8	26.0	3.2
1.20			32.3	6.2	27.3	3.4
1.25			39.3	7.9	33.4	4.3
1.30			47.5	9.8	39.2	5.2
1.35			55.8	12.0	44.8	6.2
1.40			65.3	14.5	50.1	7.2
1.45					55.0	8.2
1.50					59.8	9.2
1.55					64.3	10.2
1.60					68.7	11.2
1.65					73.0	12.3
1.70					77.2	13.4

(二)碱溶液的相对密度和浓度

相对密度(15 ℃)	NH_3 的浓度		NaOH 的浓度		KOH 的浓度	
	/(g/100 g)	/(mol/L)	/(g/100 g)	/(mol/L)	/(g/100 g)	/(mol/L)
0.94	15.6	8.6				
0.96	9.9	5.6				
0.98	4.8	2.8				
1.05			4.5	1.25	5.5	1.0
1.10			9.0	2.5	10.9	2.1
1.15			13.5	3.9	16.1	3.3
1.20			18.0	5.4	21.2	4.5
1.25			22.5	7.0	26.1	5.8
1.30			27.0	8.8	30.9	7.2
1.35			31.8	10.7	35.5	8.5

附录四　常用酸碱溶液的配制

(一)酸溶液的配制

名称 化学式	密度 ρ/ (g/cm^3)	质量 分数 $w \times 10^2$	物质的量 浓度 c/ (mol/L)	配制溶液的浓度 c/(mol/L)					配制方法
				6	3	2	1	0.5	
				配制 1 L 溶液所需的体积 V/mL					
盐酸 HCl	1.18～1.19	36～38	12	500	250	167	83	42	量取所需浓酸加水稀释至 1 L
硝酸 HNO_3	1.39～1.40	65～68	15	381	191	128	64	32	量取所需浓酸加水稀释至 1 L
硫酸 H_2SO_4	1.83～1.84	95～98	18	334	167	112	56	28	量取所需浓酸在不断搅拌下加入适量水中,冷却后加水至 1 L
磷酸 H_3PO_4	1.69	85	14.7	408	204	136	68	34	量取所需浓酸加入适量水,稀释至 1 L
冰乙酸 CH_3COOH	1.05	99.5	17.4	345	173	115	58	29	量取所需浓酸加入适量水,稀释至 1 L
高氯酸 $HClO_4$	1.68	70	12	500	250	167	83	42	量取所需浓酸加入适量水,稀释至 1 L

(二)碱溶液的配制

名称 化学式	配制溶液的浓度 c/(mol/L)				配制方法
	6	2	1	0.5	
	配制 1 L 溶液所需的质量 m/g(体积 V/mL)				
氢氧化钠 $NaOH$	240	80	40	20	称取所需试剂,溶于适量水中,不断搅拌,注意溶解时放热,冷却后用水稀释至 1 L
氢氧化钾	339	113	56.5	28	称取所需试剂,溶于适量水中,不断搅拌,注意溶解时放热,冷却后用水稀释至 1 L
氨水①$NH_3 \cdot H_2O$	(400)	(134)	(77)	(39)	量取所需氨水,加水稀释至 1 L
氢氧化钡 $Ba(OH)_2 \cdot 8H_2O$	饱和溶液的浓度为 0.2 mol/L,配制 0.05 mol/L 的溶液需试剂 15.7 g				配成饱和溶液,或称取适量固体加水配成一定体积
氢氧化钙 $Ca(OH)_2$	饱和溶液浓度为 0.02 mol/L				配成饱和溶液

①浓氨水的密度为 0.90～0.91 g/L,NH_3 的质量浓度为 280 g/L,近似浓度为 15 mol/L。

附录五　弱酸、弱碱的电离常数

（无机及分析化学．韩忠霄，孙乃有．2005）

名称	化学式	K_{a1} (K_{b1}) pK_{a1} (pK_{b1})	K_{a2} (K_{b2}) pK_{a2} (pK_{b2})	K_{a3} (K_{b3}) pK_{a3} (pK_{b3})	K_{a4} (K_{b4}) pK_{a4} (pK_{b4})
砷酸	H_3AsO_4	96.5×10^{-3} (2.10)	1.15×10^{-7} (6.94)	3.2×10^{-12} (11.49)	
亚砷酸	$HAsO_2$	6.0×10^{-10} (9.22)			
硼酸	H_3BO_3	5.8×10^{-10} (9.24)			
碳酸	H_2CO_3	4.2×10^{-7} (6.38)	5.6×10^{-11} (10.25)		
氢氰酸	HCN	6.2×10^{-10} (9.21)			
铬酸	H_2CrO_4	1.8×10^{-1} (0.74)	3.2×10^{-7} (6.49)		
氢氟酸	HF	6.6×10^{-4} (3.18)			
过氧化氢	H_2O_2	1.8×10^{-12} (11.74)			
亚硝酸	HNO_2	5.1×10^{-4} (3.29)			
磷酸	H_3PO_4	7.6×10^{-3} (2.12)	6.3×10^{-8} (7.20)	4.4×10^{-13} (12.36)	
焦磷酸	$H_4P_2O_7$	3.0×10^{-2} (1.52)	4.4×10^{-3} (2.36)	2.5×10^{-7} (6.60)	5.6×10^{-10} (9.25)
氢硫酸	H_2S	1.3×10^{-7} (6.89)	7.1×10^{-15} (14.15)		
硫酸	H_2SO_4		1.0×10^{-2} (2.00)		
亚硫酸	H_2SO_3	1.3×10^{-2} (1.89)	6.3×10^{-8} (7.20)		
偏硅酸	H_2SiO_3	1.7×10^{-10} (9.77)	1.6×10^{-12} (11.80)		
甲酸	$HCOOH$	1.8×10^{-4} (3.74)			
乙酸	CH_3COOH	1.8×10^{-5} (4.74)			
一氯乙酸	$CH_2ClCOOH$	1.4×10^{-3} (2.85)			
三氯乙酸	CCl_3COOH	2.3×10^{-1} (0.64)			

续表

名称	化学式	K_{a1} (K_{b1}) pK_{a1} (pK_{b1})	K_{a2} (K_{b2}) pK_{a2} (pK_{b2})	K_{a3} (K_{b3}) pK_{a3} (pK_{b3})	K_{a4} (K_{b4}) pK_{a4} (pK_{b4})
氨基乙酸	$^{+}NH_2CH_2COOH$	4.5×10^{-3} (2.35)	2.5×10^{-10} (9.60)		
乳酸	$CH_3CHOHCOOH$	1.4×10^{-4} (3.85)			
苯甲酸	C_6H_5COOH	6.2×10^{-5} (4.21)			
草酸	$H_2C_2O_4$	5.9×10^{-2} (1.23)	6.4×10^{-5} (4.19)		
邻苯二甲酸	$C_6H_4(COOH)_2$	1.1×10^{-3} (2.96)	3.9×10^{-6} (5.41)		
磺基水杨酸	$C_6H_3SO_3HOHCOOH$	4.7×10^{-3} (2.33)	4.8×10^{-12} (11.32)		
d-酒石酸	HO—CH—COOH | HO—CH—COOH	9.1×10^{-4} (3.04)	4.3×10^{-5} (4.37)		
柠檬酸	CH_2—COOH | HO—C—COOH | CH_2—COOH	7.4×10^{-4} (3.13)	1.7×10^{-5} (4.76)	4.0×10^{-7} (6.40)	5.6×10^{-10} (9.25)
苹果酸	CH_2—COOH | HO—CH—COOH	4.0×10^{-4} (3.40)	8.9×10^{-6} (5.05)		
苯酚	C_6H_5OH	1.1×10^{-10} (9.96)			
乙二胺四乙酸(EDTA)	CH_2—N(CH_2—COOH$)_2$ | CH_2—N(CH_2—COOH$)_2$	2.1×10^{-3} (2.68)	6.9×10^{-7} (6.16)	5.5×10^{-11} (10.26)	
氨水	$NH_3\cdot H_2O$	1.8×10^{-5} (4.74)			

附录六　难溶电解质的溶度积

（分析化学．华中师范学院，东北师范大学，陕西师范大学．1981）

难溶化合物	K_{sp}	难溶化合物	K_{sp}
$Al(OH)_3$	1.3×10^{-33}	HgS(红)	4.0×10^{-53}
AgBr	5.1×10^{-13}	HgS(黑)	2.0×10^{-52}
AgCl	1.8×10^{-10}	Hg_2Cl_2	1.3×10^{-18}
AgI	9.3×10^{-17}	Hg_2Br_2(红)	5.8×10^{-23}
Ag_2CrO_4	2.0×10^{-12}	Hg_2I_2	4.5×10^{-29}
Ag_2CO_3	8.1×10^{-12}	Li_2CO_3	1.7×10^{-3}
AgSCN	1.0×10^{-12}	$MgCO_3$	3.5×10^{-8}
Ag_2S	2.0×10^{-49}	$Mg(OH)_2$	1.8×10^{-11}
$BaCO_3$	5.1×10^{-9}	MgF_2	6.4×10^{-9}
$BaCrO_4$	1.2×10^{-10}	MgC_2O_4	8.6×10^{-5}
$BaSO_4$	1.1×10^{-10}	$Mn(OH)_2$	1.9×10^{-13}
BaC_2O_4	1.6×10^{-7}	MnS(晶)	2.0×10^{-13}
$CaCO_3$	2.9×10^{-9}	β-NiS	1.0×10^{-24}
$CaSO_4$	9.1×10^{-6}	$PbCO_3$	7.4×10^{-14}
CaC_2O_4	2.3×10^{-9}	$PbCrO_4$	2.8×10^{-13}
CaF_2	2.7×10^{-11}	$PbCl_2$	1.6×10^{-5}
CdS	7.1×10^{-28}	PbI_2	7.1×10^{-9}
CuS	6.0×10^{-36}	$PbSO_4$	1.6×10^{-8}
Cu_2S	2.0×10^{-48}	PbC_2O_4	2.7×10^{-11}
CuCl	1.2×10^{-6}	PbS	8.0×10^{-28}
CuBr	5.2×10^{-9}	PbF_2	2.7×10^{-8}
CuI	1.1×10^{-12}	$SrSO_4$	3.2×10^{-7}
CuC_2O_4	2.9×10^{-8}	$SrC_2O_4\cdot H_2O$	1.6×10^{-7}
$Cu(OH)_2$	2.2×10^{-20}	SrF_2	2.4×10^{-9}
$Fe(OH)_3$	4.0×10^{-38}	$SrCO_3$	1.1×10^{-10}
$Fe(OH)_2$	8.0×10^{-16}	$ZnCO_3$	1.4×10^{-11}
FeC_2O_4	2.1×10^{-7}	$Zn(OH)_2$	1.2×10^{-17}
FeS	6.0×10^{-18}	ZnS	1.2×10^{-23}

附录七 配离子的稳定常数

（无机及分析化学.南京大学《无机及分析化学》编写组 . 2006）

配离子	$K_稳$	lg $K_稳$	配离子	$K_稳$	lg $K_稳$
$[AgCl_2]^-$	1.74×10^5	5.24	$[Co(NH_3)_6]^{3+}$	2.29×10^{35}	34.36
$[CdCl_4]^{2-}$	3.47×10^2	2.54	$[Cu(NH_3)_4]^{2+}$	1.38×10^{12}	12.14
$[CuCl_4]^{2-}$	4.17×10^5	5.62	$[Ni(NH_3)_6]^{2+}$	1.02×10^8	8.01
$[HgCl_4]^{2-}$	1.59×10^{14}	14.20	$[Zn(NH_3)_4]^{2+}$	5×10^8	8.70
$[PbCl_3]^-$	25	1.40	$[AlF_6]^{3-}$	6.9×10^{19}	19.84
$[SnCl_4]^{2-}$	30.2	1.48	$[FeF_5]^{2-}$	2.19×10^{15}	15.34
$[SnCl_6]^{2-}$	6.6	0.82	$[Zn(OH)_4]^{2-}$	1.4×10^{15}	15.15
$[Ag(CN)_2]^-$	1.3×10^{21}	21.10	$[CdI_4]^{2-}$	1.26×10^6	6.10
$[Cd(CN)_4]^{2-}$	1.1×10^{16}	13.04	$[HgI_4]^{2-}$	3.47×10^{30}	30.54
$[Cu(CN)_4]^{3-}$	5×10^{30}	30.70	$[Fe(SCN)_5]^{2-}$	1.2×10^6	6.08
$[Fe(CN)_6]^{4-}$	1.0×10^{24}	24.00	$[Hg(SCN)_4]^{2-}$	7.75×10^{21}	21.89
$[Fe(CN)_6]^{3-}$	1.0×10^{31}	31.00	$[Zn(SCN)_4]^{2-}$	20	1.30
$[Hg(CN)_4]^{2-}$	3.24×10^{41}	41.51	$[Ag(S_2O_3)_2]^{3-}$	2.9×10^{13}	13.46
$[Ni(CN)_4]^{2-}$	1.0×10^{22}	22.00	$[Pb(Ac)_3]^-$	2.46×10^3	3.39
$[Zn(CN)_4]^{2-}$	5.75×10^{16}	16.76	$[Al(C_2O_4)_3]^{3-}$	2×10^{16}	16.30
$[Ag(NH_3)_2]^+$	1.62×10^7	7.21	$[Fe(C_2O_4)_3]^{4-}$	1.66×10^5	5.22
$[Cd(NH_3)_4]^{2+}$	3.63×10^6	6.56	$[Fe(C_2O_4)_3]^{3-}$	1.59×10^{20}	20.20
$[Co(NH_3)_6]^{2+}$	2.46×10^4	4.39	$[Zn(C_2O_4)_3]^{4-}$	1.4×10^8	8.15

附录八　氨羧配合剂类配离子的稳定常数

（无机及分析化学．韩忠霄，孙乃有．2005）（18～25℃，I=0.1）

金属离子	lg K		
	EDTA	DCTA	EGTA
Ag^{+}	7.32		6.88
Al^{3+}	16.30	19.50	13.90
Ba^{2+}	7.86	8.69	8.41
Bi^{3+}	27.94	32.30	
Ca^{2+}	10.69	13.20	10.97
Cd^{2+}	16.46	19.93	16.70
Co^{2+}	16.31	19.62	12.39
Co^{3+}	36.00		
Cr^{3+}	23.40		
Cu^{2+}	18.80	22.00	17.71
Fe^{2+}	14.32	19.00	11.87
Fe^{3+}	25.10	30.10	20.50
Hg^{2+}	21.70	25.00	23.20
In^{3+}	25.00	28.80	
Mg^{2+}	8.70	11.02	5.21
Mn^{2+}	13.87	17.48	12.28
Na^{+}	1.66		
Ni^{2+}	18.62	20.30	13.55
Pb^{2+}	18.04	20.38	14.71
Sn^{2+}	22.11		
Sr^{2+}	8.73	10.59	8.50
Ti^{3+}	37.80	38.30	
TiO^{2+}	17.30		
VO^{2+}	18.80	20.10	
Zn^{2+}	16.50	19.37	12.70
Zr^{4+}	29.50		
稀土元素	16～20	17～22	

注：EDTA为乙二胺四乙酸；DCTA为1,2-环己烷二胺四乙酸；EGTA为乙二醇二乙醚二胺四乙酸。

附录九 常用玻璃量器衡量法 $K(t)$ 值表

钠钙玻璃体胀系数 25×10^{-4}/℃，空气密度 0.001 2 g/cm³

水温 t/℃	0.0	0.1	0.2	0.3	0.4	0.5	0.6	0.7	0.8	0.9
15	1.002 08	1.002 09	1.002 10	1.002 11	1.002 13	1.002 14	1.002 15	1.002 17	1.002 18	1.002 19
16	1.002 21	1.002 22	1.002 23	1.002 25	1.002 26	1.002 28	1.002 29	1.002 30	1.002 32	1.002 33
17	1.002 35	1.002 36	1.002 38	1.002 39	1.002 41	1.002 42	1.002 44	1.002 46	1.002 47	1.002 49
18	1.002 51	1.002 52	1.002 54	1.002 55	1.002 57	1.002 58	1.002 60	1.002 62	1.002 63	1.002 65
19	1.002 67	1.002 68	1.002 70	1.002 72	1.002 74	1.002 76	1.002 77	1.002 79	1.002 81	1.002 83
20	1.002 85	1.002 87	1.002 89	1.002 91	1.002 92	1.002 94	1.002 96	1.002 98	1.003 00	1.003 02
21	1.003 04	1.003 06	1.003 08	1.003 10	1.003 12	1.003 14	1.003 15	1.003 17	1.003 19	1.003 21
22	1.003 23	1.003 25	1.003 27	1.003 29	1.003 31	1.003 33	1.003 35	1.003 37	1.003 39	1.003 41
23	1.003 44	1.003 46	1.003 48	1.003 50	1.003 52	1.003 54	1.003 56	1.003 59	1.003 61	1.003 63
24	1.003 66	1.003 68	1.003 70	1.003 72	1.003 74	1.003 76	1.003 79	1.003 81	1.003 83	1.003 86
25	1.003 89	1.003 91	1.003 93	1.003 95	1.003 97	1.004 00	1.004 02	1.004 04	1.004 07	1.004 09

硼硅玻璃体胀系数 10×10^{-4}/℃，空气密度 0.001 2 g/cm³

水温 t/℃	0.0	0.1	0.2	0.3	0.4	0.5	0.6	0.7	0.8	0.9
15	1.002 00	1.002 01	1.002 03	1.002 04	1.002 06	1.002 07	1.002 09	1.002 10	1.002 12	1.002 13
16	1.002 15	1.002 16	1.002 18	1.002 19	1.002 21	1.002 22	1.002 24	1.002 25	1.002 27	1.002 29
17	1.002 30	1.002 32	1.002 34	1.002 35	1.002 37	1.002 39	1.002 40	1.002 42	1.002 44	1.002 46
18	1.002 47	1.002 49	1.002 51	1.002 53	1.002 54	1.002 56	1.002 58	1.002 60	1.002 62	1.002 64
19	1.002 66	1.002 67	1.002 69	1.002 71	1.002 73	1.002 75	1.002 77	1.002 79	1.002 81	1.002 83
20	1.002 85	1.002 86	1.002 88	1.002 90	1.002 92	1.002 94	1.002 96	1.002 98	1.003 00	1.003 03
21	1.003 05	1.003 07	1.003 09	1.003 11	1.003 13	1.003 15	1.003 17	1.003 19	1.003 22	1.003 24
22	1.003 27	1.003 29	1.003 31	1.003 33	1.003 35	1.003 37	1.003 39	1.003 41	1.003 43	1.003 46
23	1.003 49	1.003 51	1.003 53	1.003 55	1.003 57	1.003 59	1.003 62	1.003 64	1.003 66	1.003 69
24	1.003 72	1.003 74	1.003 76	1.003 78	1.003 81	1.003 83	1.003 86	1.003 88	1.003 91	1.003 94
25	1.003 97	1.003 99	1.004 01	1.004 03	1.004 05	1.004 08	1.004 10	1.004 13	1.004 16	1.004 19

附录十 希腊字母表

大写	小写	名称	读音	大写	小写	名称	读音
Α	α	alpha	[ˈælfə]	Ν	ν	nu	[njuː]
Β	β	beta	[ˈbiːtə;ˈbeitə]	Ξ	ξ	xi	[ksai;zai;gzai]
Γ	γ	gamma	[ˈgæmə]	Ο	ο	omicron	[oumaikˈrən]
Δ	δ	delta	[ˈdeltə]	Π	π	pi	[pai]
Ε	ε	epsilon	[epˈsailən;ˈepsilən]	Ρ	ρ	rho	[rou]
Ζ	ζ	zeta	[ˈziːtə]	Σ	σ	sigma	[ˈsigmə]
Η	η	eta	[ˈiːtə;ˈeitə]	Τ	τ	tau	[təu]
Θ	θ	theta	[ˈθiːtə]	Υ	υ	upsilon	[juːpˈsəilən;ˈuːpsilən]
Ι	ι	iota	[aiˈəutə]	Φ	φ	phi	[fai]
Κ	κ	kappa	[ˈkæpə]	Χ	χ	chi	[kai]
Λ	λ	lambda	[ˈlæmdə]	Ψ	ψ	psi	[psai]
Μ	μ	mu	[mjuː]	Ω	ω	omega	[ˈoumigə]

参考文献

[1] 徐丽芳,姜有昌,于文惠.农业基础化学[M].北京:中国农业大学出版社,2011.

[2] 杨丽敏.食品应用化学[M].北京:化学工业出版社,2012.

[3] 徐英岚.无机及分析化学[M].北京:中国农业出版社,2001.

[4] 潘亚芬.基础化学实训[M].北京:化学工业出版社,2008.

[5] 汪小兰.有机化学[M].4版.北京:高等教育出版社,2005.

[6] 张坐省.有机化学[M].北京:中国农业出版社,2001.

[7] 杨丽敏.药用化学[M].北京:化学工业出版社,2008.

[8] 潘亚芬,张永士.基础化学[M].北京:清华大学出版社,2005.

[9] 张其河.分析化学[M].北京:中国医药科技出版社,1996.

[10] 马祥志.有机化学[M].北京:中国医药科技出版社,2002.

[11] 张龙,张凤.有机化学[M].北京:中国农业大学出版社,2007.

[12] 华中师范学院,东北师范大学,陕西师范大学.分析化学实验[M].北京:高等教育出版社,1981.

[13] 彭崇慧,冯建章,张锡瑜.定量化学分析简明教程[M].北京:北京大学出版社,1985.

[14] 华中师范学院,东北师范大学,陕西师范大学.分析化学[M].北京:高等教育出版社,1991.

[15] 张龙,潘亚芬.化学分析技术[M].北京:中国农业出版社,2009.

[16] 赵士铎.定量分析简明教程[M].北京:中国农业大学出版社,2001.

[17] 南京大学《无机及分析化学》编写组.无机及分析化学[M].北京:高等教育出版社,2006.

[18] 韩忠霄,孙乃有.无机及分析化学[M].北京:化学工业出版社,2005.